太阳能光伏产业——硅材料系列教材

硅片加工技术

康自卫　王　丽　主编
陈元进　刘秀琼　主审

化学工业出版社
·北京·

本书主要从实际工艺的角度对硅片生产全过程进行了比较系统详细的介绍，包括硅单晶的基本特性和晶体结构，硅片生产设备的种类、性能及其使用方法，硅单晶从滚磨与开方、切割、研磨、抛光、清洗一直到检验包装的整个生产过程与管理，其中针对太阳能硅片的生产有适当的介绍，通过这些介绍，旨在使读者能够对硅片生产有一个全貌的认识，能具备硅片生产工艺与检验的基本知识，对各种设备仪器和工艺过程有所了解，有条件时可以通过实习掌握部分设备仪器的使用技能。

本书可作为高职高专太阳能光伏产业硅材料技术专业的教材，同时也可作为中专、技校和从事硅片生产的企业员工的培训教材，还可供相关专业工程技术人员学习参考。

图书在版编目（CIP）数据

硅片加工技术/康自卫，王丽主编. —北京：化学工业出版社，2010.8（2025.2重印）
（太阳能光伏产业——硅材料系列教材）
ISBN 978-7-122-09058-4

Ⅰ.硅…　Ⅱ.①康…②王…　Ⅲ.半导体工艺-教材
Ⅳ.TN305

中国版本图书馆CIP数据核字（2010）第129394号

责任编辑：张建茹　　文字编辑：向　东
责任校对：边　涛　　装帧设计：韩　飞

出版发行：化学工业出版社（北京市东城区青年湖南街13号　邮政编码100011）
印　　装：北京建宏印刷有限公司
787mm×1092mm　1/16　印张15¾　字数405千字　2025年2月北京第1版第9次印刷

购书咨询：010-64518888　　售后服务：010-64518899
网　　址：http：//www.cip.com.cn
凡购买本书，如有缺损质量问题，本社销售中心负责调换。

定　　价：45.00元

太阳能光伏产业——硅材料系列教材
编审委员会

前　言

目前世界光伏产业以31.2%的年平均增长率高速发展，位于全球能源发电市场增长率的首位，预计到2030年光伏发电将占世界发电总量的30%以上，到2050年光伏发电将成为全球重要的能源支柱产业。各国根据这一趋势，纷纷出台有力政策或制订发展计划，使光伏市场呈现出蓬勃发展的格局。目前，中国已经有各种光伏企业超过1000家，中国已成为继日本、欧洲之后的太阳能电池生产大国。2008年，可以说是中国光伏材料产业里程碑式的一年。由光伏产业热潮催生了上游原料企业的遍地开花。一批新兴光伏企业不断扩产，各地多晶硅、单晶硅项目纷纷上马，使得中国光伏产业呈现出繁华景象。

发展太阳能光伏产业，人才是实现产业可持续发展的关键。硅材料和光伏产业的快速发展与人才培养相对滞后的矛盾，造成了越来越多的硅材料及光伏生产企业人力资源的紧张；人才培养的基础是课程，而教材对支撑课程质量举足轻重。作为新开设的专业，没有现成的配套教材可资借鉴和参考，编委会根据硅技术专业岗位群的需要，依托多家硅材料企业，聘请企业的工程技术专家开发和编写出了硅材料和光伏行业的系列教材。

本系列教材以光伏材料的主产业链为主线，涉及硅材料基础、硅材料的检测、多晶硅的生产、晶体硅的制取、硅片的加工与检测、光伏材料的生产设备、太阳能电池的生产技术、太阳能组件的生产技术等。

本系列教材在编写中，理论知识方面以够用实用为原则，浅显易懂，侧重实践技能的操作。

本书主要以硅片生产理论为基础，以当今硅材料生产发展的现状为参照，从实际工艺角度对硅片生产全过程进行了比较系统的介绍，旨在使读者能够对硅片生产有一个全貌的认识，能具备硅片生产工艺与检验的基本知识，并对各种设备和工艺过程有所了解。

本书注重理论与实践的紧密结合，以职业岗位能力为主线贯穿全书，面向工作过程设计教学内容，突出应用性和实践性。

本书可作为高职高专太阳能光伏产业硅材料技术专业学生的教材，同时可作为企业对员工的岗位培训教材，也可作为相关专业的工程技术人员参考学习。

本书由康自卫、王丽主编。其中康自卫编写了第1、2、3、4章；乐栋贤编写了绪论和第5章；张东编写了第6章；王丽编写了第7章和相关附录。本书由陈元进、刘秀琼主审。参加审稿的老师提出了许多宝贵意见和建议，在此表示衷心的感谢。

教材的开发是一个循序渐进的过程，本系列教材只是一个起步，在编写过程中难免存在不足之处，恳请社会各界批评指正，编委们将在今后的工作中不断修改和完善。我们相信，本系列教材的出版发行，将促进我国硅材料及光伏事业的进一步发展。

教材编审编委会

2010年3月

目　录

绪 论

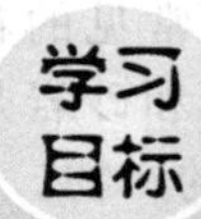

学习目标

了解：• 硅、硅单晶与硅片

• 硅片生产工艺流程

硅是地壳中含量最丰富的元素之一，其发现不过两百年历史，但是随着人们对它的认识不断深入，其应用越来越广泛，硅片加工也随之迅猛发展。

这里从硅是什么出发，引导读者走进硅的世界，去认识硅多晶、硅单晶和硅片，了解硅片生产的大致过程及其发展历史，从而进入硅片生产加工领域。

0.1 硅

硅的应用已越来越广泛，以至渗透到了每一个领域，几乎是无所不在。硅是什么？什么是硅多晶和硅单晶？硅片又是怎么制作出来的？

0.1.1 硅是什么

硅，如图 0-1 所示，化学符号 Si，原子序号 14，位于元素周期表上ⅣA 族（图 0-2），密度 2.33g/cm^3，熔点 1420℃，沸点 2355℃。表 0-1 列出了硅的主要性质。

表 0-1 硅的主要性质

项 目	参 数	项 目	参 数	项 目	参 数
元素英文名	Silicon	晶体结构	金刚石	颜色	银白色
元素中文名	硅	熔点/℃	1420	折射率	3.87
原子序数	14	沸点/℃	2355	延展性	脆性
相对原子质量	28.0855	相对密度	2.33	熔化热/(kJ/g 原子)	39.65
原子半径/Å	12.1	硬度	6.25(莫氏)	核外电子排布	2,8,4
共价半径/Å	1.176	氧化态	4.2	比热容/[J/(g·K)]	0.703(25℃)
离子半径/Å	2.71(−4) 0.42(+4)	还原电位/V	SiF_6^{2-}→ Si+6F−1.2	线膨胀系数/℃$^{-1}$	4.2×10^{-6} (10～50℃)
价电子	3p^2	电子结构	[Ne]3s^{2}3p^2	热导率/[cal/(s^3·cm·℃)]	0.20(20℃)
电负性	1.9	电容率	12	体积压缩系数/(cm/dyn)	0.98×10^{-12}

① 1Å=10^{-10}m；1cal=4.1840J；1dyn=10^{-5}N。

图 0-1　硅

硅是地球上含量最丰富的元素之一，其分布仅次于氧。但是在自然界中没有单质状态的硅存在，硅在地壳中通常以化合物的形式存在于岩石和砂子中，硅的化合物主要是二氧化硅（硅石）和硅酸盐。水晶、玛瑙、碧石、蛋白石、石英、砂子以及燧石等都是二氧化硅类，长石、云母、黏土、橄榄石和角闪石等都是硅酸盐类。常见的花岗岩就是由石英、长石和云母混合组成的，砂子和砂岩是不纯硅石的变体，或者是天然硅酸盐岩石风化后的产物。

IA	元素周期表																VIIIA
H	IIA											IIIA	IVA	VA	VIA	VIIA	He
Li	Be											B	C	N	O	F	Ne
Na	Mg	IIIB	IVB	VB	VIB	VIIB	VIII			IB	IIB	Al	Si	P	S	Cl	Ar
K	Ca	Sc	Ti	V	Cr	Mn	Fe	Co	Ni	Cu	Zn	Ga	Ge	As	Se	Br	Kr
Rb	Sr	Y	Zr	Nb	Mo	Tc	Ru	Rh	Pd	Ag	Cd	In	Sn	Sb	Te	I	Xe
Cs	Ba	La	Hf	Ta	W	Re	Os	Ir	Pt	Au	Hg	Tl	Pb	Bi	Po	At	Rn
Fr	Ra	Ac	Rf	Db	Sg	Bh	Hs	Mt									
			Ce	Pr	Nd	Pm	Sm	Eu	Gd	Tb	Dy	Ho	Er	Tm	Yb	Lu	
			Th	Pa	U	Np	Pu	Am	Cm	Bk	Cf	Es	Fm	Md	No	Lr	

图 0-2　元素周期表

0.1.2　硅的发现

1810 年瑞典人贝采利乌斯（J. J. Berzelius）在加热石英砂、炭和铁时，得到一种金属，根据拉丁文 silex（燧石）命名为 silicon，当时得到的实际是硅铁。1824 年分离出硅，定为元素。1854 年法国人德维尔（S. C. De-ville）用混合氯化物熔盐电解法制得晶体硅；以后，得到纯度超过 99%的纯硅；再后，美国杜邦公司用锌还原四氯化硅得到纯度超过 99.97%的针状硅。

0.1.3　硅的用途

硅被广泛应用于各行各业及人们生活的方方面面，可以毫不夸张地说，每个人每天的生活都离不开硅。

硅可以以合金的形式用于汽车和机械制造业，在钢铁工业中广泛用硅铁作合金添加剂，在多种金属冶炼中用硅作还原剂，冶炼铝合金时加入少量的纯度为 98%的冶金级硅可大大改善铝合金的性能。硅还能与陶瓷材料一起做成金属陶瓷。金属陶瓷耐高温，富韧性，可以切割，既继承了金属和陶瓷的各自优点，又弥补了两者的先天缺陷，是宇宙航行的重要材料。第一架航天飞机“哥伦比亚号”的外壳上，就拼砌了三万一千块硅瓦，所以能抵挡住高速穿行稠密大气时摩擦产生的高温。

用纯二氧化硅可以拉制出高透明度的玻璃纤维，激光在玻璃纤维的通路里，无数次的全反射向前传输，代替了笨重的电缆。一根头发丝那么细的玻璃纤维，可以同时传输 256 路电话。光导纤维通信以其容量大、抗干扰力强和保密性高而成为现代通信的佼佼者。

性能优异的硅有机化合物具有表面张力低、压缩性高和气体渗透性高等基本性质，并且耐高低温、耐氧化、耐腐蚀、难燃与憎水，是极好的防水涂布和电气绝缘材料，被广泛应用于密封、黏合、润滑、涂层、表面活性、脱模、消泡、抑泡、防水、防潮和惰性填充等，尤其是地下工程、古文物保护和建筑雕塑等方面更是不可缺少的重要材料。

硅单晶是重要的半导体材料，利用硅单晶的性质，可以做成各种大功率晶体管、整流器、集成电路和太阳能电池等。近几年来，太阳能光伏产业在能源开发方面异军突起，其中将辐射能转变为电能的太阳能电池绝大多数就是用硅材料制作的。据设计计算，一栋总面积约 3 万平方米的研究中心，若所有建筑的顶面和立面都被利用起来，安装上 1 万多平方米各种形态的太阳能电池，每年能发电 100 万千瓦时。除满足该研究中心用电外，多余的电可直接通过并网向市电网供电。

0.2 硅单晶

硅单晶是重要的半导体材料，广泛用于计算机、微波通信、光纤通信、太阳能发电等方面。然而生产硅单晶的原材料离不开高纯硅多晶。

0.2.1 硅多晶的制备

用于半导体器件的硅片是由硅单晶加工而成，用于太阳能电池的硅片有硅单晶片，也有硅多晶片。用于太阳能电池的硅多晶通常为硅铸锭多晶，硅铸锭多晶是利用熔炼凝固的方法生产的，其纯度可以达到 5～6 个 9，用作硅太阳能电池片基材，与生产高纯硅单晶的原料硅多晶不是一个概念。

硅多晶是生产硅单晶的原材料，其纯度可以达到 8 个 9 以上，在本教材中所说的“硅多晶”即指这种，如果是铸锭多晶则写明为“铸锭多晶”。图 0-3 显示的即为硅多晶。

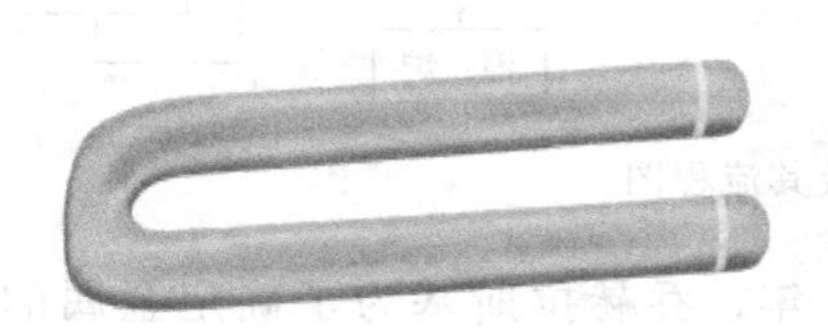

图 0-3 硅多晶

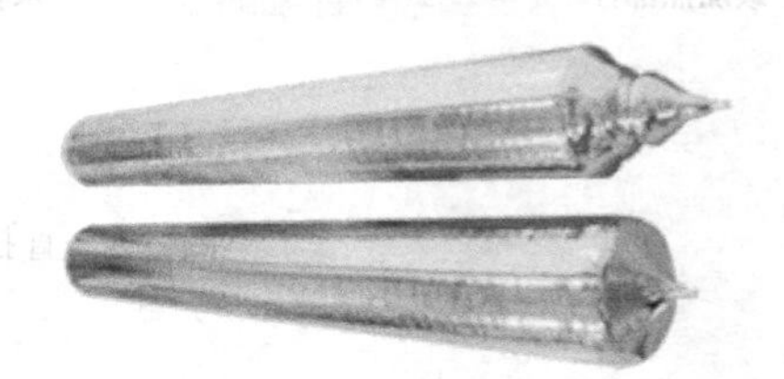

图 0-4 硅单晶

通常先将硅石矿在电弧炉中用碳还原二氧化硅并经提纯而得到纯度为 99.7%～99.8% 的金属硅，其化学反应方程式为：

$$SiO_2 + 2C \longrightarrow Si + 2CO$$

金属硅可以通过各种途径制得硅多晶。

超纯硅多晶的制备，除个别工厂采用硅烷法和硫化床法外，一般都采用三氯氢硅氢还原方法，也就是通常说的西门子法。目前用得最多的是改良西门子法，在超低碳的不锈钢或镍基合金制成的水冷炉壁还原炉内，用氢将三氯氢硅还原成硅，其主要过程为

① 工业硅粉的氯化反应制备粗 $SiHCl_3$。

主反应：$Si(粉状) + 3HCl(气, 220℃) \longrightarrow SiHCl_3(气) + H_2(气)\uparrow$

主要副反应：$Si(粉状) + 4HCl(气) \longrightarrow SiCl_4(气) + 2H_2(气)\uparrow$

② 粗 $SiHCl_3$ 经过粗馏提纯，再经过低温精馏除去其中的杂质。

③ 氢还原法制备高纯多晶硅。

$$SiHCl_3(气)+H_2(气,1000\sim1100℃)\longrightarrow Si(固)+3HCl(气)\uparrow$$

铸锭多晶硅生产工艺主要有定向凝固法和浇铸法两种。

定向凝固法是将硅料放在坩埚中加以熔融，然后将坩埚从热场中逐渐下降或从坩埚底部通上冷源以造成一定的温度梯度，使固液界面从坩埚底部向上移动而形成晶锭。

浇铸法是将熔化后的硅液从坩埚中倒入另一模具中凝固以形成晶锭。

0.2.2 硅单晶的生长方法

图 0-4 所示即为硅单晶。硅单晶的生长方法，有直拉法、区域熔化法、布里奇曼法、枝蔓生长法和气相沉积生长法等。目前半导体材料工业上广泛应用的是直拉法（即 CZ 法）和区熔法（即 FZ 法）两种。

（1）直拉单晶硅的生长

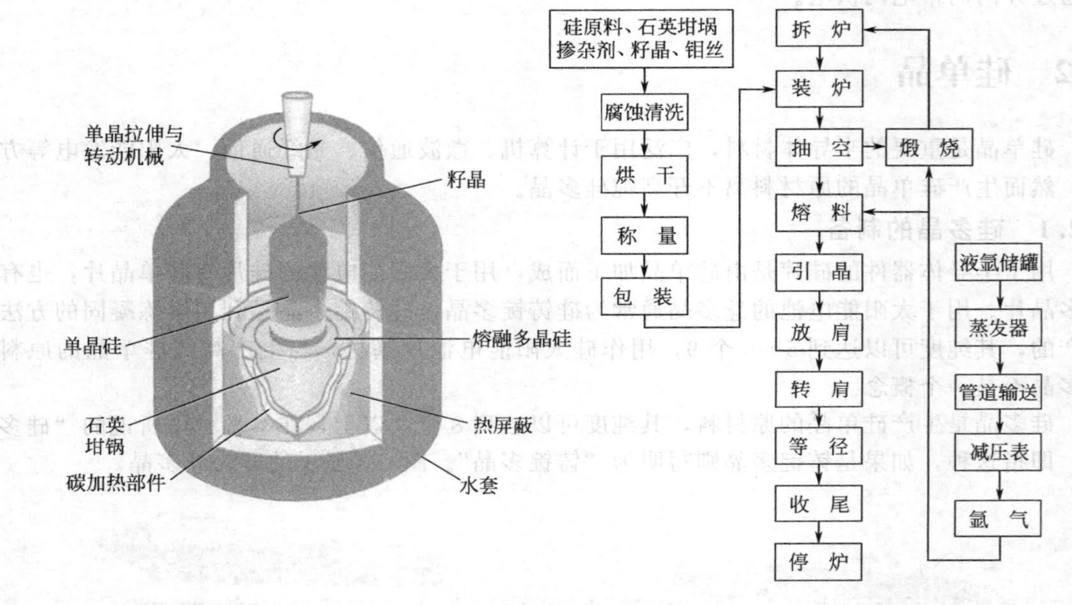

图 0-5 直拉法工艺示意及其流程图

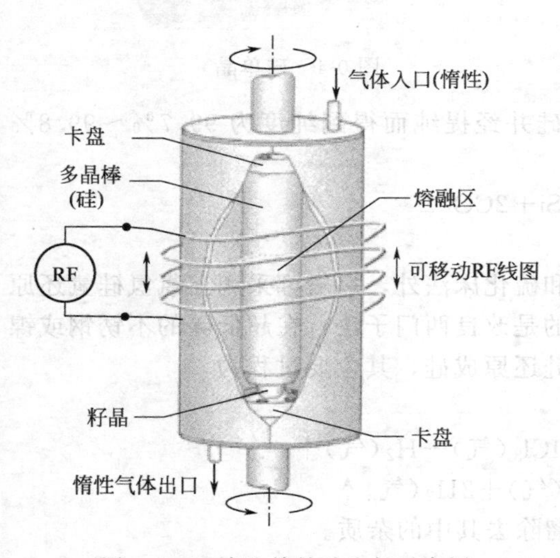

图 0-6 区熔法单晶硅生长示意图

1917 年，乔赫拉斯基为了确定金属的结晶生长速度，将奈钦最先用来从熔体中生长邻羟基甲酸苯酯单晶的方法改进并引用到金属方面，后来又经过许多人的不断改进，才呈现今天的面貌，因此，后人为了纪念乔赫拉斯基，就取名为“乔赫拉斯基生长法”，简称“直拉法”用英文字母“CZ”来表示。

图 0-5 显示了直拉法工艺示意及其流程。直拉法通过直拉单晶硅炉装置，采用电阻加热的方式，将盛放在高纯石英坩埚内的多晶硅原料（块状）高温熔化，使溶液温度保持在比硅熔点稍高一点的状态，把安装在拉晶轴下端的籽晶缓慢插入溶液，待籽晶与溶液完全接触吻合后，缓慢降低熔体温度，然后在籽晶与石英坩埚作

相反方向旋转的同时，慢慢地向上提拉籽晶，实现单晶硅的直接拉制的生长过程，所以，简称为直拉法即CZ法。

(2) 区熔单晶硅的生长

将事先准备好的棒状多晶硅料，按工艺技术要求装入区熔单晶炉内，同时，在炉内的籽晶夹头里安装籽晶，关好炉门抽真空至一定程度后，适时向炉膛内通入高纯氩气，移动加热线圈，致多晶硅料局部熔化并形成熔区，使熔区从多晶硅棒的一端移动到另一端，熔区在"籽晶种子"的引导下，生长成单晶，就叫区熔单晶硅即FZ单晶硅。图0-6为区熔法单晶硅生长示意图。

0.3 硅片

硅片是硅单晶经专门技术分割制作成的薄片，视其用途不同而分为电路级、晶体管级和太阳能级，按其生产工艺又分为切割片、研磨片、化腐片和抛光片等。近年来硅铸锭多晶在太阳能光伏领域被大量使用，在涉及相关工艺时将一并介绍。

0.3.1 硅片生产工艺流程

通过单晶工艺生长出的硅棒，是圆柱状的，铸锭多晶更是重达几百公斤的大块体。为适应器件生产的需要，必须将其分割成符合一定要求的薄片，硅片生产就是利用专门的机器、设备和仪器，通过滚磨、切割、研磨及抛光等特定工艺，将硅单晶锭（或铸锭多晶）加工成符合使用要求的薄片的过程。

图0-7显示了硅单晶抛光片的主要生产流程。硅单晶首先进行外形整形（滚磨），以获得需要的硅片形状，再将其切割成一定厚度的薄片，对其边缘进行处理后经研磨、热处理、化学腐蚀和抛光，其间每一步进行与之对应的清洗和检验，最后经包装完成整个流程。

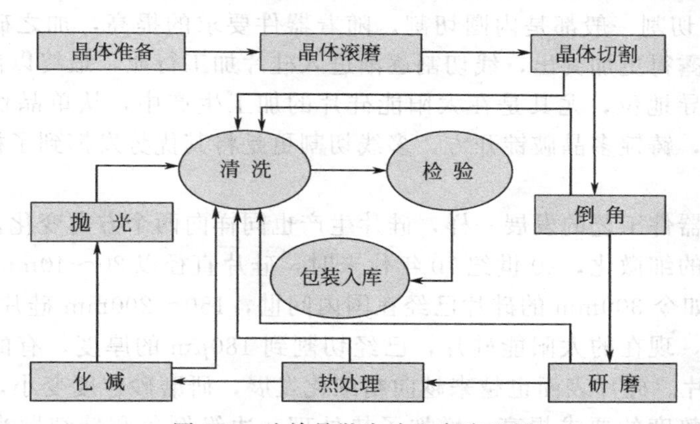

图0-7 硅单晶抛光片生产流程图

图0-8显示了太阳能硅片的生产流程。和抛光片一样，不管是硅单晶还是硅铸锭多晶，首先第一步都是进行外形处理，即对硅单晶进行滚磨切方，硅铸锭多晶进行开方，然后经切割、清洗、检验与包装后完工。

本教材以硅单晶抛光片的生产工艺技术为主线，同时兼顾太阳能硅片的生产制作工艺。

0.3.2 硅片生产的历史与发展

硅片作为半导体器件不可缺少的重要材料，其发展总是与器件的发展同步并互相促进的。

1945年制造的世界上第一台电子计算机，装有18000个电子管、70000只电阻和10000

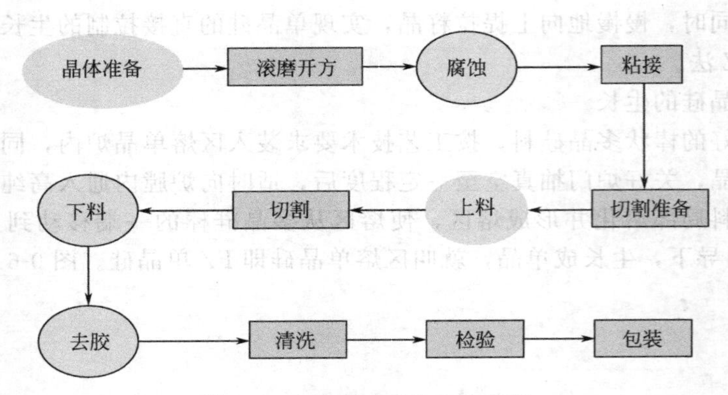

图 0-8 太阳能硅片生产流程图

只电容，整个机器重 30t，占地 170m²，相当于 10 间房子大小。而今天的电子计算机，由于技术的进步和材质的改善，在一个指甲盖大小的硅片上，可以容纳上万个晶体管；并且有输入、输出、运算、存储和信息控制等一系列功能。这种技术的进步和材质的改善，也反映出硅片加工生产技术的进步与发展。

早期的硅片生产，直径都比较小，虽说也是采用滚磨、切割、研磨、化减和抛光等一系列工艺来实现加工目的，但毕竟是很粗糙的。

就滚磨工艺来说，一开始就是简单的外形滚圆，没有定向，也无参考面（定位面），随着器件工艺的发展，开始在硅片上制作主、副参考面，以满足用户划片的需要和工艺流水线上的分辨要求，随着硅片直径的增大，参考面又发展成为切口。对于硅棒的表面，早先的工艺都是采用先滚磨然后进行化学腐蚀以去除其表面损伤，后来，将滚磨分为粗磨、精磨及抛光滚磨。

20 世纪的硅片切割一般都是内圆切割，随着器件要求的提高，加之硅片直径增大，内圆切割的弊病就显露得更加突出，线切割逐渐进入硅片加工行业，最终以前所未有的优势取得硅晶体切割的主导地位，尤其是在太阳能硅片的加工生产中，从单晶切割到铸锭多晶切割，再到单晶切方，铸锭多晶破锭开方，多线切割更是将其优势发挥到了极致，完全取代了内圆切割。

总的来说，和器件工艺的发展一样，硅片生产也同样向两个方向变化，即硅片直径的增大和加工质量参数的细微化，20 世纪 70 年代末时，硅片直径以 20～40mm 为常见，80 年代发展到 76.2mm，如今 300mm 的硅片已经在国内问世，150～200mm 硅片已成为主流产品。硅片厚度越来越薄，现在的太阳能硅片，已经切割到 180μm 的厚度，有的公司已经试切出厚度为 80μm 的硅片。硅片表面也越来越向精细化发展，研磨砂粒度变小，硅片弯曲度、翘曲度、平行度和平整度的要求提高，增加了热处理、边缘倒角和精细抛光及双面抛光等工艺。为适应新的应用需要，数控机床被引入到硅片生产加工行业以完成精确开槽、打孔等特殊作业。硅片的应用逐渐进入越来越广泛的领域，硅片生产行业也展现出越来越宽阔的前景。

第1章　晶体滚磨与开方

学习目标

掌握：• 磨削加工基本知识
• 硅片主、副参考面的选取与制作
• 滚磨开方工艺过程

理解：• 晶体的性质与特征

了解：• 滚磨开方设备

经单晶工艺生长的硅棒，其外形是不规则的圆柱体，切割成片以前必须按一定规范对其进行整形。铸锭多晶也是一样，首先必须按一定规格进行整形与分割，方能进行下一步加工。因此，硅片生产的第一道工序，就是要利用定向仪、单晶切方滚磨机、带锯或线锯等专用设备对晶体进行磨削与分割加工，使其外形（包括直径、参考面和边长等）符合使用要求，通常称之为滚磨开方工序。

滚磨开方是硅片加工的第一个工序，在对其工艺进行介绍前，本章将首先介绍晶体的主要特征以及多晶与单晶的概念，然后对磨削加工进行必要的讨论，再从硅片主、副参考面的选取制作进入滚磨开方工序，并以滚磨开方机为例对其设备与工艺进行深入的讨论。

1.1　晶体与磨削加工

1.1.1　晶体的基本特征

自然界的物质分为固体、液体和气体。固体又分为晶体与非晶体。玻璃、塑料、木头、松香等是非晶体；而大多数的物质如岩盐、水晶、钻石等天然矿物，铜、铁、铅、钼等金属，还有石英、石墨和云母等，都属于晶体；硅、锗、砷化镓等半导体材料也是晶体。

非晶体原子排列杂乱无规律可循，而晶体则是由许多质点（包括原子、离子或分子）在三维空间作有规则的周期性重复排列而构成的固体。正因为如此，晶体具有一些特殊的性质。

晶体具有均匀性、有限性、对称性、各向异性和解理性。从而使晶体具有以下一些特征。

（1）晶体有规则而对称的外形

由于晶体中的原子和分子呈有规则的重复排列，使晶体具有规则而对称的外形。非晶体则不呈现这种周期性的规则排列和规则而对称的外形。

（2）晶体有固定的熔点

熔点是固体将其物态由固态转变（熔化）为液态的温度。晶体熔化时的温度叫做熔点。

将晶体加热，观察记录其开始熔化时的温度，会发现每一种晶体都分别具有一定的熔化温度，即熔点。例如，食盐的熔点为801℃；铜的熔点为1083℃；硅的熔点为1420℃；钨的熔点高达3410℃；而石墨的熔点更高，为3662℃。

将晶体或非晶体逐渐加热，每隔一定时间测量记录其温度，一直到其完全熔化为液体，可以做出温度和时间的关系曲线——熔化曲线，如图1-1所示。观察晶体的熔化曲线：$a \to b$ 温度逐渐升高；$b \to c$ 温度恒定不变；$c \to d$ 温度继续上升。非晶体的熔化曲线：温度不断升高，没有一个恒定的温度平台，$b \to c$ 段处于软化状态。普通玻璃是非晶体，就没有熔点，在加热过程中只会有一个软化温度，大概在600～700℃。

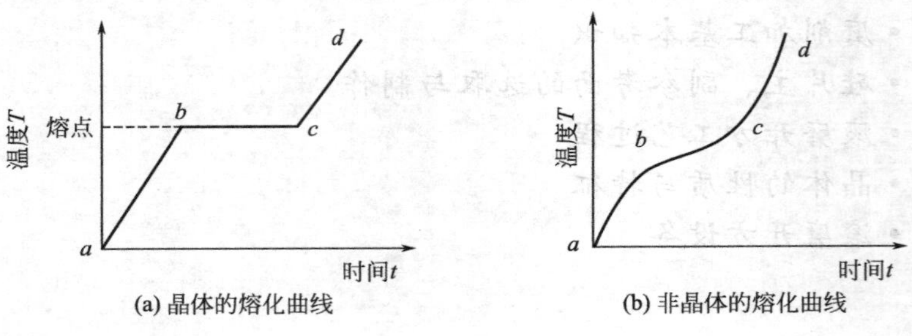

(a) 晶体的熔化曲线　(b) 非晶体的熔化曲线

图1-1　熔化曲线

(3) 晶体有各向异性的特征

在晶体中，不同的结晶方向表现出不同的物理化学性质，称为晶体的各向异性。

可以进行一个实验：在云母片和玻璃片上分别涂上石蜡，分别用一个加热的金属针尖放在其上，触点周围的石蜡会逐渐熔化。观察其形状会发现，玻璃片上的石蜡呈圆形，而云母片上的石蜡则呈椭圆形，如图1-2所示。这便是由于玻璃的导热性与方向无关，而云母的导热性与方向有关所致。

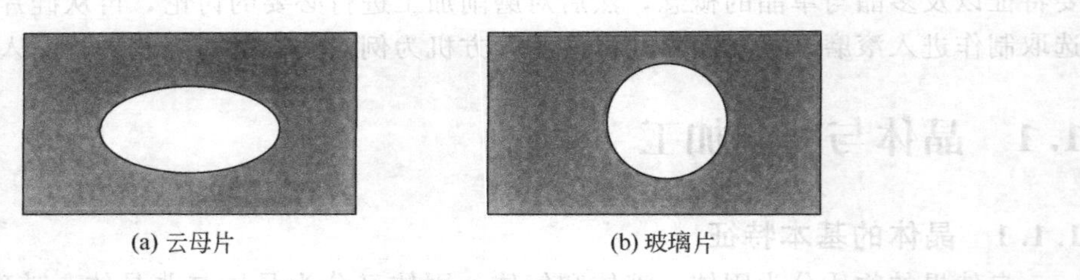
(a) 云母片　(b) 玻璃片

图1-2　石蜡熔化的实验

从表1-1也可以看到，同一种物质，在不同的方向上具有不同的物理性质。比如铜单晶的延伸率，最大可达55%，而最小只有10%。

表1-1　单晶体的各向异性

类别	弹性模量/MPa		抗拉强度/MPa		延伸率/%	
	最大	最小	最大	最小	最大	最小
Cu	191000	66700	346	128	55	10
α-Fe	293000	125000	225	158	80	20

(4) 解理性

晶体在受到一定外力时会沿特定的面断裂开，称为解理性，这种特定的断裂面称为解理面。例如，云母会沿解理面分裂成小薄片；硅单晶的解理面是{111}，(111) 硅片会解理分裂成小三角形；(100) 硅片则会解理分裂成小的矩形。

晶体的解理面是很光滑的完美平面。

综上所述，晶体与非晶体的区别可以归纳为：

① 根本区别在于，质点是否在三维空间作有规则的周期性重复排列，晶体具备此有序排列，而非晶体则不具备；

② 晶体具有规则的外形，非晶体则没有（无定形体）；

③ 晶体熔化时具有固定的熔点，而非晶体无明显熔点，只存在一个软化温度范围；

④ 晶体具有各向异性，非晶体则呈各向同性；

⑤ 晶体具解理性，非晶体没有解理。

1.1.2 单晶体与多晶体

一块晶体中，若其内部的原子排列的长程有序规律是连续的，则称为单晶体；若某一固体物质是由许许多多的晶体颗粒所组成，则称之为多晶体，多晶体中晶粒与晶粒之间的界面称为晶界。图 1-3 形象化地表示了这两种结构的不同。

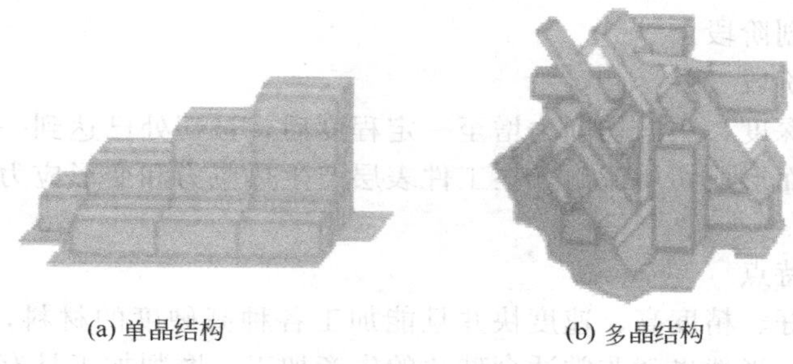

(a) 单晶结构　　(b) 多晶结构

图 1-3　单晶和多晶结构示意图

(1) 单晶体

质点按同一取向有序连续排列，由一个核心（称为晶核）生长而成的晶体称为单晶体。

单晶体具有晶体的所有特征。如硅单晶，其原子排列的有序性与均匀性决定了晶体不同部位的宏观性质相同；有限性使其自发地形成规则的几何外形，〈111〉和〈100〉硅单晶分别具有三条和四条对称的生长线；晶体的对称性使晶体在某些特定方向上表现出完全相同的物理化学性质，比如硅单晶的等效面特征以及具有固定的熔点等；硅单晶也具明显的各向异性，不同的晶面，其共价键密度、面间距等均有所不同，表现出不同的生长速率、加工速率和腐蚀坑形态等；硅单晶具解理性，其最好的解理面是 {111}，其次为 {110}。

(2) 多晶体

多晶体通常由许多不同位向的小晶体（晶粒）所组成。

多晶体和单晶体一样具有固定的熔点，但显现不出晶体的各向异性（如果多晶内晶粒排布是随机的话），一般显示出各向同性——假等向性。多晶的物理性质不仅取决于所包含晶粒的性质，而且晶粒的大小及其相互间的取向关系也起着重要的作用。

铸锭多晶硅的平均晶粒尺寸与工艺有关，一般为几毫米或厘米大小。

1.1.3 磨削加工基本知识

滚磨开方是一个机械磨削加工过程，通过磨轮（刀具）与工件产生相对运动，使磨轮（刀具）上的金刚石颗粒对工件进行磨削而达到加工目的。

磨削加工是指用磨料来去除工件表面多余材料的方法，其应用范围非常广泛，根据工艺目的和要求不同，已发展为多种形式的加工工艺，并正在向高速、高效、高精度、低粗糙度及自动化方向不断发展。在硅片生产中，磨削加工几乎从头到尾贯穿于整个制作过程。

(1) 磨削加工的分类

磨削加工通常按磨削工具的类型分类，有固定磨粒加工和游离磨粒加工两大类。不同形式加工的用途、工作原理和运动情况有很大的差别。但是，磨削过程中都存在摩擦、微切削和表面化学物理反应等现象，只是形式和程度不同而已。

硅片加工中，硅单晶滚磨、内圆切割、金刚线切割和倒角等都属于固定磨粒加工；而研磨、喷砂、多线切割和抛光等则属于游离磨粒加工。

(2) 磨削过程的三个阶段

磨粒在磨削过程中经历三个阶段，具体情况如下。

第一阶段：弹性变形阶段

磨粒与工件开始接触，磨粒未切入工件而仅在表面产生摩擦，表层产生热应力（变形应力），此为弹性变形阶段。

第二阶段：刻划阶段

磨削过程中随着磨粒切入量增加，磨粒逐渐切入工件，使该部分材料向两旁隆起，工件表面形成刻痕，为刻划阶段。

第三阶段：切削阶段

磨粒已切入一定深度，法向切削力增至一定程度后，被切处已达到一定温度，此部分切削材料沿剪切面滑移而形成切屑流出，在工件表层产生热应力和变形应力，此阶段称为切削阶段。

(3) 磨削加工的特点

磨削加工稳定性好、精度高、速度快并且能加工各种高硬度的材料，所以被广泛使用，尤其是在精加工领域，当然也就非常适合硅片的生产加工。磨削加工具有以下特点。

① 不管是哪种磨削，磨削界面都有大量磨粒，其形状、大小和分布为不规则的随机状态，参加切削的刃数随具体条件而定。磨粒刃端面圆弧半径较大，切削时呈负前角（一般为$-85°\sim-65°$）。

② 磨粒硬度高，热稳定性好，可磨削各种高硬度的材料，这些材料用一般的车、铣是很难加工的。

③ 每颗磨粒的切削厚度很薄，一般只有几微米，因此加工表面可获得高的精度和好的表面粗糙度。磨削加工的精度可达IT6～IT7级，表面粗糙度（R_a）可达$0.05\sim0.08\mu m$，故常被使用在精细加工中，如硅片加工、石英片加工和宝石加工等。

④ 磨削加工的效率高，一般磨削速度约为普通刃具的20倍以上，因此可获得较高的去除率。

⑤ 磨粒具有一定的脆性，在磨削力的作用下会破裂，从而更新其磨削力，这叫磨粒的“自锐作用”。不过随着破裂的增加，磨粒粒度减小，磨削力便会降低。

1.2 硅片主、副参考面的制作

电路级的硅片通常都需要制作参考面，硅片参考面的制作就是在滚磨工序完成的。

首先，要了解什么是硅片的参考面，它的作用是什么。

1.2.1 硅片参考面及其作用

硅片参考面指在硅片边缘专门制作的小平面，也称作定位面，有主、副之分，主参考面的长度大于副参考面。主参考面是为了在器件生产中获得管芯分割的最佳划片合格率而制作的，因此又叫做最佳划片方位，规定硅片的主参考面方位为（$1\bar{1}0$）。副参考面的作用是便于宏观区分硅片的型号和晶向。

由于晶体具有解理性，就是说晶体在受到足够外力时会沿着某特定的方向（平面）裂开，这个特定的裂开面被称为解理面。不同的晶体各有其特定的解理面。如果在划片时利用硅单晶的解理性质，选择其解理面作为硅片的划片断面，就可以有效地减少硅片分割时的破碎，从而提高器件生产的成品率。硅单晶的解理面是{111}面，而器件生产中用得最多的硅片晶面是{111}和{100}。表1-2列出了硅单晶中常用的几种晶面间的夹角，可以看出，{111}和{100}这两种晶面与{111}面之间夹角都没有90°的关系，显然，要制作出{111}面的参考面是不现实的。于是，采用了硅单晶的次解理面——{110}面来作为硅片的主参考面。由于硅单晶{111}面的非对称性限制其沿{110}面划片时只能以一特定方向而不能逆向进行，所以最终规定以（$1\bar{1}0$）面作为硅片的主参考面。

表1-2 硅单晶常用晶面间的夹角

$\{h_1,k_1,l_1\}\wedge\{h_2,k_2,l_2\}$	角度值
$100\wedge100$	0°；　90°
$100\wedge110$	45°；　90°
$100\wedge111$	54°44′
$110\wedge110$	0°；　60°；　90°
$110\wedge111$	35°16′；　90°
$111\wedge111$	0°；　70°32′

硅片的副参考面位于距主参考面一定夹角的地方，宏观表示出硅片的型号和晶向。

型号指硅片的导电类型，就是说是N型还是P型；晶向则指硅片的结晶学方向。图1-4显示了硅片生产中常用的四种硅片主、副参考面之间的夹角关系，以此可直观方便地区分硅片的型号和晶向。

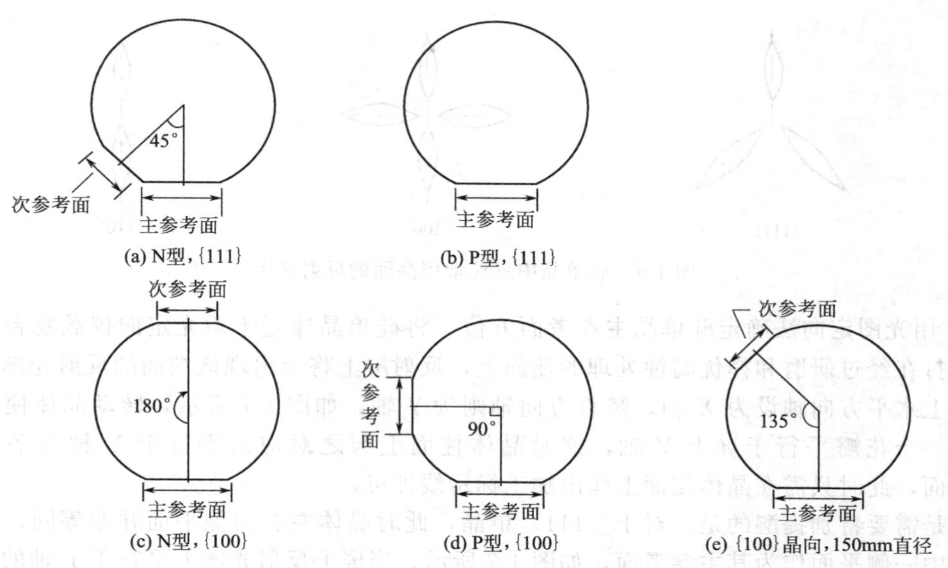

图1-4 硅片副参考面位置（硅片宏观示意图）

对于N{111}的硅片，副参考面与主参考面呈45°夹角，P{111}的硅片没有副参考面，

N{100} 硅片的副参考面与主参考面通常呈 180°夹角，但在硅片直径为 150mm 时副参考面与主参考面呈 135°夹角，P{100} 硅片的副参考面与主参考面呈 90°夹角。

1.2.2 硅单晶主、副参考面方位的确定

实际生产中，可以用光图定向法、晶棱连线法和 X 射线衍射定向法来确定硅单晶主参考面方位。

(1) 光图定向法

在硅片生产中，光图定向法以其简单直观而被广泛使用。

① 光图定向法原理　图 1-5 是一个光图定向装置——氦氖激光定向仪的简单示意图。硅单晶表面经研磨和择优腐蚀后，会出现许多微小的凹坑，将一束光射在被测平面上，由凹坑壁组成的小平面的反射构成的光图与被测平面的结晶学方向有关，根据其光图的形态可以确定被测平面的基本结晶学方向。

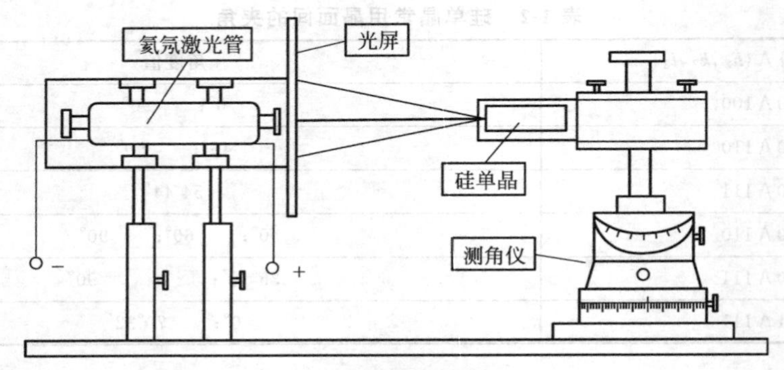

图 1-5　氦氖激光定向仪示意图

图 1-6 是硅单晶中三种常用晶面的反射光图。{111} 晶面的反射光图可以看到三个花瓣，呈 120°对称分布；{100} 面有四个花瓣，呈 90°对称分布；而 {110} 面只有两个花瓣，呈 180°对称分布。

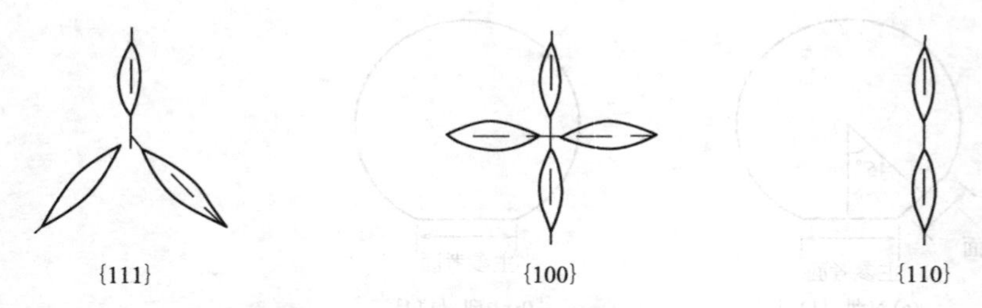

图 1-6　硅单晶中三种常用晶面的反射光图

② 用光图定向法确定硅单晶主参考面方位　将硅单晶棒置于激光定向仪载物台上，使激光束打在经过研磨和择优腐蚀处理的端面上，反射屏上将会出现该端面的反射光图。通常将光屏上水平方向轴设为 X 轴，竖直方向轴则为 Y 轴。如图 1-7 所示，转动晶体使反射光图的某一个花瓣平行于屏上 Y 轴，这时晶体柱面上与之对应的平行于 Y 轴的平面就是 {110} 面，此时只需在晶体端面上作出加工标示线即可。

但是需要特别提醒的是，对于〈111〉单晶，此时晶体左右两侧平面并非等同，而只能选取其中一侧平面作为其主参考面，如图 1-7 所示。当屏上反射光图上平行于 Y 轴的花瓣位于光图上部时，面对光图，在晶体远离光屏端左边画一垂线作为硅单晶主参考面方位，或者背向光图，在晶体靠近光屏端右边画一垂线作为硅单晶主参考面方位；如果屏上反射光图上

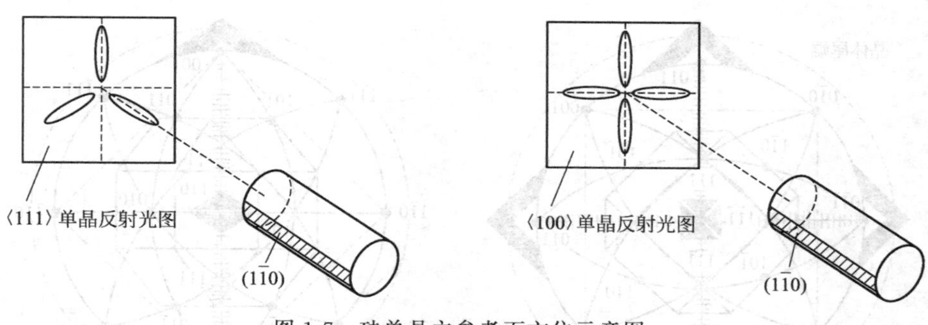

图 1-7 硅单晶主参考面方位示意图

平行于 Y 轴的花瓣位于光图下部时，其划线的位置与前面所述相反。

（2）晶棱连线法

如果硅单晶晶棱比较清晰且对称时，可以用晶棱连线法方便地确定其主参考面方位。

① 晶棱与花瓣位置的对应关系　晶棱即硅单晶的生长线。〈100〉硅单晶有呈 90°对称分布的四条晶棱；〈111〉硅单晶有三条晶棱，呈 120°对称分布；而〈110〉硅单晶只有两条晶棱，呈 180°对称分布。

如前所述可以看到，硅单晶晶棱和其相应晶面反射光图的花瓣数目及分布对应相同，其间有确定的对应关系吗？答案是肯定的。图 1-8 显示了硅单晶晶棱和相应晶面反射光图花瓣的对应关系。对于〈100〉硅单晶，无论是晶体头端还是尾端｛100｝面，其反射光图的花瓣位置与晶棱位置一致，如图 1-8(a) 所示；〈110〉硅单晶头端和尾端其反射光图花瓣位置与晶棱位置也一致，如图 1-8(b) 所示；但是〈111〉硅单晶的情形就不同了，〈111〉硅单晶尾端（111）面的反射光图花瓣位置与晶棱位置一致，如图 1-8(c) 所示；头端（$\bar{1}\bar{1}\bar{1}$）面的反射光图花瓣位置与晶棱位置就错开了 60°，如图 1-8(d) 所示。

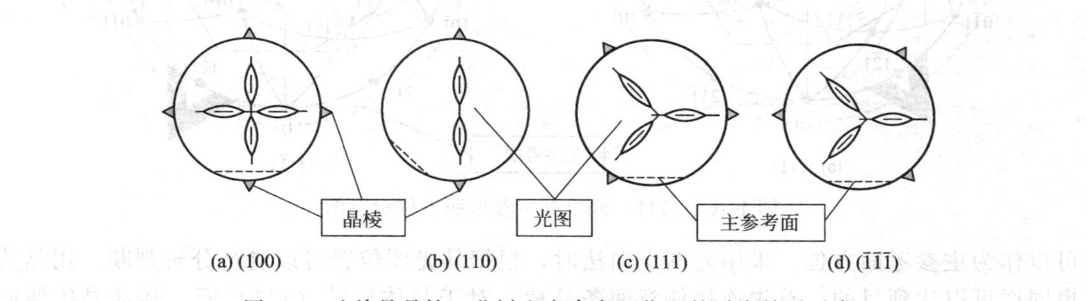

图 1-8 硅单晶晶棱、花瓣和主参考面位置的对应关系示意

② 用晶棱连线法确定主参考面方位　清楚了硅单晶反射光图花瓣与晶棱的对应关系，就不难确定主参考面位置了。

再来看看图 1-8，图中虚线标示的位置为主参考面方位，（100）和（111）晶面上标示的位置为（1 $\bar{1}$ 0），（110）晶面上标示的位置为（111）。（110）晶面的硅片使用比较少，国标没有对其主参考面方位作统一规定，通常视用户要求而制作。

从图 1-9 可以看出，〈100〉硅单晶柱面上（图中圆周上）对称分布的四个｛110｝面恰好正处于硅单晶晶棱所在处。其中任何一个平面都可以作为主参考面的制作方位，面向〈100〉硅单晶任一端面，连接互为 180°的两条晶棱，在连线的任一端作其垂线，即为主参考面位置。〈110〉硅单晶柱面上对称分布的两个｛110｝面。

如图 1-10 所示，〈111〉硅单晶的柱面上对称分布有六个｛110｝面，但是只有其中的三

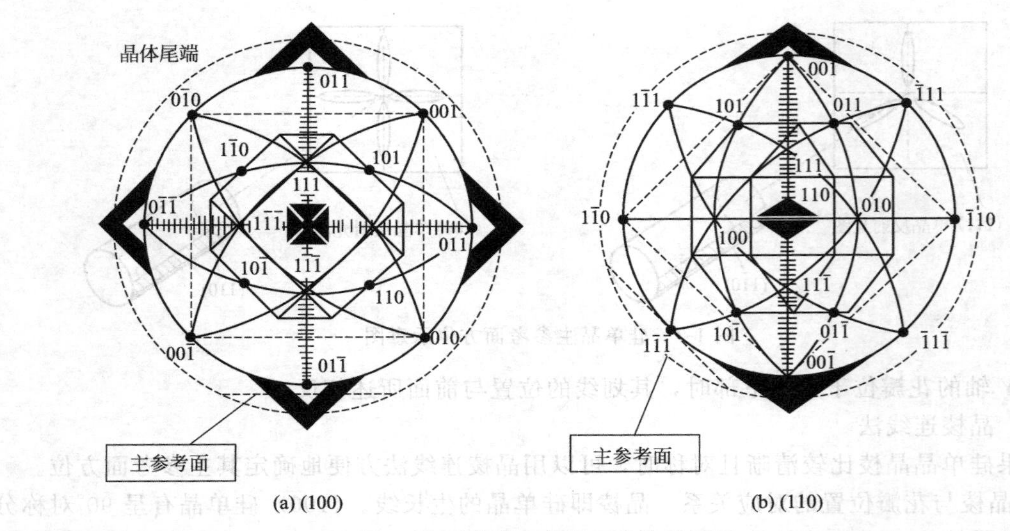

图 1-9 硅单晶主参考面方位示意图

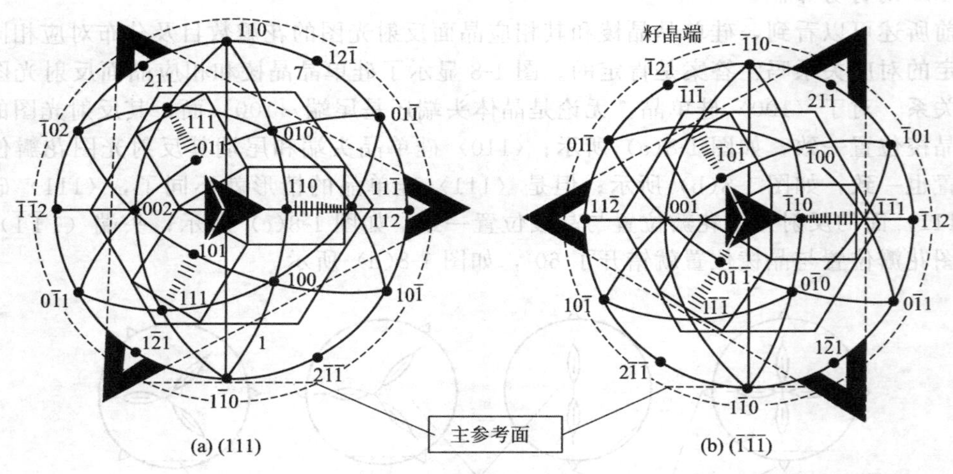

图 1-10 〈111〉硅单晶主参考面方位示意图

个可以作为主参考面方位。采用光图定向法时，根据其光图位置可以进行分辨判断；用晶棱法也同样可以达到目的。首先连接任意两条晶棱，对于晶体尾端（111）面，转动晶体使此连线竖直位于端面偏左位置，如图 1-11(a)；如果是晶体头端 $(\bar{1}\bar{1}\bar{1})$ 面，则使此连线竖直位于端面偏右位置，见图 1-11(b)。在此连线的下部作垂线，垂线位置即为〈111〉硅单晶主参考面 $(1\bar{1}0)$ 方位，如图 1-11 所示。

硅单晶生产出来后，其头尾通常会加以标识，此外也可以从晶棱的特征来确定。晶棱即硅单晶的生长线，仔细观察硅单晶晶棱，可以看到它由若干细小的短曲线构成，从曲线弯曲的方向可以分辨硅单晶的头尾，即（111）面或 $(\bar{1}\bar{1}\bar{1})$ 面。如图 1-11(c) 所示，短曲线凸面朝向为〈111〉方向，即晶体尾端，反之凹面朝向为 $\langle\bar{1}\bar{1}\bar{1}\rangle$ 方向，即晶体头端。

晶棱连线法简单直观，但是其精确度不高。尤其是当晶体上的晶棱不清楚或是看不到时，此方法显然不适用，如果尚能分清晶体头尾，则还可以利用 X 射线衍射定向法来确定其主参考面方位，X 射线衍射定向法精确度高，经常用于硅单晶主参考面的检查校对及其修正。X 射线衍射定向的原理与操作方法将在硅单晶切割章节中再行讨论。

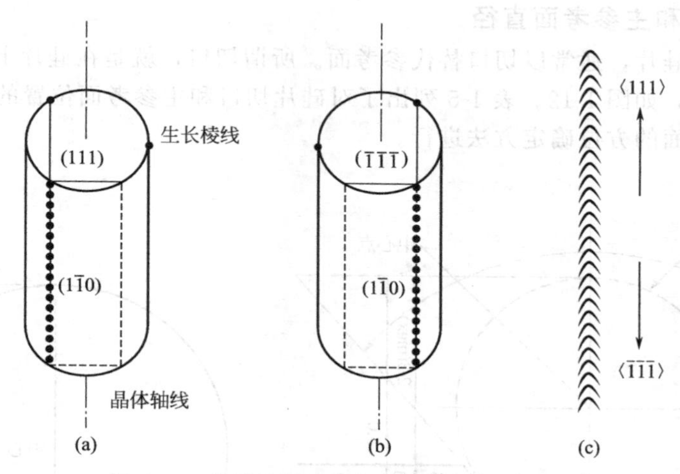

图 1-11 晶棱连线法确定硅单晶主参考面方位

(3) 副参考面方位

主参考面方位确定后，副参考面方位只需根据硅单晶的型号、晶向等按标准规定的角度位置确定即可，如图 1-4 所示。

1.2.3 硅单晶主、副参考面的制作要求

硅单晶主、副参考面的制作要求主要有两点参考面方位和参考面长度。

(1) 参考面方位

按照国标规定，硅单晶主参考面方位为（1$\bar{1}$0）±1°，副参考面的方位偏离允许在 5°以内，详见表 1-3。

表 1-3 硅片参考面方位

型号晶向	主参考面方位	副参考面方位
P{111}	(1$\bar{1}$0)±1°	无
N{111}	(1$\bar{1}$0)±1°	与主参考面呈 45°±5°
P{100}	(1$\bar{1}$0)±1°	与主参考面呈 90°±5°
N{100}	(1$\bar{1}$0)±1°	与主参考面呈 180°±5°
N{100}(直径 150mm)	(1$\bar{1}$0)±1°	与主参考面呈 135°±5°

注：对{111}的硅片，等效于（1$\bar{1}$0）面的有（1$\bar{1}$0）、($\bar{1}$01) 和（01$\bar{1}$）晶面；对{100}的硅片，等效于（1$\bar{1}$0）面的有（01$\bar{1}$）、(0$\bar{1}\bar{1}$)、(0$\bar{1}$1) 和（011）晶面。

(2) 参考面长度

参考面长度（也称宽度）与硅片直径有关，国标中亦有所规定，见表 1-4。

表 1-4 硅片参考面长度

硅片直径/mm	50.8	76.2	100	125	150
主参考面长度/mm	16.0±2.0	22.5±2.5	32.5±2.5	42.5±2.5	57.5±2.5
副参考面长度/mm	8.0±2.0	11.5±1.5	18.0±2.0	27.5±2.5	37.5±2.5

实际生产中，硅片参考面的方位和长度要求并非一定都是按标准制作，可以根据用户的要求进行。

1.2.4 硅片切口和主参考面直径

对于大直径的硅片，通常以切口替代参考面。所谓切口，就是在硅片上加工的具有规定形状和尺寸的凹槽，如图 1-12。表 1-5 列出了对硅片切口和主参考面位置的要求，切口的方位确定可参照定位面的方位确定方法进行。

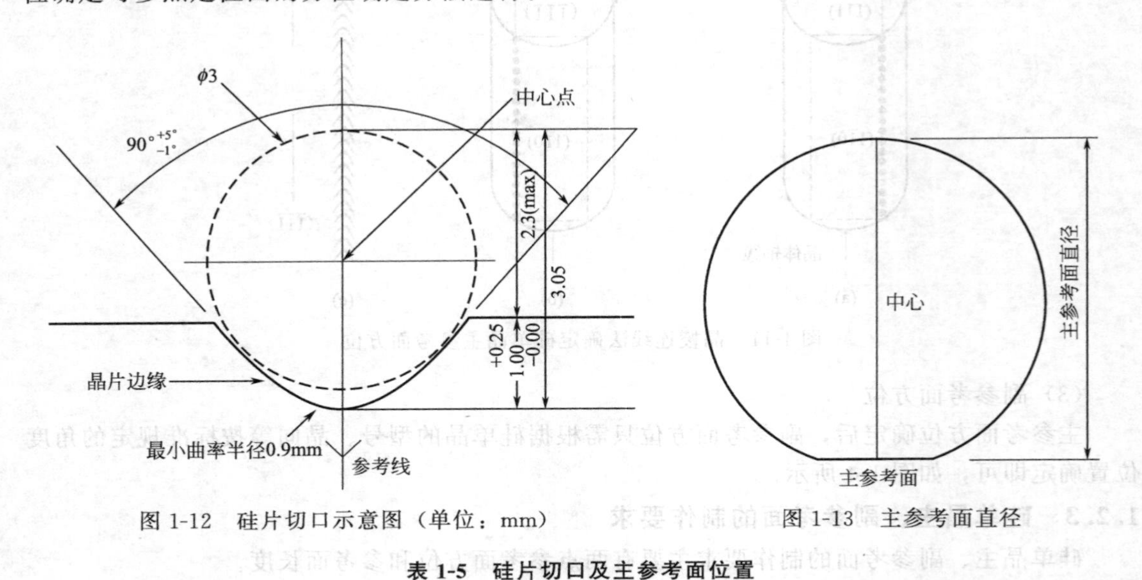

图 1-12 硅片切口示意图（单位：mm）　　图 1-13 主参考面直径

表 1-5 硅片切口及主参考面位置

切口基准轴取向	$\langle 1\bar{1}0\rangle \pm 1^\circ$
主参考面位置	$(1\bar{1}0) \pm 1^\circ$

注：对 {111} 的硅片，等效于 $(1\bar{1}0)$ 面的有 $(1\bar{1}0)$、$(\bar{1}01)$ 和 $(10\bar{1})$ 晶面；对 {100} 的硅片，等效于 $(1\bar{1}0)$ 面的有 $(01\bar{1})$、$(0\bar{1}\bar{1})$、$(0\bar{1}1)$ 和 (011) 晶面。

直径 200mm 或更大的硅片，也有不做切口而做参考面的。国标规定，此种硅片只做主参考面而无副参考面，并且不以参考面长度表征，而是以主参考面直径来表示。主参考面直径定义为从主参考面的中心沿着垂直于主参考面的直径，通过硅片中心到达对面边缘周边处的直线长度，见图 1-13 所示。

1.3 滚磨开方设备

滚磨开方常用设备包括单晶切方滚磨机、带锯和线锯。普通滚磨机在 20 世纪用得比较多，其功能已经包含在单晶切方滚磨机里，就不作单独介绍了。

1.3.1 单晶切方滚磨机结构与工作原理

早期的滚磨机功能比较简单，主要就是对圆柱状单晶进行外圆滚圆，同时加工出需要的参考面。到了 20 世纪末，随着硅材料在太阳能领域的应用，既具备普通滚磨机功能又能同时完成太阳能硅棒切方加工的单晶切方滚磨机问世。图 1-14 显示了常州某公司生产的 DQMF08 型单晶切方滚磨机外形及其主要结构示意图，以此为例来进行讨论。

1.3.1.1 主体结构与四大系统

DQMF08 型单晶切方滚磨机主体结构由设备基座与框架、滚磨区和切方区构成。基座与框架是整个机器的基础与支撑。滚磨区是对晶体进行外圆整形滚圆及制作参考面（槽）的工作区域，纵向工作台上配置有工件夹紧装置、行程限位器和滚磨砂轮等。切方区包含切方

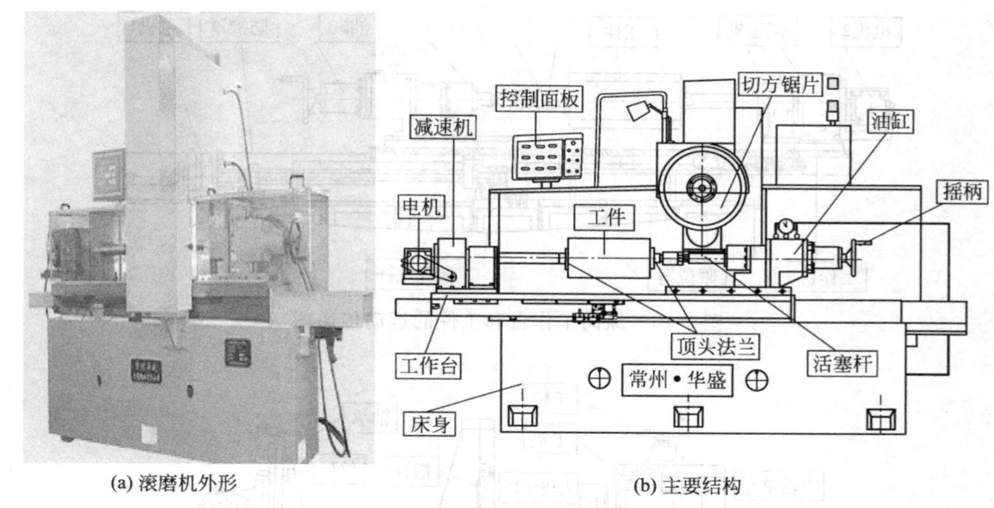

(a) 滚磨机外形 (b) 主要结构

图 1-14 DQMF08 型单晶切方滚磨机外形及其主要结构

锯片、油缸及其相应设置，是晶体进行切方加工的作业区域。整个设备由机械传动系统、液压系统、电气系统和冷却系统四大部分组成。液压系统和电气系统为设备提供动力，通过机械传动系统而实现整个设备的多元运动。

1.3.1.2 四大运动

单晶切方滚磨机的多元运动包括四大运动，即

① 纵向工作台的纵向往复运动；

② 工件的纵向移动和旋转运动；

③ 滚磨砂轮的前后往复运动和旋转运动；

④ 切方锯片的上下垂直运动和旋转运动。

单晶切方滚磨机在进行滚磨工作时，夹紧在工作台上的工件（晶体）绕工件轴作旋转运动，同时被工作台带动作纵向移动，旋转的磨轮对工件产生磨削而实现对其的整形加工，如图 1-15 所示。

(1) 纵向工作台的纵向往复运动

图 1-16 是硅单晶切方滚磨机纵向工作台和工件的运动传递图。纵向工作台的纵向往复运动由伺服电机 1 通过滚珠丝杆的运动传递而实现，其移动的速度可以通过控制电机转速来实现无级调速。纵向工作台的纵向运动距离取决于行程限位器的位置，而行程限位器的位置则根据工件的长度来确定。

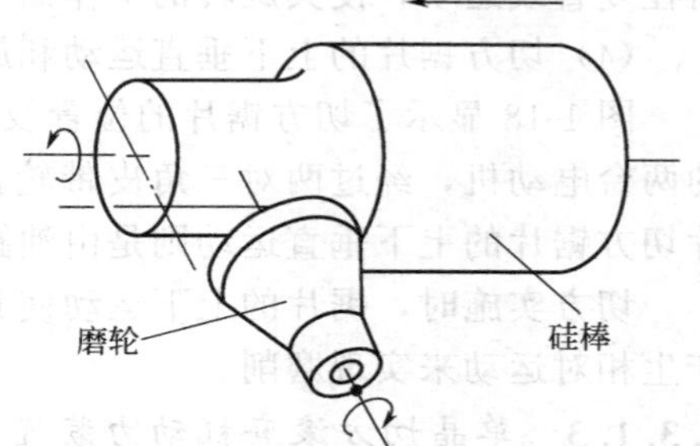

图 1-15 硅单晶滚磨加工示意图

(2) 工件的纵向移动和旋转运动

单晶切方滚磨机工作时工件有两种运动，其一是由纵向工作台带动而作的纵向移动，其二则是由伺服电机 2 通过同步带将运动传递至减速机而实现的旋转运动，工件的旋转运动与其纵向运动一样，也可以通过控制电机转速而实现无级调速。当滚磨实施时，硅单晶被夹紧在工作台上，在绕其轴线旋转的同时做纵向移动，以完成磨削。

(3) 滚磨砂轮的前后往复运动和旋转运动

图 1-17 为滚磨砂轮运动系统示意图。滚磨砂轮也有两种运动，旋转和前后往复直线运

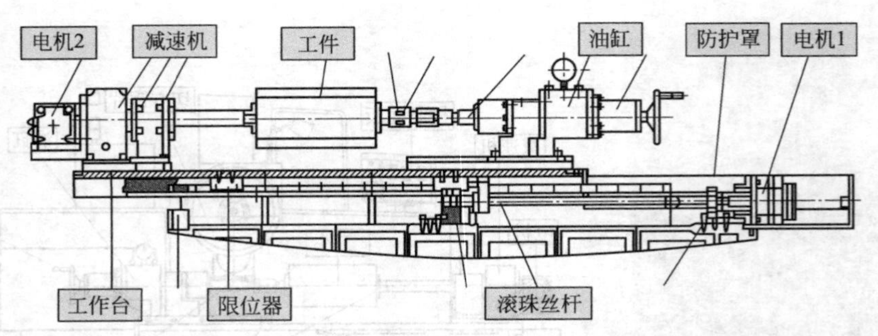

图 1-16 纵向工作台和工件的运动传递图

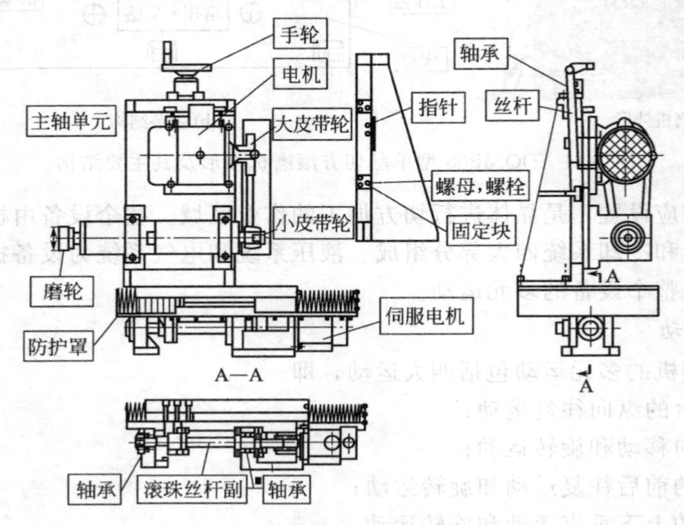

图 1-17 滚磨砂轮运动系统示意图

动。滚磨砂轮由电机和皮带传动而旋转，同时磨轮由伺服电机经滚珠丝杆带动，沿导轨作前后往复直线运动，使其旋转的工作面与硅单晶接触而产生磨削以完成加工。

(4) 切方锯片的上下垂直运动和旋转运动

图 1-18 显示了切方锯片的位置及其运动机理，切方锯片的旋转运动由置于上下工作台的两台电动机，经过两对三角皮带轮，再由 3 根 V 带将运动传递至回转轴而获得。切方锯片切方锯片的上下垂直运动则是由油缸带动上下工作台的上下运动来实现的。

切方实施时，锯片的上下运动使其能到达磨削位置，然后依靠旋转的锯片刀口与硅单晶产生相对运动来实现磨削。

1.3.1.3 单晶切方滚磨机动力装置

单晶切方滚磨机动力装置由电气系统、液压系统和冷却系统组成，提供设备动力并保证设备的正常运行。

(1) 电气系统

电气系统主要包括电机、控制面板和数控系统。交流伺服电机控制设备的几大运动，油泵电机产生机床工作所需的液压，锯片电机带动锯片旋转，磨头电机带动磨轮高速旋转，水泵电机产生工件加工时所需要的冷却水。

(2) 液压系统

从图 1-16 可以看出，单晶切方滚磨机工作时工件被夹紧固定在纵向工作台上，而这个

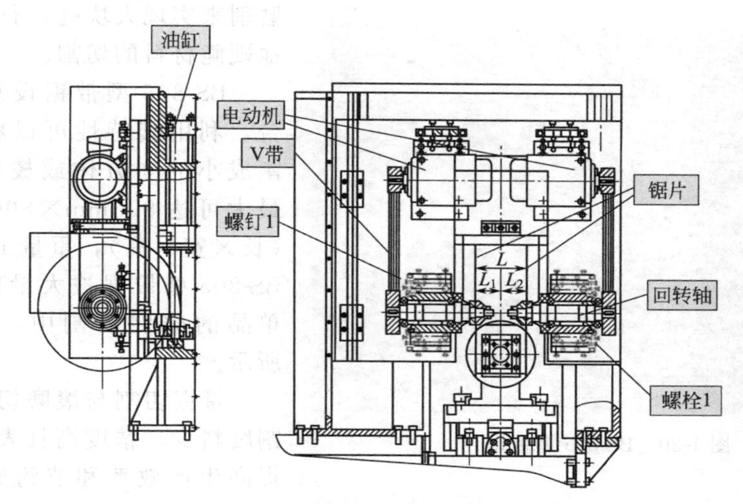

图 1-18 切方锯片运动系统示意图

夹紧是借助于液压系统来实现的。液压系统控制工件的夹紧和切方锯片的上下垂直运动。

DQMF08 型单晶切方滚磨机的液压系统分为三级工作压力，见表 1-6。一级压力 2.0～2.8MPa，为切方锯片油缸的工作压力，在锯片升降时使用；二级压力 1.0～1.3MPa，为工件正常加工时夹紧压力，在滚磨与切方进行阶段使用；三级压力 0.1～0.5MPa，为工件调校时的夹紧压力，用于工件对中以及定位调整时。

表 1-6 DQMF08 型单晶切方滚磨机液压系统的三级压力

级　别	压力/MPa	作　用	备　注
一级压力	2.0～2.8	切方锯片油缸的工作	电接点压力表
二级压力	1.0～1.3	工件正常加工时夹紧	由减压阀调整Ⅰ
三级压力	0.1～0.5	工件调校时夹紧	由减压阀调整Ⅱ

(3) 冷却系统

冷却系统为设备提供冷却水，如图 1-19 所示，在滚磨砂轮和切方锯片前端分别设有电磁阀，电磁阀的启闭分别与磨轮电机和锯片电机同步，控制工作端冷却水的开启和关闭。

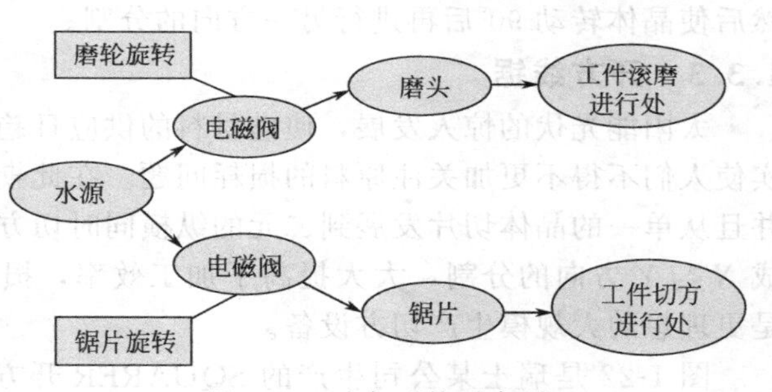

图 1-19 冷却系统示意图

1.3.2 带锯

在实际生产过程中，人们发现单晶切方滚磨机因每次只能单支加工而效率很低，费工费时且费料，不能满足飞速发展的太阳能行业需求。加之铸锭多晶硅的出现，大块的硅锭需要有对其进行开方分割的相应设备，于是，带锯被使用，带锯与单晶切方滚磨机比较，产能高，锯缝小，相对效率提高，原料损耗降低，因此更利于规模生产。

图 1-20 是瑞士某公司生产的 BS-805 型带锯，属于比较大型的开方破锭设备。机器重量达 12000kg，长/宽/高约为 3974mm/3300mm/3243mm，40～100mm 宽、0.4～1.2mm 厚度的带锯条长度约为 8910mm，其刀刃上镀有金刚石，利用金刚石对被加工材料的相对

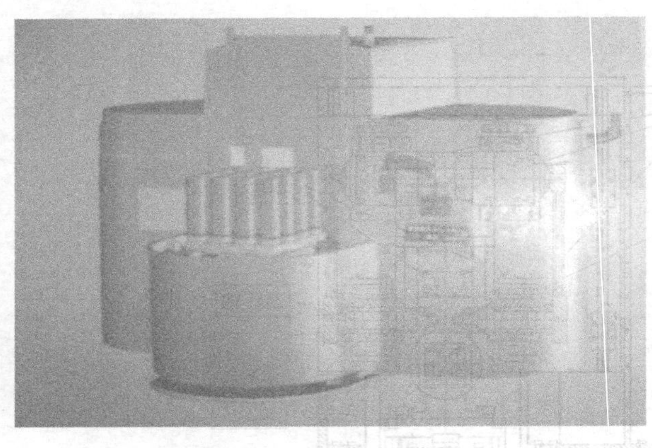

图 1-20 BS-805 型带锯

磨削来实现大块硅、石英、陶瓷和其他硬脆材料的切割。

BS-805 型带锯设计有自动旋转台，利用其特性可以将大块材料分割成小的立方体或棱柱体，块切割最大可达 800mm×800mm×740mm（长×宽×高），重量 1000kg。因此，BS-805 型带锯被大量应用于铸锭硅单晶的破锭切割中，如图 1-21（a）所示。

带锯切割与滚磨切方机相比，切割废料少、精度高且表面好，能大大提高生产效率和节约原材料。因此，除了对大块的铸锭硅进行开方分割外，同时被用来进行硅单晶的批量切方。BS-805 型带锯最大可对 320mm×650mm（直径×高）的硅单晶棒进行方型切割，如图 1-21(b) 所示。也可用于硅单晶的截断，切割规格可达 2300mm×320mm（长×高），400kg，如图 1-21(c) 所示。

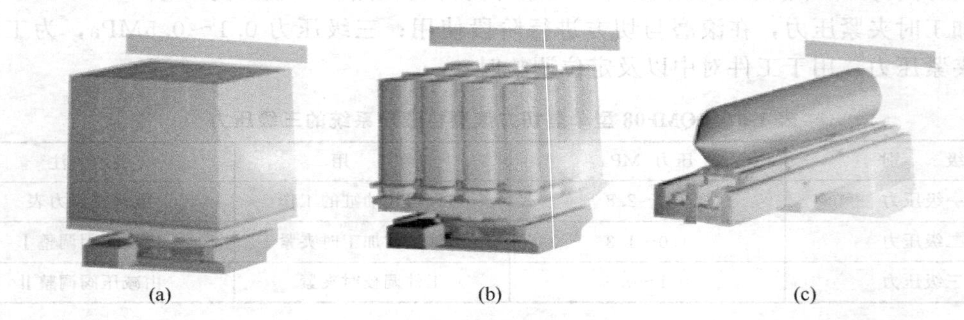

图 1-21 带锯切割示意图

由图 1-21 可以看到，带锯切割是单方向分刀进行。首先沿晶体某一方向进行逐刀分割，然后使晶体转动 90°后再进行另一方向的分割。

1.3.3 开方线锯

太阳能光伏的惊人发展，使硅材料的供应日趋紧张，其价格也不断飙升，惜硅如金的现实使人们不得不更加关注原料的损耗问题。在此期间，硅材料多线切割技术不断发展成熟，并且从单一的晶体切片发展到二元的纵横同时切方，这就是开方线锯。开方线锯可以同时完成 X 与 Y 方向的分割，大大提高了加工效率，损耗更低、切削面更光滑、加工精度更高，是更理想的大规模生产切方设备。

图 1-22 是瑞士某公司生产的 SQUARER 开方线锯，此设备利用线切割原理，将硅单晶圆棒或铸锭多晶锭加工分割成符合要求的太阳能准方棒或方棒。其特点：上下纵横交叉线网，由钢线携带磨料进行磨削，能适应多种规格加工，单晶切方或铸锭多晶破锭开方一机两用，如图 1-23。此线锯切割刀缝小于 0.3mm，损耗小且切割表面质量好，产能高。

由图 1-23 示意可以看到，与带锯切割不同，线锯切割是纵横两个方向同时进行且一次完成。

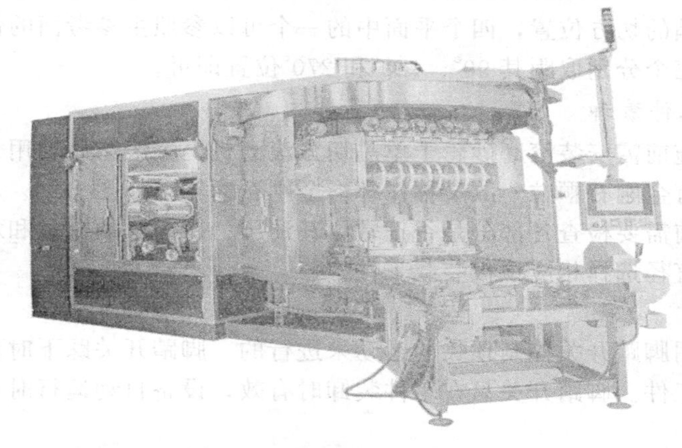

图 1-22　SQUARER 开方线锯

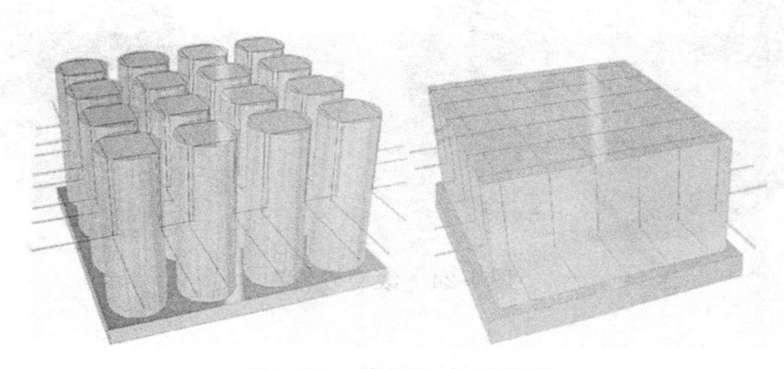

图 1-23　线锯开方示意图

1.4　滚磨开方工艺过程

滚磨开方工艺根据晶体的状况和用户的要求来设计。对于电路级的硅单晶，需要进行滚圆和制作参考面，而对于太阳能级的硅单晶，则需要进行滚圆和切方。如果是太阳能级的铸锭多晶块，就只需要开方分割即可。

1.4.1　硅单晶滚磨切方

硅单晶滚磨切方是为了得到需要的符合要求的直径、参考面及太阳能单晶的四个平面，也就是要得到所需要的符合要求的硅片外形轮廓。所以可以说，滚磨切方工序决定硅片的直径与形状及其规格尺寸。

1.4.1.1　定向

采用专门的设备及工艺手段确定单晶或者晶片的晶向的过程称之为定向。硅单晶，尤其是半导体级硅单晶，在滚磨和切割粘接前都应该进行定向。

硅单晶滚磨前定向的目的主要有两个：①检查硅单晶轴向是否满足要求；②确定硅单晶参考面位置或太阳能单晶准方锭四个平面的位置。

硅单晶切割前定向则主要是确定和保证硅片的正确表面取向，这方面的问题将在硅单晶切割的有关章节中进行介绍。

定向的方法有多种，如解理法、光图定向法、X 射线衍射定向法和 X 射线劳厄照像定向法等。在硅片生产中应用最广泛的是光图定向法和 X 射线衍射定向法。

通过前一节的学习，已经对光图定向法有所了解，更深入的讨论将在后面章节中继续进行。至于太阳能单晶的切方位置，四个平面中的一个可以参照主参考面的位置确定方法来进行，确定以后其余三个分别取距其 90°、180°和 270°位置即可。

1.4.1.2 磨轮与工件装卸

在滚磨作业实施前需安装滚磨砂轮于单晶切方滚磨机上，滚磨砂轮用合金钢做成，形状如杯，工作面上镀有金刚石颗粒，故又称作杯形金刚石磨轮，如图 1-24。

设备开机运行前需要检查各部分是否正常，其油压、冷却水的流量和水压等是否符合要求。然后根据工件直径选择相应顶板装载工件。

(1) 脚踏开关

工件装载是利用脚踏开关控制顶尖的运动来进行的，脚踏开关踩下时顶尖后退，松开后顶尖前进直至顶到工件。脚踏开关只在工件装卸时有效，设备自动运行时不起作用。

图 1-24 滚磨砂轮

(2) 工件对中

将硅棒端面中心对准两个顶头法兰板，用脚踏油压开关把硅棒夹紧，开启主轴开关转动硅棒进行调整对中。硅棒的旋转由工件回转装置带动，5～30r/min 无级调速，在进行调整时可点动，正常工作时则连续运转。

(3) 工件夹紧

按表 1-6 选择正确的液压压力，即工件调整夹紧压力或工件加工夹紧压力。然后根据工件长度调整行程限位器的位置，确定以后用螺栓紧固。

(4) 油泵开关

油泵开启，才能进一步开启锯片、磨轮和水泵电机。其中任一电机出现故障，系统自动切断此四个电机电源。

1.4.1.3 外形滚圆（硅单晶直径滚磨）

(1) 滚圆参数调整设置

工件装载好以后，就可以进行滚磨参数设置。

首先按工艺要求和工件状况输入待加工单晶的毛坯直径和加工期望直径，然后调节设置磨削量及其进给速度，通常以≤2mm 进刀深度分次进行磨削。进给速度通常与磨削深度成反比，就是说磨削量大则进给速度相对应小一点，反之可以大一点。

DQMF08 型单晶切方滚磨机分粗磨和精磨两步完成作业，所以要分别设置其磨削进给量、旋转速度与进给速度。粗磨进给量一般设为 1mm，精磨进给量则设为 0.2mm。另外，考虑到磨头磨损问题，DQMF08 型单晶切方滚磨机特地设计了磨头补偿量输入，以补偿因磨头磨损而产生的误差。

(2) 滚圆自动运行

参数输入完毕，调整磨头中心，检查并确保工件夹紧压力旋钮在正确位置后，就可以放下防护罩，启动滚圆自动运行程序进行磨削加工作业，通常需要通过多次进刀使硅棒达到所要求的直径，如图 1-25。

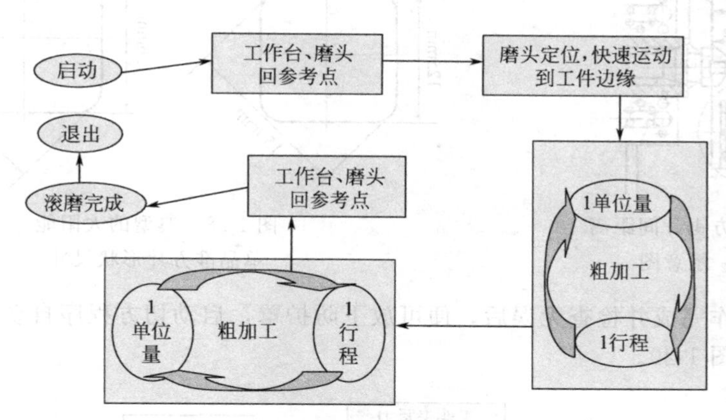

图 1-25 滚圆自动运行示意图

图中“参考点”指机床参考点，即磨头轴和工作台参考点，也就是工件装载和自动加工的起始点位置。启动滚圆自动运行程序后，工作台和磨头首先回到参考点，磨头定位后迅速移动到待加工硅单晶边缘，按照系统设置的参数进行粗加工第一轮磨削，图中所示“1 单位量”即指每轮进刀量（磨削量），完成“1 行程”便意味着一轮磨削完成。经 n 行程后粗加工完成，系统自动转入精磨过程。精磨完成后，所加工硅单晶达到需要的直径，工作台和磨头回到参考点，设备停止运行。

1.4.1.4 参考面制作

如果需要制作参考面，先转动晶体使参考面位置一侧位于磨头处并且使晶体端面所标示的参考面标示线垂直于水平面。然后根据所需参考面的宽度计算进刀量或者输入参数编辑程序，再根据单晶的大小，适当调整磨轮上下位置，然后开启磨轮主轴和水泵开关或者启动自动程序，制作单晶参考面。

硅单晶参考面磨削深度可以根据单晶直径以及参考面宽度进行计算，其实也就是计算图 1-26 中弓形的高 h。

图 1-26 中，圆代表硅单晶棒，AB 代表硅单晶参考面，其宽度为 l，r 代表硅棒半径，h 即为制作参考面时的磨削深度，OD 垂直平分 AB，$h+c=r$。于是就有：

$$h=r-\sqrt{r^2-\frac{l^2}{4}}$$

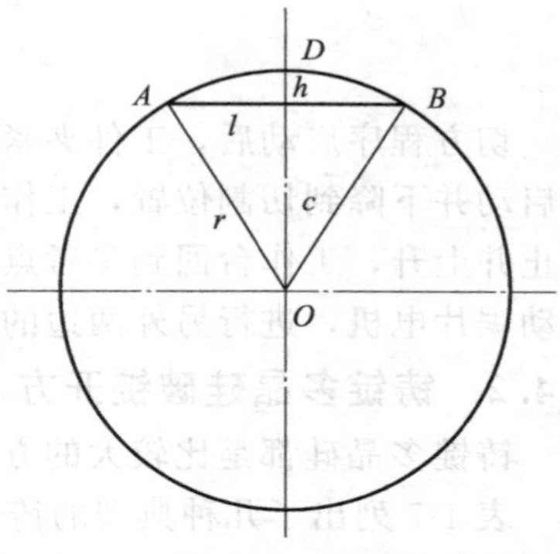

图 1-26 硅单晶参考面制作磨削深度示意图

1.4.1.5 太阳能硅单晶切方

第一步根据单晶直径和加工尺寸调整设置切方锯片间的距离 L_1 和 L_2，如图 1-27。L_1 和 L_2 决定太阳能准方片的对边距离 L，$L=L_1+L_2$，通常调整 $L_1=L_2$。图 1-28 是目前生产中典型的两种太阳能单晶准方片形状尺寸，(125×125)mm 准方片由直径 150mm 硅单晶加工而成，(150×150)mm 准方片则需由直径 200mm 硅单晶加工。

切方锯片间距离调整设置好后，第二步也和硅单晶滚圆一样，需要调节设置锯片的旋转速度与切割进给速度，不同的是还需要调整硅单晶待切割面的位置使其平行于切方锯片平面。

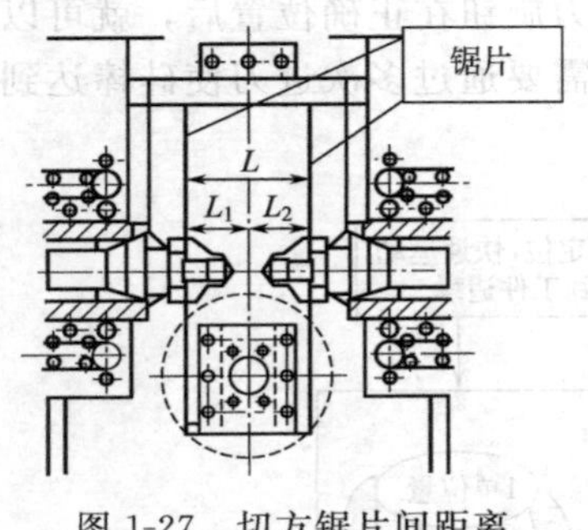

图 1-27 切方锯片间距离 L_1 和 L_2 示意图

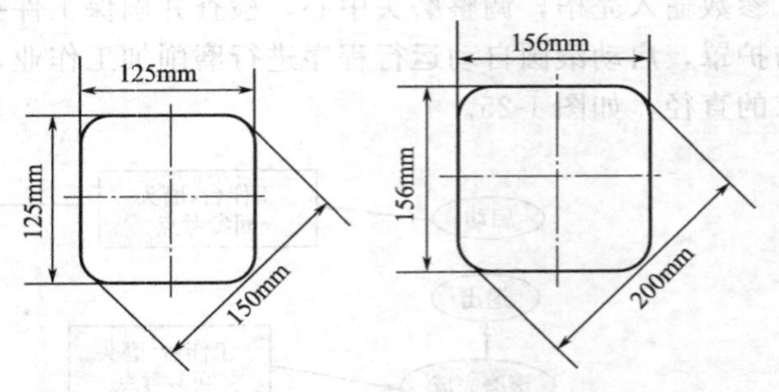

图 1-28 典型的太阳能单晶准方片形状尺寸

相关准备工作完成并检查无误后，便可放下防护罩，启动切方程序自动运行，切方自动运行程序步骤如图 1-29。

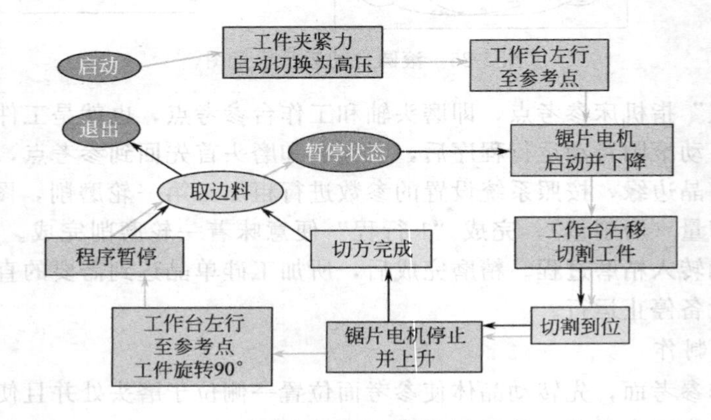

图 1-29 切方自动运行示意图

切方程序启动后，工件夹紧力自动切换为高压，工作台移动到参考点。此时切方锯片电机启动并下降到切割位置，工作台带动工件移动开始两对应边的切割。切割到位后锯片电机停止并上升，工作台回到参考点，工件绕其轴线旋转 90°。此时程序暂停，待取出边料后再启动锯片电机，进行另外两边的切割。再经过与前面相同步骤后切方完成，设备停止运行。

1.4.2 铸锭多晶硅破锭开方

铸锭多晶硅都是比较大的方块体，需要进行开方分割，其使用设备为带锯或线锯。

表 1-7 列出了几种典型的铸锭多晶硅的尺寸及其开方分割状况，比较最早的硅单晶来，他们显然是庞然大物了，可这还不是最大的。瑞士 MEYERBURGER 公司 BS805 带锯的最大加工尺寸可达 800mm×800mm×740mm（长×宽×高），重达 1000kg，最大可对 320mm×650mm（直径×高）的晶体进行方型切割。

不过，目前更多的是使用线锯进行大块铸锭多晶的开方分割，将在硅单晶多线切割中再详细讨论。

1.4.3 滚磨开方后晶体的表面处理

前面曾经指出，滚磨开方是一个机械加工的过程。晶体经过机械加工后，其表面会存在一定的损伤层，会直接影响到下一工序的加工质量。为了减轻这种影响，材料厂与设备制造商都在进行各种努力与探索。

表 1-7 几种典型的铸锭多晶硅的尺寸及其开方分割

原始锭重 /kg	整锭规格 $L\times L\times H$/mm	去边尺寸 $L\times L\times H$/mm	可用锭重 /kg	每支规格 $L\times L\times H$/mm	整锭 /支
240	690×690×216	32.5×32.5×36	163.828	125×125×180	25
		33×33×17.5	163.304	156×156×180	16
270	690×690×243	32.5×32.5×33	191.133	125×125×210	25
		33×33×16.5	190.522	156×156×210	16
400	840×840×243.9	45×45×33.9	275.231	125×125×210	36
		30×30×16.95	297.69	156×156×210	25
450	840×840×273.7	45×45×43.7	301.444	125×125×230	36
		30×30×21.85	326.042	156×156×230	25

1.4.3.1 化学腐蚀

早期的硅单晶滚磨以后通常采用化学腐蚀的方法来消除或减轻晶体表面的机械应力与损伤。化学腐蚀主要有两种形式，即酸腐蚀和碱腐蚀。

(1) 酸腐蚀

酸腐蚀通常采用 $HF+HNO_3+HAc$ 配制成混合酸腐蚀液，化学腐蚀速度与其配比及反应温度密切相关。

通常的酸腐蚀液配比：

$$[HF]:[HNO_3]:[HAc]=(1\sim2):(5\sim7):(1\sim2)$$

硅片与上述混合酸的反应为放热反应，在腐蚀过程中不需要再另行加温。

酸腐蚀速度快，但是化学反应生成的氮化物需要进行专门的处理。于是，人们又尝试着采用碱腐蚀方法。

(2) 碱腐蚀

碱腐蚀腐蚀液为 NaOH 或 $KOH+H_2O$，与酸腐蚀一样，碱腐蚀的化学腐蚀速度也与其配比及腐蚀温度有关。

碱腐蚀液配比一般为：

NaOH 或 $KOH+H_2O$，浓度 15%～40%（质量分数）。

碱腐蚀属于慢腐蚀，需要加温，通常控制到 80～95℃。腐蚀温度对腐蚀后晶体的表面质量影响很大，腐蚀液配比确定以后，控制腐蚀温度是其工艺控制的关键之一。

碱腐蚀主要为纵向腐蚀，其表面剥离的效果较酸腐蚀明显，因此滚磨时外形尺寸要留有余量。

碱腐蚀反应慢、易控制、废液易处理，但是容易造成晶体表面粗糙的腐蚀坑，而且其残留的碱也很难彻底去除，加之晶体的体积也越来越大，需要越来越大的加热腐蚀设备，越来越多的废液需要处理，总之，碱腐蚀也不能令人满意。

1.4.3.2 机械抛光

硅太阳能电池的应用与发展使人们惜硅如金，激烈的行业竞争促使硅材料生产厂不断致力于产品成品率的提高。越来越多的人注意到滚磨开方后的晶体表面对切割质量的影响，各种相应的方法和手段相继推出。

硅单晶滚磨切方设备的生产厂家在自己的设备上增加了精磨抛光功能，力求将加工过程的机械损伤降到最低。有些公司生产的滚磨切方机已经具备了硅单晶在滚磨后进行修光的功能，但是只限于平面，而且处理过程比较慢，于是更加大型和先进的专用设备问世。

图 1-30 是日本某公司生产的硅晶棒表面处理设备，该设备采用了全程自动化设计，由传送带和机械手实现晶体的移动及翻转，可自动测量晶体尺寸以确定其位置并完成相应设置，在处理过程中可适时自动进行晶体的旋转以完成各面加工，如图 1-31～图 1-33。

图 1-30 日本某公司的硅晶棒表面处理设备

图 1-31 利用传送带输送工件

图 1-32 利用机械手移动工件

对晶体的修光处理分为组合刷和精细磨石两种方式。对于经滚磨后已经成型的 F 平面和 R 圆面，利用组合刷进行处理，可以去除因滚磨而产生的约 150μm 深度的损伤层，见图 1-34 和图 1-35。而对于铸锭多晶硅经开方分割后的块体，则利用精细磨石进行棱角修圆（C 面）处理，以消除应力集中区域，减少因此而引发的后续加工损耗，见图 1-36。

图 1-34 显示了对晶体 F 平面进行修磨的情形，修磨分两次进行，先加工其中要对平面，然后将晶体旋转 90°后加工另一对平面。图 1-35 则是对硅单晶准方棒 R 圆面修磨的示意图，同样是分两步进行，不过是同时加工晶体一侧的两个 R 圆面，因此器件晶体需要旋转 180°。

图 1-33 工件自动测量与旋转

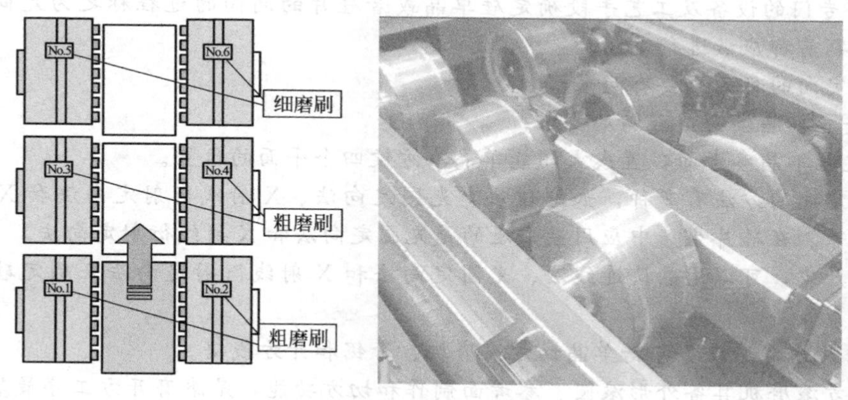

图 1-34　用组合刷进行 F 平面修磨

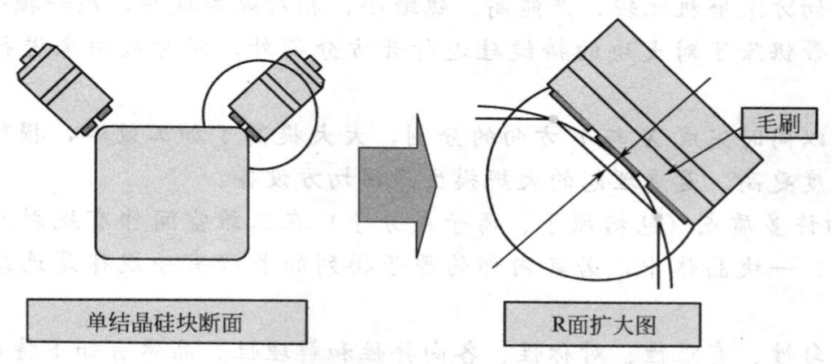

图 1-35　用组合刷进行 R 圆面修磨示意图

图 1-36 表现了利用精细磨石进行 C 面棱角修圆的情形，主要是针对铸锭多晶硅方锭而言。铸锭多晶硅经分割后其四个棱边成为应力集中区域，若不对其进行一定的处理，在后续工艺中极易产生破损，因此需要将其加工打磨为小 R 型来避免与减少这种预期损坏。

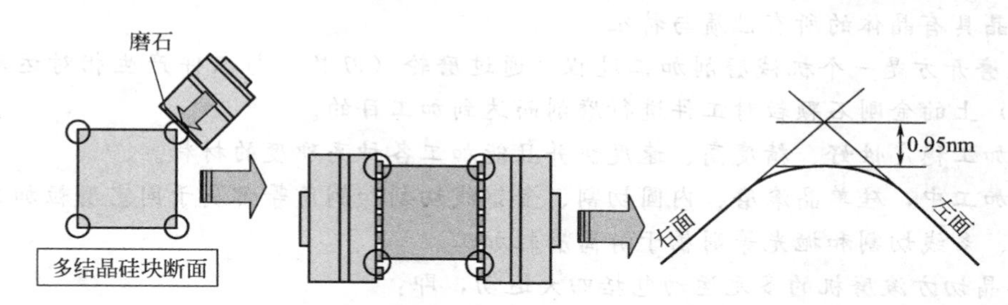

图 1-36　用磨石进行 C 面修磨示意图

本章小结

1. 为了得到符合要求的直径、参考面及其需要的外形轮廓，对硅单晶进行滚磨切方，滚磨切方工序决定硅片的直径与形状及其规格尺寸。

2. 硅片主参考面是为了在器件生产中获得管芯分割的最佳划片合格率而制作的，副参考面的作用是便于宏观区分硅片的型号和晶向。规定以（$1\bar{1}0$）面作为硅片的主参考面，副参考面视其直径、导电类型和晶向不同而有规定。

对于大直径的硅片，通常以切口替代主参考面。

3. 采用专门的设备及工艺手段确定硅单晶或者硅片的晶向的过程称之为定向。硅单晶在滚磨和切割前都应该进行定向。

滚磨前定向的目的主要有两个：

① 检查硅单晶轴向是否满足要求；

② 确定硅单晶参考面位置或太阳能单晶准方锭四个平面的位置。

硅单晶定向的方法有多种，如解理法、光图定向法、X射线衍射定向法和X射线劳厄照像定向法等。在硅片生产中应用最广泛的是光图定向法和X射线衍射定向法。

实际生产中，可以用晶棱连线法、光图定向法和X射线衍射定向法来确定硅单晶主参考面方位。

4. 滚磨开方常用设备包括单晶切方滚磨机、带锯和开方线锯。

单晶切方滚磨机具备外形滚圆、参考面制作和切方功能，是滚磨开方工序最基本的常用设备。

带锯与单晶切方滚磨机比较，产能高、锯缝小，相对效率提高，原料损耗降低，因此更利于规模生产。带锯除了对大块的铸锭硅进行开方分割外，同时被用来进行硅单晶的批量切方。

开方线锯可以同时完成X与Y方向的分割，大大提高了加工效率，损耗更低、切削面更光滑、加工精度更高，是更理想的大规模生产用切方设备。

5. 晶体是由许多质点（包括原子、离子或分子）在三维空间作有规则的周期性重复排列而构成的固体。一块晶体中，若其内部的原子排列的长程有序规律是连续的，则称为单晶体。

晶体具有均匀性、有限性、对称性、各向异性和解理性。晶体有如下特征：

① 晶体具有规则的外形；

② 晶体具有固定的熔点；

③ 晶体具有各向异性；

④ 晶体具解理性。

硅单晶具有晶体的所有性质与特征。

6. 滚磨开方是一个机械磨削加工过程，通过磨轮（刀具）与工件产生相对运动，使磨轮（刀具）上的金刚石颗粒对工件进行磨削而达到加工目的。

磨削加工稳定性好、精度高、速度快并且能加工各种高硬度的材料。

硅片加工中，硅单晶滚磨、内圆切割、金钢线切割和倒角等都属于固定磨粒加工；而研磨、喷砂、多线切割和抛光等则属于游离磨粒加工。

7. 单晶切方滚磨机的多元运动包括四大运动，即：

① 纵向工作台的纵向往复运动；

② 工件的单向旋转运动；

③ 滚磨砂轮的前后往复运动和旋转运动；

④ 切方锯片的上下垂直运动和旋转运动。

单晶切方滚磨机在进行滚磨工作时，夹紧在工作台上的工件绕工件轴作旋转运动，同时被工作台带动作纵向移动，旋转的磨轮对工件产生磨削而实现对其的整形加工。

8. 晶体经过机械加工后，其表面会存在一定的损伤层，会直接影响到下一工序的加工质量，因此对其进行适当的处理是必要的。

硅单晶滚磨以后可以采用化学腐蚀或机械抛光的方法来消除或减轻晶体表面的机械应力与损伤。化学腐蚀主要有酸腐蚀和碱腐蚀两种形式，机械抛光则采取磨轮、组合刷和精细磨石修光等方式。

习　题

1-1　简述硅单晶滚磨的目的意义。

1-2　硅单晶主、副参考面的作用是什么？

1-3　作出硅单晶三种主要晶面的反射光图。

1-4　硅晶体滚磨开方主要有哪些类型的设备？

1-5　滚磨开方后的晶棒应进行何种处理？为什么？

1-6　机械加工会对硅单晶产生损伤吗？

1-7　单晶切方滚磨机在进行硅单晶滚圆和参考面制作时其工作台、磨轮与工件都有哪些运动？

1-8　为什么选取（$1\bar{1}0$）作为硅单晶的主参考面方位？

1-9　未经过滚磨加工的硅单晶，你能够不用仪器，而宏观分辨出它的晶向吗？试进行简单描述。

1-10　为什么硅片生产中大多是采用机械磨削加工工艺？

第2章 晶体切割

学习目标

掌握：• 硅单晶的定向切割
• 硅单晶切割工序相关硅片参数
• 硅单晶多线切割设备与工艺过程

理解：• 硅单晶晶体结构

了解：• 硅单晶内圆切割设备与工艺过程

滚磨开方工序完成了晶体的外形整形处理，从而确定了硅片的形状尺寸，为晶体切割奠定了基础。晶体切割就是利用内圆切片机或者线切割机等专用设备将硅单晶或多晶切割成符合使用要求的薄片的过程。

硅晶体的切割主要有两种形式，即内圆切割和多线切割，其主要特点比较见表2-1。本章即主要对这两种切割工艺进行讨论，包括硅单晶定向切割技术、晶体粘接、切割设备和工艺过程等内容。掌握硅单晶晶体结构的基础知识是非常必要的，为此将首先进行这方面的讨论。

表2-1 内圆切割与线切割比较

类 别	内 圆 切 割	线 切 割
切割方式	内圆刀片，以刀具内圆作为刀口，其上镶嵌金刚石颗粒进行磨削	钢丝切割线，以其携带金刚砂浆液进行磨削
作业特点	一片一片进行切割	整锭同时切割
刀(线)缝	280～350μm	180～220μm
优势与弱点	品种变换简单方便、灵活、风险低；效率低、原料损耗大、硅片体形变大、加工参数值一致性差	效率高、原料损耗小、硅片体形变小、加工参数值一致性好；风险高

2.1 硅单晶晶体结构

所谓晶体结构，是指组成晶体的结构单元（分子、原子、离子、原子基团）依靠一定的结合键结合后，在三维空间作有规律的周期性的重复排列方式。

2.1.1 点阵与晶体结构

（1）点阵加基元形成晶体结构

组成晶体的结构单元，可以是单个原子，如铜和铁等许多金属和惰性气体晶体；也可以是多个原子或分子，例如 $NaCd_2$，由1192个原子组成最小结构单元，蛋白质晶体的结构单元往往由上万个原子或分子组成。

组成晶体的结构单元不同，排列的规则不同，或者周期性不同，其晶体结构也就会不同。它们的变化可以组成各种各样的晶体结构，因此从这个意义上来说，实际存在的晶体结构可以有无限多种。

为了便于对其规律进行全面的系统性研究，人为地引入一个几何模型，即用科学的抽象建立一个三维空间的几何图形，以此来描述各种晶体结构的规律和特征，这就是空间点阵，简称点阵。简单地说，空间点阵就是点在空间作周期性的规则排列，构成空间点阵的每一个点称之为阵点或结点。

将组成晶体的结构单元以同样方式安置于空间点阵每个阵点上，空间点阵的每个阵点上便都附有一个或一群原子，这样一个原子或原子群就称为基元，点阵加基元在空间重复就形成晶体结构，如图 2-1 所示。

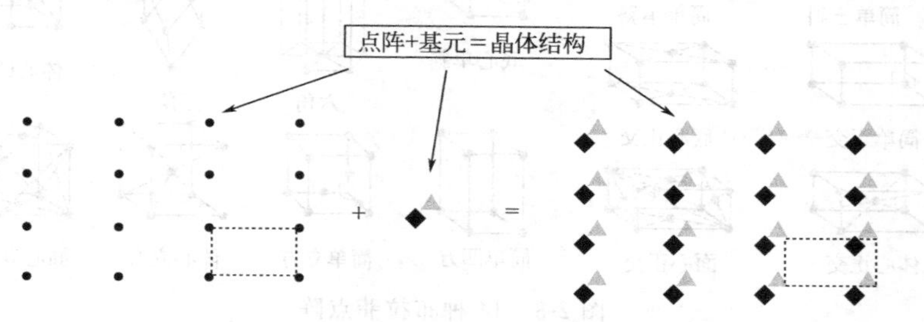

图 2-1 点阵、基元与晶体结构基本关系

(2) 布拉菲点阵

空间点阵是一个三维空间的无限图形，为了研究方便，可以在空间点阵中取一个具有代表性的基本小单元，这个基本小单元通常是一个平行六面体，整个点阵可以看作是由这样一个平行六面体在空间堆砌而成，称此平行六面体为单胞，也可以叫作晶胞。晶胞是构成晶体的最小重复单元，阵点可以理解为原子、分子及原子或分子团所在的位置。

图 2-2(a) 为单胞模型图，X、Y、Z 分别代表三条晶轴，三条晶轴交于一点称为原点，a、b、c 为单胞在三条晶轴上的截距，α、β、γ 分别为三条晶轴之间的夹角。a、b、c 和 α、β、γ 是单胞的六大参数，单胞在空间点阵中所处的位置不同，这六大参数便不同，如图 2-2 (b) 所示。

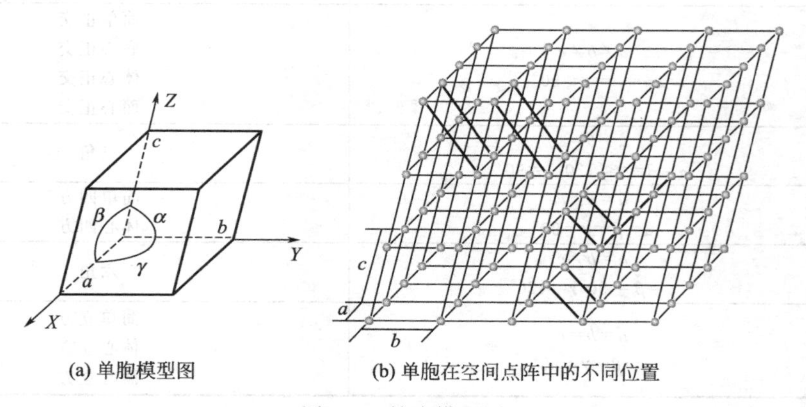

(a) 单胞模型图　(b) 单胞在空间点阵中的不同位置

图 2-2 晶胞模型图

根据单胞的六大参数可以将空间点阵归纳为 14 种类型，也被称为布拉菲点阵，如图 2-3。所有空间点阵类型均包括在这 14 种之中，不存在这 14 种布拉菲点阵之外的其他任何形式的空间点阵。

14 种布拉菲点阵的单胞可以分为两大类。一类为简单单胞，即只在平行六面体的 8 个顶点上有阵点，而每个顶点处的阵点又分属于 8 个相邻单胞，故一个简单单胞只含有一个阵点。另一类为复合单胞（或称复杂单胞），除在平行六面体顶点位置含有阵点之外，尚在体心、面心或底心等位置上存在阵点，整个单胞含有一个以上的阵点。例如，体心立方单胞含两个阵点，面心立方单胞则含 4 个阵点。14 种布拉菲点阵中包括 7 个简单单胞和 7 个复合单胞。7 个简单单胞分别是简单三斜、简单单斜、简单正交、三角、简单四方、六角和简单立方；7 个复合单胞分别是底心单斜、底心正交、体心正交、面心正交、体心四方、体心立方和面心立方。

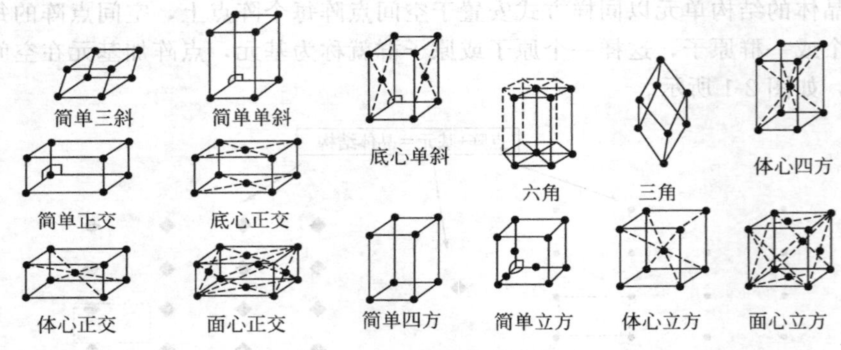

图 2-3 14 种布拉菲点阵

（3）面心立方结构

晶体根据其对称程度和特点可以分为七大晶系，所有晶体均可归纳在这七个晶系中，而晶体的七大晶系是和 14 种布拉菲点阵相对应的，任何一种真实晶体，对应的点阵都是 14 种布拉菲点阵之一，如表 2-2 所示。

表 2-2 晶体的七大晶系和对应点阵

晶 系	单胞基矢特性	布拉菲点阵
三斜晶系	$a\neq b\neq c$ $\alpha\neq\beta\neq\gamma\neq 90^\circ$	简单三斜
单斜晶系	$a\neq b\neq c$ $\alpha=\gamma=90^\circ\neq\beta$	简单单斜 底心单斜
正交晶系	$a\neq b\neq c$ $\alpha=\beta=\gamma=90^\circ$	简单正交 底心正交 体心正交 面心正交
三角晶系	$a=b=c$ $\alpha=\beta=\gamma<120^\circ,\neq 90^\circ$	三角
四方晶系	$a=b\neq c$ $\alpha=\beta=\gamma=90^\circ$	简单四方 体心四方
六角晶系	$a=b\neq c$ $\alpha=\beta=90^\circ\ \gamma=120^\circ$	六角
立方晶系	$a=b=c$ $\alpha=\beta=\gamma=90^\circ$	简单立方 体心立方 面心立方

由表 2-2 可以看出，不同的晶系其晶胞的六个参数有其各自对应的特定关系。如立方晶系，$a=b=c$，$\alpha=\beta=\gamma$，从而可知晶胞体积 $V=a^3$。立方晶系又分为简单立方、体心立方和面心立方，如图 2-4 所示。简单立方只在平行六面体的 8 个顶点上有阵点；体心立方除了在平行六面体的 8 个顶点上有阵点外，在平行六面体的中心还有一个阵点；面心立方则除了

在平行六面体的8个顶点上有阵点外，在平行六面体的各面中心还都有一个阵点。

硅单晶为面心立方结构，由两组完全相同的面心立方结构沿对角线平移1/4套构而成，如图2-5所示。

图2-5显示，硅单晶一个晶胞中含8个硅原子。六面体的8个顶点上各有一个共享原子，分别与各自相邻的8个晶胞共享，每个晶胞享有1/8个原子；六面体的六个面上各有一个共享原子，分别与各自相邻的晶胞共享，每个晶胞享有1/2个原子；六面体内有4个原子为晶胞独占。于是，(1/8)×8+(1/2)×6+4=8。

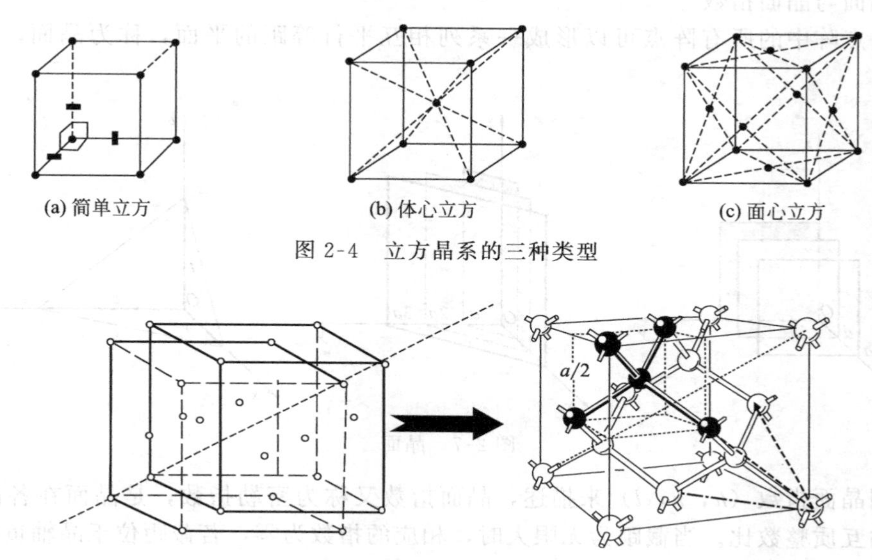

图2-4 立方晶系的三种类型

图2-5 硅单晶晶体结构

2.1.2 晶向、晶面与晶面指数

关于晶向、晶面和晶面指数的概念在第1章中已经初步建立，在这里再作进一步的讨论。

(1) 晶列与晶向指数

在晶体学中，晶体结构是用点阵来描述的，点阵中的阵点就代表原子或原子群所在的位置，将这个原子或原子群叫做基元，基元在空间重复就形成晶体结构。

连接点阵可以形成一系列相互平行的直线，称为晶列，如图2-6(a)。晶列的方向用晶向来表示，晶向用晶向指数 $[m,n,p]$ 来描述，晶向指数即晶向矢量在三个晶轴上投影的互质整数比，如图2-6(b) 所示。从一个阵点 O 沿某个晶列到另一阵点 P 作位移矢量 $\vec{R}$，$\vec{R}=$

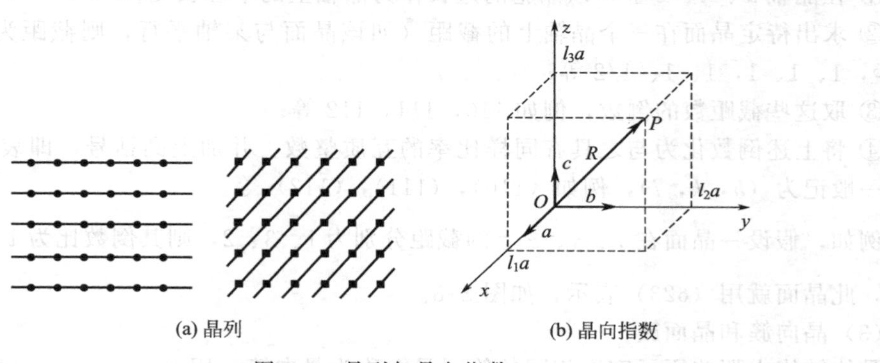

图2-6 晶列与晶向指数

$l_1\vec{a}=l_2\vec{b}=l_3\vec{c}$，将 l_1、l_2 和 l_3 化为互质整数，使 $l_1:l_2:l_3=m:n:p$，晶向 $\vec{R}$ 的晶向指数即为 $[m, n, p]$。如 m、n、p 中某一数为负值，则将负号标注在该数的上方，如 $[0\bar{1}0]$、$[00\bar{1}]$ 等。

晶向指数表示的是一组互相平行、方向一致的晶向。若晶体中两直线相互平行但方向相反，则它们的晶向指数的数字相同，而符号相反。如 $[2\bar{1}\bar{1}]$ 和 $[\bar{2}11]$ 就是两个相互平行、方向相反的晶向。

(2) 晶面与晶面指数

同样，点阵中的所有阵点可以形成一系列相互平行等距的平面，称为晶面，如图 2-7 所示。

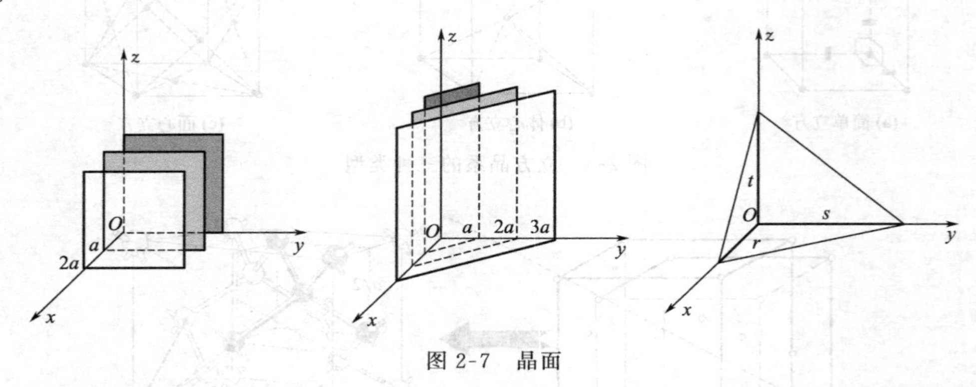

图 2-7 晶面

晶面用晶面指数 (h, k, l) 来描述，晶面指数又称为密勒指数，是晶面在各晶轴上截距之倒数的互质整数比。当截距为无限大时，相应的指数为零，若截距位于晶轴负侧，则相应的指数也为负值，在其上方作负号标记，如 $(1\bar{1}0)$。h、k、l 分别与 x、y、z 轴相对应，不能随意更换其次序。若某一数为 0，则表示晶面与该数所对应的坐标轴是平行的。例如 $(h01)$ 表明该晶面与 y 轴平行。

在晶体中任何一个晶面总是按一定周期重复出现的，它的数目可以无限多，且互相平行，故均可用同一晶面指数 (h, k, l) 表示。所以 (h, k, l) 并非只表示一个晶面，而是代表相互平行的一组晶面。h、k、l 分别表示了沿三个坐标轴单位长度范围内所包含的该晶面的个数，即晶面的线密度。例如，(123) 表示在 x 轴的单位长度内有 1 个该晶面，在 y 轴单位长度内有 2 个该晶面，而在 z 轴单位长度内有 3 个该晶面，而其中距原点最近的晶面在三坐标轴上的截距为 1、1/2、1/3。

晶面指数可用下述方法来确定：

① 在晶轴 x、y、z 上，以晶胞的边长作为晶轴上的单位长度；

② 求出待定晶面在三个晶轴上的截距（如该晶面与某轴平行，则截距为∞），例如 1、1、∞，1、1、1，1、1、1/2 等；

③ 取这些截距数的倒数，例如 110，111，112 等；

④ 将上述倒数化为与之具有同样比率的互质整数，并加上圆括号，即表示该晶面的指数，一般记为 (h, k, l)，例如 (110)，(111)，(112) 等。

例如，假设一晶面在 x、y、z 上的截距分别为 1、3、2，则其倒数比为 $1:\frac{1}{3}:\frac{1}{2}=6:2:3$，此晶面就用 (623) 表示，如图 2-8。

(3) 晶向簇和晶面簇

晶体结构中那些原子密度相同的等同晶向称为晶向簇，用 $\langle m, n, p\rangle$ 表示。例如，在硅单晶中，〈111〉即代表了［111］、［$1\bar{1}1$］、［$11\bar{1}$］、［$\bar{1}11$］、［$\bar{1}\bar{1}1$］、［$\bar{1}1\bar{1}$］、［$1\bar{1}\bar{1}$］、［$\bar{1}\bar{1}\bar{1}$］共8个晶向。

同样，晶体中也有一些晶面，它们的原子排列情况和面间距完全相同，而只是空间位向不同。这些具有等同条件的一组晶面称为晶面簇，用｛h，k，l｝表示。例如，在硅单晶中，｛110｝就代表了（110）、（$1\bar{1}0$）、（$\bar{1}10$）、（$\bar{1}\bar{1}0$）、（011）、（$0\bar{1}1$）、（$01\bar{1}$）、（$0\bar{1}\bar{1}$）、（101）、（$\bar{1}01$）、（$10\bar{1}$）、（$\bar{1}0\bar{1}$）12个晶面。这些具有同一种性质的结晶学平面也称为等效面，根据晶体对称原理，通过坐标的移动可以将等效面进行互相的转换。关于晶体的对称性，将在下一节中进行讨论。

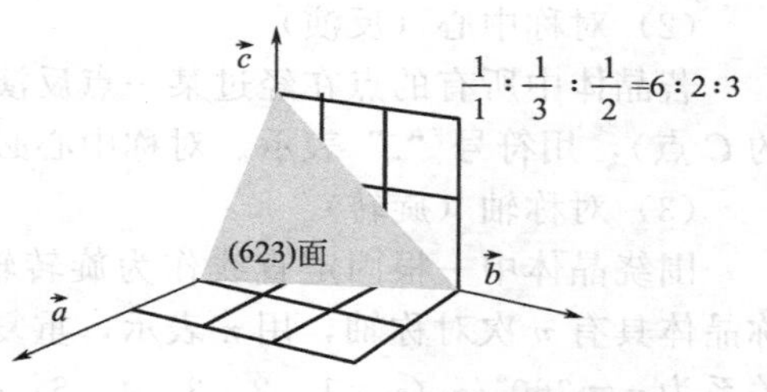

图2-8 （623）晶面示意图

通常，［m，n，p］晶向并不一定垂直于相应的晶面，但是在立方晶系中，［m，n，p］晶向总是垂直于相应晶面的。图2-9显示了硅单晶中几个典型晶面和相应晶向的关系。即［100］⊥（100），［110］⊥（110），［111］⊥（111）。

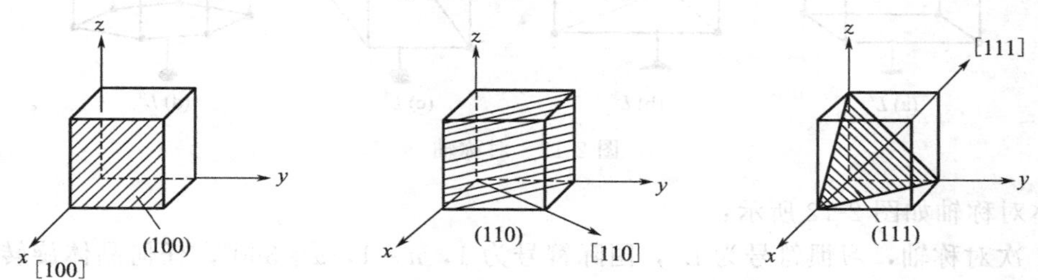

图2-9 硅单晶中几个典型晶面和相应晶向的关系

2.1.3 晶体的对称性

晶体结构中结构基元的规则排列，使晶体除了具有由空间点阵所表征的周期性外，还具有重要的对称性。晶体的对称性体现在宏观对称和微观对称两个方面，而宏观对称性则是其内部晶体结构微观对称性的表现。

对称是指物体相同部分作有规律的重复。使一个物体或一个图形作规律重复的动作称为对称操作或对称变换。在进行对称操作时，所借助的几何元素称为对称元素。

2.1.3.1 宏观对称

宏观对称元素有对称面、对称中心、对称轴和旋转-反演轴4种。

（1）对称面

晶体通过某一平面作镜像反映而能复原，则该平面称为对称面或镜面（如图2-10中的P面），用符号“m”表示。对称面通常是晶棱或晶面的垂直平分面或者为多面角的平分面，且必定通过晶体的几何中心。

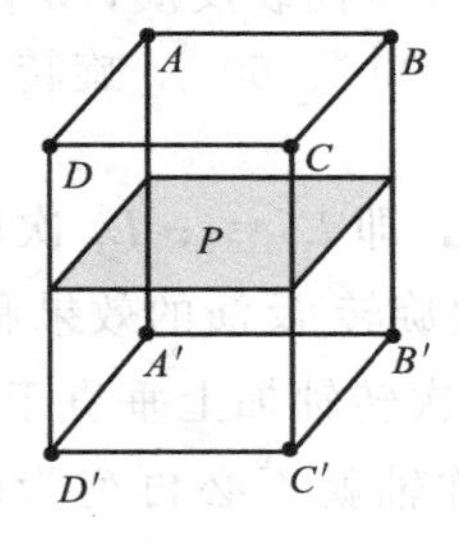

图2-10 对称面

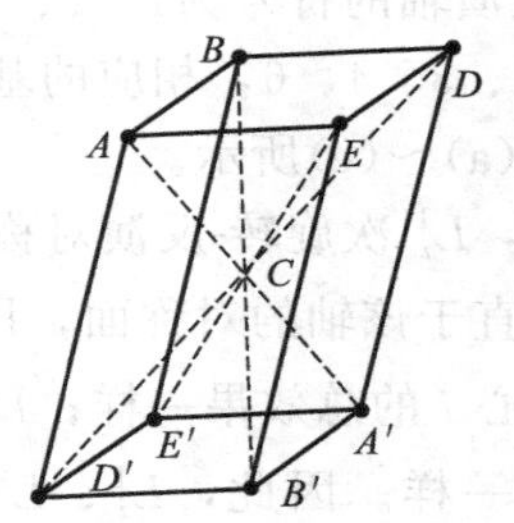

图2-11 对称中心

（2）对称中心（反演）

若晶体中所有的点在经过某一点反演后能复原，则该点就称为对称中心（如图 2-11 中的 C 点），用符号“i”表示。对称中心必然位于晶体中的几何中心。

（3）对称轴（旋转）

围绕晶体中一根固定直线作为旋转轴，整个晶体绕它旋转 $2\pi/n$ 角度后而能完全复原，称晶体具有 n 次对称轴，用 n 表示，重复时所旋转的最小角度称为基转角 α，n 与 α 之间的关系为 $n=360°/\alpha$（$n=1$、2、3、4、6；α 为 360°、180°、120°、90°、60°）。

晶体中不存在 5 次旋转轴和大于 6 次的旋转轴，因为它们与晶体结构的周期性相矛盾。晶体中的对称轴必定通过晶体的几何中心。

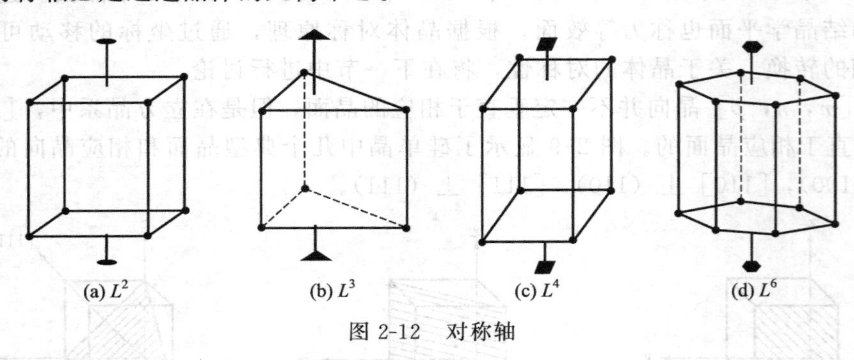

图 2-12　对称轴

晶体对称轴如图 2-12 所示：

① 1 次对称轴，习惯符号为 L^1，国际符号为 1，$n=1$，$\alpha=360°$，任何晶体旋转 360°以后等同部分会重复；

② 2 次对称轴，习惯符号为 L^2，国际符号为 2，$n=2$，$\alpha=180°$，晶体旋转 180°以后等同部分会重复，旋转一周重复 2 次，如图 2-12(a) 所示；

③ 3 次对称轴，习惯符号为 L^3，国际符号为 3，$n=3$，$\alpha=120°$，晶体旋转 120°以后等同部分会重复，旋转一周重复 3 次，如图 2-12(b) 所示；

④ 4 次对称轴，习惯符号为 L^4，国际符号为 4，$n=4$，$\alpha=90°$，晶体旋转 90°以后等同部分会重复，旋转一周重复 4 次，如图 2-12(c) 所示；

⑤ 6 次对称轴，习惯符号为 L^6，国际符号为 6，$n=1$，$\alpha=60°$，晶体旋转 60°以后等同部分会重复，旋转一周重复 6 次，如图 2-12(d) 所示；

（4）旋转-反演轴

若晶体绕某一轴回转一定角度（$360°/n$），再以轴上的一个中心点作反演之后能得到复原时，此轴称为旋转-反演轴。旋转-反演轴的对称操作是围绕一根直线旋转和对此直线上一点反演。

旋转-反演轴的符号为$\bar{1}$、$\bar{2}$、$\bar{3}$、$\bar{4}$、$\bar{6}$，也可用 L_i^n 来表示，i 代表反演，n 代表轴次。n 可以为 1、2、3、4、6，相应的基转角为 360°、180 °、120 °、90 °、60 °，旋转-反演轴的作用如图 2-13(a)～(e)所示。

实际上，L_i^1 次旋转-反演对称轴就是对称中心，用 i 表示，即 $L_i^1=i$；L_i^2 次旋转-反演对称轴就是垂直于该轴的对称面，用 m 表示，即 $L_i^2=m$；L_i^3 次旋转-反演的效果和 L^3 次转轴加上对称中心 i 的总效果一样；L_i^6 次旋转-反演的效果和 L^3 次转轴加上垂直于该轴的对称面的总效果一样。因此，L_i^1、L_i^2、L_i^3、L_i^6 次旋转-反演对称轴就不必再列为基本的对称元素。

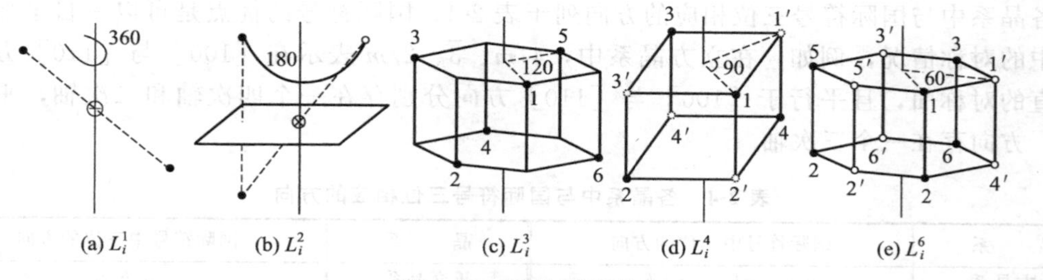

(a) L_i^1　(b) L_i^2　(c) L_i^3　(d) L_i^4　(e) L_i^6

图 2-13　旋转-反演轴

综上所述，晶体的宏观对称性中，只有以下 8 种最基本的对称元素，即 L^1、L^2、L^3、L^4、L^6、i、m、L_i^4。

（5）32 种点群

晶体的宏观外形可以只有一种对称元素独立存在，也可以有若干对称元素同时存在，由上面 8 种对称元素的不同组合就可以组成形形色色晶体的各种宏观对称性。但是晶体的周期性制约其组合必须遵循一定的规律。

利用数学方法可以导出这 8 个宏观对称元素可能有的组合数为 32 种，这 32 种宏观对称类型即称为晶体的 32 种点群。之所以称其为点群，是因为每种宏观对称类型中的各个对称元素必须至少相交于一点，此点称为点群中心。

表 2-3　32 个点群

晶系	三斜	单斜	正交	四方	菱方	六方	立方
对称要素	1 $\bar{1}$	m 2 $2/m$	$2\ m\ m$ $2\ 2\ 2$ $2/m\ 2/m\ 2/m$	$\bar{4}$ 4 $4/m$ $\bar{4}\ 2\ m$ $4\ m\ m$ $4\ 2\ 2$ $4/m\ 2/m\ 2/m$	3 $\bar{3}$ $3\ m$ $3\ 2$ $\bar{3}\ 2/m$	$\bar{6}$ 6 $6/m$ $\bar{6}\ 2\ m$ $6\ m\ m$ $6\ 2\ 2$ $6/m\ 2/m\ 2/m$	$2\ 3$ $2/m\ \bar{3}$ $\bar{4}\ 3\ m$ $4\ 3\ 2$ $4/m\ \bar{3}\ 2/m$
特征对称要素	无	1 个 2 或 m	3 个互相垂直的 2 或 2 个互相垂直的 m	1 个 4 或 $\bar{4}$	1 个 3 或 $\bar{3}$	1 个 6 或 $\bar{6}$	4 个 3

32 种点群可以概括为 4 种组合。

① 对称轴的组合　当 5 个对称轴分别与一个二次轴组合后，可以得到 4 个双面群、2 个等轴旋转群，加上原来 5 个单轴旋转群，共 11 个点群；

② 反演中心与对称轴的组合　反演中心分别加到上述 11 个点群上，可以得到另外 11 个新的点群；

③ 对称面与对称轴的组合　对称面与第一项中 11 个点群组合（分别以垂直和平行的方式加入镜面），这样又可以增加 9 个点群；

④ 四次反演　因为它不能与其他对称元素组合成新的对称群，所以它独立成为一个点群。

这样，共计有 32 个点群，具体表示如表 2-3 所示。表中点群的国际符号按一定次序表示了其中各种对称元素，一般场合下包括三位。在各晶系中，每位代表相应晶胞的 a、b、c 三个向量形成确定关系的方向。在某一方向上出现的旋转轴、旋转-反演轴系指与这一方向相平行的，在某一方向出现的镜面系指与这一方向垂直的，在某一方向同时出现旋转轴或旋转反演轴与镜面时，可将旋转轴或旋转反演轴写在分数的分子位置，而镜面 m 则写在分母的位置。如 $2/m$ 指该方向上有一个二次轴和一个镜面。

各晶系中与国际符号三位相应的方向列于表2-4。国际符号的优点是可以一目了然地看出其中的对称情况，例如，在立方晶系中，$4/m$、$\bar{3}$、$2/m$ 表示在［100］与［110］方向上有垂直的对称面，且平行于［100］与［110］方向分别存在一个四次轴和二次轴，平行于［111］方向存在一个三次轴。

表2-4 各晶系中与国际符号三位相应的方向

晶　系	国际符号中三位的方向	晶　系	国际符号中三位的方向
立方晶系	a、$a+b+c$、$a+b$	正交晶系	a、b、c
六方晶系	c、a、$2a+b$	单斜晶系	b
四方晶系	c、a、$a+b$	三斜晶系	a
三方晶系	c、a		

2.1.3.2 微观对称

微观对称元素主要分为平移轴、螺旋轴和滑移面三类。

（1）平移轴

在空间点阵中，若点阵沿着其某一方向上任何两阵点的矢量进行平移，点阵必然复原。由这种平移操作所组合的对称群称为平移群，可以用下式来表达：

$$\vec{T}=u\vec{a}+v\vec{b}+w\vec{c}$$

其中：u，v，$w=0$、±1、±2、…

可以得出两点结论：

① 连接点阵中任意两点的矢量必属于平移群 $\vec{T}$ 中的一个平移矢量；

② 属于平移群 $\vec{T}$ 中的任何矢量必定通过点阵中的两个节点。

（2）螺旋轴

螺旋轴是设想的直线，晶体内部的相同部分绕其周期转动，并且附以轴向平移得到重复。

螺旋轴是一种复合的对称要素，其辅助几何要素为：一根假想的直线及与之平行的直线方向。相应的对称变换为，围绕此直线旋转一定的角度和此直线方向平移的联合。

螺旋轴的周次 n 只能等于1、2、3、4、6，所包含的平移变换其平移距离应等于沿螺旋轴方向结点间距的 s/n，s 为小于 n 的自然数。螺旋轴的国际符号一般为 n_s。其中根据旋转轴次和平移距离大小的不同可分为 2_1、3_1、3_2、4_1、4_2、4_3、6_1、6_2、6_3、6_4、6_5 共11种螺旋轴；根据其旋转方向可分为左旋、右旋和中性旋转轴。左旋方向是指顺时针旋转，右旋是指逆时针旋转，旋转方向左右旋性质相同时为中性旋转轴。

表2-5列出了螺旋轴（n_s）及其相应的基本操作。

（3）滑移面

滑移面是设想的平面。晶体内部的相同部分沿平行于该面的直线方向平移后再反演面会得到重复。

滑移面也是一种复合的对称要素，其辅助对称要素有两个：一个是假想的平面和平行此平面的某一直线方向。相应的对称变换为：对于此平面的反映和沿此直线方向平移的联合，其平移的距离等于该方向行列结点间距的一半。根据平移成分 τ 的方向和大小，滑动面一般可归纳为轴滑移面、对角滑移面和金刚石滑移面三种。

① 轴滑移面　用 a、b、c 各表示沿 a、b、c 方向平移对应轴一半 $a/2$、$b/2$、$c/2$ 后又反演而得到重复的滑移机制，如图2-14所示。

表 2-5 螺旋轴（n_s）及其相应的基本操作

轴次	国际符号	基本对称操作	备注
1	1	$c(2\pi)\cdot T(t)$	t 为点阵的基矢
2	2_1	$c\left(\frac{2\pi}{2}\right)\cdot T\left(\frac{1}{2}t\right)$	
3	3_1	$c\left(\frac{2\pi}{3}\right)\cdot T\left(\frac{1}{3}t\right)$	同方向旋转
	3_2	$c\left(\frac{2\pi}{3}\right)\cdot T\left(\frac{2}{3}t\right)$	
4	4_1	$c\left(\frac{2\pi}{4}\right)\cdot T\left(\frac{1}{4}t\right)$	
	4_2	$c\left(\frac{2\pi}{4}\right)\cdot T\left(\frac{1}{2}t\right)$	
	4_3	$c\left(\frac{2\pi}{4}\right)\cdot T\left(\frac{3}{4}t\right)$	
6	6_1	$c\left(\frac{2\pi}{6}\right)\cdot T\left(\frac{1}{6}t\right)$	
	6_2	$c\left(\frac{2\pi}{6}\right)\cdot T\left(\frac{2}{6}t\right)$	
	6_3	$c\left(\frac{2\pi}{6}\right)\cdot T\left(\frac{3}{6}t\right)$	
	6_4	$c\left(\frac{2\pi}{6}\right)\cdot T\left(\frac{4}{6}t\right)$	
	6_5	$c\left(\frac{2\pi}{6}\right)\cdot T\left(\frac{5}{6}t\right)$	

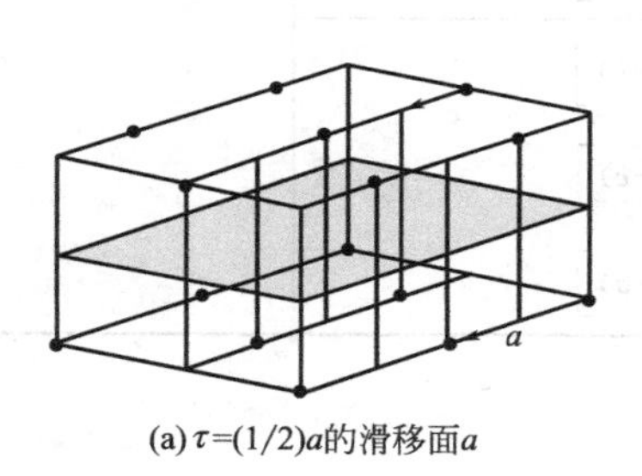

(a) $\tau=(1/2)a$的滑移面a

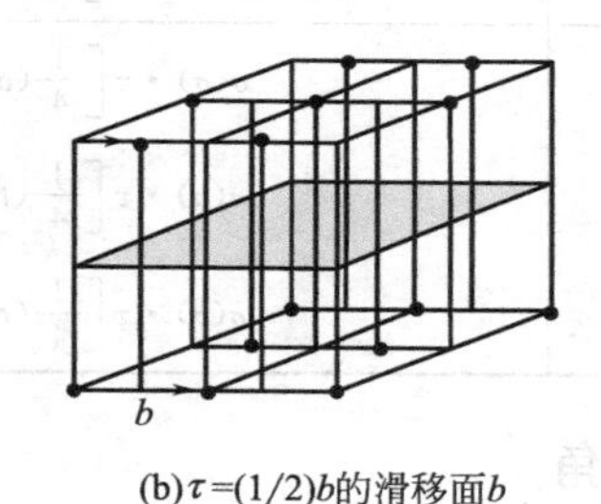

(b) $\tau=(1/2)b$的滑移面b

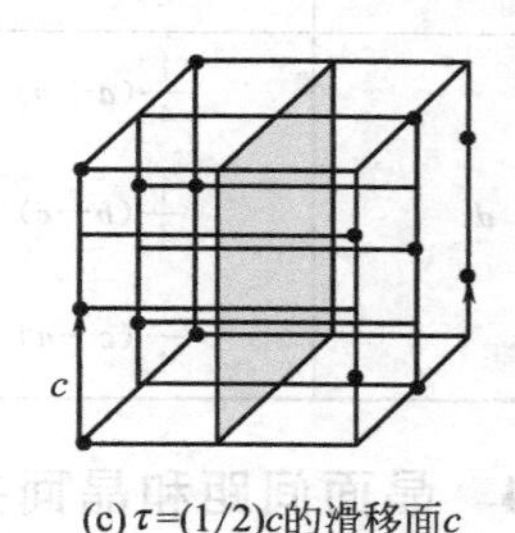

(c) $\tau=(1/2)c$的滑移面c

图 2-14 轴滑移面

② 对角滑移面 用 n 表示平移 $(a+b)/2$，$(b+c)/2$，$(a+c)/2$，$(a+b+c)/2$ 各种对角矢量的 1/2 后再反演而重复的晶面，图 2-15(a) 为 n 滑移面滑移了 $(a+b)/2$ 示意。

③ 金刚石滑移面 对滑移量为 $(a+b)/4$，$(b+c)/4$，$(a+c)/4$，$(a+b+c)/4$ 的滑移反映对称面统称为金刚石滑移对称面，用 d 表示，图 2-15(b) 为 d 滑移面滑移了 $(a+b)/4$ 示意。

由于反演、四次旋转-反演轴在进行对称操作时都要求有一点不动，所以只有平移一个周期才能使晶体规则复原，然而平移一个周期相当于不动，所以反演和四次旋转-反演轴均不能与平移结合而形成新的微观对称元素。因此，在各种晶体结构中，由镜面 m 和平移 t 结合而形成的滑移面类型为 9 种，列于表 2-6 中。

晶体的宏观对称性与微观对称性的区别就在于：宏观对称操作至少要求有一点不动，而微观对称操作要求全部点都动。因此，宏观对称性无法反映微观对称性中的平移部分。然而，当宏观对称元素一旦与平移结合起来即可形成新的微观对称元素。

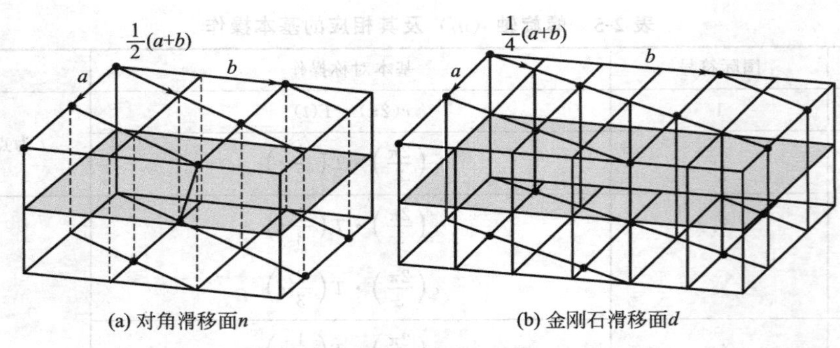

(a) 对角滑移面n　　(b) 金刚石滑移面d

图 2-15　对角滑移面和金刚石滑移面

表 2-6　滑移面的类型

国际符号	平移矢量 τ	基本对称操作	备注
$\boldsymbol{a}$	$\frac{1}{2}\boldsymbol{a}$	$\sigma(\sigma)\cdot\tau\left(\frac{1}{2}\boldsymbol{a}\right)$	
$\boldsymbol{b}$	$\frac{1}{2}\boldsymbol{b}$	$\sigma(\sigma)\cdot\tau\left(\frac{1}{2}\boldsymbol{b}\right)$	
$\boldsymbol{c}$	$\frac{1}{2}\boldsymbol{c}$	$\sigma(\sigma)\cdot\tau\left(\frac{1}{2}\boldsymbol{c}\right)$	
$\boldsymbol{n}$	$\frac{1}{2}(\boldsymbol{a}+\boldsymbol{b})$	$\sigma(\sigma)\cdot\tau\left[\frac{1}{2}(\boldsymbol{a}+\boldsymbol{b})\right]$	
	$\frac{1}{2}(\boldsymbol{b}+\boldsymbol{c})$	$\sigma(\sigma)\cdot\tau\left[\frac{1}{2}(\boldsymbol{b}+\boldsymbol{c})\right]$	$\boldsymbol{a},\boldsymbol{b},\boldsymbol{c}$ 为单位矢量
	$\frac{1}{2}(\boldsymbol{c}+\boldsymbol{a})$	$\sigma(\sigma)\cdot\tau\left[\frac{1}{2}(\boldsymbol{c}+\boldsymbol{a})\right]$	
$\boldsymbol{d}$	$\frac{1}{4}(\boldsymbol{a}+\boldsymbol{b})$	$\sigma(\sigma)\cdot\tau\left[\frac{1}{4}(\boldsymbol{a}+\boldsymbol{b})\right]$	
	$\frac{1}{4}(\boldsymbol{b}+\boldsymbol{c})$	$\sigma(\sigma)\cdot\tau\left[\frac{1}{4}(\boldsymbol{b}+\boldsymbol{c})\right]$	
	$\frac{1}{4}(\boldsymbol{c}+\boldsymbol{a})$	$\sigma(\sigma)\cdot\tau\left[\frac{1}{4}(\boldsymbol{c}+\boldsymbol{a})\right]$	

2.1.4　晶面间距和晶面夹角

(1) 晶面间距

晶体中最邻近的两个平行晶面间的距离称为晶面间距，用字符“d”表示。不同的晶体，不同的晶面，其晶面间距是不同的。通常说来，低指数的晶面其面间距较大，而高指数晶面的面间距较小，图 2-16 显示的即为此种情况。图 2-16 显示的是简单立方点阵中的几个晶面间距，可看到其｛100｝面的晶面间距最大，｛120｝面的间距较小，而｛320｝面的间距就更小，但并非一概如此。

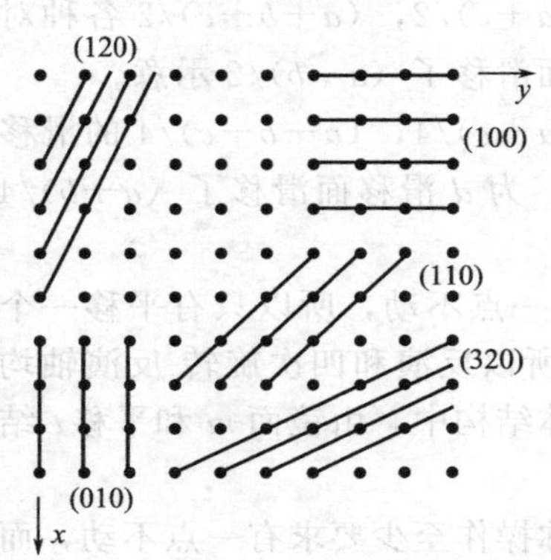

图 2-16　简单立方点阵中的晶面间距

晶面间距大的晶面，面密度大，键密度小；晶面间距小的晶面，面密度小，键密度大。

面密度：单位面积中的原子数目。

键密度：单位面积中的价键数目。

表 2-7 列出了硅单晶三个主要晶面的面间距、面密度和键密度。｛111｝面因为是双原子层面结构，所以有大、

小面间距之分。从表中可以看出，{111} 面具有最大面间距和最小键密度；而 {100} 面间距最小，键密度最大；{110} 居中。所以，硅单晶容易沿 {111} 面解理断裂。

晶体的面间距 d 可以利用公式进行计算，立方晶系中，

$d=a_0/(h^2+k^2+l^2)^{1/2}$（硅单晶 $a_0 \approx 5.4305$Å）

必须注意，按公式所算出的晶面间距是对简单晶胞而言的，如为复杂晶胞（例如体心立方、面心立方等），在计算时应考虑到晶面层数增加的影响。

表 2-7 硅单晶主要晶面的面间距、面密度和键密度

晶面	面间距/Å	面密度	键密度
(100)	1.36	2.00	4.00
(110)	1.92	2.83	2.82
(111)	2.35 (0.78)	2.31	2.31

（2）晶面夹角

晶面夹角指晶面法线间的夹角，它反映了晶面与晶面在空间的几何关系，在实际应用中非常重要。立方晶系中，晶面（h_1，k_1，l_1）和晶面（h_2，k_2，l_2）间的夹角 ϕ 以下列公式计算：

$$\cos\phi=\frac{h_1h_2+k_1k_2+l_1l_2}{\sqrt{(h_1^2+k_1^2+l_1^2)(h_2^2+k_2^2+l_2^2)}}$$

表 2-8 列出了硅单晶典型晶面间的夹角。可以看到，{111} 和 {100} 晶面都分别与 {110} 晶面有垂直关系，所以才能在 [111] 和 [100] 硅单晶侧面，作出与其端面相垂直或接近垂直的 {110} 参考面。

表 2-8 硅单晶典型晶面间的夹角

$\{h_1,k_1,l_1\}\wedge\{h_2,k_2,l_2\}$	夹角角度值					
100∧100	0°	90°				
100∧110	45°	90°				
100∧111	54°44′					
100∧210	63°34′	63°26′	90°			
100∧211	35°16′	65°54′				
100∧221	48°11′	70°32′				
110∧110	0°	60°	90°			
110∧111	35°16′	90°				
110∧210	18°26′	50°46′	71°34′			
110∧211	30°	54°44′	73°13′	90°		
110∧221	19°28′	45°	76°22′	90°		
111∧111	0°	70°32′				
111∧210	39°14′	75°2′				
111∧211	19°28′	61°52′	90°			
111∧221	15°48′	54°44′	78°54′			
210∧210	0°	36°52′	53°8′	66°25′	78°28′	90°

续表

$\{h_1,k_1,l_1\}\wedge\{h_2,k_2,l_2\}$	夹角角度值					
210∧211	24°6′	43°5′	56°47′	79°29′	90°	
210∧221	26°34′	41°49′	53°24′	63°26′	73°39′	90°
211∧211	0°	33°33′	48°11′	60°	70°32′	80°24′
211∧221	17°43′	35°16′	47°7′	65°54′	74°12′	82°12′
221∧221	0°	27°16′	38°57′	63°37′	83°37′	90°

2.1.5 极射赤面投影

通过以上讨论，对于晶体中各晶面在空间的位置及其相互关系有了一定的认识，但是在实际应用中，还是显得不是那么清晰和透明。因为晶体中各晶面、晶向的位向及其相互之间的角度关系，以及晶体的对称元素等，是很难用透射图准确地表示的。如果采用立体图，也很复杂和麻烦；如果用精确的数学符号和关系来表述，往往又令人难以理解和熟练地应用。

极射赤面投影能够很容易地解决这个问题。极射赤面投影图能正确而清晰地表示出各种晶向、晶面及它们之间的夹角关系，简单明了、方便实用，因此应用非常广泛。

极射赤面投影主要被大量应用于如下几个方面：

① 确定晶体位向；

② 当需要沿某一特定的晶面切割晶体时定向；

③ 确定滑移面、孪晶、形变断裂面、侵蚀坑等表面标记的晶体学指数；

④ 解决固态沉淀、相变和晶体生长等过程中的晶体学问题。

对于硅片生产来说，前两项应用是主要的。

(1) 参考球和极射投影

如图 2-17(a) 所示，设想将一很小的晶体或晶胞置于一大圆球的中心，这个圆球称为参考球。作晶面的法线，它与参考球的球面的交点称为极点，则晶体的各个晶面可在参考球上表示出来。

如图 2-17(b) 所示，过球心任意选定一直径 AB，B 点作为投射的光源，过 A 点作一平面与球面相切，并以该平面作为投影面，直径 AB 与投影面相垂直。假若晶体的某一晶面的

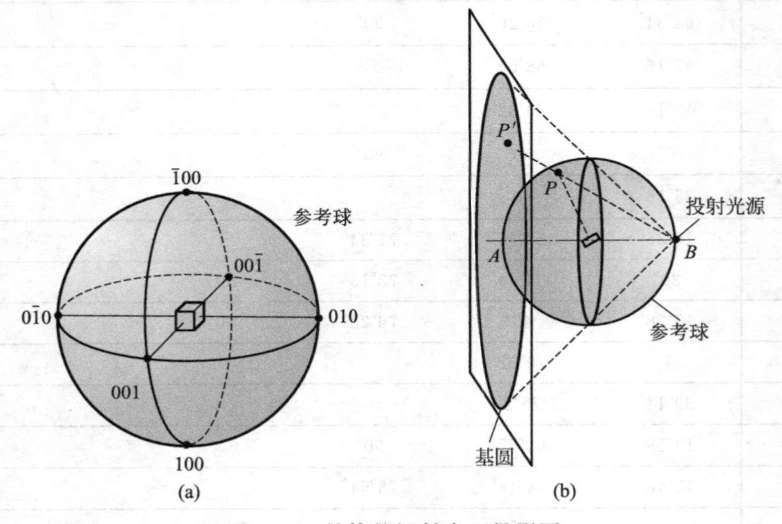

图 2-17 晶体的极射赤面投影图

极点为 P，连接 BP 线并延长这一直线与投影面相交，交点 P' 即为 P 点的极射投影。这种投影可形象地看成是以 B 这一极点为光源，用点光源 B 射出的光线照射参考球上各晶面的极点，这些极点在投影平面上的投影点就是极射投影。在看投影图时，观察者位于投影面的背面。

垂直于 AB 并通过球心的平面与球面的交线为一大圆，这一大圆投影后成为投影面上的基圆，基圆的直径是球径的两倍。所有位于左半球上的极点都投影到基圆之内；而位于右半球上的极点则投影到基圆之外。为此可以把光源由 B 移至 A，而投影面则由 A 搬至 B，即可使右半球上的极点投影到基圆之内。如投影面不是赤道平面，则叫做极射平面投影。

投影面的位置沿 AB 线或其延长线移动时，仅图形的放大率改变，而投影点的相对位置不发生改变。因此投影面也可以置于球心，这时基圆与大圆相合。如果把参考球比拟为地球，A 点为北极，B 点为南极，过球心的投影面就是地球的赤道平面。以地球的一个极为投射点，将球面投影射到赤道平面上就称为极射赤面投影。

(2) 乌氏网

通过以上讨论可以知道，所有的晶面都可以在极射投影图上表现为一个点，但是通常需要清楚地定量地知道它们之间的位置与角度关系，利用乌氏网能方便地进行分析。

如图 2-18(a) 所示，在球面上加上经线（子午线）和纬线，N、S 为球的两极，经纬线正交形成球面坐标网。以赤道线上某点 B 为投影点，投影面平行于 NS 轴并与球面相切于 A 点。光源 B 将球面上经纬线投射至投影平面上就成为乌氏网，如图 2-18(b) 所示。球面上的经线大圆投影后成为通过南北极的大弧线（乌氏网经线）；纬线小圆的投影是小弧线（乌氏网纬线）。图 2-18(b) 中经线与纬线的最小分度为 2°。经度沿赤道线读数；纬度沿基圆读数。

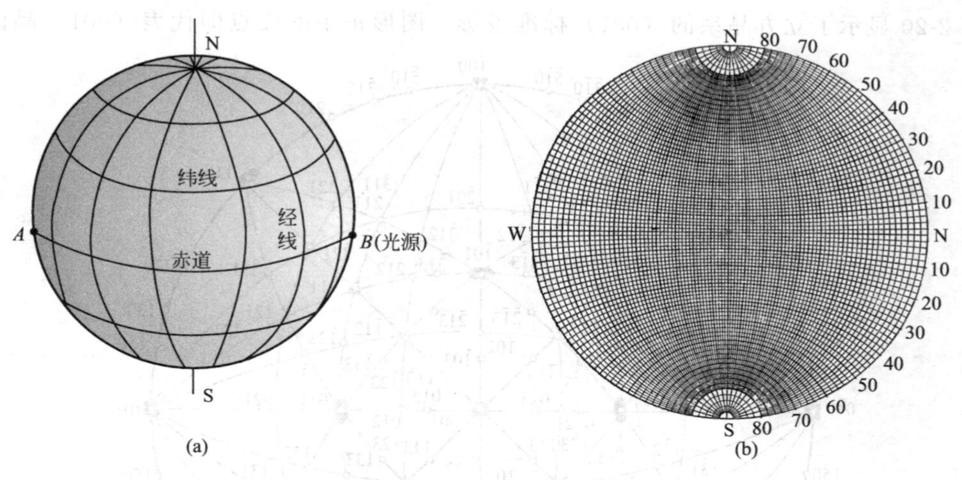

图 2-18 乌氏网

晶体中两晶面之间的夹角就等于其法线之间的夹角，因此可在参考球的球面上对经过两极点的大圆量出此两点间弧段的度数，据此也可在极射平面投影图上利用乌氏网求出两晶面间的夹角。具体做法是，先将投影图画在透明纸上，其基圆的直径与所用乌氏网的直径相等，然后将此透明纸复合在乌氏网上进行测量，注意应使被测两极点位于乌氏网经线或赤道（即大圆）上。

【例 2-1】 图 2-19(a) 中 B 点和 C 点位于同一经线上，它们之间的夹角 β 就是 B、C 两点间的纬度差数。从乌氏网上读出 B、C 两点间的纬度差数为 30°，所以 B、C 之间的夹角即等于 30°，如图 2-19(b)。

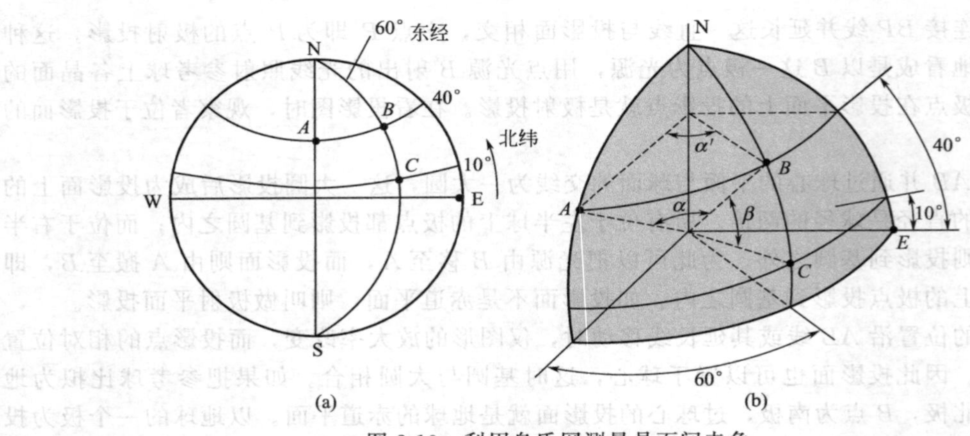

图 2-19 利用乌氏网测量晶面间夹角

【例 2-2】 图 2-19(a) 中位于同一纬度线上的 A、B 两极点，如图 2-19(b) 所示，它们之间的实际夹角为 α，而由乌氏网上量出它们之间的经度相当于 α'，由于 $\alpha \neq \alpha'$，所以不能在小圆上直接测量这两极点间的角度。要测量 A、B 两点间的夹角，可以将覆在乌氏网上的透明纸绕圆心转动，使 A、B 两点落在同一个乌氏网大圆上，然后读出这两极点的夹角。

(3) 硅单晶典型晶面标准投影图

以晶体的某个晶面平行于投影面作出全部主要晶面的极射投影图称为标准投影图。一般选择一些重要的低指数的晶面作为投影面，这样得到的图形能反映晶体的对称性。

对于立方晶系，相同指数的晶面和晶向是相互垂直的，所以其标准投影图中的极点既代表了晶面又代表了晶向。立方晶系常用的投影面是（001）、（110）和（111）。

图 2-20 显示了立方晶系的（001）标准投影。图形正中的极点即代表（001）晶面，圆

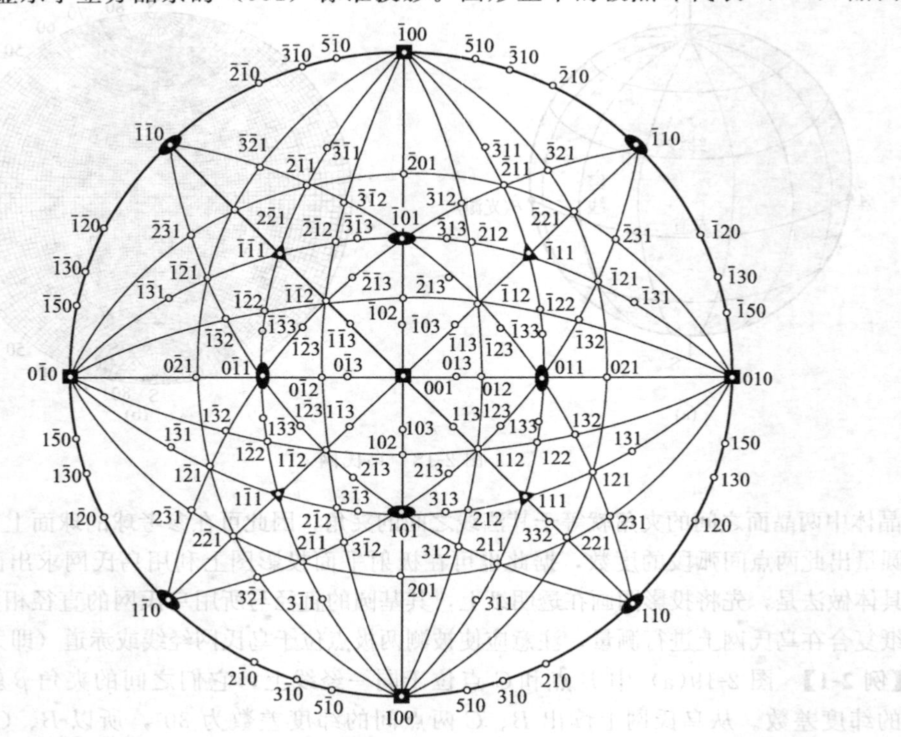

图 2-20 立方晶系的（001）标准投影图

周上的极点代表的晶面与（001）晶面垂直。可以看到，在圆周上呈90°对称分布有4个{110}晶面，这就是前面讨论过的可以选作硅片主参考面方位的位置，也就是硅太阳能准方棒的4个平面位置。

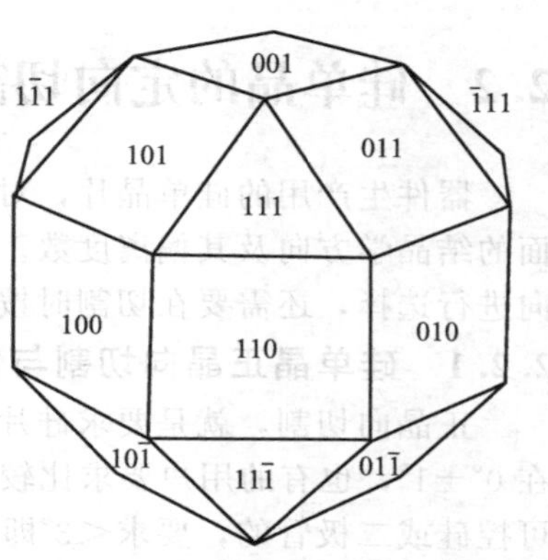

图 2-21 硅单晶{111}、{110}和{100}晶面相互关系模型

图2-21为{111}、{110}和{100}晶面围成的刚体模型。在这个模型中，硅单晶{111}、{110}和{100}晶面的相互位置关系表现得比较明了，它们之间的夹角可以计算，在之前晶面夹角的有关章节中已将其列入表2-8中并给出了计算公式。经计算（查表），各{111}晶面之间的夹角为70°32′；各{100}晶面之间的夹角为90°；各{110}晶面之间的夹角为60°或90°。{111}与{100}之间夹角为54°44′，与{110}之间夹角为35°16′或90°；{100}与{110}之间夹角为45°或90°。

图2-22为硅单晶几个晶面的简化极射赤面投影图，在第一章相关章节中已有所接触。图中显示了硅单晶中几个重要晶面、单晶生长线、反射光图、主参考面和{111}、{110}、{100}晶面围成的刚体模型及其相互位置关系。

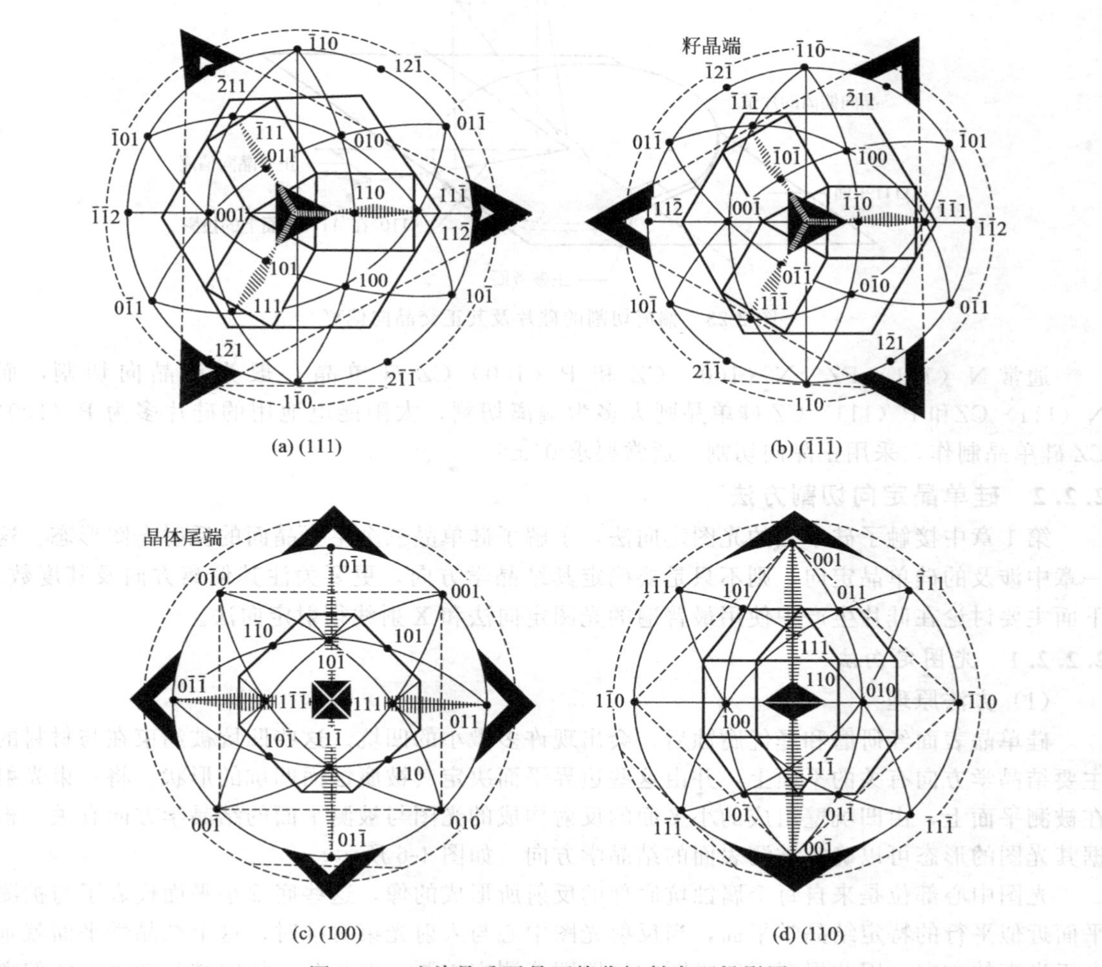

图 2-22 硅单晶重要晶面简化极射赤面投影图

2.2 硅单晶的定向切割

器件生产用的硅单晶片，对其表面取向有一定的要求。硅片的表面取向，就是指硅片表面的结晶学方向及其偏离度数。不同的器件对其都有不同的要求，这不仅需要对硅单晶的晶向进行选择，还需要在切割时按照一定的方向来进行，这就是定向切割。

2.2.1 硅单晶正晶向切割与偏离切割

正晶向切割，就是要求硅片的表面尽量接近于要求的结晶学平面而没有偏离。通常要求在0°±1°，也有的用户要求比较严一点，在0°±0.5°，但也有要求比较宽一点的，比如用于可控硅或二极管的，要求<3°即可。

偏离切割，就是根据器件工艺的要求，使硅片表面朝着某一特定方向偏离所需结晶学平面一定角度的切割方法。最典型的是N（111）外延用硅片和P（111）电路级硅片，一般要求偏离（111）面4°±1°或4°±0.5°，否则其光刻图形会发生畸变。〈111〉硅单晶在偏离切割时，一定要沿主参考面向最近的（110）方向偏离并注意其正交偏离，如图2-23。

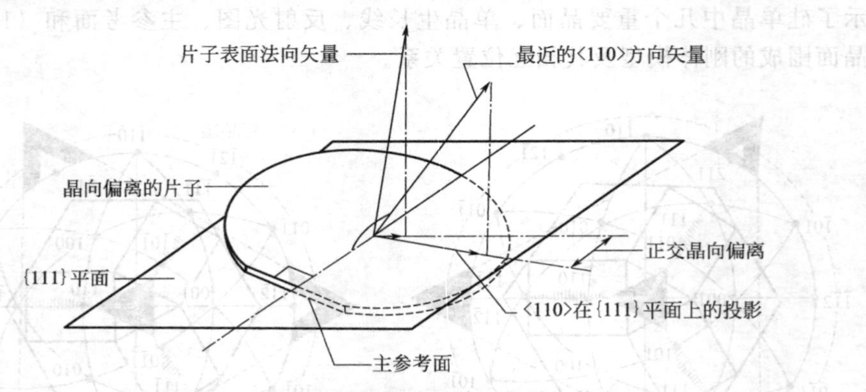

图2-23 偏离切割的硅片及其正交晶向偏离

通常N〈111〉FZ、N〈100〉CZ和P〈100〉CZ硅单晶一般为正晶向切割，而N〈111〉CZ和P〈111〉CZ硅单晶则大多为偏离切割，太阳能电池用的硅片多为P〈100〉CZ硅单晶制作，采用正晶向切割，通常要求0°±1°。

2.2.2 硅单晶定向切割方法

第1章中接触了硅单晶的光图定向法，了解了硅单晶三个主要晶面的反射光图形态。这一章中涉及的硅单晶定向，则不只是要确定其结晶学方向，更要关注其偏离方向及其度数。下面主要讨论在硅片生产中使用最普遍的光图定向法和X射线衍射定向法。

2.2.2.1 光图定向法

（1）方法原理

硅单晶表面经研磨和择优腐蚀后，会出现许多微小的凹坑。这些凹坑被约束在与材料的主要结晶学方向有关的平面上，并由这些边界平面决定其被腐蚀面凹坑的形状。将一束光射在被测平面上，由凹坑壁组成的小平面的反射构成的光图与被测平面的结晶学方向有关，根据其光图的形态可以确定被测表面的结晶学方向，如图1-6所示。

光图中心部位是来自每个腐蚀坑底部的反射所形成的像，这些底部小平面代表了与被测平面近似平行的特定结晶学平面，当反射光图中心与入射光束对准时，这个结晶学平面就垂直于光束的方向。因此根据反射光图的位置即能测定被测表面与某一特定结晶学平面的偏离角度。

由于硅单晶的晶向总是垂直于相应的晶面，所以在对硅单晶进行定向时，通常是将晶体的轴向置于与光束平行的位置，就是说使晶体的轴向垂直于光屏，这样就能测得该晶体轴向的结晶学方向（生长方向）及其偏离角度。

（2）装置及其使用

图 2-24 是一个氦氖激光定向装置，由激光发生器、反射光屏和载物台组成。

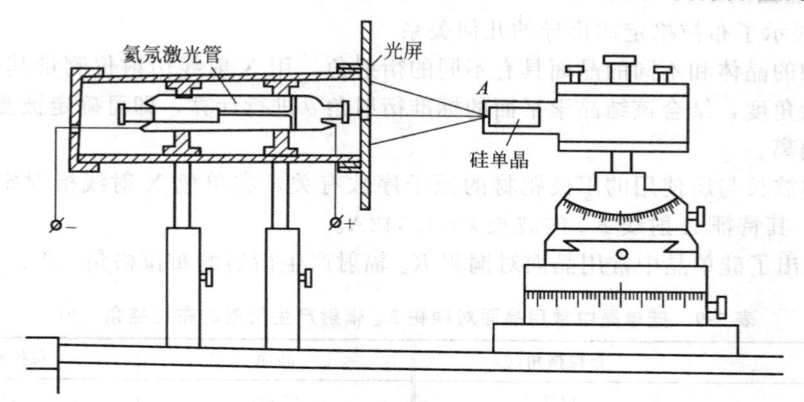

图 2-24 氦氖激光定向装置

激光发生器主要包括激光电源和氦氖激光管，能产生集中的准直性很好的平行光，此平行光从一小孔射出到被测晶体上。

反射光屏被设置在激光发生器前端，中心开一小孔（即激光束的射出孔）。屏上设有坐标，中心小孔处即为坐标原点，x 轴与 y 轴上分别刻有刻度及按这些刻度为半径以原点为中心的一系列同心圆，如图 2-25 所示。

载物台可以进行水平和垂直方向的旋转（通常在10°以内），并有测角仪相连，能分别指示其旋转的角度。

被测晶体端面经研磨腐蚀处理后置于载物台上，从光源经小孔射出的激光射在处理过的晶体端面上，就会在反射屏上看到相应的反射光图。转动载物台，屏上光图的位置会随着改变，若将晶体绕其轴向转动，则屏上光图会随着转动相应角度。

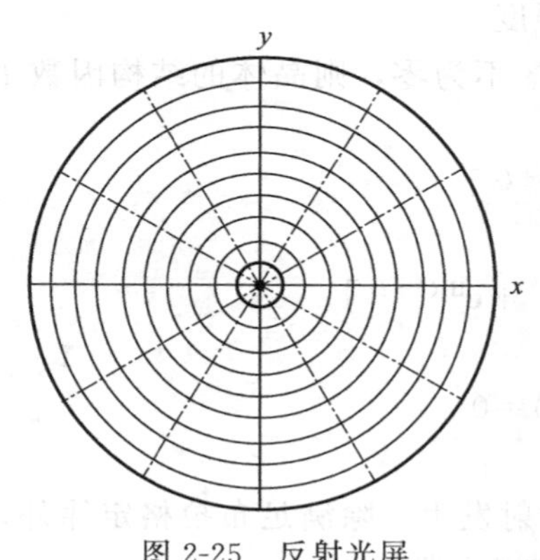

图 2-25 反射光屏

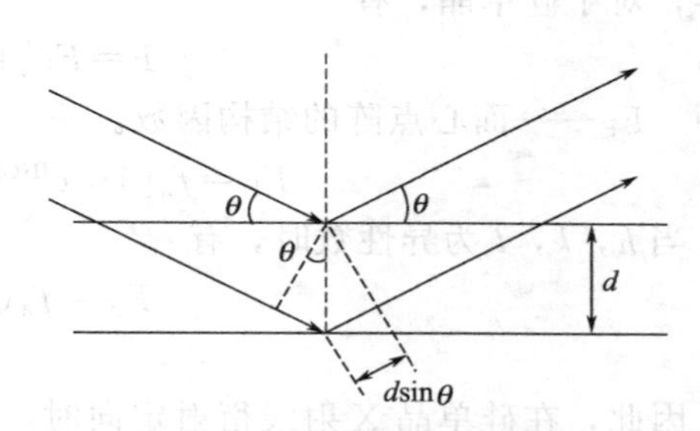

图 2-26 布拉格定律推导的几何关系

定向时将晶体固定在与切片机配套的夹具上，操作定向仪测得晶体的晶向及其偏离度数，根据切割要求计算应调节的角度，切割时即按照此角度值进行相应调节，从而实现定向切割。

2.2.2.2 X射线衍射定向法

(1) 方法原理

当一束平行的、波长为 λ 的单色X射线以 θ 角入射到晶体上时，其衍射的产生遵守布拉格定律：

$$2d\sin\theta=n\lambda$$

式中 d——晶面间距。

图2-26显示了布拉格定律推导的几何关系。

不同结构的晶体和不同的晶面具有不同的衍射角，用X射线衍射仪测量其衍射的强度，并观察其衍射角度，结合该结晶学平面的标准衍射角 θ 进行计算，即可确定被测表面的结晶学取向及其偏离。

X射线的波长与所使用的阳极靶材的原子序数有关，在单色X射线衍射定向中常采用铜靶X光管，其特征X射线 K_α 的波长 $\lambda\approx1.542\text{Å}$。

表2-9列出了硅单晶中常用晶面对铜靶 K_α 辐射产生衍射的布拉格角（θ）。

表2-9 硅单晶中常用晶面对铜靶 K_α 辐射产生衍射的布拉格角（θ）

晶面	布拉格角(θ)	晶面	布拉格角(θ)
{111}	14°14′	{400}	34°36′
{220}	23°40′	{422}	44°04′
{311}	28°05′		

(2) X衍射发生的充要条件

从表2-9可以看到，{111}晶面相应的 θ 角为14°14′。但是表中没有{110}和{100}的对应 θ 角列出，原因在于，X衍射发生还与其相干散射波的强度 I_c 有关，要使衍射发生，除满足布拉格定律外，还必须满足下面关系式：

$$I_c=N^2F^2I_e$$

式中 I_c——衍射线强度；

N——产生散射的晶胞数；

F——晶体的结构因数；

I_e——X射线受一个电子散射的相干散射波的强度。

从公式 $I_c=N^2F^2I_e$ 可以看出，若要衍射线强度 I_c 不为零，则晶体的结构因数 F 不能为零，对于硅单晶，有

$$F=F_F[1+e^{(\Pi/2)i(h+k+l)}]$$

式中 F_F——面心点阵的结构因数。

$$F_F=f_a[1+e^{\Pi i(h+k)}+e^{\Pi i(h+l)}+e^{\Pi i(k+l)}]$$

当 h，k，l 为异性数时，有

$$F_F=f_a(1-1+1-1)=0$$

$$F=0$$

因此，在硅单晶X射线衍射定向时，要保证X衍射发生，除满足布拉格定律外，还要求 h，k，l 为同性数，即全为偶数或奇数，零在这里被视为偶数。

所以，在硅单晶中，没有{100}、{110}和{211}等晶面的衍射，而用其与之等效的(400)、(220)和(422)等相应晶面来计算其 θ 角，如表2-9所列。

(3) 装置及其使用

图 2-27 是一台 X 射线衍射定向仪，主要由单色 X 射线发生器、盖革计数器和载物台组成。

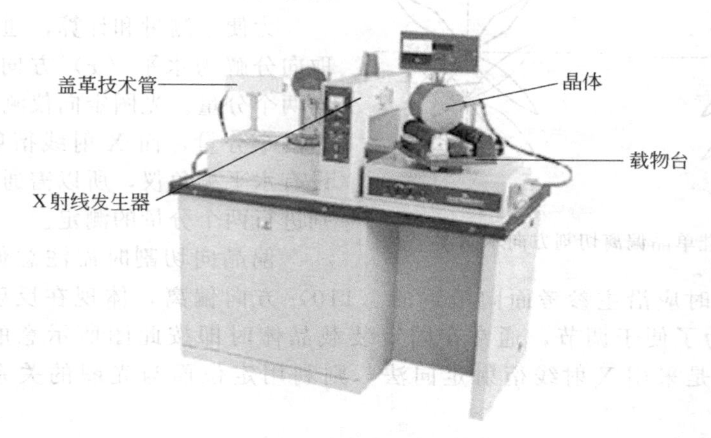

图 2-27 X 射线衍射定向仪

X 射线发生器由高压变压器和封闭式 X 光管组成，变压器的高压加在 X 光管的阳极和阴极之间，X 光管发射出的 X 射线通过安置在发射窗口的准直狭缝而射出，其强弱可以调节。

盖革计数器由盖革计数管、放大器和电流表组成，用来接收衍射 X 射线并测量其强度。

载物台用来装载被测样品，有吸盘与吸气泵连接以保证样品与基准平面平行，载物台可以旋转并与测角仪相连，用以测量确定载物台主轴转动的角度。

图 2-28 是 X 射线衍射定向仪的工作原理示意图。X 射线通过一准直狭缝射到晶体上，晶体可以随载物台在 P 点绕仪器主轴转动，测角仪也同时做相应转动，当满足衍射条件时产生衍射。衍射线由盖革计数器接收并将其强度反映在一电流表上，这时其表上电流指示为极大值，晶体所处的位置可从测角仪上读出，通过计算即可得到被测平面取向及其偏离。

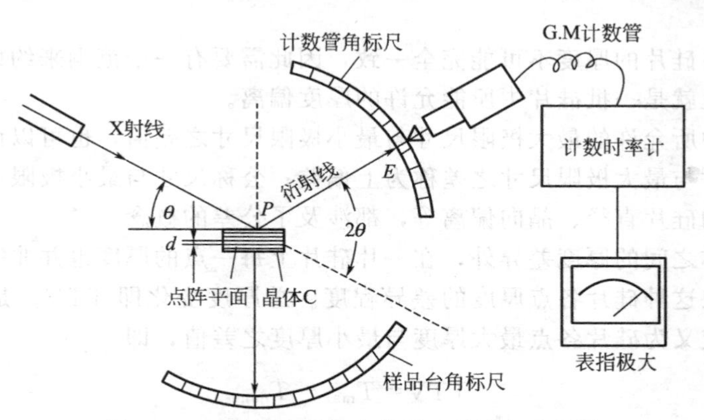

图 2-28 X 射线衍射定向仪的工作原理示意图

2.2.2.3 定向与调整

光图定向法简单直观，但是误差大、精度不高，其准确度一般在 30′以内；X 射线衍射定向法相对复杂一些，但是误差小、精度高，准确度可以达到 1′以上。

不管采用何种方法，定向切割的基本步骤如下：

① 测定晶体的现有取向；

② 根据测定结果和硅片表面取向要求计算应调整的角度与方向；

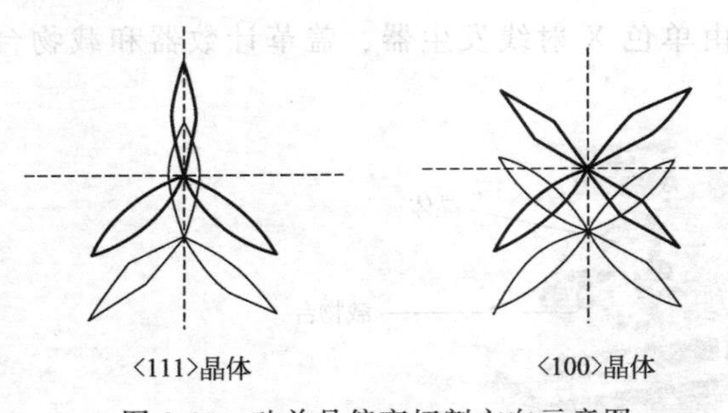

图 2-29 硅单晶偏离切割方向示意图

③ 根据计算结果进行相应调整设置、试切与校对。

为便于测量和计算，通常将晶体的空间取向分解为水平（x）方向和垂直（y）方向两个分量。光图定向仪测角仪可同时测得这两个分量，而 X 射线衍射定向仪一般只设有水平测角仪，所以需通过转动晶体来分别进行两个分量的测定。

偏晶向切割时需注意偏离方向，通常规定，偏离切割时应沿主参考面向最近的〈110〉方向偏离，体现在反射光图上，则如图 2-29 所示。为了便于调节，通常在固定装载晶体时即按此图所示意的反射光图位置放置硅单晶。若是采用 X 射线衍射定向法，则利用定位面与光图的关系来确定晶体的放置位置。

2.3 硅单晶切割工序相关硅片参数

前面讨论了硅单晶滚磨工序确定了硅片的几何形状及其尺寸，即硅片的直径、参考面及太阳能硅片的边长等。与硅单晶切割工序有关的参数则主要有厚度、TTV、BOW、WARP、硅片表面取向和硅片表面质量特性参数等。

2.3.1 厚度和总厚度变化

厚度指硅片给定点处穿过硅片的垂直距离。将硅片中心点的厚度作为该硅片的标称厚度，即通常所说的硅片厚度。硅片视其直径与用途不同而有多种厚度规格，通常小于 1mm，因此行业内多以 μm 为其计量单位。硅片厚度按用户要求控制，切割时以用户要求的目标厚度加上所经各工序的去层量而设计。太阳能硅片的厚度通常在 200μm 左右。

实际生产中各硅片的厚度不可能完全一致，因此需要有一个范围来约束，这就是通常所说的厚度公差，也就是一批硅片中所能允许的厚度偏离。

公差指加工中所允许的最大极限尺寸与最小极限尺寸之差值，也可以说是上偏差与下偏差之和。公称尺寸与最大极限尺寸之差称为上偏差；公称尺寸与最小极限尺寸之差称为下偏差。前面提到过的硅片直径、晶向偏离等，都涉及了公差的概念。

除了硅片个体之间的厚度差异外，在一片硅片上每一点的厚度也并非完全相同，通常用总厚度变化来反映这种硅片各点厚度的差异程度。总厚度变化即 TTV，是表征硅片各点厚度变化的参数，定义为硅片各点最大厚度与最小厚度之差值，即

$$\mathrm{TTV}=T_{\max}-T_{\min}$$

式中 $T_{\max}$——最大厚度；

$T_{\min}$——最小厚度。

要注意区别硅片厚度一致性和总厚度变化，厚度一致性指一批硅片中厚度的变化，一般是说硅片中心点厚度；而总厚度变化是指一个硅片的各点厚度变化。

对硅片 TTV 的要求视其硅片的直径与用途的不同而有区别，如表 2-10。表中所列是国标 GB/T 12965—2005 和 GB/T 12964—2003 中的规定，但这也只是推荐而已，生产中还是以用户的要求为准。

表 2-10 不同硅片的 TTV 标准

产品名称	直径/mm	50.8	76.2	100	125	150	200
切割片	厚度/μm	≥260	≥220	≥340	≥400	≥500	≥600
	TTV/μm 不大于	10	10	10	10	10	10
	翘曲度/μm 不大于	25	30	40	40	50	50
研磨片	厚度/μm	≥180	≥180	≥200	≥250	≥300	≥500
	TTV/μm 不大于	3	5	5	5	5	5
	翘曲度/μm 不大于	25	30	40	40	50	50
抛光片	厚度/μm	280	381	525	625	675	725
	TTV/μm 不大于	8	10	10	10	10	10
	翘曲度/μm 不大于	25	30	40	40	50	50

2.3.2 BOW 和 WARP

BOW 和 WARP 都是表征硅片体形变的参数，是硅片的一种体性质，但是它们是有区别的。BOW 称为弯曲度，是硅片中线面凹凸形变的量度，见图 2-30。当硅片只向一个方向弯曲的时候，BOW 可以反映出硅片的形变状态，但是当硅片弯曲凹凸的方向不是单一的时候，就只有用 WARP 才能更准确地描述其形变程度了。WARP 称为翘曲度，是硅片中线面与一基准平面偏离的量度，即硅片中线面与一基准平面之间的最大距离与最小距离的差值，如图 2-30 所示。翘曲度较弯曲度更能全面反映硅片的形变状态。

中线面：也称中心面，即硅片正、反面间等距离点组成的面，如图 2-30。

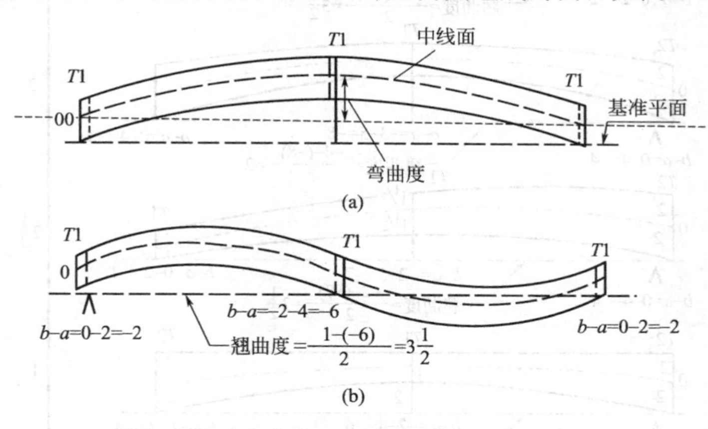

图 2-30 硅片中线面、BOW 和 WARP 示意图

WARP 与硅片可能存在的任何厚度变化无关。图 2-31 是根据某批硅片参数所作的相关性分析图，图中显示，硅片 WARP 与 TTV 的相关系数为 0.0057，不存在相关性。

图 2-32 显示了硅片翘曲度 WARP 的各种形态示意，图中 $T1$ 代表 2 个厚度单位，$T2$ 代表 4 个厚度单位。

2.3.3 硅片表面取向

硅片表面取向指硅片表面的结晶学方向极其偏离，如 (110)30′，表示硅片表面的结晶学方向为 (110)，偏离了 30′；(100)20′则表示硅片表面的结晶学方向为 (100)，偏离 20′。此两例偏离在 1°以内，通常视为正晶向。(111)4°表示硅片表面的结晶学方向为 (111) 偏离 4°，是偏离切割的结果。这一部分前一节已经有所介绍，就不再多做重复。

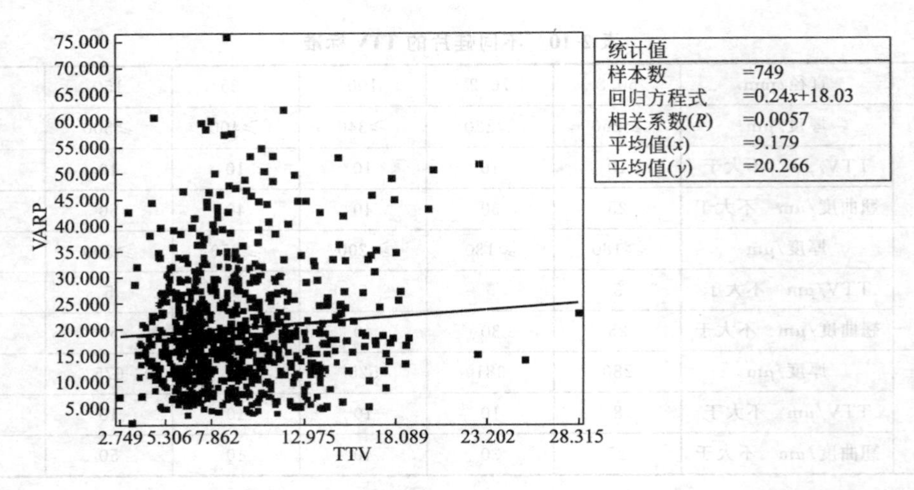

图 2-31 硅片 TTV 和 WARP 相关性分析图

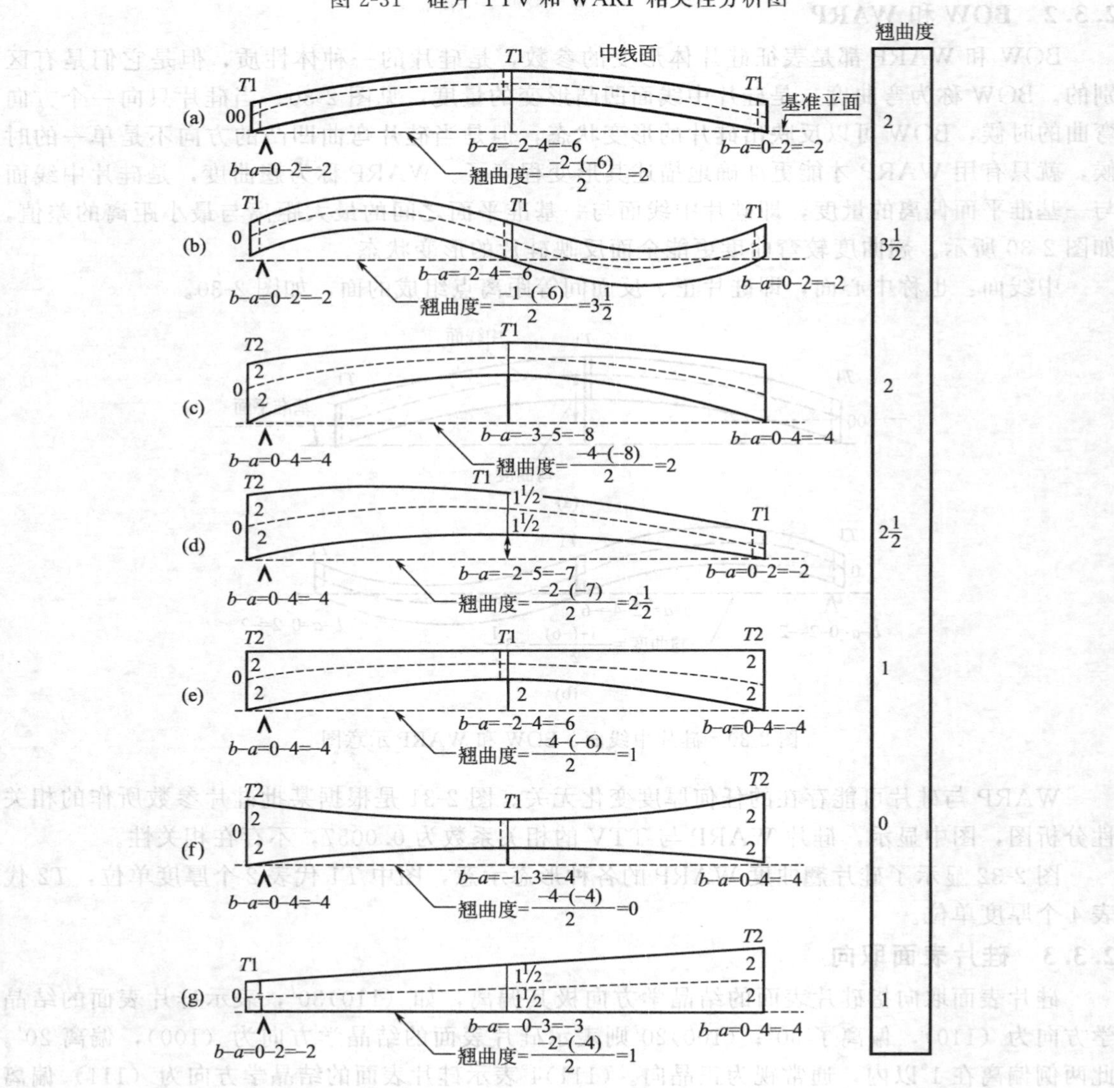

图 2-32 硅片翘曲度 WARP 的形象化示意

2.3.4 硅片表面质量特性参数

硅片表面质量特性参数包括崩边、缺口、裂纹、刀痕和线痕，如图 2-33。

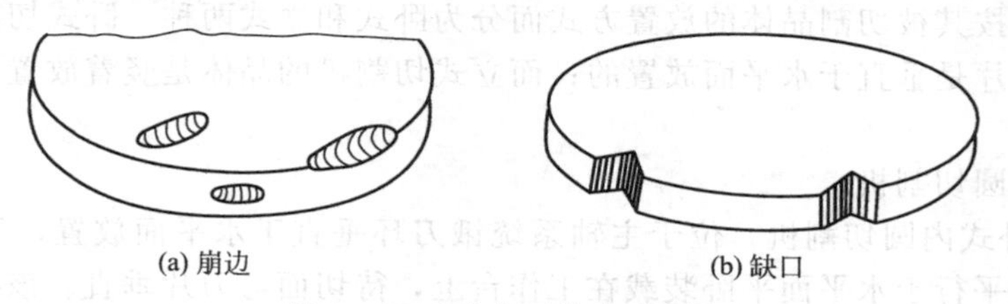

图 2-33 硅片表面缺陷示意图

(1) 崩边

崩边指硅片表面或边缘非穿通性的缺损。

(2) 缺口

一种完全贯穿硅片厚度区域的边缘缺损称为缺口。

(3) 裂纹

延伸到硅片表面的解理或裂痕，它可能贯穿，也可能不贯穿硅片厚度区域。

(4) 刀痕（线痕）

刀痕（线痕）是硅片在生产加工过程中刀具在其表面留下的痕迹。内圆切割中呈现为一系列半径为刀具半径的曲线状凹陷或隆起，称为刀痕；线切割过程中由于钢线运动形成的凹凸痕迹称为线痕。

2.4 硅单晶内圆切割工艺

20 世纪末以前，内圆切割一直占据着硅单晶切割领域的主导地位。目前，虽然越来越多的企业都采用了多线切割工艺，但是内圆切割以其灵活多样的应对性及小批量生产的适应性为优势而仍然有着一席之地。

2.4.1 内圆切割机

内圆切割机由机座、工作台、主轴系统、电器控制系统、冷却系统和液压系统组成。

机座用来承载切割机的各部分组件。

工作台为一平动台，在液压系统的控制下实现其水平和垂直方向的平稳移动，以满足晶体切割时的进给和分度进给需要。所谓切割进给就是进刀和退刀，进刀时晶体沿切割方向向着刀口位置平移，一旦接触高速旋转的刀片，切割便开始，切完一片后自动退回。分度进给即每切一刀后晶体垂直于刀口的推动，其量值决定所切硅片的厚度。

工作台上安装有二维转动台，其转动部分可以绕转台的水平轴和垂直轴转动，以满足定向切割时晶体的角度偏离调节。

主轴系统是机器的高速运转部分，刀盘与主轴相连。内圆切割机的刀具为内圆刀片，以刀片内圆作为刀口，其上镶嵌金刚石颗粒。内圆刀片被安装在刀盘上，由主轴带动做高速旋转，与被切割晶体形成相对运动，利用刀口上的金刚石颗粒对晶体产生磨削而实现切割。瑞士 MEYERBURGER 公司生产的内圆切割机采用空气轴承，空气轴承无磨损、发热小和寿命长，更能确保高速运转的精度和刚度。

电器控制系统控制机器的各种运动与调节，包括紧急情况制动，使机器能按其程序设置正常运行。现在生产的内圆切割机通常都由计算机控制，所有工作及测量数据，以及故障分析都在显示器上可见，可以进行切片过程实时监控。

冷却系统输送冷却液到机器的切割工作部位，也就是正在切割的刀刃上，以冷却切割时因高速旋转的刀片和晶体摩擦而产生的高热，同时带走切割时产生的晶体粉末。

内圆切割机按其被切割晶体的放置方式而分为卧式和立式两种。卧式切割机切割时晶体是横卧着的，刀片是垂直于水平面放置的；而立式切割机的晶体是竖着放置，刀片则是水平放置的。

（1）卧式内圆切割机

图 2-34 是卧式内圆切割机，位于主轴系统饿刀环垂直于水平面放置，刀片安装在刀环上，切割时晶体平行于水平面平卧装载在工作台上，待切面与刀片垂直。该机采用了空压主轴、PLC 控制和触摸屏人机界面等。

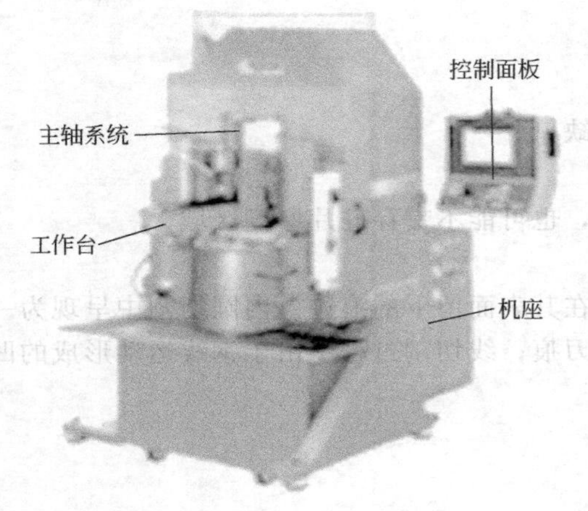

图 2-34 卧式内圆切割机图

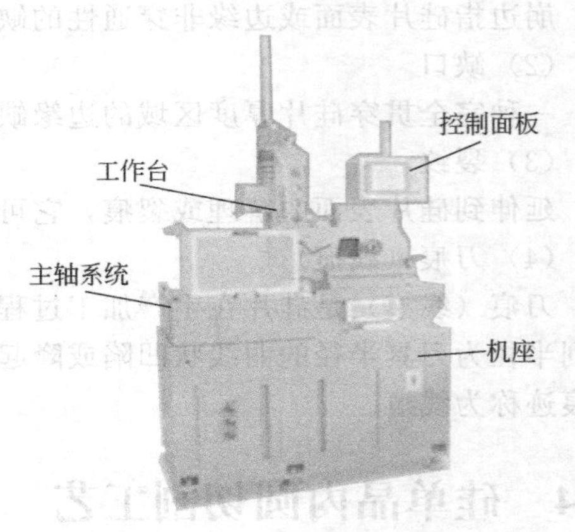

图 2-35 QP-613A 型内圆切片机

这台内圆切割机主要性能如表 2-11 所示，最大可以切割直径 152mm 长 400mm 的晶体，切片厚度最薄可到 300μm，切割角度可在水平和垂直方向各 7°范围内调节。

表 2-11 卧式内圆切割机主要性能

指　　标	参　　数
工件最大直径	6″(152mm)
工件最大长度	400mm
切片厚度	0.3～60mm
切割速度	3～200mm/min
最小送料步距	0.001mm
料架下降速度	30～2000mm/min
水平调整	±7°
垂直调整	±7°
主轴转速	0～2100r/min
设备外形尺寸	2010mm×1750mm×2180mm
设备重量	1350kg

（2）QP-613A 型内圆切片机

图 2-35 是 QP-613A 型内圆切片机，这是一台立式机器，就是说切割时晶体是竖立而放，刀片是平行于水平面的。该机采用精密滚动轴承的主轴结构，工作台采用精密直线导轨

和交流伺服系统，送料系统采用步进电机及驱动模块，使用了PLC可编程控制器和彩色触摸屏，主要性能如表2-12。

表2-12 QP-613A型内圆切片机主要性能

指 标	参 数
切割晶棒最大直径	153mm
刀片规格	690mm×241mm×0.15mm或 690mm×235mm×0.15mm
切割晶棒最大长度	400mm
切割进给速度	0.2～120mm/min
切割返回速度	1～1000mm/min
主轴转速	1420r/min
送料进给步距偏差	±0.005mm(按1mm当量进给)
片厚设定范围	0.001～68.000mm
片厚设定分辨率	0.001mm
晶向调节	水平方向(x)±7°(分辨率2′) 垂直方向(y)±7°(分辨率2′)
功耗	3.5kW,380V±38V,50Hz±1Hz
空气源	0.4～0.5MPa;250L/min(刹车瞬时)
冷却水源	0.2～0.4MPa;5L/min
触摸屏	7.7英寸(19.6cm)
外形尺寸	1645mm×925mm×2820mm
重量	2500kg

QP-613A型内圆切片机最大切割直径为153mm，最大长度400mm，角度调节范围7°。

2.4.2 内圆切割工艺过程

图2-36显示了内圆切割的简单工艺流程，首先明确晶体切割要求并做好相应的准备工作，再将滚磨后的晶体与专用切割夹具进行粘接固定，然后定向以确定并调整偏离方向及其角度，切头片校对无误后进行自动切割，待切割完毕取下硅片经冲洗与去胶后送清洗，整个切割过程结束。

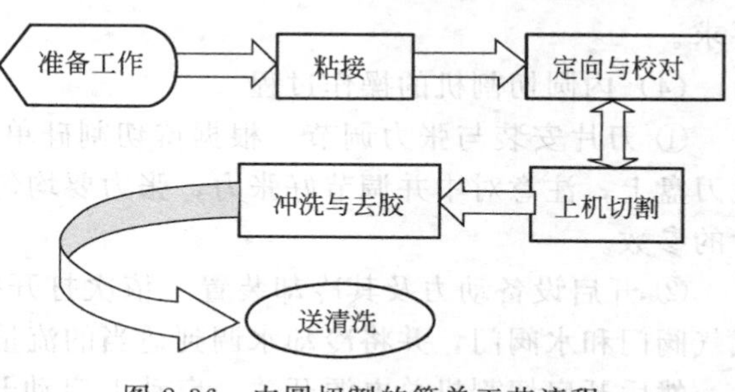

图2-36 内圆切割的简单工艺流程

(1) 准备工作

内圆切割的准备工作包括阅读工艺单弄清加工指令，核对工件和检查设备及工艺条件。

① 加工指令 硅单晶切割的加工指令指各种与切割有关的参数要求，主要有厚度、TTV、BOW、WARP和硅片表面取向等。

② 核对工件 切割实施前需核对工件是否正确，主要从编号、直径、长度和参考面等外观特征来辨别。

③ 检查设备及工艺条件 检查设备各部位是否正常，电、压缩空气、冷却水、室内环境及劳保用品等是否符合要求。这些要求与所使用的设备及工艺有关，下面数据仅作参考。

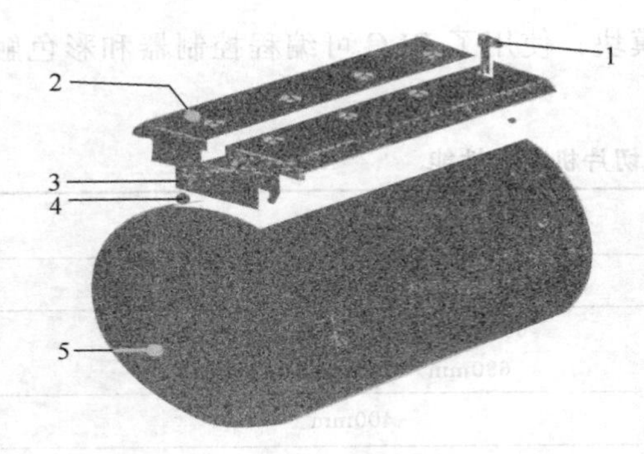

图 2-37 单晶粘接示意图

1—紧固螺栓；2—夹紧轨道；3—工装夹具；4—工件托板；5—晶体

电源通常为单相 220V 和三相 380V；气体包括氮气或者压缩空气，氮气压 1.0MPa 以上，压缩空气气压≥0.5MPa，无水分及杂质；冷却水为初级纯水（电阻率≥1MΩ·cm），水压 0.1MPa，水温 15℃以下，无杂质，具备冷却刀片和主轴油的能力；室内环境通常要求适当恒温。

（2）单晶粘接

首先确定单晶粘接方位，注意下面两个原则：

① 尽量使出刀口避开晶体解理面；

② 便于定向切割。

考虑到以上两个原则，硅单晶粘接方位一般为：（111）晶体粘接方位与主参考面垂直；（100）晶体粘接方位与主参考面呈 45°。

单晶粘接方位确定以后，清洁处理单晶、托板和工装夹具等待粘接部位，然后调配胶黏剂进行粘接并加压固化。如图 2-37。

（3）定向与校对

定向即采用专门的设备及工艺手段确定单晶或者晶片的晶向的过程。单晶切割工艺中利用定向技术实现定向切割，以获取所需表面取向的晶片。

人们平时说的硅单晶的晶向通常指硅单晶的生长方向，即硅单晶轴向的结晶学方向。

硅片表面取向指硅片表面法线的方向，以其结晶学方向及其偏离角度来表述，如(111)3.5°，(100)30′等。

根据器件生产的需要分为正晶向和偏晶向切割。光图法和 X 射线衍射法都普遍用于硅单晶的定向切割，采取何种方法来定向则根据用户对硅片表面取向的要求和所使用定向设备的精度及硅片加工的工艺来确定。

定向以后的晶体，装载到切割机上，根据定向结果调整好机器上二维转动台的偏离角度，切割第一片进行检验校对，如满足要求则继续切割，否则进行调整，直到符合要求。

（4）内圆切割机的操作过程

① 刀片安装与张力调节　根据待切割硅单晶的直径与厚度选择合适的刀片安装到切割机刀盘上，注意对中并调节好张力，张力要均匀适度，过大容易爆刀，过小则影响所切割硅片的参数。

② 开启设备动力及其冷却装置　依次打开空气轴承及切割机上的压缩空气阀门、保护氮气阀门和水阀门，并将冷却水调到适当的流量，约 20mL/s。

然后开启切割机总电源开关，启动上启动开关，当刀盘转速达到 1500～1800r/min 时，让设备空载 1～2min，观察运转是否正常。

③ 切割参数调节　切割实施前需根据待切割硅片厚度设置机器的分度进给，根据待切割晶体状况设置切割速度。切割速度过慢会影响产量，过快则影响所切硅片的质量且对刀片不利。切割速度与硅片厚度、型号、晶向、直径、刀片状态及设备性能等都有关，实际生产中应综合考虑，通常为 30～70mm/min。

④ 试切　如果是新刀片，需要切 1～2 片油石，装载上粘有油石的工件或专用油石夹具进行切割，完成后再装载粘好的晶体。

硅单晶切割头片后，用镊子小心取下，复测晶向、厚度、总厚度变化及直径，并观察硅片形变状况，合格后才能用自动方式继续切割。

⑤ 抽查与修刀　切割过程中应经常抽查所切割硅片相关参数，便于及时纠正。

由于在切割过程中刀片和刀口都可能因受力而发生某种变化。如刀片刃部发生变形可能使硅片弯曲度变大或超过规定值，刀口发生变化可能致使切出的硅片有裂纹或出刀口有损伤等，硅片厚度也可能会发生偏离……一旦抽查发现问题，应及时用油石修刀，如仍不能切出合格硅片，应停机检查设备及刀片状态，直到修复正常。

⑥ 其他事项　切割过程中，应经常检查冷却水的流量，避免断流；同时也要经常清洗冷却系统，避免堵塞；随时注意气压是否符合要求。

切割操作过程中，应特别注意安全。需要修刀时，要小心操作，取放硅片时要小心仔细，防止事故发生。对于卧式切片机，禁止用手直接取片。

2.5 硅单晶多线切割工艺

20 世纪 90 年代，随着人们对硅单晶切割出片率的期望值不断上升及其对硅片质量要求的不断提高，多线切割逐渐进入了硅片生产行业，随后在太阳能光伏产业的推波助澜下得以迅猛发展。

2.5.1 多线切割原理

由一根钢线来回顺序缠绕 24 个导轮而形成线网，导轮上刻有精密线槽，其槽距决定所切割的硅片厚度。导轮转动带动线网移动，从砂嘴流出的砂浆喷在移动的线网上，钢线将磨料紧压在晶棒上并沿晶体切割面作单向或往复运动而产生磨削。移动的线网将砂浆不断地带入钢线与晶棒之间，同时晶体向下移动，如此经若干个小时后即完成研磨式切割，如图2-38所示。

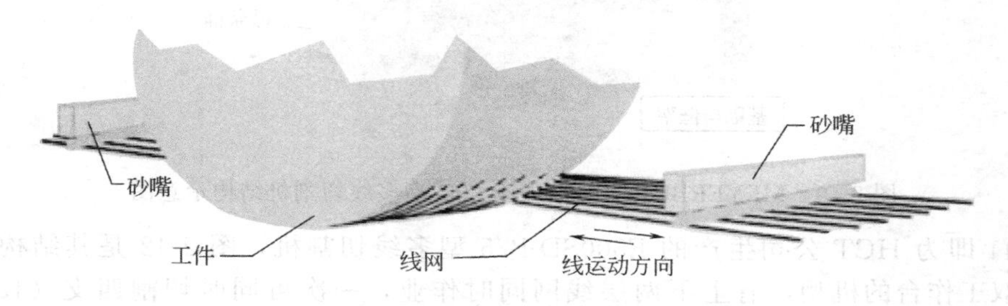

图 2-38　多线切割原理示意图

多线切割效率高，切割质量好，并且出片率高，因此使用越来越广泛。目前不仅在硅晶体切割中使用多线切割，也用于硅单晶截断及切方、硅铸锭多晶破锭开方和硅芯切割等。

2.5.2 多线切割机基本结构

最早生产出多线切割机的是 HCT 公司，目前已有越来越多的生产厂家，如 MEYERBURGER、NTC、高鸟和安永等。2008 年中国的汉虹、日进等公司和某研究所生产的国产线切割机也相继问世，打破了以往硅单晶线切割设备由进口机器垄断的局面。

大致说来，硅晶体多线切割机分为单工作台和双工作台两种，单工作台机型只有一层工作线网，而双工作台机型有上下两层工作线网，如图 2-39 所示。

图 2-40 是 MEYERBURGER 公司生产的 DS265 型多线切割机结构示意图，可以清楚地

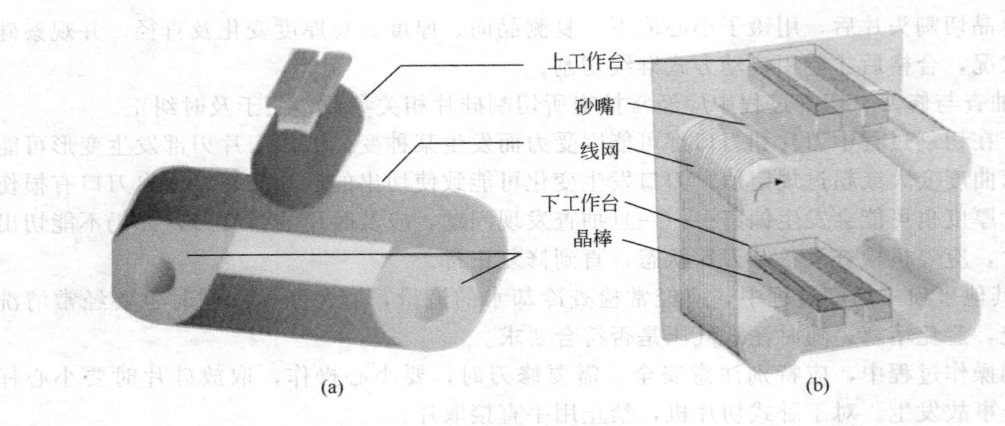

图 2-39 单层线网（a）和双层线网（b）示意图

看到设备基础与框架、绕线系统、工作区和砂浆桶等。这是一个单工作台的机型，可以同时切割两支（156×156）mm 或（125×125）mm 的硅单晶准方棒及铸锭多晶方棒，如果单根切割晶体最大直径可达 200mm。

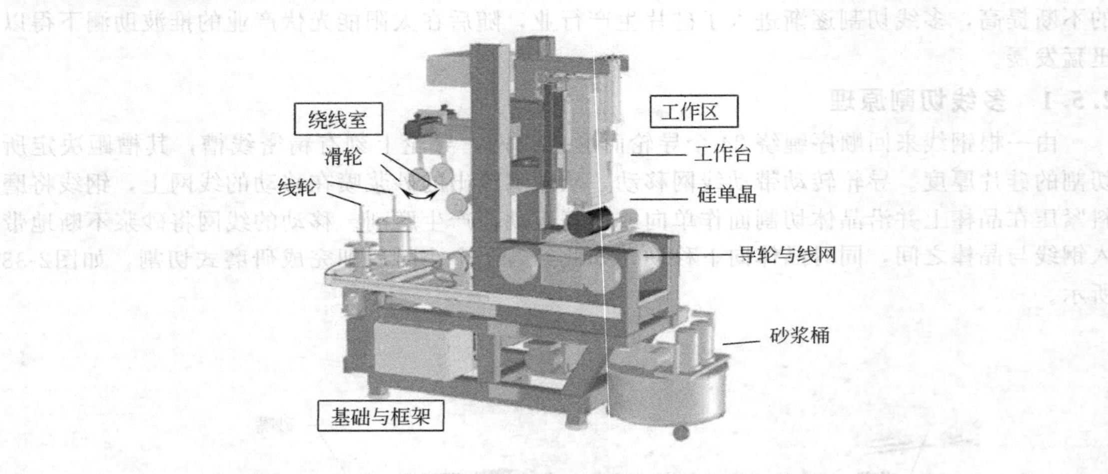

图 2-40 MEYERBURGER 公司 DS265 型多线切割机结构示意图

图 2-41 即为 HCT 公司生产的 E500SD-B/5 型多线切割机，图 2-42 是其结构示意图。这是一个双工作台的机型，有上下两层线网同时作业，一次可同时切割四支（156×156）

图 2-41 HCT 公司 E500SD-B/5 型多线切割机

mm 或（125×125)mm 硅单晶准方棒或铸锭多晶方棒。

不管是几个工作台，多线切割机都具有如下几大部分结构。即基础与框架、切割区、绕线室、砂浆系统、温度控制系统、电控柜、动力装置和测量系统。

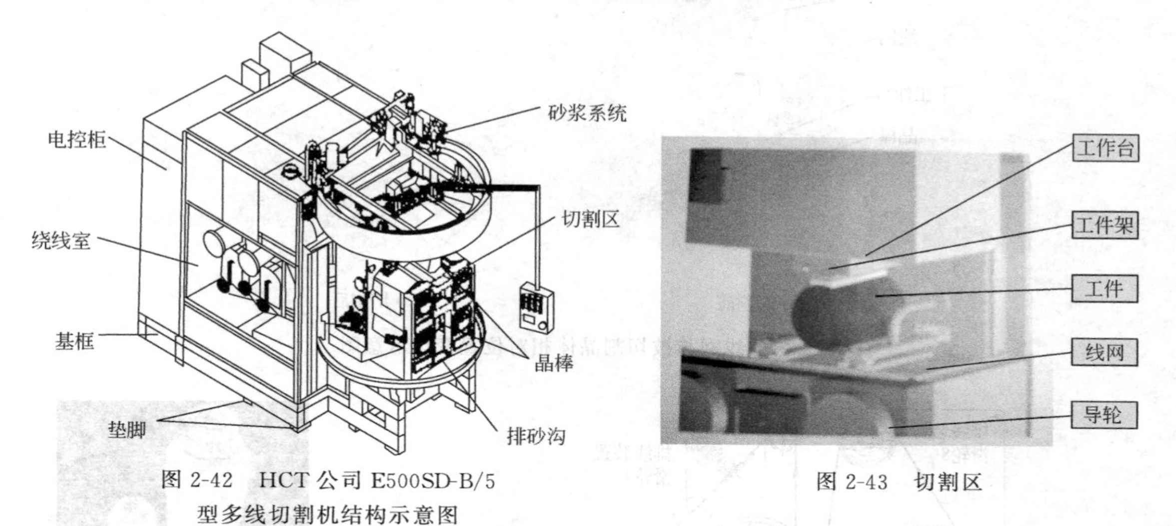

图 2-42 HCT 公司 E500SD-B/5 型多线切割机结构示意图

图 2-43 切割区

(1) 切割区

切割区包括工作台、导轮、线网和断电抱紧装置，如图 2-43 所示。

工作台是实施切割时工件的放置区域，可以是单个或多个。每个工作台可同时容纳一个或多个工件架，工件架是装载工件的器具，工件架底部是燕尾槽，可方便地推进工作台的工件架槽内并锁紧。

待切单晶棒粘接在工件板上，然后用螺钉固定在工件架上。工作台的运动带动工件运动，HCT 公司 E500SD-B/5 型线切机的最大行程为 299mm，切削速度可在 0～9000μm/min 间调节。

导轮又称为槽轮，因机型不同而规格不同，HCT 公司 E500SD-B/5 型线切机的导轮规格为 ϕ300mm×520mm。导轮上面刻有精密线槽，槽距 D 主要根据硅片的厚度期望值 H 和切割线直径 W 而定，即

$$D=H+W+K$$

式中 K——与磨料粒度、机器跳动等有关。

通常有 2～4 个导轮由电机驱动，导轮可以方便地拆卸和安装，以适应不同厚度规格硅片的切割需要。为了避免因变形而影响切割精度，导轮要放置在适当的存放环境中。导轮可以再加工重复使用，但是并非永久性的。

切割钢线来回顺序缠绕 2～4 个导轮就形成线网。切割时钢线在转动的导轮带动下移动，携带的磨液与被切割晶体产生摩擦，同时晶体与线网产生相对位移，待其完全穿越线网便完成了切割，如图 2-44 所示。

断电抱紧装置有机械式或液压式的，其作用在于防止工件架在停机或突然停电时松动，保证切割精度和可靠性。

(2) 绕线室

绕线室设置有一整套绕线系统，包括放线轮、收线轮、滑轮、排线装置和张力调节装置，如图 2-45 所示，右边小图为导轮和线轮。

由电机驱动线轴转动，钢线从放线轮放出，经排线装置和张力调节后进入切割区缠绕导轮后再经收线端张力调节和排线装置回到收线轮，如此不断重复而在切割区形成线网。途中

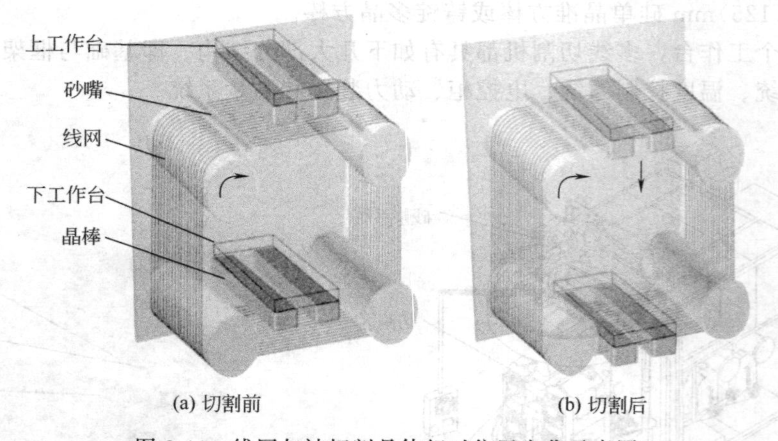

图 2-44 线网与被切割晶体相对位置变化示意图

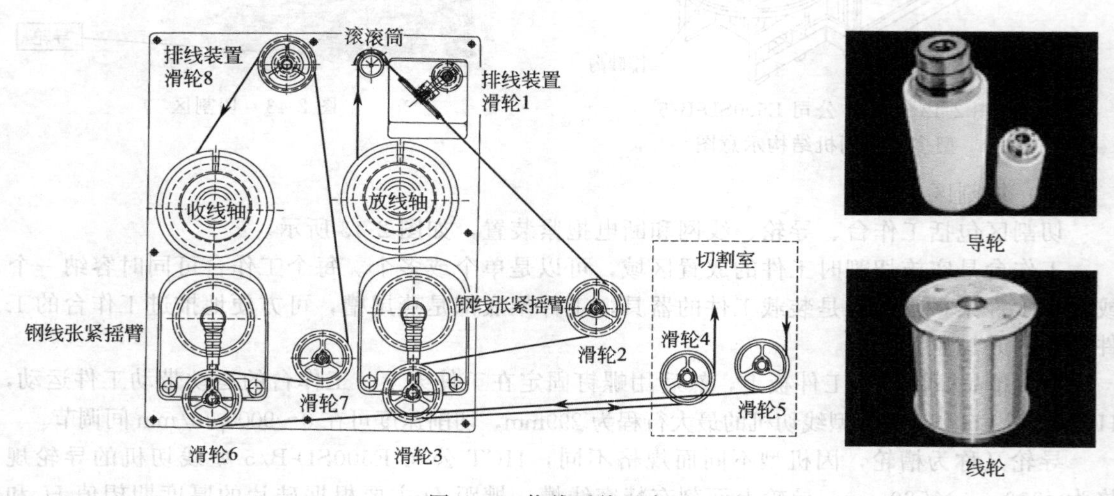

图 2-45 绕线系统示意图

经多个滑轮改变绕线方向，滑轮安装在轴承上，可以方便地装卸。

排线装置有两套，利用其具有的三个功能将回线有序地放在回线轴上。第一可调节钢线左右排线长度变化，其次为两端电子开关定位，第三调节摆动速度。

钢线的张力由摇臂式拉紧装置控制，根据机型不同而可能调节的范围不同，各种机型最大张力为 30～50N 不等。

(3) 砂浆系统

砂浆系统包括内置砂缸、砂嘴和砂浆温度与流量控制装置。

砂缸材料通常为不锈钢，用以存放砂浆，容量 120～500L 不等。每个砂缸中设置有1～2 个砂浆泵，将砂浆不断搅拌。

从切割区回流的砂浆经过滤处理后再注入砂缸。

砂嘴是将砂浆注入到切割区的出口，砂嘴的设计应保证整个线网的砂浆流量一致，其数目因机型而异，E500SD-B/5 型为 6 个砂嘴。

砂浆温度一般约为 20℃，其流量可通过监控仪器实时监控和自动调节，一般控制在约 1.6kg/(dm^3 · min) 范围。砂浆密度与黏度可用专门仪器进行测量控制。

(4) 温度控制系统

温度控制系统为机床各部件提供一个稳定的工作温度，每个部件有独立的温控环路进行监控调节，温控环路由热能交换器、均衡阀、加热器和循环泵组成。

(5) 电控柜

电控柜即线切机的电气控制部分，有的机型设计为与主机分离放置，有的则与主机连为一体。电控柜包括工业电脑、数控单元及控制软件等，通常配置 NT 视窗操作平台和可以180°转动的触摸屏。操作人员可以随时对切割过程及其进展状况进行监控，所有相关的数据都会被自动保存，以用于分析与评估。

通常国外生产厂家都预装有中文视窗应用软件，以方便使用。为了维护方便，很多生产厂家都设计了支持远程操作的功能。

(6) 动力装置

动力装置含各种驱动电机，如绕线轮电机、钢线张力摇臂电机、导轮驱动电机、排线轮电机、工作台驱动电机等，为设备提供动力。

(7) 测量与报警装置

测量与报警装置自动监测多线切割机的某些运行参数，当其处于临界状态时自动报警，主要有以下功能。

① 钢线长度及其移动速度测量　通过主驱动轴上的编码器可以对钢线长度及其移动速度进行测量与报告，便于控制掌握切割工艺条件，确定钢线更换时间。

② 断线报警　系统自动测量并控制钢线张力在适当的范围内，一旦发生断线，自动发出断线报警并停机。

③ 工作台的速度和位置测量　工作台的速度和位置可以通过工作台驱动轴上的编码器进行测量，工作台行程限位开关控制工作台的极限位置。

④ 砂浆和压缩空气断流报警　砂浆和压缩空气的流量分别用砂浆流量密度计和气体流量计进行测量，一旦断流设备便发出相应报警并停机。

⑤ 突发断电保护。

⑥ 其他保护设计。

2.5.3 多线切割工艺过程

图 2-46 示意了硅单晶多线切割的大致工艺流程。与内圆切割一样，首先应弄清楚工艺要求，然后进行相应准备，需要定向的进行定向，再按照所需偏离角度调节后进行粘接。线切机系统调整设置到相应状态，将粘接好的晶体装载上机进行切割，切割完毕后卸载硅片冲洗去胶后送清洗。

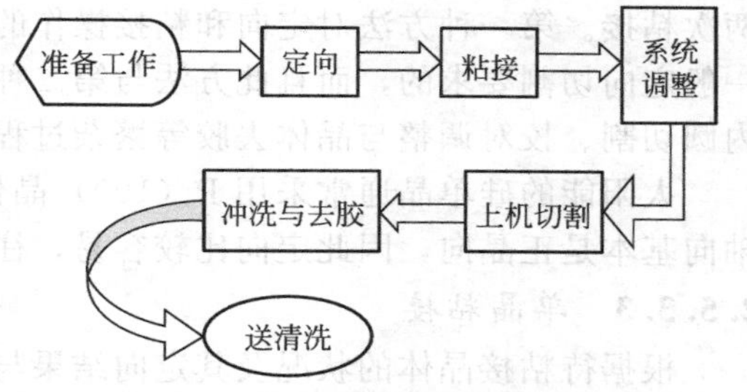

图 2-46 多线切割工艺流程简图

2.5.3.1 准备工作

与内圆切割一样，多线切割的准备工作也包括阅读工艺单并弄清加工指令、核对工件和检查设备及工艺条件等。

(1) 加工指令

硅单晶切割的加工指令指各种与切割有关的参数要求，主要有厚度、TTV、BOW、WARP 和硅片表面取向等。

(2) 核对工件

切割实施前需核对工件是否正确，主要从编号、直径、长度和参考面等外观特征来辨别。

（3）检查设备及工艺条件

检查设备各部位是否正常，电、压缩空气、冷却水、砂浆、导轮、钢线、室内环境及劳保用品等是否符合要求。这些要求与所使用的设备及工艺有关，砂浆、导轮与钢线的要求将在切割参数设置里面详细讨论。

电源通常为单相220V和三相380V；压缩空气气压≥5.5MPa，无水分及杂质；冷却水为初级纯水（电阻率≥1MΩ·cm），水压0.2～0.6MPa，水温15℃以下，无杂质；室内环境通常要求适当恒温，以20～25℃最好。

2.5.3.2 硅单晶定向

关于定向的概念在前面已有叙述。所谓定向，即采用专门的设备及工艺手段确定单晶或者晶片的晶向的过程。单晶切割工艺中利用定向技术实现定向切割，以获取所需表面取向的晶片。根据器件生产的需要分为正晶向和偏晶向切割，光图法和X射线衍射法都可以采用。

（1）内圆切割定向

在内圆切割工艺中，可以采用两种方式来实现定向切割。

① 先将硅单晶粘接在与定向仪和切割机相配合的专用夹具上，然后将其装载到定向仪上进行定向，根据定向结果在切割机上进行角度调节；

② 采用切割头片调整的方式进行。

（2）多线切割定向

在多线切割中，以上两种方式均不能采用。首先因为多线切割机一般都没有设计两维的转动台而无法实现角度调整，其次多线切割机是一次完成整支单晶的切割，所以不能在切割过程中去调整所切割硅片的取向。

因此，要在多线切割中实现定向切割有另外两种方式可以采纳。

① 先定向后粘接　将硅单晶直接装载到定向仪上，测量计算并确定需要偏离的角度及其方向，作上标识（注意需将其两个偏离分量转化到一个方向），然后按照所确定的角度与方向放置并粘接晶体，从而实现定向切割。

② 基准面切割调整法　如果所使用的定向仪精度及准确度不高而不能满足其定向要求时，可以采用基准面切割调整法。第一种方法是利用头片校对调整法，采用内圆切割方式将晶体一个端面切割调整到所需取向，然后以此端面为基准面进行晶体粘接，使切割沿此基准面进行而实现定向切割。

第二种方法比较直观，因为经过校对而较令人放心，但是很麻烦，往往需要将晶体进行两次粘接。第一种方法对定向和粘接操作的要求高一些，但是如果操作严格细心，是能满足一般定向切割要求的，而且此方法与第二种方法相比，省去了内圆切割工艺中的单晶粘接、内圆切割、校对调整与晶体去胶等繁杂过程。

太阳能的硅单晶通常采用P（100）晶体，且单晶的晶向一般都比较正，就是说晶体的轴向基本是正晶向，因此定向比较容易，往往垂直于轴向切割即能满足要求。

2.5.3.3 单晶粘接

根据待粘接晶体的状况及其定向结果与标识确定单晶粘接方位，因为单晶的粘接部位通常也是切割出刀口位置，因此要尽量避开晶体解理面部位，同时考虑定向的需要。在内圆切割中，〈100〉单晶选取的粘接部位与主参考面呈45°；〈111〉单晶选取的粘接部位则与主参考面垂直。多线切割中晶体的粘接部位服从定向的需要，如果是太阳能晶体，则将其平面之一作为粘接方位即可。

单晶粘接方位确定以后，清洁处理单晶、托板和工装夹具待粘接部位，然后调配胶黏剂进行粘接并加压固化，注意刮去边缘多余的胶黏剂，如图2-47。

胶黏剂的种类很多，目前在硅单晶多线切割中多数选用美国和日本的胶黏剂，也有选用国产胶黏剂的。无论用何种胶黏剂，其使用方法都要注意掌握其特点，适应其性能，比如配制比例、粘接时间和加压固化时间等。特别强调，必须要有足够的加压固化时间，否则在切割过程中发生掉棒会造成严重损失。

图 2-47 晶体粘接切割示意图

2.5.3.4 多线切割机系统调整与准备

（1）导轮的选择与安装

在多线切割中，导轮的槽距设计主要取决于硅片目标厚度、钢线直径、磨料粒度及设备性能。在实际生产中，钢线直径、磨料粒度及设备在一定时期都是相对稳定的，因此通常都是针对一定的工艺条件而备有各种不同槽距规格的导轮，以满足不同厚度硅片切割的需要。在使用时需要根据切割目标厚度并结合当时的工艺条件，选择适当的导轮。

导轮选定后，安装上轴承凸缘密封件，用导轮运载装置把导轮移动到安装位置并将其安装到线切机相应位置上，然后装上活动轴承、锁定螺钉、温度传感器、轴承盖和盖环等，最后安装好砂浆粗过滤槽。

（2）线轮的安装及其更换

线切割机的线轮分放线轮和收线轮，放线轮线轴具各种型号，用相应的辅助件安装固定，收线轮通常是固定的型号。

① 安装　在放线轮或收线轮上装上两个有眼的螺丝杆（M10），用行车吊起线轮并放落在固定杆（传动销）上，降低带集成盘簧（传动销）的计数塔轮，把制动套筒轻放在固定杆上，并用垫圈和六角螺帽固定，装上防护盖。

② 更换　当放线轮上的线长度比预测的用于切割单晶的线长度短时，就必须更换放线轮和收线轮。

- 切断放线轮和收线轮上的钢线，用粘胶带或磁铁把两个线头都粘到机器某个部位。
- 卸下放线轮和收线轮，装上新的放线轮和空的收线轮。
- 把放线轮上的钢线头和导轮上入口的线头绞合在一起，在两边用黏性胶带固定，然后把绞合的线用焊锡焊接在一起并用水磨砂纸将接头磨光滑，除去胶带，剪断钢线头。
- 把导轮上出口的钢线头固定在收线轮上。
- 让钢线经过张力系统，关闭防护罩和机械盖，以约 3m/s 的速度移动线，当焊接头到达收线轮时，再在收线轮上缠绕一定长度的线。
- 输入线径、线长度、线轴和导轮的直径。（每次更换导轮、放线轮，收线轮后，都需要重新输入）

③ 使用后线轮的处理　使用后更换下来的线轮，即使是未经切割的新线，也因长度不够而无法使用了。但是空线轮是可以重复使用的，可以将上面缠绕的钢线去除以后重新绕线。往往采用切割的方式去除废钢线，但是一定要保证线轮本身不受伤害。图 2-48 是××奥曼特公司生产的废钢线切割机，专门用于不同直径线轴上钢线的切割。

（3）绕线与调节

线轮装上以后要进行绕线，就是将切割用的钢线按照规定的路径引导缠绕到导轮上而形成线网。

① 打开电源，如果需要，则输入密码，在导轮上安装缠绕皮带，以使导轮都能随着一起同步转动，然后将放线轮上的钢线头经过张力系统和方向轮固定在皮带上。

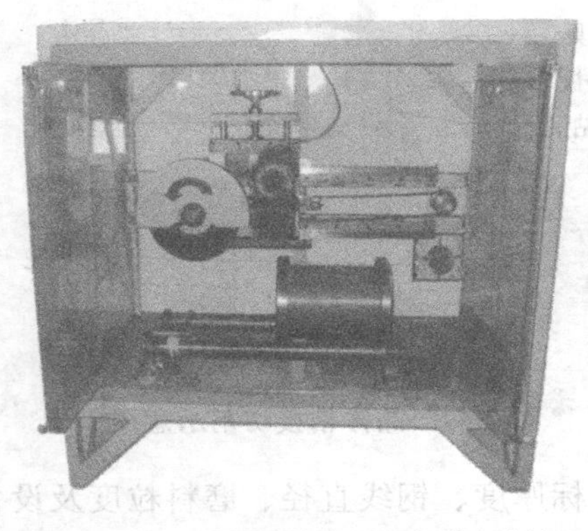

图 2-48 ××奥曼特公司废钢线切割机

② 在绕线操作状态启动电机，用皮带围绕着导轮牵引线并且将其固定在相应的槽内。

③ 当线带宽度至少 10mm 时，用黏性胶带固定已经绕上的线带，有线的胶带把线头从一个槽引导到另一个槽。这样，线网就能自己独自缠绕，直到导轮上每槽绕上线。

④ 打开连接器，将放线轮上的钢线通过张力系统。然后将导轮上的钢线头通过收线轮上的滑轮把钢线头安装在收线轮上，再在收线轮上缠绕一定长度的线。

⑤ 输入线径、线长度、线轴和导轮的直径。

⑥ 根据工艺需要调节钢线张力。

(4) 砂浆配制

线切割用的砂浆，是一种由磨料和切割液组成的混合物，它随着钢线的运动与被切割晶体产生磨削而实现切割功能。

常用的线切割砂浆的主要成分是绿碳化硅和聚乙二醇。

绿碳化硅（SiC）微粉硬度高（莫氏 9.6）、粒度小且粒径分布集中，作为主要切削磨料。目前线切割常用磨料为 1000#～1200#。

聚乙二醇（PEG）浸润性好，排屑能力强且对碳化硅类磨料具有优良的分散特性，带砂能力强，从而在线切割过程中具双重身份，其一为磨料载液，使碳化硅微粉在切削过程中分散均匀，以维持平稳的切割力场；其二充当冷却液，及时带走切削过程中产生的巨大的摩擦热和破碎颗粒，保证硅片的表面质量。

线切割用的砂浆要求有一定的黏度，这关系到线切割机对硅片切割能力的强弱。砂浆的黏度与聚乙二醇本身的黏度指标及砂浆的配比和搅拌有关。通常需要连续搅拌 6h 以上，因此砂浆都是预先配制好待用，而且砂浆一旦配制就需不间断地进行搅拌，以防止沉淀。有专门提供砂浆搅拌装置的生产厂家，如无锡奥曼特等。图 2-49 就是该公司生产的砂浆专用搅拌装置及其主要技术参数，可以单个或组群使用。

型号	JB1000	JB1200
容积	1000L	1200L
主轴转速	31r/min	32r/min
电机功率	5.5kW	5.5kW
体积(长×宽×高)/mm	2000×1500×1600	2000×1500×1775
选择配置	循环过滤 自动加料 多台串联	

图 2-49 砂浆专用搅拌及其主要技术参数

使用前将聚乙二醇抽进砂浆搅拌桶，加入一定的碳化硅磨料进行充分搅拌，使之均匀并达到需要的黏度。至于二者的配比及砂浆的黏度值，与所用线切机和工艺有关，使用时视其具体情况及经验进行控制。MB、HCT、NTC 等机器，要求硅片切割液和碳化硅微粉的配比比例一般控制在 1∶(0.92～0.95)，砂浆相对密度在 1.630～1.635，黏度控制在 200～250mPa·s。

砂浆预配制完成后，还需连接多线切割机的砂浆系统。

在线切机上安装过滤网、内置砂缸的砂泵和搅拌器，将砂泵入口与配制好的砂浆相连接，在线网上安装砂浆喷嘴装置并连接砂浆冷却系统后，开启砂泵与搅拌器将已配制好的砂浆抽入内置砂缸并搅拌待用。

为保证切割质量，整个过程中必须保持砂浆的清洁，严禁混入异物。

(5) 系统参数设置

切割实施前应进行系统参数设置，输入必要的相关数据，工艺技术参数可以进行现场输入，也可以调出适当的程序使用或修改。

首先输入待切割晶体编号与直径、导轮直径与槽距、线轮线径、线长度和操作员等。

然后设置钢线速度和切割进给速度。

特别提醒：每次更换导轮、放线轮、收线轮后，线径、线长度和导轮的直径等必须重新输入。

表2-13列出了DS265、DS264线切割机主要性能及其要求的工艺条件，但是在实际生产中，还是应当按照自己的工艺与工件状况进行调整。

表2-13　DS265和DS264线切割机主要性能及其工艺条件

项　目	机　型	SAW　DS　265	SAW　DS　264
工件尺寸	最大截面/mm	200×200 Φ 200 2×Φ 200	220×220
	最大长度/mm	300	1×820,2×410 3×280,4×210
	最小切片厚度/mm		0.15
切割钢线	线径/mm	0.100～0.160	0.100～0.160
	线长/km	Max218(0.160)	Max640(0.160) Max800(0.140)
	线速/(m/s)	15	15
	张力/N	15～35	15～35
导线轮(槽轮)	直径(mm)/长度(mm)/重量(kg)	250/320/29	320/840/130
切割进给	最大行程/mm	280	265
	进给速度/(mm/min)	0～2(最快200)	0～10(最快200)
电源	电压(V)/频率(Hz)	380/50	380/50
	最大功耗/kW	70	135
压缩空气	压力(bar)/流量(m^3/h)	5.5～8/22	6～8/20
砂浆	砂浆罐储量/L	120	390
	温度/℃		(20～27)±1
冷却水	温度(℃)/流量(L/min)/压力(bar)	<12/(100～200)/6	<20/350/(2～5)

注：1bar=10^5Pa。

2.5.3.5　晶体上机切割

(1) 上料

根据生产计划选取已粘接固化的待切割晶体，用升降车将其安装到机器上并移到线网上方，设定好线网与晶体的距离后关闭机盖、防护罩和滑动挡板。

(2) 检查确认

首先检查核对待切割晶体与加工单是否相符，检查确认相应的技术参数输入和设置。然后开启冷却系统，检查交换水的流量、水温和水压是否符合要求；检查砂浆系统的流量(4000kg/h)、温度和压力及浓度是否符合要求；检查线切割机各部分是否正常，如方向导轮的磨损、线网、粘接工件、防护挡板、压缩空气等，做好记录。

(3) 开机切割

所有项目经检查确认后，打开所有的传动装置和泵，在自动状态开始切割。

监控整个切割过程，一旦发生异常情况及时进行处理。

切割过程中若发生断线必须进行适当处理后方能继续工作。如果发生断线，机器会报警并停止运行。这时候先将切割单晶升到顶端，打开防护罩将导轮的断线处用黏性胶带粘到导轮上。如果是进线端断，将放线轮上的钢线头粘上，反时针转动直到导轮进线端上每槽绕上线，然后将放线轮上的钢线头和导轮入口线头进行连接；如果是出线端断，顺时针转动导轮，直到导轮上出口端每槽绕上线，然后将线头接在收线轮上；如果晶体已经切割至尾部，就需要先清洗并用氮气将晶体吹干，再进行以上工作。

切割完毕，停机，小心卸下带硅片的夹具，进行适当冲洗。

2.5.3.6 冲洗与去胶

首先用水进行冲洗去除硅片表面附着的砂浆，然后进行去胶处理。

由于硅片很薄，尤其是太阳能硅片，其厚度只有 200μm 或更薄，冲洗的时候应特别小心，防止硅片碎裂。

去胶即去除胶黏剂，视所使用的胶黏剂而采用不同的方法进行，可以热水烫及用酸、碱或洗涤剂处理等。目前已普遍使用专业的硅片去胶机代替手工操作，在硅片清洗章节中再详细介绍。

2.5.4 多线切割在其他方面的应用

除了将硅单晶切割成片外，多线切割还被用于硅单晶切方、铸锭多晶开方和硅芯切割方面。

2.5.4.1 硅单晶切方和铸锭多晶开方

了解了多线切割的原理和工艺以后，对于线切开方也就不难理解了。在此还是以 HCT 公司 SQUARER 开方线锯（图 2-50）为例进行讨论。

(1) 切割方式及其原理

将待切割的硅单晶或铸锭多晶竖立并粘接在工作台的垫板上，如图 2-50 所示。工作台

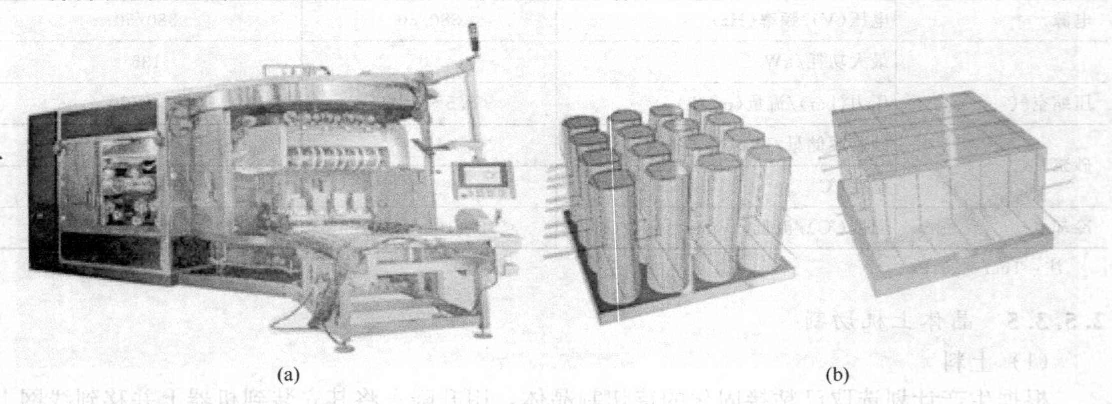

(a) (b)

图 2-50 SQUARER 开方线锯设备 (a) 及其开方 (b) 示意图

上方有一个线网框架，钢线被引申到框架上，来回顺序缠绕在四组滑轮与导轮之间，形成上下两个纵横线网；框架里安放的多个砂嘴为切割提供砂浆；滑轮带动线网将砂浆带入并紧压在晶体切割面上来回移动，形成磨削式切割，同时框架将线网慢慢向下推过晶体而完成切割。

（2）设备结构

多线开方机主要由切割区、线网框架、砂浆系统、冷却温控系统和控制系统组成。

切割区为三面开放式，可以从三个方向操作，方便放置晶体和取出已分割的硅棒。切割区工作台上方有可以上下移动的线网框架，下方有砂浆回路。导轮的距离可以根据需要调整，以满足不同分割尺寸的要求。

线网框架里分别有四组导轮和滑轮及多个砂嘴，通过绕线形成上下两层纵横线网。

砂浆系统包括砂缸、砂泵和搅拌器。还有温控系统和控制系统，这些都与多线切割机类似，只是具体形式和参数有所差别而已。

多线开方机也需要使用压缩空气，其压力4～6bar，流量不低于40m³/h。

（3）设备性能特点

① 多线切割开方一次完成纵横两个方向的分割，省料、省工、省时，因而大大提高了生产效率。

② 研磨式切割的表面精细，无深层次裂痕损伤，有利于后工序加工质量和成品率的提高。

③ 尤其适合太阳能工业生产，SQUARER开方线锯每刀可切25根135mm或165mm圆棒，或16根210mm圆棒，长度均可达500mm；对于铸锭多晶，每刀可切出方棒103mm规格36根，或125mm规格25根，或156mm规格16根。

2.5.4.2 硅芯切割

长期以来，生产硅单晶所用的硅芯都是靠专门拉制而成，这种工艺费工费时，通常一支硅芯的生产需耗时2～3h。利用多线切割技术一次切割能同时产出若干支硅芯，大大提高了生产效率。

DIAMONDWIRETECH公司生产的SR-200硅芯切割系统包括SR200多线硅芯切割机和一套粘胶、装/卸载及脱胶的辅助工具，可以选用离心分离机来防止切削粉尘堵塞线锯。

（1）硅芯切割机

图2-51是DIAMONDWIRETECH公司生产的SR-200硅芯切割机，所切割硅棒最大直径可达150mm，最大长度可达2500mm。该机采用其获得专利的切线摆动切割技术，利用双层独立线网，x与y方向同时切割，使硅芯分割一次完成。

与硅片多线切割设备相似，SR-200线锯也具备切割工作区、绕线系统、冷却水系统和控制系统，也要使用专门的导轮、线轮、滑轮及其他组件。从结构上看，SR-200硅芯切割机包括三个工作舱位。底层舱位是装货和卸载工件区。中间舱位是切割区，上层舱位是绕线区。

SR-200使用分布式处理数据结构执行整个系统管理作用，并且提供基于微型ITX个人计算机平台的操作接口界面，包括LCD触摸屏显示器和LCD显示器。计算机提供所有的控制、警报监视和显示必要的切割和维护操作。绕线过程中可以使用无线遥控器控制，线锯操作、绕线、维护以及运行状态均可在控制面板显示。

与硅片多线切割设备不同的是，硅芯切割不使用砂浆和压缩空气，而是采用金刚线切割方式，切割期间只需提供冷却水即可。SR-200包括一个独立的300L冷却水系统，用水加入表面活化剂作为线锯的冷却水。表面活化剂在切割过程中提供润滑和清洁功能。冷却水的循

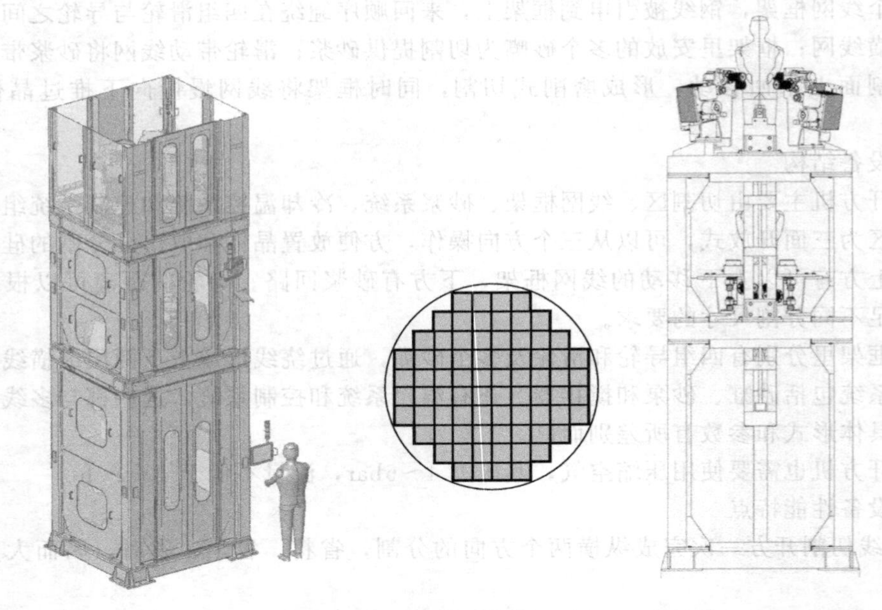

图 2-51 SR-200 硅芯切割机

环由一离心泵驱动。

SR-200 硅芯切割机使用 300μm 线径的金刚线。为了合理利用，可以使用大的线轴，再由一台绕线机在工作现场绕得切割过程中确切需要的金刚线长度，以减少浪费。

硅芯切割机所切割硅芯的规格尺寸由导轮槽距决定。通常分割的规格为 7mm×7mm 或 8mm×8mm，根据需要而定。表 2-14 举例列出了 SR-200 硅芯切割机部分性能指标。

表 2-14 SR-200 硅芯切割机性能举例

指 标	参 数	指 标	参 数
金刚线径/μm	300	进给速度/(mm/min)	4
硅棒直径/mm	120	总切割时间/h	<8
硅棒长度/mm	2000	单位耗线量/(cm^2/m)	11
硅芯尺寸/mm	7	每根硅芯耗线量/m	32
硅芯数量/支	180	每刀厚度变化/μm	±500

(2) 配套工具

与 SR-200 硅芯切割机配套使用的工具主要包括装配台、装/卸载小车和脱胶池。

① 装配台 图 2-52 为带硅棒固定夹具的装配台，也叫粘胶台。使用时将硅棒安装到可移动的底座盘硅棒支架上，使用树脂板和环氧胶进行粘胶。硅棒支架由液压控制而可以由水平位置偏转抬升至垂直位置，便于与装/卸载小车衔接，图 2-52(b) 即为硅棒支架竖起来的状况。此装配台适合的硅棒直径在 60～150mm。

② 装/卸载小车 装/卸载小车如图 2-53，可将硅棒从装配台移动安装到切割机上及卸载已经切割的硅芯束。也可用于运输硅棒或硅芯到粘胶台或脱胶池。

③ 脱胶池 脱胶池包括硅芯束固定装置和释放槽，如图 2-54。释放槽用于硅芯脱胶，使用内部加热器将水加热，环氧胶在热水中软化并脱落。脱胶池设计为能够保护容纳从硅芯束中松开独立的硅芯。

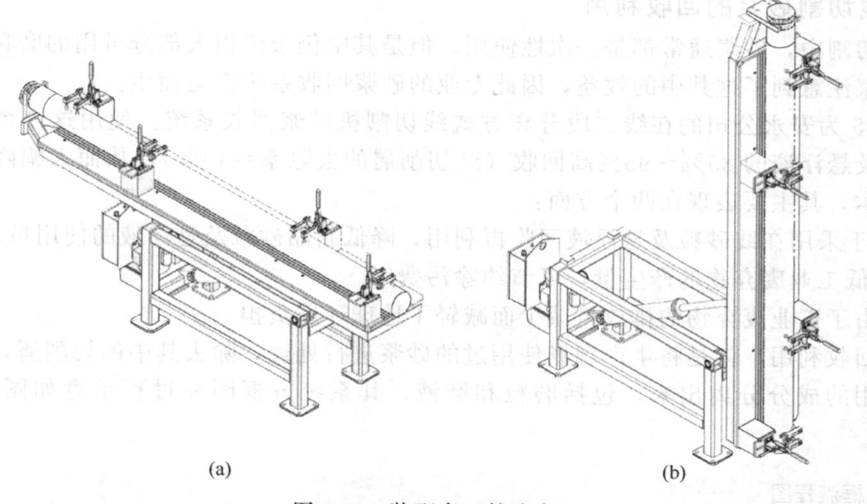

图 2-52 装配台（粘胶台）

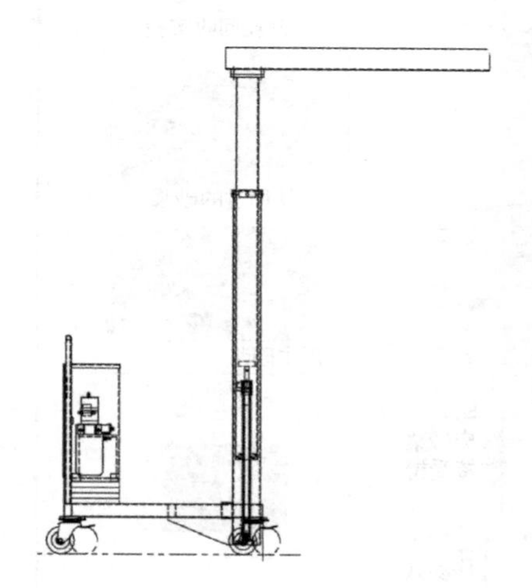

图 2-53 装/卸载小车

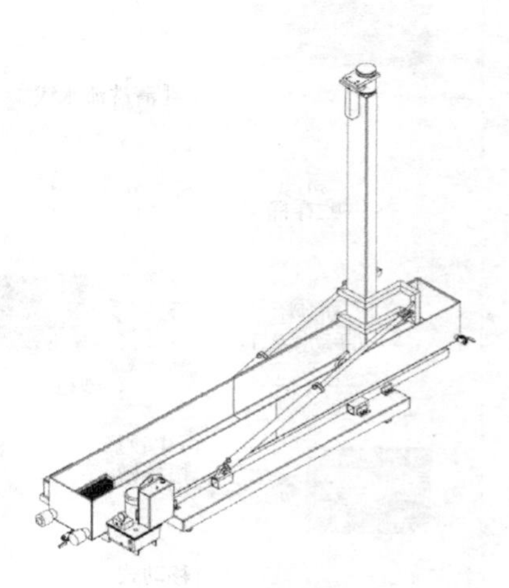

图 2-54 脱胶池

图 2-55 在线二段分离方式线切割机砂浆回收系统

2.5.5 线切割砂浆的回收利用

多线切割中，砂浆通常都是一次性使用，但是其中仍余留很大部分可用的磨粒。已越来越多的厂家注意到了这其中的效益，因此专业的砂浆回收系统应运而生。

图 2-55 为安永公司的在线二段分离方式线切割机砂浆回收系统。使用这个系统，可以实现砂粒及悬浮液的 85%～95%高回收（Si 切削屑的去除率=40%），从而大幅降低多线切割运营成本，其主要表现在两个方面：

① 由于采用在线砂粒及悬浮液回收再利用，降低新品砂粒及悬浮液的使用量；

② 降低工业废弃物的产生量，可节约除污费用。

同时由于工业废弃物的排放量减少而减轻了地球环境负担。

砂浆回收利用，就是将生产现场使用过的砂浆进行处理，除去其中的切削屑，将有效的可以再利用的成分分离出来，包括磨粒和磨液，其系统方框图和过程示意如图 2-56 和图 2-57。

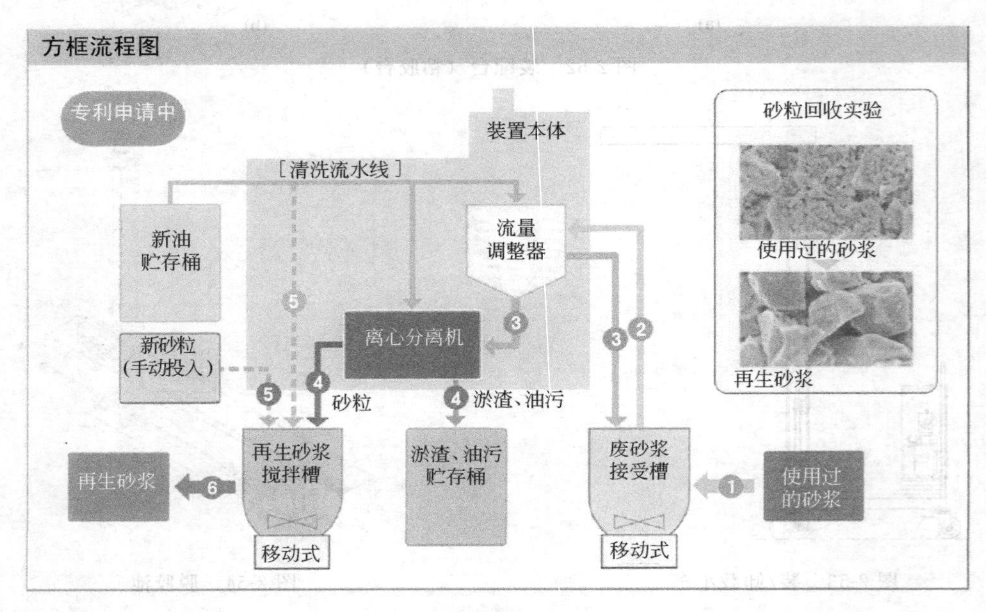

图 2-56 砂浆回收系统方框图

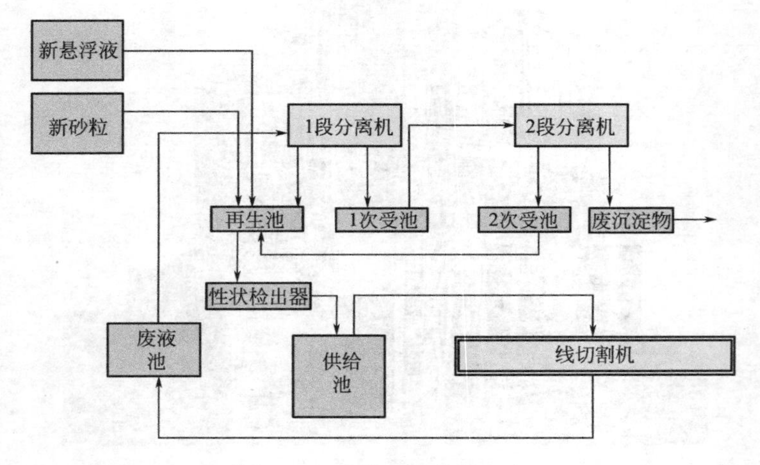

图 2-57 在线二段分离方式

本章小结

1. 内圆切割与多线切割

晶体切割就是利用内圆切片机或者线切割机等专用设备将硅单晶或多晶切割成符合使用要求的薄片的过程。

硅晶体的切割主要有内圆切割和多线切割两种形式。

内圆切割利用内圆刀片为切割刀具，以其内圆作为刀口，其上镶嵌金刚石颗粒，一片一片进行磨削切割。内圆切割品种变换简单方便、灵活、风险低，但是效率低、原料损耗大、硅片体形变大、加工参数一致性差。

多线切割利用钢丝切割线携带金刚砂浆液进行磨削，整锭同时切割。其效率高、原料损耗小、硅片体形变小、加工参数一致性好，但是投资大、风险高。

2. 硅单晶定向方法原理

(1) 光图定向法方法原理

将一束光射在硅单晶经研磨和择优腐蚀后的表平面上，在光屏上会观察到一特定的反射光图，此反射光图的形态与被测平面的结晶学方向有关。根据反射光图的形态和位置可以确定被测表面的结晶学方向及其偏离角度。

常用的光图定向装置如氦氖激光定向仪，由激光发生器、反射光屏和载物台组成。

(2) X射线衍射定向法方法原理

当一束平行的、波长为λ的单色X射线以θ角入射到晶体上时，其衍射的产生遵守布拉格定律：

$$2d\sin\theta=n\lambda$$

不同结构的晶体和不同的晶面具有不同的衍射角，用X射线衍射仪测量其衍射的强度，并观察其衍射角度，结合该结晶学平面的标准衍射角θ进行计算，即可确定被测表面的结晶学取向及其偏离。

X射线衍射定向仪主要由单色X射线发生器、盖革计数器和载物台组成。

3. 定向切割

(1) 硅片表面取向

硅片的表面取向，就是指硅片表面的结晶学方向及其偏离度数。

为了满足不同器件对硅片表面取向的要求，切割需按照特定的方向进行，这就是定向切割。

(2) 定向切割基本步骤

① 测定晶体的现有取向；

② 计算应调整的角度与方向；

③ 进行相应调整设置与处理、试切与校对。

(3) 正晶向切割与偏离切割

正晶向切割，就是说要求硅片的表面尽量接近于要求的结晶学平面而没有偏离。通常要求在0°±1°。

偏离切割，就是根据器件工艺的要求，使硅片表面朝着某一特定方向偏离所需结晶学平面一定角度的切割方法。

硅单晶在偏离切割时，应沿主参考面向最近的（110）方向偏离并注意其正交偏离。

4. 硅单晶的晶体结构

(1) 硅单晶晶体结构为面心立方结构

在晶体学中，晶体结构是用点阵来描述的，点阵中的阵点就代表原子或原子群所在的位置，将这个原子或原子群叫做基元，基元在空间重复就形成晶体结构。

晶体可以分为七大晶系，硅单晶属于立方晶系，为面心立方结构。在立方晶系中，$a=b=c$，$\alpha=\beta=\gamma$，晶胞体积$V=a^3$。立方晶系中，晶向总是垂直于对应的晶面。

(2) 晶向与晶面

晶体中晶列的方向用晶向表示，以晶向指数$[m,n,p]$来描述，晶向指数即晶向矢量在三个晶轴上投影的互质整数。等同晶向称为晶向簇，用$\langle m,n,p\rangle$表示。

晶面用晶面指数(h,k,l)来描述，晶面指数又称为密勒指数，是晶面在各晶轴上截距之倒数的互质整数比。具有等同条件的一组晶面称为晶面簇，用$\{h,k,l\}$表示。

通过坐标的移动可以将等效面互相转换。

晶体中最邻近的两个平行晶面间的距离称为晶面间距，用字符“d”表示。立方晶系中，

$$d=a_0/(h^2+k^2+l^2)^{1/2} \quad (a_0\approx 5.4305\text{Å})$$

晶面夹角指晶面法线间的夹角，立方晶系中，晶面(h_1,k_1,l_1)和晶面(h_2,k_2,l_2)间的夹角ϕ以下列公式计算：

$$\cos\phi=\frac{h_1h_2+k_1k_2+l_1l_2}{\sqrt{(h_1^2+k_1^2+l_1^2)(h_2^2+k_2^2+l_2^2)}}$$

5. 硅片特性参数

与硅单晶切割工序有关的硅片特性参数主要有厚度、TTV、BOW、WARP和硅片表面取向等。注意各参数特点及其区别。

硅片标称厚度指硅片中心点厚度；硅片厚度一致性指一批硅片中厚度的变化，一般以硅片中心点厚度衡量；而硅片总厚度变化则指一个硅片的各点厚度变化。

BOW和WARP都是表征硅片体形变的参数，是硅片的一种体性质。

6. 确定单晶粘接方位的两个基本原则

① 尽量使出刀口避开晶体解理面；

② 便于定向切割。

7. 硅单晶多线切割工艺

① 多线切割原理　由一根钢线来回顺序缠绕2～4个导轮而形成线网，导轮上刻有精密线槽，其槽距决定所切割的硅片厚度。导轮转动带动线网移动，从砂嘴流出的砂浆喷在移动的线网上，钢线将磨料紧压在晶棒上并沿晶体切割面作单向或往复运动而产生磨削。移动的线网将砂浆不断地带进钢线与晶棒之间，同时晶体向下移动，如此经若干个小时后即完成研磨式切割。

② 多线切割机基本结构　多线切割机主要由基础与框架、切割区、绕线室、砂浆系统、温度控制系统、电控柜、动力装置和测量系统构成。

导轮槽距D决定多线切割机所切割硅片的厚度：

$$D=H+W+K$$

式中　H——硅片厚度期望值；

W——切割线直径；

K——磨料粒度、机器跳动等有关。

砂浆系统包括内置砂缸、砂嘴和砂浆温度与流量控制装置。温度控制系统为机床各部件提供。

③ 硅单晶多线切割工艺过程。

习　题

2-1　简述硅单晶的两种切割方式及其方法原理。

2-2　什么是硅单晶的定向切割？

2-3　硅单晶的定向切割就是偏离切割，这种说法对吗？为什么？

2-4　晶面指数是什么？

2-5　假设一晶面 x、y、z 上的截距分别为3、3、2，计算此平面的晶面指数并作出相应示意图。

2-6　说出{111}晶面簇所代表的晶面，这些晶面都是等效面吗？

2-7　计算硅单晶X射线衍射定向中，(221)晶面的标准衍射角（θ角）。（注：铜靶）

2-8　硅片的BOW和WARP与硅片的总厚度变化有关吗？

2-9　简述内圆切割工艺过程。

2-10　内圆切割中如何选择硅单晶的粘接方位？

2-11　试对多线切割机的切割区进行描述。

2-12　砂浆是多线切割工艺中的关键因素之一，如何保证砂浆的质量？

2-13　利用多线切割机切割硅片时，如何选择导轮？为什么？

2-14　经计算，下一轮晶体切割需用钢线长度大于设备显示的现有剩余钢线长度，试问可以继续使用吗？为什么？

第3章　硅片研磨

学习目标

掌握： • 硅片边缘倒角

• 硅片研磨工艺及其设备

理解： • 硅单晶的导电性能

了解： • 硅片热处理

太阳能硅片在切割后就可以出厂了，但是其他的大多数硅片在切割后需要对其边缘进行处理，然后研磨，有的还要经过热处理。

硅片边缘轮廓的概念是在硅片发展的进程中逐渐建立并日益得以重视的，目前300mm硅抛光片制作工艺中已经在进行硅片边缘高精度抛光。

进行研磨的硅片绝大多数都会先进行边缘倒角处理，由此来给磨片工艺带来很大好处，大大提高了工艺合格率。

硅片热处理主要针对直拉硅单晶而言，通过硅片热处理可以削弱或消除直拉硅单晶中氧的施主效应，同时降低硅片应力而有利于后续工艺。

这一章将对这三部分内容进行讨论，其中包括此三个工艺的方法原理、主要设备、工艺条件、操作过程以及部分设备维护保养知识，其间还会对硅单晶的导电性能作简单的讨论。

3.1　硅片边缘倒角

硅片边缘倒角，就是利用专门的设备与工艺，使高转速（8000～10000r/min）的金刚石磨轮相对一定转速的硅片作摩擦运动而对硅片边缘进行磨削的过程。在此过程中，硅片的径向去除量和边缘轮廓形状可以控制，以得到所需要的边缘轮廓。

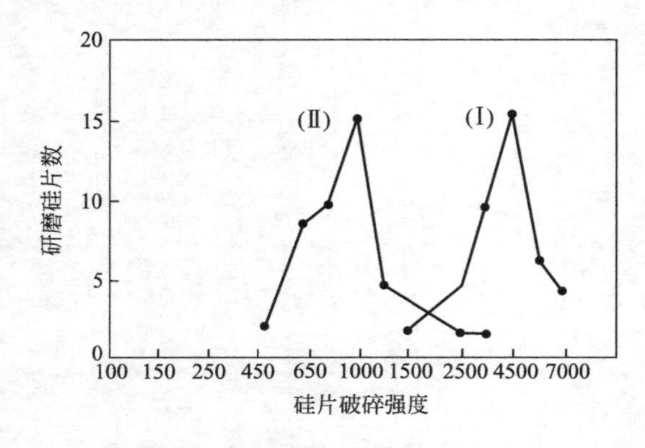

图3-1　硅片边缘形状与破碎强度关系
Ⅰ倒角硅片破碎强度；Ⅱ未倒角硅片破碎强度

在硅片生产过程中，硅片倒角通常在切割以后进行，目的在于消除硅片边缘应力集中区域，以减少后续工艺过程中硅片的破损。

3.1.1　硅片边缘轮廓

硅单晶经切割而成为硅片后，其边缘棱角部位成为应力集中区域，由于硅单晶具脆性，因此在生产加工过程中极易破损，而硅片边缘的这个应力集中区域就成为最脆弱的区域。常常在硅片边缘产生崩边、缺口及裂纹等缺陷，这些缺陷在后工序中会进一步发展，在器件工艺中往往引起晶格滑移等二次缺陷而影响其成品率。

硅片倒角的目的就是为了有效地释放这部分应力，以减少在后续加工中的损伤。以研磨工序为例，边缘是否倒角的硅片在研磨时的破碎强度有很大的差别，如图 3-1 所示。图中纵坐标为研磨硅片数量，横坐标为硅片破碎强度。可以看到，研磨前经过倒角的硅片（Ⅰ）的破碎强度远大于未经倒角的硅片（Ⅱ）。

硅片倒角按其边缘轮廓分为两种，即 R 型倒角和 T 型倒角，如图 3-2 所示。通常以 R 型倒角最为常见，也有用户需要 T 型倒角，更换相应的磨轮进行加工即可实现。

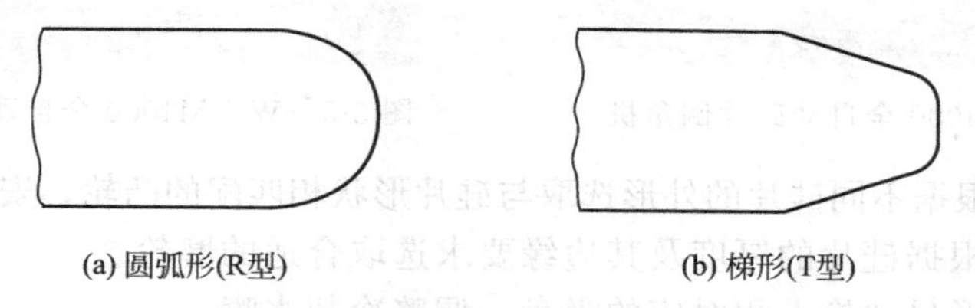

图 3-2　硅片边缘轮廓

3.1.2　硅片倒角设备及其操作规程

倒角作业时，硅片被固定在一个可以旋转的支架上，在其边缘方向有一高速旋转的金刚石磨轮，磨轮旋转速度通常为 6000～8000r/min 或更高。硅片边缘与磨轮接触并作相对旋转运动而被磨削达到预计的边缘轮廓，如图 3-3 所示。

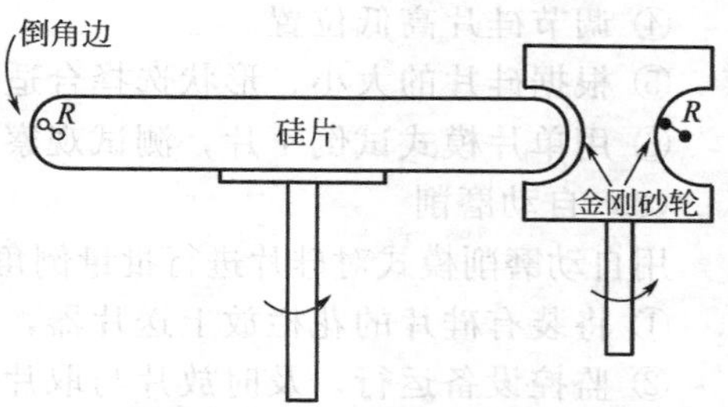

图 3-3　硅片边缘磨削加工示意图

硅片倒角设备类型比较多，国产的、进口的、小型的、大型的、手动的和自动的都有。在 20 世纪 80～90 年代时，美国的 SVG-816G 型倒角机是当时先进的自动化倒角的代表机型。它可以对直径在 76.2～150mm 的规片进行倒角处理，并且分别有 R 型和 T 型两种边缘轮廓的磨轮及其工艺设计。可以实现编程控制及其存储，具备每盒硅片自动运行作业的功能，并设计有异常报警装置。

某精密公司生产的 W-GM4000、W-GM4200 和 W-GM5200 等硅片边缘倒角设备，可以对直径 76.2～300mm 的硅片进行加工。这些都是自动化控制的设备，硅片装在片盒里，由人工装卸片盒，机器按照程序设置进行取片、对中、边缘磨削、冲洗和装片等过程，以完成每盒硅片的自动运行作业。其中 W-GM5200 还采用了该公司的专利技术——螺旋精磨系统，在使用 800# 磨轮进行粗加工后，用 3000# 磨轮进行精处理，实现低损伤磨削。3000# 磨轮精处理时的转速可高达 15×10^4 r/min，加工后的表面粗糙度 R_a 小于 0.04μm。

图 3-4 是某精密公司生产的 W-GM4000 全自动硅片倒角机，适合于直径 76.2～200mm 硅片的加工，图 3-5 则显示了该设备的实际工作状态。实际作业时，硅片由一个机械手夹持而被运送，倒角磨削加工区域的吸盘吸住硅片旋转，与处于硅片边缘的高速旋转的磨轮产生相对运动，磨轮上的金刚石磨粒对硅片边缘进行磨削而得到所需的形状轮廓。下面以它为例简单介绍其硅片倒角加工作业程序。

【例 3-1】 硅片倒角操作步骤：

准备工作→校准调整（参数输入）→自动磨削→结束工作

(1) 准备工作

① 检查真空压力和氮气压力及水压是否符合要求。

图 3-4 W-GM4000 全自动硅片倒角机

图 3-5 W-GM4000 全自动硅片倒角机在工作中

② 选择凸轮：根据不同硅片的外形选取与硅片形状相匹配的凸轮，安装在设备的主轴上。

③ 选择磨轮：根据硅片的厚度及其边缘要求选取合适的磨轮。

④ 根据硅片外形尺寸换上相对应的吸盘，调整冷却水嘴。

(2) 校准调整

① 用标准样片校准测试（直径和厚度）。

② 把硅片几何参数输入计算机。

③ 调整硅片同心度，应小于 0.025mm。

④ 调节硅片高低位置。

⑤ 根据硅片的大小、形状选择合适的主轴转速。

⑥ 用单片模式试倒 1 片，测试观察，视需要进行再调整，直到符合要求。

(3) 自动磨削

用自动磨削模式对硅片进行批量倒角处理，处理完的硅片将回到它原来在花栏中的位置。

① 将装有硅片的花栏放上送片器，把空花栏放在接收器上。

② 监控设备运行，及时放片与取片。

(4) 结束工作

批量处理完毕，清点片数，送交下工序。

3.2 硅片研磨工艺及其设备

切割后的硅片，其 TTV 和平整度远不能达到器件生产工艺的要求，且片与片之间的厚度偏差也比较大，往往超过 10μm 以上，其范围通常在 ±(10～20)μm；硅片的表面也不可避免地会留下刀痕或线痕及其程度不一的损伤层，给后续工艺埋下隐患。

硅片研磨工艺就是要通过对硅片上下两个平面的磨削，去除硅片表面的刀痕或线痕，改善硅片的表面平整度，制造均匀一致的表面损伤层，同时使每批硅片的厚度偏差尽量接近，为后工序（抛光）制备无损伤的硅片表面创造条件。

3.2.1 硅片研磨工序相关技术参数

硅片研磨工序需要重点关注的硅片特性参数为硅片厚度与总厚度变化、硅片表面去层量及硅片崩边、缺口、裂纹与划道等表面缺陷。

(1) 硅片厚度与总厚度变化 TTV

硅片厚度与总厚度变化是研磨工序控制的两个重要参数，其定义已经在硅单晶切割有关章节中进行了描述。

通过研磨可以使硅片批厚度一致性提高到 5μm 以内，硅片 TTV 也可以达到 5μm 以内。

研磨压力、时间和磨料共同决定其研磨速率而体现在硅片厚度控制上，尤其在人工控制时。而研磨盘的平整度对其所研磨的硅片平面特性的影响也至关重要。

(2) 硅片表面去层量

硅片表面去层量也就是研磨的磨削量，这与硅单晶切割时产生的损伤层深度有关，不同的机器、不同的切割方式、不同的工艺条件，其切割损伤层的深度会有所不同，因而硅片研磨的去层量也会有所区别。通常根据实际的工艺和设备条件，经实验测定与计算来确定。一般内圆切割的硅片，研磨去层量设计在 60～120μm，多线切割的硅片，因其损伤深度浅，往往设计在 40～60μm。

(3) 硅片表面缺陷

硅片在研磨工序呈现的表面缺陷主要有崩边、缺口、裂纹和划道。

崩边指硅片表面或边缘非穿通性的缺损；缺口是一种完全贯穿硅片厚度区域的边缘缺损；裂纹则是延伸到硅片表面的解理或裂痕，它可能贯穿，也可能不贯穿硅片厚度区域。划道在硅片研磨过程中极易形成，是硅片研磨工序的最常见缺陷，需要重点控制。

划道指硅片表面由于机械损伤造成的痕迹，一般为长而窄的浅构槽。

硅片表面缺陷与磨料均匀性、磨液浓度、研磨压力、磨盘材质和作业环境及相关器具洁净度等都有非常密切的关系。

3.2.2 硅片研磨基本知识

(1) 研磨机理分析

硅片研磨过程可以看成是游离的磨粒在作相反方向转动的上、下磨盘间对工件进行微量切削的过程，其中包含着复杂的物理和化学的综合作用，其主要情况如下。

① 切削作用　磨粒在磨具与工件表面之间作研磨运动时，在一定压力下，磨粒构成多刃基体，对工件表面进行微量切削。由于磨具（上下磨盘和载体）的材质比工件材质软，因此在磨削过程中磨具也会产生磨损。

② 化学作用　当采用氧化铬、氧化镁和三氧化二铝（称刚玉粉）等作磨料时，工件表面会形成一层极薄的氧化膜，这层氧化膜很容易被磨掉，在研磨过程中氧化膜不断迅速形成，又不断地被磨掉，从而达到了研磨目的，使工件表面粗糙度降低而表面精度提高。即便不是采用上述磨料，助磨剂的使用亦有类似效果。

③ 塑性变形　钝化了的磨粒对工件表面有“挤压作用”，使被加工的工件表面局部发生“变形”，其峰谷在塑性变形中趋于“熨平”或在反复变形中产生加工硬化，最后“断裂”形成细微切屑（即硅渣）。

综上所述，磨片时应该满足下列条件：

① 磨具的表面形状精度要高；

② 工件应作复杂的复合运动（如摆动曲线运动）；

③ 磨料浓度、黏度、流量等要合适；

④ 具有适当的压力和研磨速度。

(2) 磨料与磨削液

① 磨料粒度的选择　加工精度要求高时，选用较细粒度的磨料。因粒度细，同时参加切削的磨粒较多，工件表面上残留的切痕较小，加工表面质量就较高。

磨削接触面积较大，或磨削深度较大时，应选用粗粒磨料，因为粒度粗与工件间摩擦小，发热也较小。

粗磨削时粒度应比精磨削时粗，有利于提高生产效率。

切断、磨沟槽工序，应选用粗粒度、组织疏松、硬度较高的磨料。

磨削硬度高或软金属工件，为防止切屑堵塞，应选用较粗的磨料。

成形磨削时为了较好地保持工件形态（形状）宜选用较细粒度磨料。

高速磨削时，为了提高磨削效率并保证质量，应选用比普通磨削时偏细1～2个粒度号的磨料。因为粒度细，单位工作面积上的磨粒增多，每颗磨粒受力相应减小，不易纯化。

为了获得较高的加工效率，可采取粗磨、荒磨或重负荷磨削，然后细磨及精磨以达到所需的加工表面。硅片加工中就是采取了从粗到精逐级过度的工艺方式。例如硅抛光片的加工，硅单晶切割成片后先进行研磨，然后粗抛，最后精抛，逐级细化而获得最终精细表面。

② 磨削液的作用　磨削液作用主要体现在降低磨削温度、改善加工表面质量、提高磨削效率和延长磨具使用寿命四个方面，具体内容如下。

- 冷却作用　及时将磨削热量从磨削区带走，使磨削温度降低，确保磨削正常进行；
- 排渣作用　及时将磨屑和脱落的磨粒等冲洗掉，防止划伤已加工好的表面，并确保磨削正常进行；
- 润滑作用　它渗入到磨粒与硅片表面之间，减少磨粒与硅片表面的摩擦，有利于提高磨削质量；
- 防锈作用　可在磨削液中加入添加剂，使在硅片表面形成一层保护膜，在一定时间内保护硅片表面及防止设备生锈。

除上述作用外，还要求磨削液无毒、无臭、无腐蚀、无刺激（皮肤），化学稳定性好，不易腐烂变质，不产生泡沫，不污染环境等。

3.2.3 硅片研磨方式与设备

硅片研磨有单面研磨和双面研磨两种方式，在硅片生产中，一般都是采用双面研磨。

双面研磨，就是硅片上下两个平面同时被磨削的研磨方式，依靠操作运行双面研磨机而得以实现。

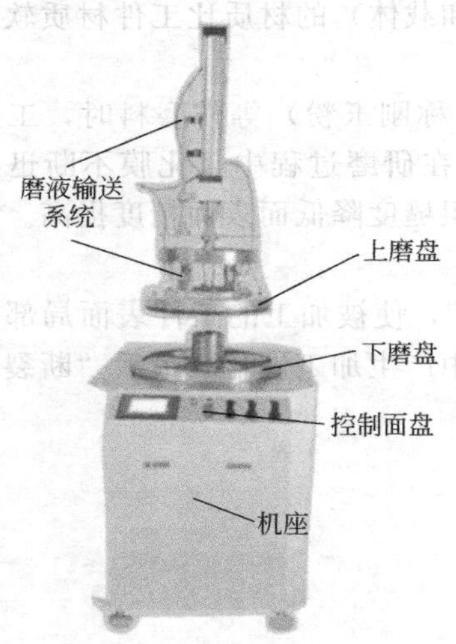

图 3-6　双面研磨机主要结构

（1）硅片双面研磨机主要结构

图 3-6 是深圳市方达研磨技术有限公司生产的 6B 双面研磨机，它可以用于蓝宝石钟表玻璃、手机玻璃、MP3 面板、光学玻璃晶片、LED 蓝宝石衬底、石英晶片、陶瓷基板、光盘基片和钨钢片等各种材料的双面研磨，也适合小直径硅片的研磨。从图中可以看到其主要结构。

硅片双面研磨机主要由机座、磨盘及行星传动机构、磨液系统和控制系统组成。

① 机座　机座用来支撑整个机器，有可以调整的地脚和一定的重量来保证机器的水平和稳定。

② 磨盘及行星传动机构　磨盘用铸铁或者钢板制造，圆盘形，其工作面上一般都开有适当间距的槽，适宜于磨液的流动，如图 3-7。

下磨盘安装在机器主轴上，主轴上装有齿轮，工作时下磨盘主轴转动带动下磨盘转动。载体又叫行星齿轮片，用来装载被研磨硅片，上面开有与被装载硅片相对应直径的圆孔，如图 3-8。工作时载体放在下磨盘上，其齿轮与磨盘主轴齿轮相吻合，硅片置于圆孔内。载体与硅片在主轴的转动带动下作行星运动，上磨盘与下磨盘互为反方向转动，这就是双面磨片机的行星传动机构。

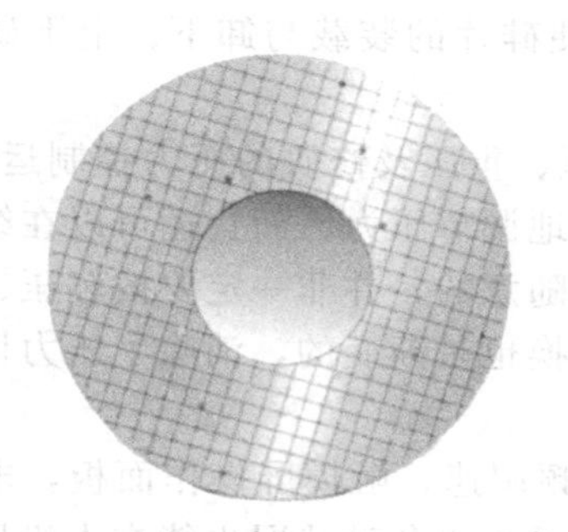

图 3-7 磨盘

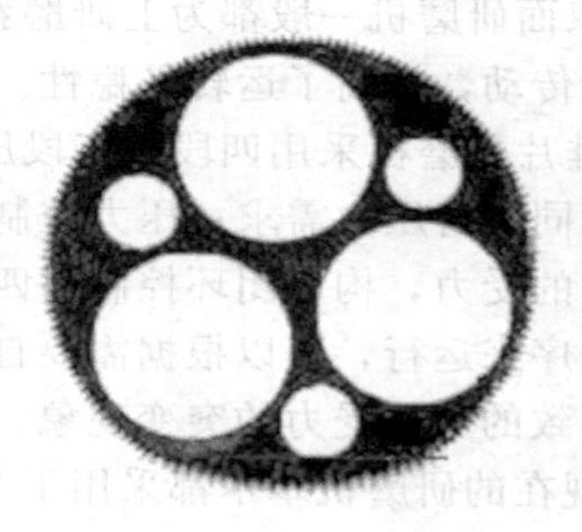

图 3-8 载体（行星齿轮片）

硅片在转动的上、下研磨盘间作行星运动，借助上磨盘的压力与磨料作相对滑动摩擦，从而实现对硅片表面的磨削，即为双面磨片机的基本原理。

③ 研磨液系统　研磨液系统包括研磨液桶，泵和研磨液传输装置。

研磨液由磨料、水和助磨剂按一定比例配制而成。和多线切割的砂浆一样，研磨液也需要进行充分的搅拌，只是远远不需要那么长的时间罢了。通常研磨液是现用现配，也可集中配制以便于管理。和多线切割液一样，研磨液一旦配制也就需要不停地搅拌以避免沉淀并使其均匀。

每台磨片机可以配一个小型的带搅拌的研磨液桶和砂泵，研磨液经过滤后由砂泵抽向磨片机，通过磨片机的传输管道输送到上、下磨盘之间，也就是研磨区间内，研磨液中的磨料与硅片产生滑动摩擦而达到磨削效果。

硅片研磨用的磨料通常是金刚砂，按其粒度大小有不同的型号，使用得最多的是 W10、W14 和 W20 的金刚砂磨料，这是老标准的分级划分。现行国标 GB/T 2481.2—1998 中对磨料的粒度组成、分级及其检测方法都进行了新的规范。这个标准将以往 W 系列的分级方法改为了与国际接轨的 F 系列分级，硅片研磨常用磨料对应为 F500、F600 和 F800。

磨料粒度大，磨削速度就快，但是表面就相对粗糙，研磨损伤层也大；磨料粒度小，磨削速度就慢，但是表面粗糙度有所改善，损伤层也浅，不过太低的磨削速率会使生产效率下降，不适于规模生产。

④ 控制系统　控制系统包括对机器主轴及行星传动系统运动的控制、上磨盘升降的控制和研磨速率的控制。

主轴及行星传动系统的运动靠电机驱动，其转动方向和转动速度两个要素都是可以根据所研磨的硅片类型及工艺状况而进行改变和调节的。

上磨盘的升降用气压控制，当装片、卸片及清洁处理磨盘等作业时，上磨盘升起，进行相应操作，研磨时上磨盘下降到位并与下磨盘作反向转动。

研磨的速率控制反映在设备上主要是对研磨压力、磨液流量及磨片机转速的控制上。

(2) 硅片双面研磨机工作原理和特点

在双面研磨机上，上、下研磨盘作相反方向转动，硅片在转动的上、下研磨盘间作既公转又自转的行星运动，借助上磨盘的压力与磨料作相对滑动摩擦，从而实现对硅片正反两个表面的均匀磨削。

双面研磨机具如下特点。

① 硅片研磨用的双面研磨机采用 2～4 台电机驱动，可以对上研磨盘、下研磨盘、齿圈、太阳轮单独进行调速，使研磨达到最理想的转速比，其太阳轮相对于其他三个转速的速比可作无级调速，使游轮可实现正转、反转，满足了不同研磨及修盘工艺的需求。

② 双面研磨机一般都为上研磨盘升降方式、以方便硅片的装载与卸下；上下研磨盘采用斜齿轮传动，提高了运转平稳性。

③ 硅片研磨机采用四段或三段压力，即轻压、中压、重压及修研的压力控制运行过程，以满足不同研磨压力需求；压力控制系统不仅可以精确地调节压力，而且还可以在线测量及反馈硅片的受力，构成闭环控制。四段压力的设定值是随意的，并非一定要按轻压、中压和重压的次序来运行，可以根据需要自由取舍。压力的转换也是渐变的，消除了压力切换时的冲击而导致的工件受力的突变现象。

④ 现在的研磨机基本都采用了 PLC 程控系统，变频调速，触摸屏操作面板，电机转速与运行时间可直接在触摸屏上输入，硅片在研磨过程的受力等各种状况也能在人机界面上显示，更便于研磨过程的操作与控制。

⑤ 可选择增加厚度控制系统，使加工后的产品厚度值控制在±2μm 范围内。

(3) 常用硅片双面研磨机及其主要性能

硅片双面研磨机的规格型号比较多，根据所研磨硅片直径而选择适当大小规格的机器，直径大的硅片用大型的机器，而小直径的硅片则可选用相对小型的机器使用。

图 3-9 X61 1112B-1 (16B) 型研磨机

【例 3-2】 X61 1112B-1 (16B) 型研磨机

图 3-9 是兰州某设备制造有限公司生产的 X61 1112B-1 (16B) 型双面研磨机，主要用于 ϕ75～125mm 硅片的平面研磨。其主要特点如下：

① 变频器配合异步电机拖动，实现了软启动、软停止，调速稳定，冲击小；

② 采用双电机同步拖动，太阳轮变速范围更广，能适应不同研磨工艺的要求；

③ 太阳轮与内齿圈同步抬升，满足了取放工件及调整游轮啮合位置的要求；

④ 上下研磨盘采用斜齿轮传动，提高了运转平稳性；

⑤ 采用 PLC 控制，压力采用电-气比例阀闭环反馈控制，压力等级设定更方便精确，操作简单易行，工作可靠稳定；

⑥ 本机应用人机界面 (PT) 显示与 PLC 控制，一方面显示运行参数，另一方面通过其触摸键调整设定各项工艺参数，主操作由普通键钮完成；

⑦ 造型及内部结构充分考虑了操作和维修的方便性。

X61 1112B-1 (16B) 型双面研磨机性能指标及其技术参数如表 3-1 所示。根据表中所列，该设备可以研磨硅片直径最大为 125mm，该规格硅片每盘研磨数量为 25 片。如果是直径 75mm 或 100mm 的硅片，则每盘分别可以研磨 85 片或 40 片。

表 3-1 X61 1112B-1 (16B) 型双面研磨机性能指标及其技术参数

指标	参数	指标	参数
研磨盘平面度	0.025mm	游轮参数	英制 $DP=12, Z=200$ 公制 $M=2, Z=212$
修正轮修研后平行平面度	≤0.004mm		
加工件平面平行度	≤0.0035/ϕ125mm	最小研磨厚度	0.40mm/ϕ125mm
研磨盘尺寸	ϕ1112mm×ϕ380mm×50mm	最大研磨厚度	30mm
最大研磨直径	ϕ350mm	下研盘转速	0～50r/min

续表

指　标	参　数	指　标	参　数
主电机	11kW，交流 380V，1450r/min 变频调速	研磨硅片直径	ϕ75mm，ϕ100mm，ϕ125mm
砂泵参数	0.25kW，100L/mm，交流 380V	单片承片量	17 片/ϕ75mm，8 片/ϕ100mm，5 片/ϕ125mm
源	0.5～0.6MPa	游星片数量	5 个
外形尺寸(长×宽×高)	2200mm×1600mm×2700mm	总盘承片量	85 片/ϕ75mm，40 片/ϕ100mm，25 片/ϕ125mm
质量	约 3000kg		

【例 3-3】 X61 1355B-1（20B）型研磨机

兰州某设备制造有限公司生产的 X61 1355B-1（20B）型研磨机（图 3-10），主要用于 ϕ150mm 硅片的研磨，其主要特点如下：

① 变频器配合异步电机拖动，实现了软启动、软停止，调速稳定，冲击小；

② 采用三电机同步拖动，变速范围更广，能适应不同研磨材料及研磨工艺的要求；

③ 太阳轮与内齿圈同步抬升，满足了取放工件及调整游轮啮合位置的要求；

④ 上下研磨盘采用斜齿轮传动，运转平稳；

⑤ 采用 PLC 控制，压力采用电-气比例阀与拉力传感器闭环反馈控制，压力过程实现了线性转换；

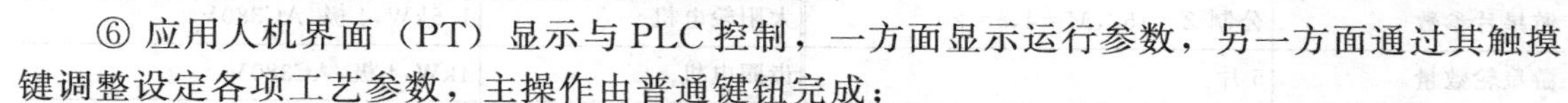

图 3-10　X61 1355B-1（20B）型研磨机

⑥ 应用人机界面（PT）显示与 PLC 控制，一方面显示运行参数，另一方面通过其触摸键调整设定各项工艺参数，主操作由普通键钮完成；

⑦ 采用集中润滑装置，各相对运动表面、齿轮啮合部位、链轮都可得到充分润滑，提高了整机的使用寿命；

⑧ 上盘采用最新的“浮动”连接装置，解决了错盘问题。

X61 1355B-1（20B）型研磨机性能指标及其技术参数如表 3-2。

表 3-2　X61 1355B-1（20B）型研磨机性能指标及其技术参数

指　标	参　数	指　标	参　数
研磨盘尺寸	ϕ1355mm×ϕ458mm×50mm	外形尺寸(长×宽×高)	2650mm×1920mm×2770mm
游轮参数	模数 $M=3$　齿数 $Z=170$	质量	约 7000kg
游轮数量	5 片	下研磨盘端跳	0.08mm
最大研磨直径	ϕ410mm	上下研磨盘平面度	0.02mm
最小研磨厚度	0.50mm	太阳轮径向跳动	0.10mm
理想研磨硅片直径	ϕ150mm	齿圈径向跳动	0.18mm
下研磨盘转速	0～60r/min	加工精度一致性(4 个修正轮修研后)	±0.008mm
主电机	11kW，380V，1450r/min	加工平面度	0.004mm
气源	0.5～0.6MPa	加工平行度	0.006mm

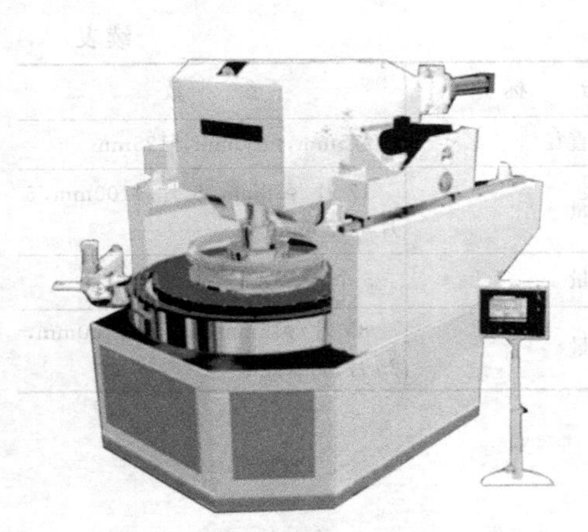
图 3-11 X61 1572L-1(24B) 型数控研磨机

【例 3-4】 X61 1572L-1（24B）型数控研磨机

图 3-11 的 X61 1572L-1（24B）型数控研磨机，产自兰州某设备制造有限公司，用于 ϕ150～200mm 大直径硅片的双面高精度研磨，其主要特点如下：

① 下研磨盘主轴采用液压轴承支承，运转精度高；

② 上盘采用绳传动提升加压，动作灵活，压力控制精度高；

③ 采用四电机拖动，各电机速度及方向独立定义，电机速度采用闭环控制，运行精度高；

④ 配备修正轮取放机械手，降低劳动强度；

⑤ 上盘采用可移动式龙门支撑，刚性好，操作方便；

⑥ 采用先进的嵌入式控制器配合工业现场总线控制；

⑦ 图形化操作界面，拥有 20 套 20 步工艺数据库；

⑧ 四级用户权限管理（管理人员、维护人员、工艺人员、普通操作），方便了各层次人员的操作使用。

表 3-3 列出了 X61 1572L-1（24B）型数控研磨机的主要技术参数。

表 3-3 X61 1572L-1（24B）**型数控研磨机的主要技术参数**

指　标	参　数	指　标	参　数
上研磨盘尺寸	ϕ1572mm×ϕ572mm×70mm(铸铁)	上盘电机	11kW,4 极,AC380V
游星片参数	公制 $Z=152, M=4, \alpha=20°$	太阳轮电机	1.5kW,4 极,AC380V
游星轮数量	5 片	齿圈电机	4kW,4 极,AC380V
最小研磨厚度	0.5mm/ϕ200mm;0.4mm/ϕ150mm	气源压力	0.6～0.7MPa
最大研磨厚度	30mm	龙门后退距离	800mm
最大研磨直径	ϕ500mm	外形尺寸(长×宽×高)	3242mm×2400mm×3000mm
下盘电机	18.5kW,4 极,AC380V	质量	约 12000kg

3.2.4 硅片研磨工艺过程

硅片研磨就是利用平面（通常是双面）磨片机和金刚砂（或其他）磨料对硅片表面进行一定量的磨削，去除切割损伤并使之达到期望的厚度、TTV 和平整度的过程。

3.2.4.1 *硅片研磨的意义和步骤*

硅片研磨最重要的目的和作用是保证硅片的几何形状，制造统一合理的损伤层，从而得到批量厚度一致并具表面形态完整性和一致性的硅片。

硅片研磨主要步骤如图 3-12。

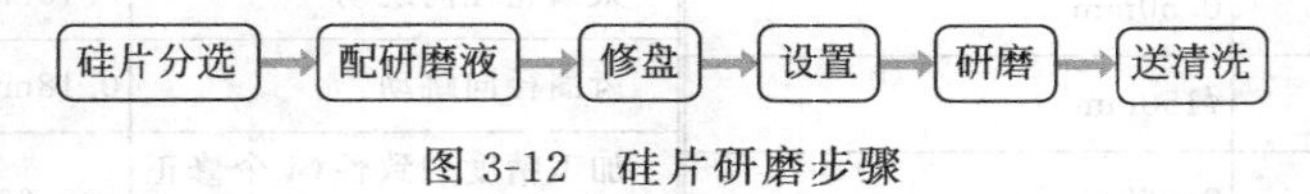

图 3-12 硅片研磨步骤

（1）硅片厚度分选

硅片的厚度是其研磨的重要指标，经切割的硅片厚度较分散，为了使研磨后的硅片厚度比较一致并且总厚度变化 TTV 小，需要对切割后的硅片进行厚度分选，将厚度一致的硅片放在同盘进行研磨。

(2) 配制研磨液

研磨离不开研磨液，硅片研磨使用的研磨液是用磨料、水和助磨剂配制的一种悬浮液。使用最广泛的磨料是金刚砂，水要用纯水，助磨剂有专门的生产厂家，一般为弱碱性，有增强砂粒悬浮和提高研磨速率的作用。除此之外，还可以在研磨液中加入一定量的金属洗涤剂以保护硅片表面和磨盘。

研磨液配比视所使用的设备、材料、要研磨的硅片及采用的工艺而有一些区别，特别是助磨剂，各个生产厂家的产品有比较大的差别。以下的配方可作参考：

金刚砂：水：助磨剂＝(10±1)：(20±1)：(4±0.2)

配制时，先开启搅拌电机，加入水和助磨剂，再慢慢倒入金刚砂并不停搅拌，严禁异物进入。

(3) 修磨盘

为了保证研磨机磨盘的平整度，必须对磨盘进行修正。

磨盘修正用专门的修正轮进行，修正轮就是与磨片机配套的圆盘状的器具，有一定的重量、规格大小与厚度（外径为 ϕ144mm、ϕ232mm、ϕ428mm 和 ϕ516mm 等）。

修磨盘时将 3～5 个同规格修正轮均匀地摆放在磨盘上，启动砂泵，开机修正磨盘，每次修盘时间约为 15～20min。

(4) 设置

根据待研磨硅片类别、直径、去层量等及每盘片数，恰当设定轻磨、中磨及修磨转数(或时间)、研磨压力和磨盘转速等。

数控自动研磨机可以按生产及工艺需要预先编辑好常用程序存入机器内随时取用。

如果是外加厚度控制装置的，比如石英振荡控制器，需要设置研磨目标厚度，并选择适当的石英片放置于相应位置。

通常将轻压设置为 30 圈，研磨压力不得大于 2kg，磨盘转速 50r/min。在没有厚度控制装置的情况下，操作者往往以研磨圈数进行设置。在进行首盘磨片时先按某一经验研磨速率(比如 40 圈/10μm) 去层进行试磨，若硅片厚度符合预计要求则以此为准；若厚度不符合要求，则要增加研磨圈数研磨，直至达到厚度要求为止，并以此作为参考研磨圈数。必须注意首盘片试磨时硅片厚度目标应偏厚考虑，以保证硅片厚度不低于下限值。

(5) 研磨

准备工作完成后，就可以装载硅片进行研磨。

清洗已修正平整的磨片机，在下磨盘均匀放上与待磨硅片相对应尺寸的载体，轻磨约 20 转左右修正载体。

将厚度接近的同档硅片放入载体孔中并均匀分布在整个磨盘上，检查是否放置对位，确定无误后，操作磨片机使上磨盘缓慢地下降至与硅片接触。将时间继电器转换开关拨到自动位置，启动砂泵抽入配好的研磨液，打开研磨液开关并调节好流量，开始研磨。

研磨结束，升起磨盘，取出硅片冲洗浸泡，又开始新一轮硅片的研磨，适当的时候清洗载体及磨盘。

(6) 送交

一批硅片研磨完毕后，清点片数后送交清洗工序。

3.2.4.2 硅片研磨速率分析

硅片研磨过程中研磨速率和研磨时间的掌控是两个相互关联的重要内容。对于一定的研磨去层量而言，研磨时间随研磨速率而定。研磨速率高，研磨时间短，反之若研磨速率低，则需要的研磨时间就长。硅片的研磨速率与所使用的研磨液和研磨压力及磨盘转速等多个因素相关。

（1）研磨液

前面已经提到，磨料粒度越大，其磨削力就越强，因而研磨速率就越高，反之亦然。但是为了保证硅片表面粗糙度指标的良好，磨料粒度不能过大，一般都选择 W14 金刚砂。当磨料型号确定之后，所配制研磨液的浓度对研磨速率也会有所影响，在一定的浓度范围内研磨速率随研磨液浓度增大而上升，但是到了某一浓度值时便不再上升，如图 3-13 所示。

图 3-13 显示了当硅片压强处于 $250gf/cm^2$，研磨液流量固定，磨片机转速固定时研磨速率与研磨液浓度的关系曲线。图中纵坐标为研磨速率，横坐标为研磨液浓度。可以看到在此实例中，研磨速率随研磨液浓度增大而上升，但是到了约 40%时便不再上升。这时候再试图增加研磨液的浓度对于提高研磨速率已无济于事，只能造成物料的浪费并且增大研磨阻力而产生新的弊端。

因此，在实际研磨中研磨液浓度要适中，浓度太小研磨速率小而影响产能，并且易产生划道；浓度太大不但不能提高研磨速率反而使研磨时摩擦阻力增大而易损坏硅片。

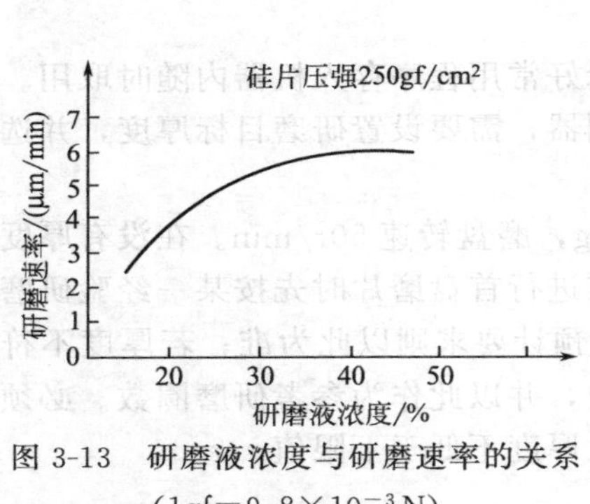

图 3-13 研磨液浓度与研磨速率的关系
($1gf=9.8\times10^{-3}N$)

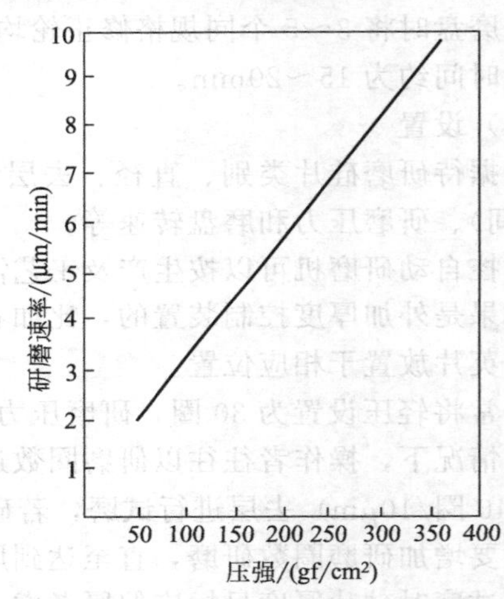

图 3-14 研磨速率与硅片所受压强关系

（2）研磨压力

当机器转速和研磨液浓度及其流量固定时，研磨速率与硅片所受压强呈正比的直线关系，即压强越大，研磨速率越高，如图 3-14 所示。图中纵坐标为研磨速率，横坐标为硅片所受压强，可以看到，二者呈线性关系。

硅片所受压强 p 与上磨盘重量 G、研磨压力 F、硅片直径 D 及硅片数量 N 的关系表达式为

$$p=(G\pm F)/(\pi D^{2N}/4)$$

从上式中可以看出，压力越大，压强也越大，从而研磨速率也越大。但是过大的研磨压力会使硅片破碎。而且即使是相同的压强，硅片本身的承受力也不尽相同，厚度薄一点的硅片较厚一些的硅片容易破裂，(100) 也比 (111) 的硅片容易解理而开裂，FZ 单晶比较脆，因此 FZ 硅片尤其是厚一些的 FZ 硅片也比 CZ 硅片容易产生边缘崩缺。因此实际操作时应根据硅片种类、大小及其数量，正确设置调节研磨压力。

双面研磨机都设计有压力控制功能，通常设计为轻压、中压、重压和修研压力四段控

制。现在生产的双面研磨机四段压力的设定值是随意的，并非一定要按轻压、中压和重压的次序来运行，可以根据需要自由取舍。压力的转换也是渐变的，消除了压力切换时的冲击而导致的工件受力的突变现象。另外压力控制系统不仅可以精确地调节压力，而且还可以在线测量及反馈硅片的受力，构成闭环控制。硅片的总受力及压力过程曲线都可以在人机界面上反映出来，图 3-15 就是压力过程曲线图。图中的 p_1、p_2、p_3 和 p_4 分别代表轻压、中压、重压和修研压力；而 T_1、T_2、T_3 和 T_4 则分别代表轻压、中压、重压和修研时间。

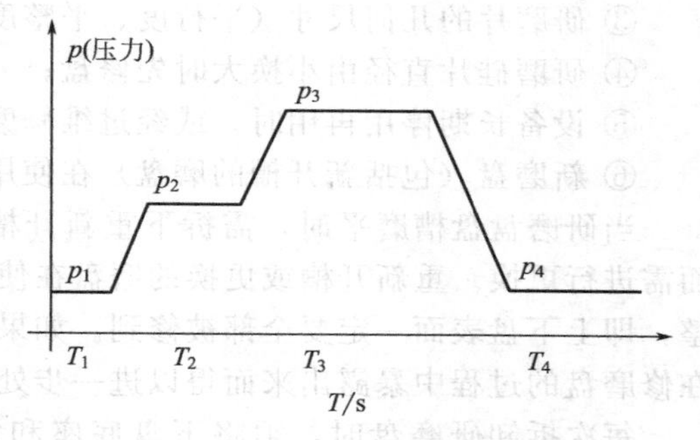

图 3-15　研磨压力过程曲线图

（3）磨盘转速

磨盘转速也会影响硅片的研磨速率，一般说来，在其他条件不变的情况下，磨盘转速越快，研磨速率也越高。但是双面研磨是一个行星传动系统，硅片在这个系统中的运动轨迹直接影响研磨的综合效果，因此必须对其整机运行的方式和速度进行有效合理的综合控制。

整机的运行速度包括上、下磨盘的转速和行星齿轮的自转速度，其转速比通常已经在设备制造时设计给定，但也有些设备会考虑给一个可以在一定限度内自由调节设置的方案，以满足改变研磨轨迹的需要。

整机的运行速度控制可以选择手动或者自动模式。在手动模式下，速度由外设电位器随时调节；在自动模式下，速度由预设的程序随运行时间分段转换控制。通常运行速度的分段与压力相对应，比如可以对应图 3-15 中的四段压力预设为随运行时间而自动改变的四段速度，四段速度的运行时间与四段压力运行时间相对应。

3.2.4.3　磨盘和载体对硅片研磨的影响

（1）磨盘的影响

由于硅片是在上、下磨盘之间被进行平面磨削，因此磨盘的状况对于研磨的结果有直接的影响。

首先磨盘的材质要均匀，不能有硬杂质点，硬杂质点会在硅片表面形成严重的深划道甚至裂纹。

其次磨盘的平整度对于硅片的几何特性影响至关重要。在研磨过程中，随着硅片被磨削，磨盘本身也会被磨损，这种磨损在磨盘各处并非完全一致而有所差别，这样就导致磨盘平整度发生变化，往往呈现如图 3-16 所示意的状态。用这样的磨盘研磨的硅片也会因此而产生变形，主要体现在硅片总厚度变化（TTV）特性上面。本来是要通过研磨来制造出厚度一致性好、平面特性好的硅片，在这样的磨盘上加工自然是达不到预期效果的。

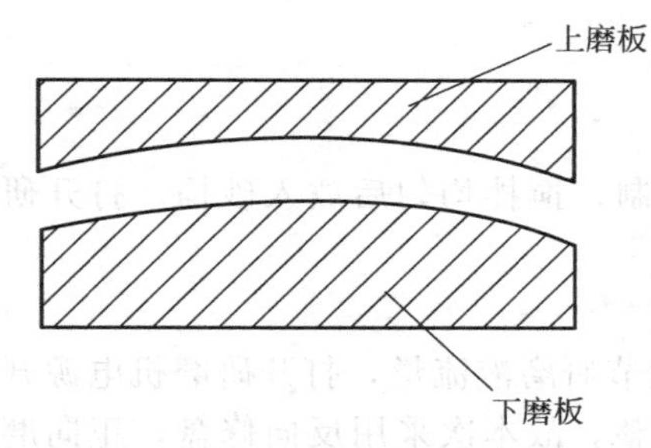

图 3-16　研磨过程中磨盘磨损状态

在硅片研磨工艺中用修盘来改善磨盘的平整度，所谓修盘，就是用特制的修正轮对磨盘进行修正磨削，以满足硅片研磨所需的平整度要求。

一般采取定期和定量结合的办法进行修盘，具体如下：

① 每班工作前修盘；

② 已研磨硅片达一定数量时修盘；

③ 研磨片的几何尺寸（平行度、平整度）偏大时修盘；

④ 研磨硅片直径由小换大时先修盘；

⑤ 设备长期停用再用时，或经过维修磨盘有损伤时应修盘；

⑥ 新磨盘（包括新开槽的磨盘）在使用前都要先修盘。

当研磨盘盘槽磨平时，需拆下重新开槽，研磨盘厚度小于10mm时，不适宜重新开槽而需进行更换。重新开槽或更换的磨盘在使用前都要先修盘，修盘时务必使磨盘得到充分修整，即上下盘表面一定要全部被修到。如果新磨盘材质有问题比如有硬质点之类，也可能会在修磨盘的过程中暴露出来而得以进一步处理。

每次拆卸研磨盘时，须将下盘底座和定位销清洗干净，均匀涂抹黄油后方可装上新磨盘。

另外也要注意保证修正轮的平整度，当其平整度达不到要求时也要对其进行平面研磨。当修正轮的径向槽被磨平时，应重新开槽；若厚度低于5mm时，应更换修正轮。

（2）关于载体

载体（行星齿轮片，亦称为游轮片）用于装载硅片，要求材质均匀，载体的直径与磨盘直径配套并按其装载硅片的直径而开有相应大小的孔。

对于不同型号的研磨机，选用其配套的相应规格的载体。而对于不同直径和厚度规格的硅片，选用不同厚度和孔径的载体，其原则如下；

① 载体厚度约为所研磨硅片现有厚度的2/3；

② 载体孔径比被研磨硅片大约1mm。

载体规格选定后，还必须保证其平整且无毛刺，以防止硅片穿出和损坏。通常在使用前先对载体进行修磨处理，在使用中也应经常注意观察其变形状况并小心放置。当载体随着使用时间而变薄至被研磨硅片厚度的1/2时，不宜再继续使用。

3.2.4.4 硅片研磨实际操作举例

（1）准备工作

① 领料　操作者领取硅片并明确生产指令，本批硅片规格N(111)，直径100mm，现有厚度360μm±15μm，研磨目标厚度320μm±10μm，数量540片。

确认硅片研磨工艺单上所述与实际硅片相符后，做好记录。

② 检查设备、动力、环境及各种器具是否符合要求。研磨机、修正轮、游星片、砂桶、搅拌泵、蠕动泵、测厚仪、千分表、硅片花篮和手套都完好待用。

③ 硅片按3μm/挡进行厚度分挡。

（2）研磨液配制

准备好W14金刚砂，纯水，Q325-AB悬浮剂。

按金刚砂：水：悬浮剂＝3kg：7L：50mL的比例配制，搅拌均匀后放入砂桶，打开研磨机搅拌泵控制旋钮搅拌磨料备用。

（3）修磨盘

将4个同规格修正轮均匀地摆放在磨盘上，开启并调节研磨液流量，打开研磨机电源开关，按下主机启动按钮，修盘15min。因为下磨盘比较平整，故本次采用反向修盘，正向磨片的方式。

磨盘修正完毕后，将下盘降低0.5mm进行正式研磨。

（4）载体（游星轮）选择与修磨

① 根据硅片直径和厚度选择了孔径101mm、厚度280μm的载体；

② 用洗洁剂将载体清洗干净，并用油石将孔径周围毛刺打磨光滑，再放入研磨盘研磨

至整个载体的80%部分被磨到。

(5) 设置

设置硅片目标厚度、研磨压力、速度与时间，设置测厚仪目标厚度为320μm。

(6) 研磨

① 升起上磨盘，将预磨好的载体均匀放入下磨盘中，然后将厚度接近的同挡硅片放入载体孔中并均匀分布在整个磨盘上。

② 检查硅片是否放置到位，确定无误后，选择与现有厚度相同的石英片放置于规定位置。本盘硅片现有厚度为366～369μm，因此选择了厚度为368μm的石英片。

③ 下降上磨盘至与硅片接触，将轻压设置为30圈，研磨压力为2kgf。注入研磨液，调整流量，磨盘转速调到50r/min。

④ 平缓启动主机，无异常现象，逐渐将主机转速提升到50r/min。

⑤ 研磨厚度达到后，磨片机自动停止运行。待磨盘停止转动后，按上升按钮升起上磨盘，用吸片器取出硅片。用水冲洗后抽测一片厚度为322μm，符合要求，装篮浸泡，同时进行下一盘研磨。

⑥ 本批所有硅片研磨完毕，清点片数，共计534片（碎了6片），填写工艺单和硅片研磨操作记录后，将硅片送交清洗工序。

⑦ 清理上下磨盘，擦净机器，放净砂桶内金刚砂后关闭搅拌泵。关闭电源、水源、气源。做好设备及周围环境卫生。

3.2.5 硅片研磨机的维护保养

所有设备在使用过程中都需要进行适当的维护保养，以保持设备的良好性能并合理地延长其使用寿命。

【例3-5】 硅片研磨机的维护保养条例

① 上、下研磨盘表面及沟槽内附着的不纯物将直接影响加工精度和表面质量，甚至损伤研磨盘，必须严格清洗。

② 工作完成后，必须清洗上、下研磨盘，擦净擦干并将上磨盘落下保护。

③ 节假日前，必须将研磨盘修磨平整，充分清洁后浇上稀释的金属洗涤剂，以防生锈。

④ 当由粗磨改为细磨而改变研磨砂时，必须将系统彻底清洗。

⑤ 下研磨盘下面设有接液盆，废液从下液管排出，每周需至少清洗一次。

⑥ 气路系统的滤气管和油雾管、滤气器定期排水，油雾器内加20号机械油，以供汽缸润滑，但不宜太多。

⑦ 应定期更换涡轮箱的润滑油（30号机械油），定期向齿链轮部位涂二硫化钼润滑脂，套筒内可定期用油枪注入润滑脂润滑。

⑧ 常见故障及处理 常见故障及处理如表3-4所示。

表3-4 常见故障及处理

常见故障	处理方法
磨盘抖动并有不规则响声	①检查磨片机链条并调整张紧度或更换 ②检查上磨盘卡子有没有卡住、卡实
主机不启动	①检查电源箱保险装置有无跳闸 ②检查更换继电器保险
设备漏水	①检查缸内排液孔有无堵塞 ②排液管老化损坏或接口不紧

3.3 硅片热处理

直拉单晶在生长时要接触石英坩埚，因此不可避免地在晶体中形成氧的分布。关于氧在硅单晶中的行为，已越来越引起人们的重视，本节所涉及的只是关于氧的施主效应。为此首先对硅单晶的导电性能进行必要的讨论。

3.3.1 硅单晶的导电性能

物质的导电性能有强有弱，并且根据其导电性能的强弱可以将物质分为导体、绝缘体和半导体。硅单晶属于半导体。

3.3.1.1 导体、绝缘体和半导体的基本特点

（1）导体

导体具有一定的晶体结构，有一定的熔化、固化温度，有一定的光泽、颜色，由电子参与其导电过程，导体的电阻率很小，约为 10^{-6}～$10^{-4}\Omega\cdot cm$。

大多数的金属都是很好的导体，比如铜、铝、金和银等。

电阻率：标志物质对电流阻碍能力的物理量。规定以长 1cm，截面积为 $1cm^2$ 的物体在一定温度下的电阻值作为该物质在这个温度的电阻率。电阻率的单位是欧姆厘米，表示为 $\Omega\cdot cm$。

（2）绝缘体

绝缘体具有一定的结构形式，但没有准确的熔化、固化温度，有明显的颜色，但没有光泽，无电子参与导电过程。绝缘体的电阻率很大，约为 $10^{10}\Omega\cdot cm$ 以上，所以通常说它是不导电的。

干燥的木头、普通的橡胶、玻璃和塑料等都是绝缘体。

（3）半导体

半导体具有一定的晶体结构，有一定的熔化、固化温度，有一定的光泽、颜色，既有电子，又有空穴参与其导电过程。半导体的电阻率正好介于导体和绝缘体之间，约为 10^{-4}～$10^{10}\Omega\cdot cm$。

硅、锗、砷化镓、硫化锌和硫化镉等都是半导体，其中以硅的应用最为广泛。

硅单晶与其他的半导体一样，具有一些奇怪的特性。半导体的主要特征就在于其电阻率可在很大范围内变化。硅也一样，硅单晶的电阻率会随其内部或外界条件的变化而变化，主要反映在其基本特性上，即热敏性、光敏性和杂质敏感性。

① 热敏性 1833 年，英国巴拉迪最先发现硫化银的电阻随着温度的变化情况不同于一般金属。一般情况下，金属的电阻随温度升高而增加，但巴拉迪发现硫化银材料的电阻是随着温度的上升而降低。这是半导体特殊现象的首次发现。

正是由于热敏性，硅单晶的电阻率会随温度的升高而显著减小；也就是说，硅单晶的热敏性随温度的升高而增强。例如，纯净的硅在温度 $T=300K$ 时其电阻率为 $2\times10^5\Omega\cdot cm$，当温度 T 升到 320K 时电阻率改变为 $2\times10^4\Omega\cdot cm$。利用硅单晶的这种特性制作了各种热敏元件用于自动控制。

② 光敏性 1839 年，法国的贝克莱尔发现半导体和电解质接触形成的结，在光照下会产生一个电压，这就是后来人们熟知的光生伏特效应，这是被发现的半导体的第二个特征。

由于光敏性，当光线照在半导体上时，它的电阻率就会马上改变。利用这种特性而制作的光电二极管和光敏电阻等光电器件被广泛用于自动控制。

如今，太阳能光伏行业已成为新兴的能源产业。其太阳能电池就是利用了光生伏特效

应，将太阳的辐射能转换为电能的，而目前绝大多数的太阳能电池是用硅材料制作的。

③ 杂质敏感性 杂质对半导体的影响尤为突出。在纯净的半导体中只要掺入百万分之一的微量杂质，就可以引起导电能力成百万倍的变化。

例如，在电阻率为 $2\times10^5\Omega\cdot cm$ 的硅中掺入百万分之一的硼，可使其电阻率改变为 $0.2\Omega\cdot cm$，再向其中掺入百万分之一的磷，又会使其电阻率改变为 $2\times10^5\Omega\cdot cm$，而此时硅的纯度仍可高达 99.9999%。

正是利用了半导体的杂质敏感性才发明了晶体管、集成电路、可控硅和太阳能电池等，才能使电子技术得以飞跃发展，人类也随之进入信息时代。

3.3.1.2 半导体的导电性能浅释

半导体为什么具有这些奇怪的特性呢？得从其微观结构说起。

(1) 硅的微观结构

自然界中的物质都是由各种元素的原子组成，原子又由带浮点的电子和原子核组成，原子核由带正电的质子和不带电的中子组成，如图 3-17 所示。

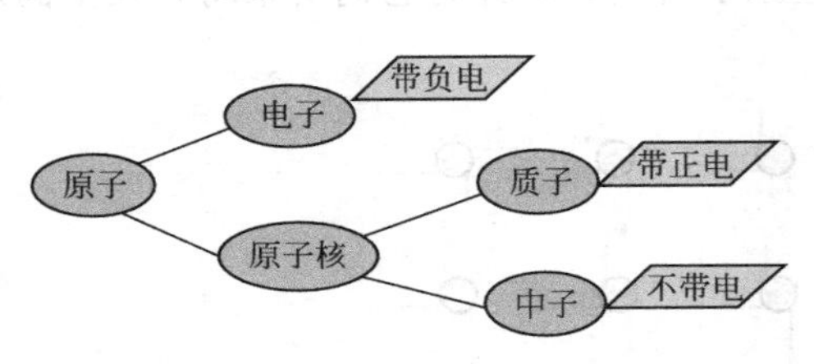

图 3-17 原子的组成

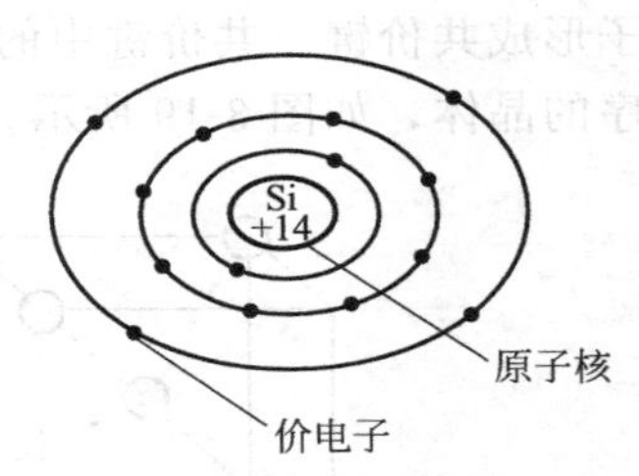

图 3-18 硅原子模型

原子的结构很像一个微小的太阳系，中央有个密实的核——原子核。原子核很小，但质量密度很大且带正电荷。原子核的周围有一些带负电荷的电子，它们在自己的轨道上不停地自转并公转，犹如行星围绕太阳的运动一样。

电子围绕原子核的分布是一层一层有规律的，形成所谓壳层。各壳层所能容纳的电子数目是一定的，2，8，18，32，…($2n^2$)，n 代表层数。电子按这个规律从里到外层层分布着，但并不是刚好合适能完全占满这些位置，电子的分布还遵从以下几点：

① 电子数目不可能刚好是各壳层所能容纳电子数的总和；

② 最外层最多只能有 8 个电子；

③ 次外层不能多于 18 个电子。

例如，锗 (Ge)，32 个电子的分布为 2，8，18，4；硅 (Si)，14 个电子的分布为 2，8，4，如图 3-18 所示；钾 (K)，19 个电子的分布为 2，8，8，1。

这些结构可以从元素周期表上方便地看出，在元素周期表中，原子序数等于该元素原子的电子个数，每一横排叫一个周期，周期数即电子的分层数，每一列叫族，族数等于最外层电子数。

例如，硅原子序数为 14，位于第三周期，第ⅣA 族，即：硅原子有 14 个电子，分三层分布，最外层有 4 个电子。

(2) 物体是如何导电的

在原子中，靠近原子核的内层电子能量最小，因为它受原子核正电荷的束缚（库仑引力）最强，故而最稳定。

相对来说外层电子具有较大的能量，如果一旦获得外加能量，就比较容易越出原来的运行轨道而脱离这个原子并和别的原子产生联系。因此说，元素的化学性质是由外层电子决定的。从而在研究元素的化学性质时，常常只关心其外层电子的行为。

原子最外层最多只能有 8 个电子，最外层具有 8 个电子即成为稳定结构。任何原子都有失去和得到一些电子使其最外层成为稳定结构的特点，那些挣脱其原来原子核的束缚而在晶格之间游荡的外层电子就成为自由电子。

导体中就存在着大量这样的自由电子，这些自由电子在外电场的作用下就会以外电场的相反方向作定向运动，从而形成电流，显现出导电性。

在绝缘体中，电子被原子核牢牢地束缚着，极少有自由电子，即使在电场的作用下也很难有电子的运动，所以不能形成电流，显现出绝缘性。

在半导体中，存在着大量的价电子，价电子即没有充满的外层电子。虽然它们不是自由电子，但是所受的束缚不是那么牢，只要给以一定的能量就能使其成为自由电子。例如，就硅原子的共价键而言，价电子只需获得 1.1eV 的能量就能成为自由电子。因此，纯净的半导体虽然也呈现出很大的电阻率，但是只要施以一定能量就能使其呈现出导电性。

硅是四价元素，在原子最外层轨道上的四个电子称为价电子。它们分别与周围的四个原子的价电子形成共价键。共价键中的价电子为这些原子所共有，并为它们所束缚，在空间形成排列有序的晶体，如图 3-19 所示。

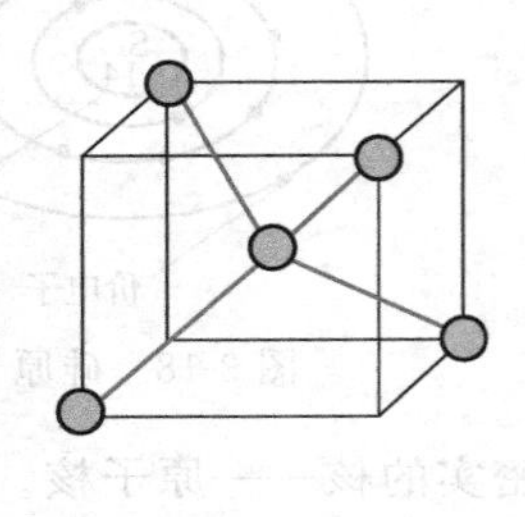

(a) 硅晶体的空间排列

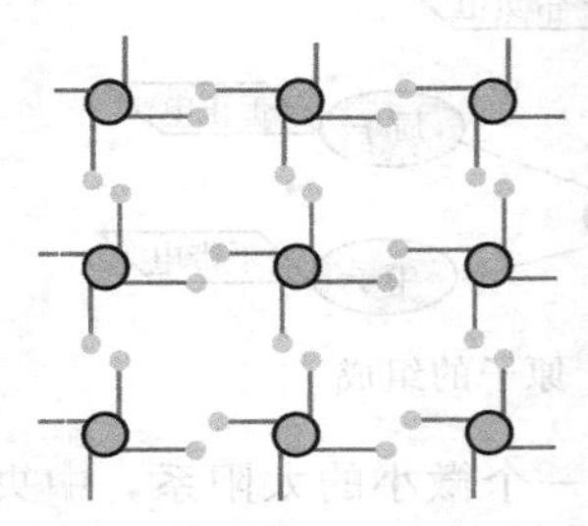

(b) 共价键结构平面示意图

图 3-19　硅原子空间排列及共价键结构平面示意图

(3) 两种载流子

当半导体处于热力学温度 0K 时，半导体中没有自由电子。当温度升高或受到光的照射时，价电子能量增高，有的价电子可以挣脱原子核的束缚，而参与导电，成为自由电子。这一现象称为本征激发（也称热激发）。

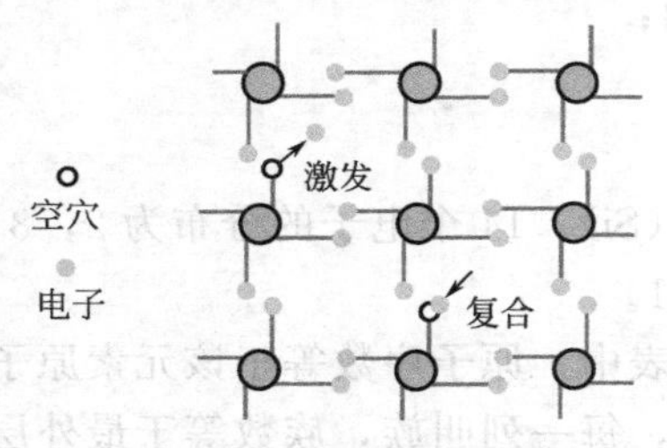

图 3-20　本征激发和复合

自由电子产生的同时，在其原来的共价键中就出现了一个空位，如图 3-20 所示，原子的电中性被破坏，呈现出正电性，其正电量与电子的负电量相等，称呈现正电性的这个空位为空穴。可见因热激发而出现的自由电子和空穴是同时成对出现的，称为电子空穴对。游离的部分自由电子也可能回到空穴中去，称为复合，如图 3-20 所示。本征激发和复合在一定温度下会达到动态平衡。

当一个价电子成为自由电子而运动时，它原来占据的位置就成为一个空位称之为空穴。这个空穴又可能被邻近的价电子来填补，这样电子不断运动，空穴也在相应的运动，只不过这种运动是靠相邻共价键中的价电子依次充填空穴来实现的。

因此，半导体中存在着两种载流子，一种叫“电子”，另一种叫“空穴”，载流子的运动形成电流，从而使半导体具有导电性。自由电子的定向运动形成了电子电流，空穴的定向运动形成空穴电流，它们的方向相反。主要由电子导电的称为 N 型半导体，主要由空穴导电的称为 P 型半导体。

3.3.1.3 杂质半导体的导电性

(1) 本征半导体与掺杂半导体

纯净的半导体称为本征半导体。本征半导体的导电能力很弱，热稳定性也很差，因此，不宜直接用它制造半导体器件。

在实际应用中，人们往往有意地向半导体中掺入一定量的施主或受主杂质，使之成为需要的N型或P型半导体，来满足使用要求。

掺入杂质的多少称为杂质浓度，它直接影响半导体的电阻率。硅中杂质浓度与电阻率的关系如图3-21所示。

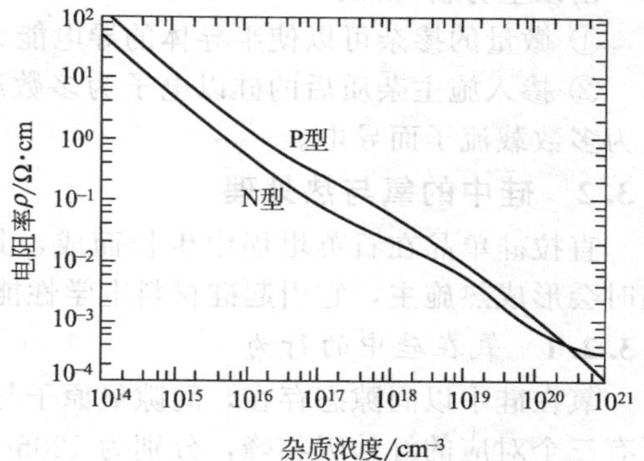

图3-21 硅中杂质浓度与电阻率的关系

(2) N型硅单晶和P型硅单晶

硅是ⅣA族元素，最外层有4个电子。在硅单晶生长过程中掺入一定量的施主杂质如锑、磷、砷等ⅤA族元素，便使之成为N型硅单晶。

如图3-22(a) 所示，ⅤA族元素的原子最外层有5个电子，比硅原子多出一个电子，这个电子受到的束缚很小，只需很小的能量（约等于0.04eV）就能挣脱束缚而成为自由电子，而失去电子的原子会带正电。掺入ⅤA族元素使硅单晶中自由电子增加，其导电性能就会大大提高。

由于ⅤA族元素能提供电子，所以称为施主杂质。在N型硅单晶中，电子是多数载流子（多子），是导电的主体。

反之，如果在硅单晶生长过程中掺入Ⅲ族元素如硼、铝、镓或铟，就得到P型硅单晶。Ⅲ族元素最外层有三个电子，比硅原子少一个电子，在和硅原子组成共价键时就会缺少一个电子而可能从别的硅原子价键中夺取一个电子，被夺取的硅原子就存在了一个空穴，如图3-22(b) 所示。

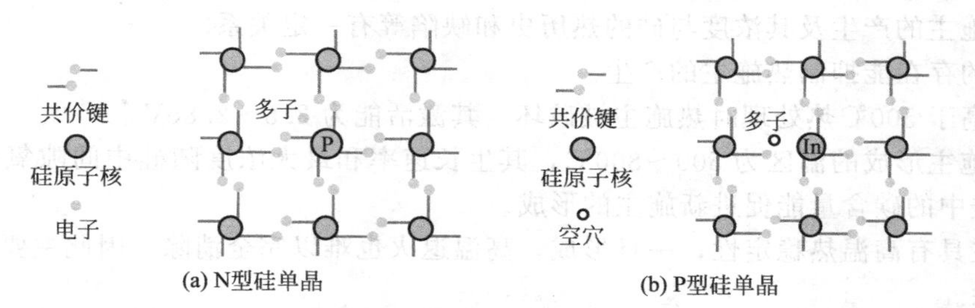

图3-22 掺杂硅单晶结构示意图

由于ⅢA族元素能接受电子，所以称为受主杂质。在P型硅单晶中空穴成为多数载流子而起主要导电作用。

(3) 杂质半导体（掺杂硅）的导电性

在 $T=300\text{K}$ 室温下，本征硅中硅原子的浓度为 $5.1\times10^{22}/\text{cm}^3$，本征激发产生的电子浓度为 $1.43\times10^{10}/\text{cm}^3$，本征硅的电阻率为 $2.14\times10^5\Omega\cdot\text{cm}$。

当在本征硅中掺入十亿分之一的施主杂质后，硅中杂质原子的浓度为 N_D。

$$N_D=5\times10^{22}\times10^{-9}=5\times10^{13}/\text{cm}^3$$

这些杂质原子提供的电子浓度值等于 N_D，这个数目远大于本征激发产生的电子浓度。所以此时硅中电子的浓度 n 基本上等于杂质浓度 N_D。

由于硅中两种载流子浓度的乘积为一恒定值，将其设为 m^2，则空穴的浓度 p 可以用下式求得：

$$p=m^2/n\approx m^2/N_D=(1.43\times10^{10})^2/5\times10^{13}=4.1\times10^6/\text{cm}^3$$

可以看到，p 远远小于 n，因此，硅中的电流基本上是多子的电流。这时的电阻率约为 89.3Ω·cm。

由以上分析可知：

① 微量的掺杂可以使半导体的导电能力大大加强；

② 掺入施主杂质后的硅以电子为多数载流子参与导电，反之掺入受主杂质后的硅以空穴为多数载流子而导电。

3.3.2 硅中的氧与热处理

直拉硅单晶在石英坩埚中生长而成，其氧含量比较高，通常在 $10^{18}/\text{cm}^3$。这些氧在高温时会形成热施主，它引起硅材料电学性能的改变而导致器件失效。

3.3.2.1 氧在硅中的行为

氧在硅中以间隙态存在，间隙氧原子与最邻近的硅原子键合成为 Si—O—Si 键，在室温下有三个对应的红外吸收峰，分别为 1205cm^{-1}、1106cm^{-1} 和 515cm^{-1}。从而可以通过红外光谱法来测定硅中的氧含量。

硅中氧主要来源于熔融硅与石英坩埚的反应。因此直拉硅单晶比区熔硅单晶的氧含量要高得多。前者一般在 $(1\sim1.7)\times10^{18}/\text{cm}^3$，后者则可小于 $5\times10^{15}/\text{cm}^3$。氧在硅中的极限溶解度约为 $2\times10^{18}/\text{cm}^3$，其行为比较复杂，在此只作简单的讨论。

(1) 氧施主

由于硅中氧的存在，在一定条件下会产生氧施主，主要体现为热施主和新施主。

① 在 300～500℃热处理时，硅中氧将会产生热施主，尤其以 450℃时形成速率最大。

② 热施主产生的速率和浓度还与硅中氧含量有关，热施主形成的初始速率与初始间隙氧浓度的 4 次方成正比；热施主形成伴随着间隙氧浓度的下降，其最大浓度与氧浓度的 3 次方成正比。

③ 热施主的产生及其浓度与硅的热历史和缺陷等有一定关系。

④ 碳的存在能抑制热施主的产生。

⑤ 在高于 500℃热处理时热施主被破坏，其激活能为 2.5～2.8eV。

⑥ 新施主形成的温区为 500～800℃，其生长速率和最大浓度随硅中间隙氧含量的增加而升高。硅中的碳含量能促进新施主的形成。

新施主具有高温热稳定性，一旦形成，高温退火也难以完全消除。因此主要关注的是热施主的消除。

热施主是有害的，首先它使硅材料的电阻率失真而偏离目标值，对高阻材料影响尤为显著。例如，高阻硅单晶中由热施主引起的电阻率变化会使晶体管的阀值电压有很大的漂移。当直拉硅片中间隙氧浓度大于 $5\times10^{17}/\text{cm}^3$ 时，在器件的低温合金化工艺中会产生热施主，它可能引起载流子浓度的变化。此外，也有研究表明，硅中热施主的产生可以引起少子寿命的降低。

在 650℃左右的温度下退火后，大多数热施主可以消除。

(2) 氧沉淀

氧含量高的直拉硅单晶，在热处理过程中，过饱和的氧会以氧化硅（主要是 SiO_2）的形式在硅中沉淀，形成缺陷。且在各种热处理温度下会有不同的形态，如棒状缺陷、小方片、无定形八面体等。这些氧沉淀物在高于 1200℃的条件下又会溶解重新回到间隙位置。

氧的沉淀量主要决定于硅中初始间隙氧浓度，其次与杂质浓度、晶体缺陷以及热历史有关。

氧沉淀时体积增大而引起很高的应变能，从而表现为不同几何形态以及不同的诱生缺陷。

低温热处理产生高密度小沉淀，高温热处理则产生低密度大沉淀。

硅晶体内的氧可以使硅片机械强度增加，因此制作集成电路多用直拉硅单晶。硅片体内低密度的氧沉淀有吸除金属杂质的作用，但高密度的氧沉淀则可能产生位错、层错等缺陷或使硅片翘曲。硅片表面氧沉淀会造成漏电，甚至使器件失效。因此人们对于氧在硅晶体中含量的控制尤为重视。

3.3.2.2 硅片热处理的意义

采用650℃热处理（退火）后快速冷却到300℃以下的方法可以将热施主绝大部分去除，从而削弱乃至消除氧在硅中的施主作用。再有，通过热处理还可以释放硅单晶或硅片中的应力，有利于后工序加工。

早期的单晶直径小，长度也短，用小型的热处理炉就可以实现工艺要求，因此都是对硅单晶棒进行热处理。随着半导体器件工艺的发展，硅单晶的直径越来越大，长度也越来越长，需要的热处理炉体不断加大。而最重要的是，晶体体积增大，其冷却时间也延长，尤其是晶体中心部位，完全达不到快速冷却的效果，从而使热处理工艺失效。为了解决这个问题，将晶体热处理改为硅片热处理。

因此，硅片热处理的作用有两个，其一是消除氧的施主效应，得到一个真实稳定的电阻率；其二就是释放应力。

3.3.3 硅片热处理的工艺过程

（1）热处理的硅片范围

并非所有硅片都需要进行热处理，在硅片生产中，通常是对直拉（CZ）的非重掺硅片进行热处理。区融（FZ）硅单晶中氧含量很低，重掺硅单晶中氧的行为与普通掺杂单晶有所不同，故一般不再进行热处理。

（2）硅片热处理工艺条件

硅片热处理温度一般在650℃左右，热处理时间为30～40min。用普通的氧化炉和扩散炉即可。热处理时应视其恒温区的长度而装入适当数量的硅片，还需通入高纯氮气之类的惰性气体，以防止与减少硅片的氧化，出炉后快速冷却。

虽然650℃热处理温度不高，但是仍然需要防止一些杂质向硅中的扩散，尤其是一些快扩散杂质，因此除了硅片表面应保持洁净及其氮气的纯度外，还对热处理系统内器具有适当的要求。

热处理系统包括石英管、石英舟或硅舟等，处理方法如下：

① 用 HF：H_2O 为1：10（体积比）溶液浸泡2h，纯水冲净；

② 将清洗后的石英管、石英舟或硅舟在650℃进行2h的煅烧。

（3）硅片热处理主要步骤

准备工作→装片→入炉→恒温→出炉→结束工作

① 准备工作　首先检查核对来料与加工指令，然后开启室内排风和冷却水，打开并调节氮气流量，将热处理炉升温至650℃恒定待用。

② 装片　戴上清洁的线手套和PVC手套，根据硅片直径选取合适的石英舟，将硅片小心地装入舟内，避免划伤及污染硅片表面。

③ 入炉　将装上硅片的石英舟放到炉口，用石英棒推至恒温区。

④ 恒温　硅片热处理恒温温度为650℃±20℃，恒温时间30～40min。

⑤ 出炉　恒温结束后用石英棒将舟拉至炉口并取出快速降温，同时可继续进行下一炉硅片的处理。

⑥ 结束工作　一批硅片热处理完后，清理片数送检。

工作完毕，停炉，关闭水、电、气及排风。

本章小结

1. 硅片倒角的意义及其硅片边缘轮廓

硅片倒角的目的意义主要在于消除硅片边缘应力集中区域，以减少后工序过程（包括器件生产过程）中硅片的破损。

硅片边缘轮廓通过倒角工序获得，按其形状分为R型和T型两种，随着器件生产技术的发展，硅片边缘轮廓及其完整性正越来越被关注。

2. 硅片倒角操作步骤

准备工作→校准调整（参数输入）→自动磨削→结束工作

3. 硅片研磨的意义

硅片研磨工艺就是要通过对硅片上下两个平面的磨削，去除硅片表面的刀痕或线痕，改善硅片的表面平整度，制造均匀一致的表面损伤层，同时使每批硅片的厚度偏差尽量接近，为后工序（抛光）制备无损伤的硅片表面创造条件。

4. 硅片双面研磨机工作原理和特点

在双面研磨机上，上、下研磨盘作相反方向转动，硅片在转动的上、下研磨盘间作既公转又自转的行星运动，借助上磨盘的压力与磨料作相对滑动摩擦，从而实现对硅片正反两个表面的均匀磨削。

硅片研磨过程包含着复杂的物理和化学的综合作用，其主要为切削作用、化学作用和塑性变形。磨片时应该满足下列条件：

① 磨具的表面形状精度要高；

② 工件应作复杂的复合运动（如摆动曲线运动）；

③ 磨料浓度、黏度、流量等要合适；

④ 具有适当的压力和研磨速率。

5. 硅片研磨工艺过程及其主要相关特性参数

① 硅片研磨主要步骤

硅片分选 → 配研磨液 → 修盘 → 设置 → 研磨 → 送清洗

② 研磨工序主要硅片特性参数　硅片研磨工序需要重点关注的硅片特性参数为硅片厚度与总厚度变化、硅片表面去层量及硅片崩边、缺口、裂纹与划道等表面缺陷。

硅片表面去层量也就是研磨的磨削量，这与硅单晶切割时产生的损伤层深度有关。不同的机器、不同的切割方式、不同的工艺条件，其切割损伤层的深度会有所不同，因而研磨的磨削量需根据实际工艺与设备状况而定。

6. 硅片研磨中磨削液的作用

磨削液作用主要体现在降低磨削温度、改善加工表面质量、提高磨削效率和延长磨具使用寿命四个方面，具体为冷却作用、排渣作用、润滑作用和防锈作用。

7. 研磨速率

硅片研磨过程中研磨速率和研磨时间的掌控是两个相互关联的重要内容。对于一定的研磨去层量而言，研磨时间随研磨速率而定。研磨速率高，研磨时间短；反之若研磨速率低，则需要的研磨时间就长。

硅片的研磨速率与所使用的研磨液和研磨压力及磨盘转速等多个因素相关。磨料粒度大，磨削速度就快，但是表面就相对粗糙，研磨损伤层也大；磨料粒度小，磨削速度就慢，但是表面粗糙度有所改善，损伤层也浅，不过太低的磨削速率会使生产效率下降，不适于规模生产。

在一定的浓度范围内研磨速率随研磨液浓度增大而上升；压强越大，研磨速率越高；磨盘转速快，研磨速率也越高。

实际工艺中应该对各因素进行综合调节控制，多方兼顾，满足产品质量并合理地提高产能。

8. 磨盘和载体对硅片研磨的影响

硅片研磨过程中磨盘及其载体的平整与清洁直接影响所研磨硅片的平面特性和表面特性。

(1) 磨盘修正

研磨过程中对磨盘的修正至关重要，应保证在下列情况下修盘：

① 每班工作前；

② 已研磨硅片达一定数量时；

③ 研磨片的几何尺寸（平行度、平整度）偏大时；

④ 研磨硅片直径由小换大时；

⑤ 设备长期停用再用或经过维修时；

⑥ 新磨盘（包括新开槽的磨盘）在使用前。

(2) 载体选用原则

① 载体厚度约为所研磨硅片现有厚度的2/3；

② 载体孔径比被研磨硅片大约1mm；

③ 载体应保持平整无毛刺。

9. 硅单晶的导电性能

(1) 半导体的基本特性

半导体的主要特征就在于其电阻率可在很大范围内变化。硅单晶的电阻率会随其内部或外界条件的变化而变化，主要反映在其基本特性上，即热敏性、光敏性和杂质敏感性。

(2) 两种载流子

半导体中存在着电子和空穴两种载流子，它们都能参与导电。主要由电子导电的称为N型半导体，主要由空穴导电的称为P型半导体。

(3) N型硅单晶与P型硅单晶

硅单晶在生长过程中掺入施主杂质后成为N型硅单晶，电子为多数载流子参与导电；反之掺入受主杂质后成为P型硅单晶，以空穴为多数载流子而导电。

(4) 掺入杂质的多少直接影响硅单晶的电阻率，微量的掺杂可以使硅单晶的导电能力大大加强。

10. 硅片热处理的意义

硅片热处理主要有两个作用，其一是消除氧的施主效应，得到一个真实稳定的电阻率；其二就是释放应力。

11. 硅片热处理工艺过程

硅片生产中通常对直拉（CZ）的非重掺硅片进行热处理。

硅片热处理温度一般在650℃左右，热处理时间为30～40min。

习　题

3-1　硅片倒角的目的是什么？

3-2　有哪两种典型的硅片边缘轮廓？

3-3　硅片研磨速率主要取决于哪些因素？

3-4　磨片时为什么要修磨盘？什么时候应该修磨盘？

3-5　与硅片研磨相关的硅片参数有哪些？

3-6　简述硅片研磨的目的意义。

3-7　什么是硅片表面去层量？

3-8　在磨削加工中磨削液的作用是什么？

3-9　简述硅片双面研磨机主要结构及其工作原理。

3-10　磨盘对硅片研磨质量有影响吗？试举例说明。

3-11　研磨硅片时如何选择载体？

3-12　简述硅片研磨主要步骤。

3-13　当你领到一批待磨硅片时，应该如何实施研磨？

3-14　简述硅片热处理的意义与工艺条件。

3-15　试分析直拉硅单晶片经650℃热处理前后所测电阻率的变化情况。

第4章　硅片抛光

学习目标

掌握：• 硅抛光片特性参数
• 硅片抛光方法和设备
• 硅片抛光工艺过程
理解：• 硅片抛光的基本原理
了解：• 硅片的化学减薄

集成电路用的硅片，在研磨后都需要进行抛光，以求得到完美的硅片表面。

通常硅片在抛光前都会先进行化学减薄，一方面可以减少硅片在前工序加工过程中的残留应力，同时可以将硅片表面进行一层剥离而去除其表面附着的杂质，另一方面还可以减少抛光工作量，从而提高生产效率。

经过化学减薄的硅片即可进入抛光工序，采用单面或者双面抛光工艺，利用专门的设备，通过硅片厚度分选、粘（贴）片、硅片装载抛光以及卸载等操作对其表面进行处理，最终制作出符合器件生产要求的完美无损伤表面。

本章即对硅片的化学减薄与抛光工艺进行讨论，包括工艺原理、使用设备、工艺过程及其工艺条件等内容。其中抛光工艺重点围绕碱性二氧化硅工艺方法进行。

4.1　硅抛光片特性参数

用什么来衡量硅抛光片的质量呢？这涉及一系列专业的特性参数，除了前面已经提到过的硅片电学参数和结晶学参数外，更具本工序特色的就是硅抛光片的表面特性参数，包括几何特性和表面缺陷参数。

4.1.1　理想平面和硅片的理想状态

（1）理想平面的概念

首先，需要引进理想平面的概念，所谓理想平面，指一个绝对平整的平面，此平面上任意三点所构成的平面都在这个平面内。比如数学中的平面，结晶学中的结晶学平面就是理想平面，而硅片生产中涉及的基准平面则是一个假想的、虚构的理想平面。

（2）硅片的理想状态

所谓硅片的理想状态，是指硅片的加工形态达到理想值，其条件应具备下列两点：

① 硅片上、下表面间所有对应测量点的垂直距离完全一致，且任意一个表面都与理想平面互相平行；

② 硅片加工表面的晶格完整性好，所有非饱和悬挂键全在一个二维平面内。

对于硅片加工来说，追求硅片形态达到理想状态是永久的最高目标，也是硅片抛光工艺的主要意义所在。

4.1.2 硅片表面平整度

表面平整度是硅片的一种表面性质，它被定义为硅片表面对一个虚构的近似平行的基准平面的最大偏离。

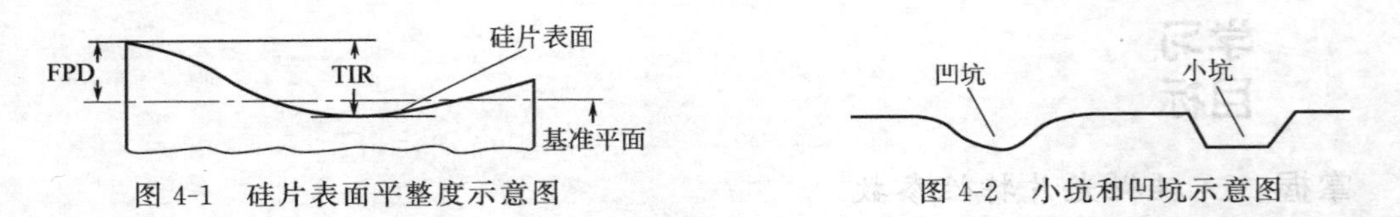

图 4-1 硅片表面平整度示意图　　图 4-2 小坑和凹坑示意图

硅片的表面平整度可以用两个参数来表示，即总指示读数（TIR）和焦平面偏差(FPD)，如图 4-1 所示。TIR 为硅片表面最高点与最低点之差，即峰谷差值；FPD 则是硅片表面最高点或最低点偏离基准平面的最大值。TIR 总是正值，而 FPD 可以为负值。

除了硅片的平整度以外，硅抛光片同样有厚度、总厚度变化、弯曲度和翘曲度指标。这些参数的定义前面已经有所介绍，就不再重复。

4.1.3 硅片表面缺陷

和研磨片一样，硅抛光片也存在崩边、缺口、裂纹等特性参数，另外还有一些抛光片特有的表面缺陷术语，列举如下：

① 擦伤（划痕） 擦伤指硅片表面上低于表面的长、狭、浅的沟槽或痕迹。类似于研磨片的划道或划伤，只是没有那么深而已。

重划伤深度等于或大于 0.12μm，且在白炽灯和荧光灯两种照明情况下，用肉眼均可见到。

微划痕深度小于 0.12μm，且在荧光灯下用肉眼看不到。

② 小坑和凹坑 小坑又叫蚀坑，指硅片表面上一种具有确定形状的凹陷，坑的斜面、坑和片子表面的界线是清晰的，如图 4-2 所示。

凹坑则是硅片表面具有渐变斜面呈凹球状的凹陷，坑和片子表面的界线是不清晰的。凹坑也叫弧坑，如图 4-2 所示。

③ 波纹 波纹指在大面积漫射光照射下肉眼可见的晶片表面不平坦外貌。

④ 沾污 沾污指硅片表面上，只凭目测可见到的众多名目外来异物的统称。硅片加工中常见的沾污有粉末、微粒、溶剂残留物、镊子及夹具痕迹、蜡、油污等各种类型。

大多数情况下，沾污可通过吹气，洗涤剂清洗或化学作用去除掉。

⑤ 色斑 色斑是一种化学性的沾污，除非进一步的研磨或抛光，一般不能去除。

⑥ 小丘和橘皮 小丘和橘皮都使硅片呈现粗糙的表面。

硅片表面上显露出一个或多个不规则小平面的无规则形状的突起物称之为小丘。而由大量不规则圆形物表征的如橘皮状的粗糙表面称为橘皮。

⑦ 雾 由密集的微观表面不规则缺陷（如高密度的小丘、小坑等）引起的光散射现象称为雾，如图 4-3 所示。如果在高温氧化后呈现则称为氧化雾。

⑧ 氧化层错 由原生晶体的体层错或加工中的表面损伤，在高温氧化时诱导产生的表面层错称为氧化层错。图 4-4 显示了（111）硅片上由机械损伤引起的表面氧化层错。

⑨ 漩涡 漩涡是一种结构缺陷，经择优腐蚀后呈肉眼可见的螺旋状或同心圆状的特征。

漩涡在放大 150 倍观察时呈现不连续性。

图 4-3 雾

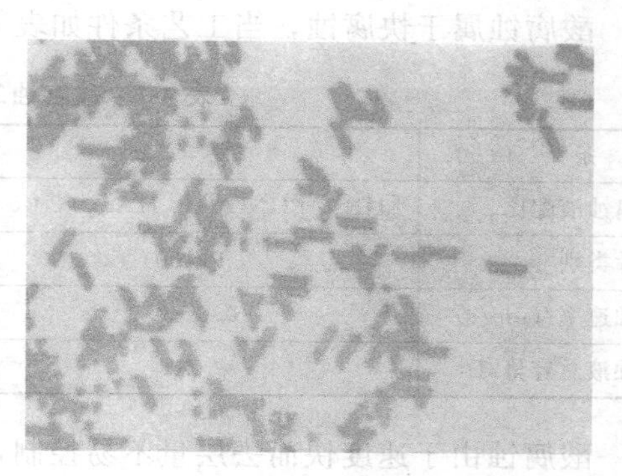

图 4-4 氧化层错

⑩ 电阻率条纹　电阻率条纹也叫杂质条纹，是拉晶期间，由于旋转的固、液面上杂质浓度存在不均匀性而引起的局部电阻率变化，这种变化呈同心圆状或螺旋状条纹，反映了杂质浓度的周期性变化。

电阻率条纹在放大 150 倍观察时呈现连续性。

4.2 硅片的化学减薄

硅片在抛光前，通常都要进行化学减薄。所谓化学减薄，就是通过酸或碱与硅片表面在一定条件下产生化学反应，对硅片表面进行一层剥离，为抛光工艺创造条件的工艺过程。

4.2.1 硅片化学减薄的作用与意义

硅片化学减薄主要有三个作用，第一是使硅片表面洁净，第二可以提高抛光效率，第三可以消除硅片内应力。

(1) 使硅片表面洁净

经过机械研磨的硅片，具有机械损伤的晶体区域有几十微米，能吸附大量金属杂质，清洗较难去除。而用化学腐蚀的方法将硅片表面进行剥离，可以比较容易地去除这一层易污染区。

(2) 减少抛光去层厚度，提高抛光效率

抛光是硅片表面的精细加工过程，其去层速率比较慢，化学腐蚀帮助去除了硅片表面的机械损伤层，使抛光去层量得以减少，从而提高了抛光效率。

(3) 消除硅片内应力

由于机械加工过程在一定程度上对硅片表面晶格结构造成破坏，从而留下几十微米的晶格损伤区，对于原生晶体来说，已经引入了新的应力场。化学腐蚀减薄工艺通过酸或碱与硅片表面的化学反应去除这部分晶格损伤区，达到消除由于晶格不完整造成的晶体内应力。

4.2.2 硅片化学减薄的方法

硅片化学减薄主要有酸腐蚀和碱腐蚀两种方法。

(1) 酸腐蚀

酸腐蚀的腐蚀液由 HF、HNO_3 和 HAc 按一定比例配制而成，硅片与这种混合酸的反应为放热反应，混合酸的配比、用量和被处理硅片的数量都会共同影响其化学反应的温度和速度。

通常的酸腐蚀液配比为

$$[HF]:[HNO_3]:[HAc]=(1\sim2):(5\sim7):(1\sim2)$$

酸腐蚀属于快腐蚀，当工艺条件如表 4-1 中所列时，腐蚀速率可达到 0.6～0.8μm/s。

表 4-1　酸腐蚀工艺条件与反应速率举例

条　件	参　数	条　件	参　数
酸腐蚀液配比	[HF]∶[HNO_3]∶[HAc]＝2∶5∶2	反应温度/℃	60
硅片类别	P(100)	硅片直径/mm	76.2
腐蚀速率/(μm/s)	0.6～0.8	硅片数量/片	25
腐蚀液总容量/L	40		

酸腐蚀由于速度快而去层量不易控制，有时因反应过快而造成硅片表面粗糙。因此这个过程中醋酸的作用很重要，它对反应速度起一个调节的作用。主要是降低反应速度，使腐蚀后的硅片表面尽量光洁与平整。控制好了后，酸腐蚀的硅片表面光滑，但硅片容易产生塌边呈铁饼状，这却是不易克服的。

(2) 碱腐蚀

酸腐蚀虽然腐蚀速度快，也能够得到光洁的表面，但是容易造成硅片边缘塌边，并且腐蚀过程中产生的酸雾要有专门的处理装置。因此比较起来，碱腐蚀废液的处理要简单容易得多。

碱腐蚀的腐蚀液采用 NaOH 或 KOH 与 H_2O 按一定比例配制而成，通常配制浓度为：

NaOH 或 KOH 150～300g＋H_2O 1000mL

碱腐蚀主要为纵向腐蚀，其择优腐蚀的特性较酸腐蚀更为明显，所以腐蚀的效果与硅片的晶向有关，实际生产中往往视其被腐蚀硅片的类别而配比有所差异。

碱腐蚀为慢腐蚀，因此需要加温以适当提高腐蚀速率。碱腐蚀的腐蚀速度由腐蚀液配比与腐蚀温度共同决定。

碱腐蚀过程中腐蚀温度对腐蚀后硅片的表面质量影响很大，腐蚀液配比确定以后，控制腐蚀温度是其工艺控制的关键之一，一般控制在 80～90℃。

碱腐蚀硅片的厚度易控制，废液易处理，但是容易形成表面粗糙的腐蚀坑和花片，因此必须注意工艺过程的控制。其主要环节为：

① 腐蚀液配比、腐蚀温度和腐蚀时间的合理搭配与控制；

② 硅片厚度分选；

③ 腐蚀后充分冲洗；

④ 腐蚀前硅片表面洁净状态。

4.2.3 硅片化学减薄工艺过程

概括起来，硅片化学减薄工艺过程为：

准备工作→硅片厚度分选→化学腐蚀→冲洗甩干→送检

下面以硅片碱腐蚀工艺为例，来看看其主要工艺步骤。

(1) 准备工作

硅片碱腐蚀准备工作包括劳保用品、通风橱排风、冲洗用水和腐蚀液配制。

为了防止碱液对人体的伤害，操作时必须使用特制的耐酸碱手套等防护用品，同时开启通风橱排风和准备适量的冲洗用水。

根据实际硅片的类别与数量配制合适的碱溶液并加热待用。

(2) 硅片厚度分选

戴上PVC手套，对待腐蚀硅片进行厚度分选，通常按2～5μm/挡进行。然后按挡将硅片装入花篮，注意保持硅片表面洁净。

(3) 化学腐蚀

用专用工具将硅片放入已加热的碱液中进行腐蚀，温度控制在85℃±5℃，腐蚀时间通常为1～3min，去层约10～20μm。

(4) 冲洗甩干

腐蚀时间到迅速将硅片置于预先备好的水中，进行充分冲洗后在专用设备里甩干。

(5) 送检

一批硅片处理完毕，清理硅片数量，填写工艺记录后送检。

4.3 硅片抛光方法和设备

硅片抛光就是利用专门的设备和工艺对硅片进行精细加工处理，获得平整、光洁的无损伤表面的过程。硅片抛光有多种方法和相应的设备、辅助装置及其耗材等。

4.3.1 硅片抛光方法

大体来说，硅片抛光方法可以分为机械抛光、化学抛光和化学机械抛光三大类。

(1) 机械抛光

机械抛光利用抛光液中的磨料与硅片表面的机械摩擦作用来实现硅片的表面加工，在早期硅片加工中使用较多。

机械抛光的抛光液一般为氧化铝、氧化镁、氧化硅和碳化硅等微细粉末类加水而配制成的悬浮液。

机械抛光的特点是速度快、平整度高、适应性强，但是，由于磨料硬度大且颗粒不均匀，致使硅片表面较粗糙，时有划痕并形成新的损伤层。

(2) 化学抛光

化学抛光就是利用化学试剂与硅片表面的化学腐蚀反应来达到去层与修整的加工目的。化学抛光包括液相腐蚀、气相腐蚀、固相化学抛光和电解抛光等。

前面提到过的$HF+HNO_3$+硅的酸腐蚀和NaOH或$KOH+H_2O$+硅的碱腐蚀，就是液相腐蚀，也可以看作一种化学抛光。由于其平整度和几何精度不易控制，通常用于抛光前腐蚀工艺。

气相腐蚀通常用于外延工艺中，利用水汽加氯化氢气体在高温下与硅发生气相反应来实现抛光加工。

利用碳酸钡、氧化铁等软质固态粒子作抛光剂，与硅发生固相反应来达到抛光目的，这就是固相化学抛光。

电解抛光则是将硅片置于电解槽中作为阳极，通过电解来进行抛光。电解液有很多种，例如，$HF+(NH_4)HF_2+H_2O$+甘油就是其中一种。电解抛光去层速度快，但其抛光质量与硅片电学性质关系很大，加之设备复杂，成本高，故很少采用。

(3) 化学机械抛光（CMP）

化学机械抛光（CMP）是将化学作用和机械作用同时结合使用的抛光方法，种类繁多。铜离子、铬离子、氧化锑、氧化钛、筋性氧化镁、碱性氧化铝、碱性二氧化锆及碱性二氧化硅抛光都是化学机械抛光。

化学机械抛光通过化学试剂与硅发生化学反应，再借助抛光布垫和磨料的机械摩擦作用去除其反应物，化学反应→机械去除→再反应→再去除……如此反复而达到抛光目的。

典型的化学机械抛光方法为碱性二氧化硅抛光，这种抛光技术能有效地去除硅片表面损伤层和杂质，得到表面平整光洁、几何精度高和无损伤的高质量硅片。

碱与硅（氧化硅）发生化学反应而生成可溶性硅酸盐，通过细小、柔软并带有负电荷的 SiO_2 胶粒的吸附作用及抛光布垫的机械摩擦作用，及时除去反应产物，达到抛光目的。

后面关于硅片抛光的讨论，在没有特别说明时，都是针对碱性二氧化硅抛光技术而言。

4.3.2 硅片抛光设备

硅片抛光设备因抛光工艺不同而具多种类型，大体来说有单面抛光机、双面抛光机，有蜡抛光机和无蜡抛光机等。

（1）单面有蜡抛光机

图 4-5 是兰州某高科技产业发展股份有限公司生产的 X62 305-1 型二氧化硅抛光机。这是一种单面有蜡抛光机，它由机座、抛光平台、抛光头、抛光液传输系统和控制系统组成。

机座承载整个机器并保持其平稳。

抛光平台视其设备型号不同而直径有大有小，中心安装有设备主轴，平台可在主轴的带动下转动，台上贴有与其抛光工艺对应的抛光布垫。

抛光布垫要求质地柔软、吸水量大、耐磨和耐化学腐蚀。其表面是一层具有多孔性结构的高分子材料，看起来像细绒面一样，高分子材料一般为生长法得到的聚氨酯（PU）或聚碳酸酯（PC）等。关于抛光布垫，在后面还会进一步讨论。

抛光头直径与抛光平台规格对应，数量有 3～5 个，每个头上对应可安装一个抛光瓷盘。抛光瓷盘是用来粘贴被加工硅片的，要求其表面平整度好，且光洁不损伤硅片。因为黏、取片时需要加热，因此要求抛光瓷盘有良好的高温特性。

抛光液传输系统将抛光液输送到抛光盘和硅片之间，可以调节其流量。

控制系统主要控制设备的开动、停止、抛光平台和抛光头的转动速度、抛光温度及时间和意外报警等。

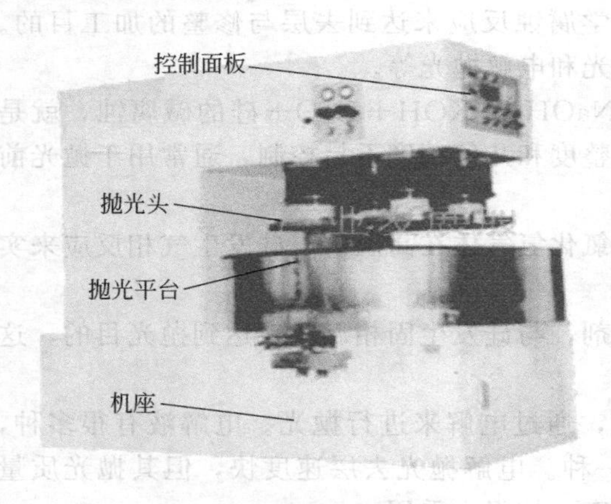

图 4-5　二氧化硅抛光机

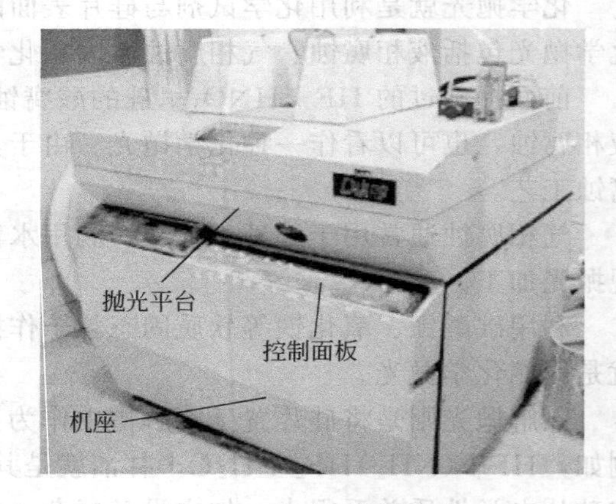

图 4-6　单面无蜡抛光机

（2）单面无蜡抛光机

图 4-6 是 3800 单面无蜡抛光机，揭开抛光平台上方的上盖，方能看到其工作区的形貌，如图 4-7 所示。与有蜡单面抛光机一样，抛光平台上贴有抛光布垫，抛光机上盘有四个抛光头，抛光液经过滤后从上盘中心注入到工作区。图 4-8 是抛光载片板、隔磨板和衬垫，用于装载待抛光硅片。硅片装载不用蜡粘，而是利用水的张力吸附到模板上，再通过载片板与抛

光头连接。设备运行时机器抛光平台（下盘）转动，同时抛光头带动硅片与之反向转动，在机械力和抛光液的作用下达到加工目的。

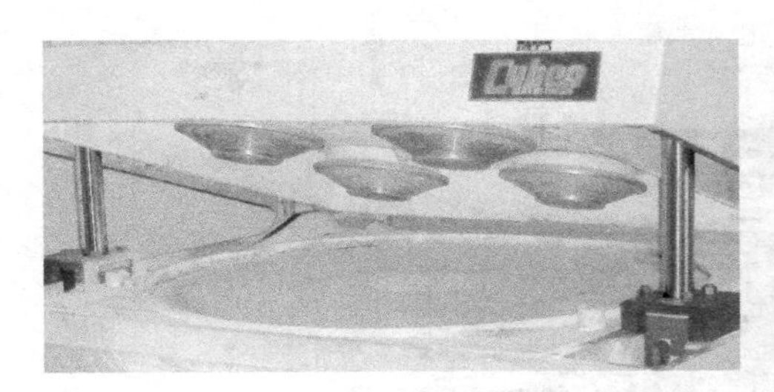

图 4-7 3800 单面无蜡抛光机工作区

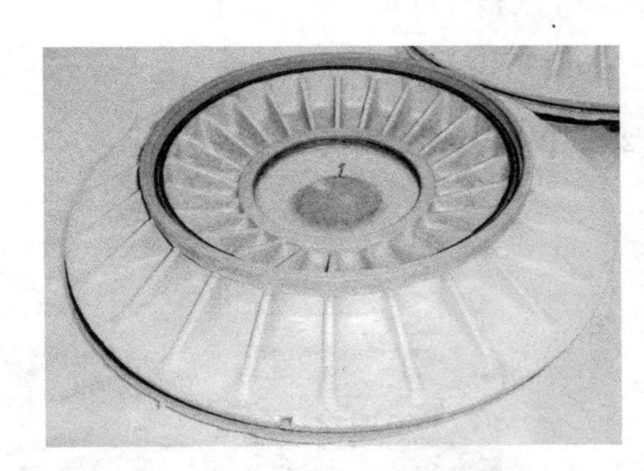
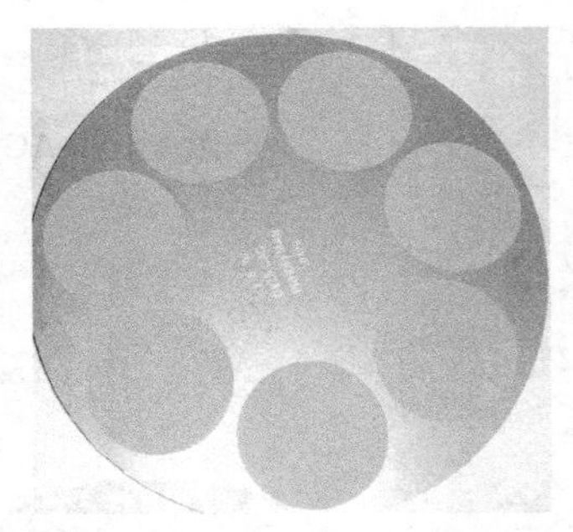

图 4-8 无蜡抛光载片板、隔磨板和衬垫

（3）双面抛光机

双面抛光机从外表看起来其结构和双面磨片机类似。上盘可相对于下盘（抛光平台）做旋转运动，与双面磨片机不同的是，上盘与下盘均粘有抛光垫，硅片放在下盘的齿轮片载体中，通过上盘施加一定的下压力，抛光液从上部供给，均匀地渗入抛光垫及抛光区域，硅片在载体带动下作行星运动而达到抛光目的。图 4-9 显示了兰州某公司 X-62 318P 3D-1 型双面抛光机抛光液输送管道结构。

图 4-9 兰州某公司 X-62 318P 3D-1 型双面抛光机抛光液输送管道

图 4-10 是 Peter Wolters 公司生产的 AC 2000-P^2 型双面抛光机，适用于直径200～300mm 硅片的双面抛光。该机由四个独立的 PLC 控制的交流侍服电机驱动，上、下盘之间具有极高的平行度，工作盘设计有盘内冷却系统（如图 4-11），还有自动上、下料装置（如图 4-12），避免了人与抛光片的直接接触并能实现硅片识别与跟踪。另外还有先进的自动控制系统可以实现抛光条件编程控制和抛光实时状态监控。该机主要性能数据如表 4-2 所示。

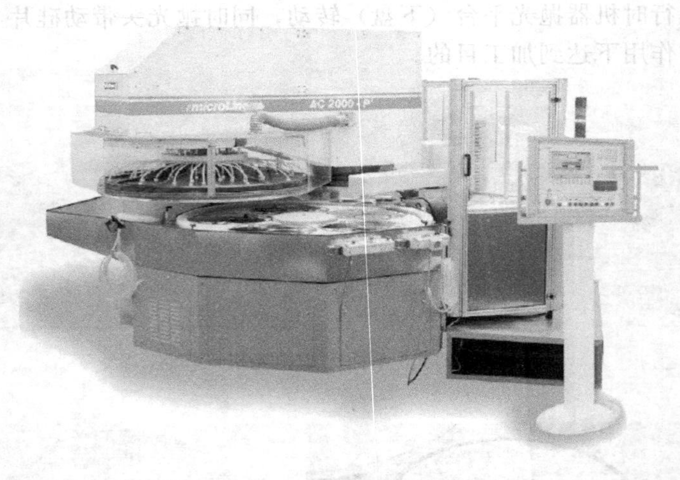

图 4-10　AC 2000-P² 型双面抛光机

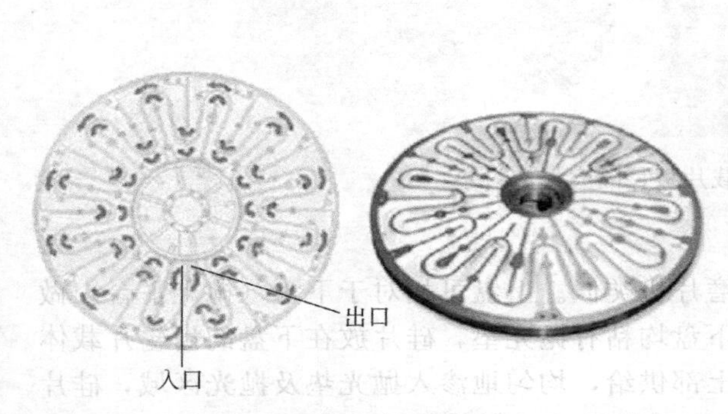

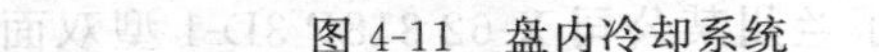

图 4-11　盘内冷却系统

图 4-12　自动上、下料装置

表 4-2　AC 2000-P² 型双面抛光机技术参数

指　标		参　数	指　标	参　数
工作盘直径/mm		1935	上下工作盘电机功率/kW	46
盘宽/mm		689	上下工作盘转速/(r/min)	40
最大工作压力/daN		2500	内齿圈驱动电机功率/kW	7.5
机器尺寸(包括电气柜)(高×长×宽)/mm		2900×3900×4200	内齿圈驱动转速/(r/min)	50
每盘加工能力	300mm/片	15	外齿圈驱动电机功率/kW	7.5
	200mm/片	30	外齿圈驱动转速/(r/min)	12
硅片加工结果	TTV/μm	<0.4	机器质量	
	SFOR/μm	<0.03		

4.3.3 抛光布垫

(1) 抛光布垫的种类

抛光布垫(或称抛光布、抛光垫)在整个硅片抛光过程中起着储存及输送抛光液的重要作用。抛光布垫的机械性能,如硬度、弹性和剪切模量、毛孔的大小及分布、可压缩性、黏弹性、表面粗糙度以及抛光布垫使用的不同时期等，对抛光速度及硅片最终平整度都有着重要影响。有研究认为，使用软或硬的抛光垫时其抛光速率对压力的依赖性完全不同。抛光垫的硬度对抛光均匀性也有明显的影响，硬垫可获得较好的模内均匀性和较大的平面化距离，软垫则可改善片内均匀性。因此，为获得良好的模内均匀性和片内均匀性，可组合使用软、硬垫。

常用的抛光布垫有以下几种。

① 无纺布抛光垫　无纺布抛光垫是将聚氨酯浸泡且固化在无纺布上，具类似丝瓜布状结构，代表产品有 GSH 和 SUBA 等型号。

② 绒毛结构抛光垫　绒毛结构抛光垫以无纺布抛光垫材质作为基材，再在其上生长绒毛结构，代表产品有 Politex、Meritex 和 UR100 等型号。

③ 聚氨酯发泡固化抛光垫　聚氨酯发泡固化抛光垫表面具类似海绵的多孔结构，代表产品有 MH 和 IC1000 等型号。

图 4-13 是以上几种抛光布垫的表面组织结构，表 4-3 列出了其技术参数。

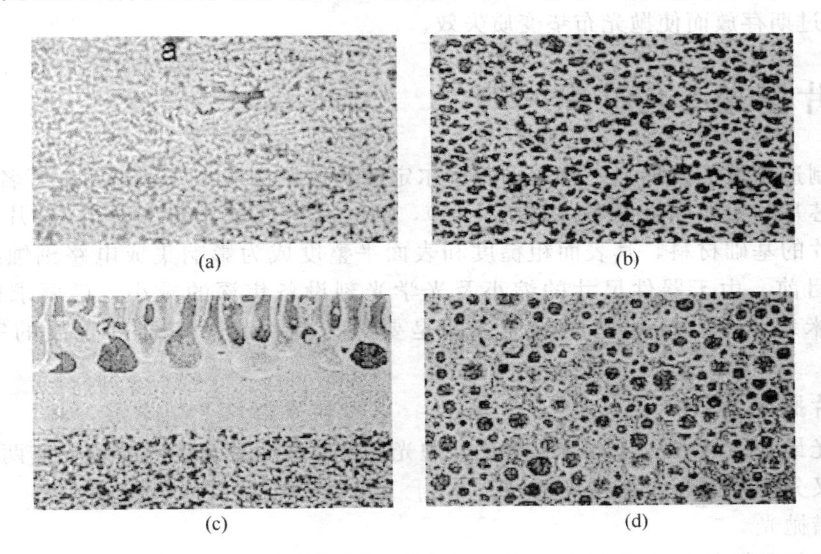

图 4-13　几种典型抛光布垫的组织结构

(a) 无纺布抛光垫表面组织结构；(b) 绒毛结构抛光垫表面组织结构；(c) 绒毛结构抛光垫横断面组织结构；(d) 聚氨酯发泡固化抛光垫表面组织结构

表 4-3　Rodel 公司几种抛光衬垫的技术参数

类别	Suba800	Suba600	Suba500	SubaⅣ	UR100	Politex
厚度/mm	1.27	1.27	1.27	1.27	1.50	1.47
密度/(g/cm^2)	0.40	0.36	0.35	0.30		
硬度(邵氏)	82	80	70	57		
压缩比/%	3	4	7	17	14	

(2) 抛光布垫的使用与存放

抛光布垫对于抛光结果有着重要的影响，因此对于其使用存放有一定的要求。

抛光布垫粘贴之前，应对抛光平台（盘）表面进行清洁处理，避免异物混进平台和布垫之间。粘贴时压力要均匀，使其平整而无气泡。抛光完毕后需进行刷洗以清除抛光过程中的反应余留物、残留抛光液和其他杂质，避免抛光布垫发生板结而影响使用。

当抛光布垫使用到一定时间，由于其磨损或其他原因不能满足工艺要求时，应该进行更换。

对于抛光布垫的存放，应注意以下几点。

① 对于存放环境的要求。

现在的抛光布垫，基本上都是带背胶的，这层压敏胶易受环境的影响而变质影响粘贴效果，因此抛光布垫的运输和存放都要避免高温和潮湿，适宜存放的环境为：

环境温度，10～24℃；

相对湿度，50%左右；

洁净等级，10000 级。

② 为防止抛光布垫变形，应将其平放储存。由于压敏胶受到外界压力时即会产生作用，因此分层平放时不宜重叠太多，以不多于 50 张为宜。

③ 避免过期存放而使抛光布垫变质失效。

4.4 硅片抛光工艺过程

微电子制造领域的发展，一直遵循着摩尔定律和按比例缩小原理这两个著名定律。就是说每隔 3 年芯片的集成度翻两番（增加 4 倍），同时其特征尺寸缩小 1/3。硅片作为集成电路（IC）芯片的基础材料，其表面粗糙度和表面平整度成为影响集成电路刻蚀线宽的重要因素之一。目前，由于器件尺寸的缩小及光学光刻设备焦深的减小，已要求硅片表面平整度达到纳米级水平。硅片抛光的任务就是要努力制作出适应器件发展的完美无损伤硅片。

4.4.1 硅片抛光方式

硅片抛光最常用的方法是碱性二氧化硅抛光，其工艺主要分为有蜡和无蜡两大类，按其抛光加工面又分为单面和双面抛光两种。

(1) 有蜡抛光

有蜡抛光就是用粘片蜡将硅片一面（背面）粘贴固定在抛光陶瓷盘上，对另一面（正面）进行抛光的工艺方式，如图 4-14 和图 4-15。

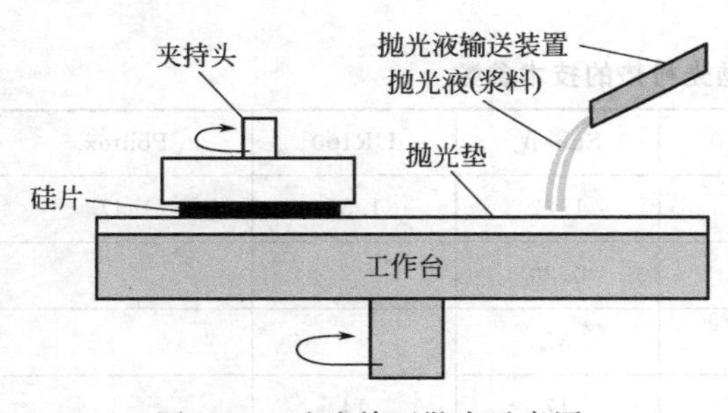

图 4-14 硅片单面抛光示意图

图 4-15 硅片有蜡抛光

粘片蜡的形式有固体或液体多种，最简单的就是用优质的松香和白蜡按一定比例热熔配制而成。

可以采用涂抹、离心和喷雾等方式进行涂蜡，蜡膜厚度的均匀直接影响所抛光硅片的几何特性。除了均匀性外，涂蜡时的清洁也很重要，如果在蜡层中混入了哪怕是一点小纸毛，就可能在抛光后的硅片表面形成一个凹坑。

(2) 无蜡抛光

无蜡抛光则是利用真空或表面张力作用将硅片与抛光载体板吸附在一起进行抛光作业的。

抛光载体板有衬板和衬垫，无蜡抛光衬板和衬垫视抛光机和硅片大小而有不同规格，以满足各种尺寸的硅片生产，如图 4-16。PR HOFFMAN 公司生产的无蜡抛光垫内层采用了抛光微孔膜材料，此材料加湿后产生的附着力能把硅片吸贴在其上面。膜上面贴了一层带有晶圆孔的 FR-4 玻璃钢，是为了确保加工晶片落在孔内。抛光垫内层贴有一层抗吸收、耐磨压的纤维层。为了保证生产出平整的晶片，整个抛光垫要求非常的平整并具很好的恒定弹性。每张抛光垫的背面都贴有一层压敏胶，它能很好地适应于抛光工艺生产中产生的各种应力。

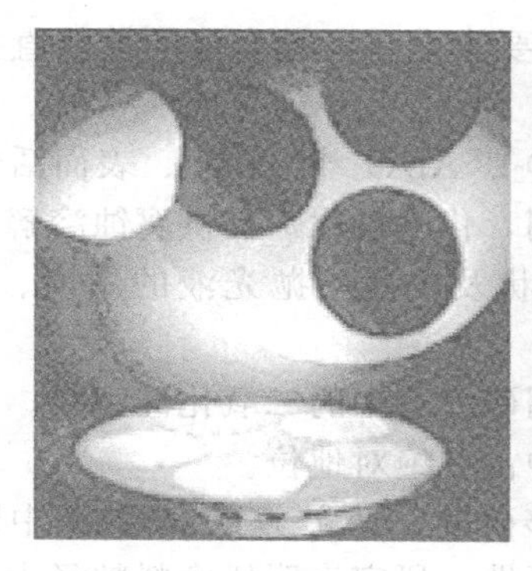
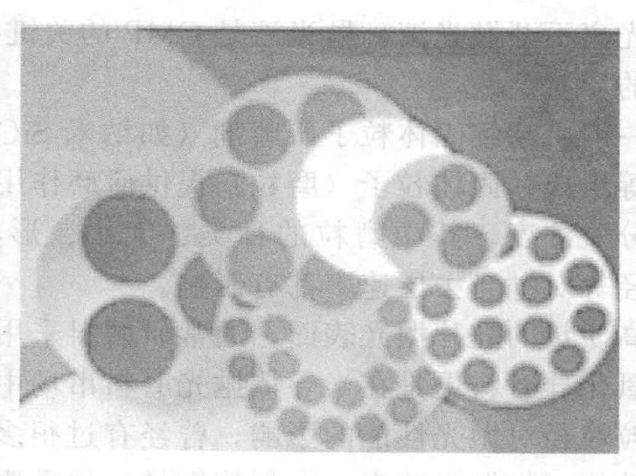

图 4-16 PR HOFFMAN 公司生产的无蜡抛光垫

利用水的张力装载硅片的方法，是将网状泡沫聚氨酯布粘贴在基板表面，利用泡沫聚氨酯表面的水将硅片吸住，为防止硅片在抛光时脱落和滑动，用隔膜衬板进行定位和导向，如图 4-17 所示。

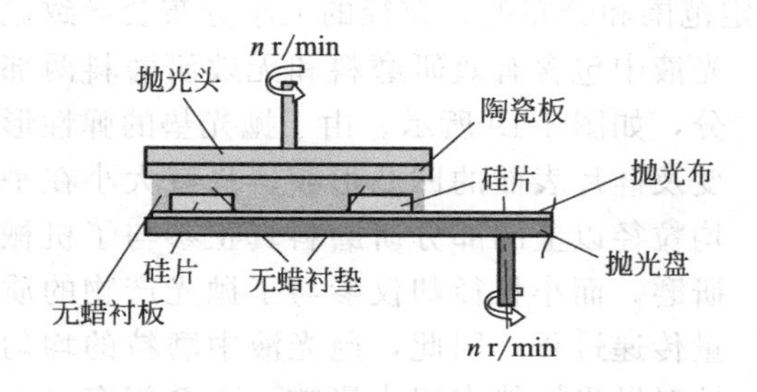

图 4-17 硅片无蜡抛光示意图

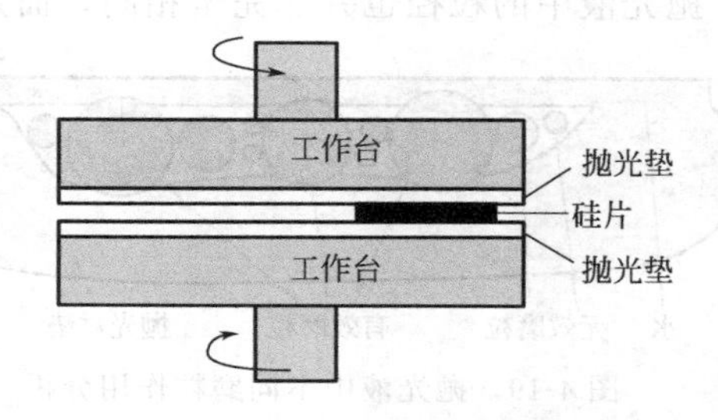

图 4-18 硅片双面抛光示意图

(3) 双面抛光

集成电路沿着摩尔定律飞速发展至今，特征线宽的日趋减小迫使微电子制造工艺挑战极限，也推进了化学机械抛光超平坦化技术的研究发展。硅片作为最重要的半导体材料，其表面平整度及粗糙度也随着器件的纳米图形化要求越来越高。对于某些器件工艺，单面抛光已无法满足要求，能够提供超平整表面、低粗糙度的双面超精密抛光显得日益重要。此外硅单晶双面抛光片也是传感器、微电子机械系统等特殊器件制作的关键基材之一，应用范围广泛，需求量逐年递增。

硅片双面抛光可以采用两步工艺进行，即先对硅片背面进行抛光，然后再抛另一面作为正面。两步工艺容易在硅片背面形成划伤，虽然可以采取贴膜保护和无蜡抛光，但是工艺繁琐，效果也不理想。双面抛光如同双面研磨一样，可以同时对硅片两面进行抛光，如图4-18所示。这样做即简化了工艺，又能得到令人满意的效果，因此近年来使用渐渐增多。

硅片双面抛光利用双面抛光机来实现，不仅在抛光平台上装有抛光垫，在抛头（上盘）上也装有抛光垫。双垫之间采用游龙盘装载硅片，抛光液由上盘采用多孔注入方式加至双垫之间，其机械传动过程与硅片研磨相仿，只不过采用的是硅片抛光工艺而已。抛光工艺与单面抛工艺相比，会有一些小的调整。比如，在双抛工艺中，硅片被限制于游龙盘的孔内运动，相应的相对摩擦效果降低，进而降低了去除速率，影响了抛光效率。因此，在采用相同抛光液的情况下，可适当调整抛光液的配制比例和 pH 值，适当加强机械摩擦作用，使双抛过程中化学腐蚀反应与机械摩擦作用达到平衡。

4.4.2 抛光液

硅片抛光离不开抛光液，抛光液是 CMP 的关键要素之一，抛光液的性能直接影响抛光后硅片表面的质量。

抛光液一般由超细固体粒子研磨剂（如纳米 SiO_2、Al_2O_3 粒子等）、表面活性剂、稳定剂和氧化剂等组成。固体粒子（磨粒）提供研磨作用，化学氧化剂提供腐蚀溶解作用。抛光液的化学成分及浓度，其中磨粒的种类、大小、形状及浓度，抛光液的黏度、pH 值、流速、流动途径等对抛光去层速率都有影响。

为得到高质量的硅片抛光表面，通常研磨料采用硬度适中的二氧化硅磨料。具有高稳定性的胶体二氧化硅磨料更是在半导体抛光磨料市场中占有绝对地位。

关于磨粒粒径对抛光性能的影响，曾经有过很多研究，证实了 CMP 加工中颗粒尺寸对抛光液抛光性能（如抛光速率、微划痕数量）的重要性。研究表明研磨料粒径大小及分布对抛光速率及表面有着重要的影响，粒径增大可有效改善抛光速率，但过大的粒径可能会影响硅片表面粗糙度指标。据研究报道，在单晶硅片的抛光中，研究 SiO_2 粒径在 10～140nm 时对去除率的影响，发现在试验条件下，粒径 80nm 的 SiO_2 粒子去除率最高，得到的表面质量最好。

抛光液中的粒径也并非完全相同，而是有一定范围和分布的，粒径的大小分布会导致抛光液中包含有效研磨料和无效研磨料两部分，如图 4-19 所示。由于抛光垫的弹性形变及硅片表面的凹凸形貌，只有大小在平均粒径以上的部分研磨料真正参与了机械研磨，而小粒径却仅参与了抛光产物的质量传递过程。因此，抛光液中磨粒的均匀性对抛光性能有很大影响，不希望有过大的磨粒在其中出现，随着大颗粒尺寸及浓度的增加，抛光后硅片表面的缺陷增加，并且抛光机理也发生相应变化。因而为获得满意的抛光结果，必须对所使用的抛光液中磨粒的浓度及其均匀性有所要求，并在抛光工艺中采取有效的方法去除抛光液中的大颗粒。

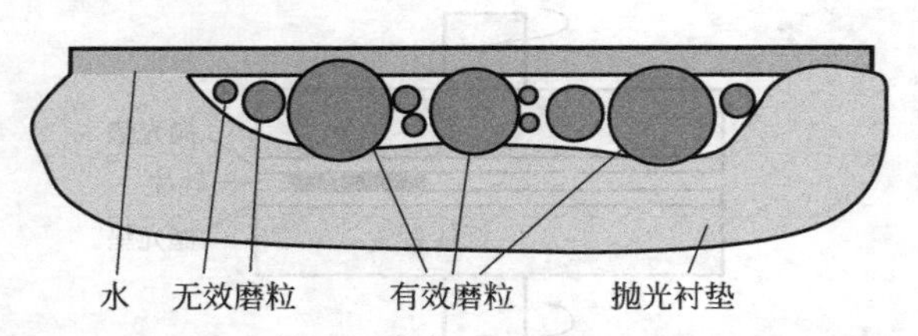

图 4-19　抛光液中不同磨粒作用分析

研磨料的分散稳定性对于 CMP 抛光液也是很重要的，在制备 SiO_2 浆料时，水溶液 pH 值、分散时间、搅拌速度和分散工艺等与浆料稳定性都有密切的关系。抛光液黏度的变化对 CMP 中材料的去除率有影响，抛光不同的材料所需的抛光浆液组成、pH 值也不相同，SiO_2 碱性抛光液 pH 值一般控制在 pH＞10。

抛光液可以自己配制，也可以购买专业公司生产的适合自己工艺的产品使用。目前抛光液的种类和生产公司很多，如北京国瑞升科技有限公司二氧化硅抛光液，是以高纯硅粉为原料，经特殊工艺生产的一种高纯度低金属离子型抛光产品，广泛用于硅单晶片、锗片、化合物半导体（砷化镓、磷化铟）、精密光学器件和蓝宝石片等多种材料纳米级的高平坦化抛光加工。具有应用领域广、抛光效率高、杂质含量低、抛光后容易清洗等特点。有10～150nm不同粒度的产品以满足不同需求。根据pH值的不同可分为酸性抛光液和碱性抛光液。表4-4和表4-5列出了该抛光液的基本特性参数，其特点如下。

① 高抛光速率，利用大粒径的胶体二氧化硅粒子达到高速抛光的目的（可以生产150nm）。

② 粒度可控，根据不同需要，可生产10～150nm不同粒度的产品。

③ 高纯度（Cu^{2+}含量小于50ppb，1ppb＝10^{-9}），有效减小对电子类产品的沾污。

④ 高平坦度加工，本品抛光是利用SiO_2的胶体粒子，不会对加工件造成物理损伤。

表4-4 抛光液基本性质

碱性型号 pH:9.8±0.5	SOQ-2	SOQ-4	SOQ-6	SOQ-8	SOQ-10	SOQ-12
酸性型号 pH:2.8±0.5	ASOQ-2	ASOQ-4	ASOQ-6	ASOQ-8	ASOQ-10	ASOQ-12
粒径/nm	10～30	30～50	50～70	70～90	90～110	110～130
外观	乳白色或半透明液体					
密度/(g/mL)	1.15±0.05					

表4-5 抛光液组成及其抛光参数（参考值）

成分	含量/%	抛光压力/(gf/cm^2)	150～250
SiO_2	15～30	抛光温度/℃	32～40
Na_2O	≤0.3	稀释率	<1:(1～20)
重金属杂质	≤50ppb	抛光时间/min	3～6

表4-6列出了天津西立卡晶体抛光材料有限公司生产的TSE-3040硅溶胶抛光液性能与技术指标，其颗粒分布均匀的二氧化硅胶体为大颗粒，圆球形，具有较高的抛光速度和良好表面质量，可用于蓝宝石、硅片和其他半导体晶片抛光。用于硅片一次性抛光时，加10～15倍水稀释，调节pH值到11后使用。

表4-6 TSE-3040硅溶胶抛光液性能与技术指标

外　观	乳白色胶体水溶液
含量(以SiO_2计)/%	39～41
pH	10.7～11.2
相对密度(20℃)	1.18～1.20
钠(以Na_2O计)/%	小于0.20
粒径/nm	60～80nm
黏度(20℃)/cP	小于25
存放适宜温度	5～30℃避免曝晒
包装	5kg塑料桶或200kg内衬塑料铁桶
毒性	低毒、无味，动物试验LD_{50}为15000mg/kg，接触眼睛内及时用水冲洗

注：1cP＝10^{-3}Pa·s。

表 4-7 列出了几家美国公司部分常用抛光液技术参数。

表 4-7 几家美国公司部分常用抛光液技术参数

公司名称	Nalco			Rodel Nitta	Rodel
抛光液型号	Nalco2350	Nalco2355	Nalco2360	LS-10	Rodel2371
Na_2O/%	＜0.4	＜0.5	＜0.4	＜5×10^{-4}	＜0.10
SiO_2/%	50	50	50	13	28
pH	10.8～11.2	9.8～10.2	8.3～8.7	9.7～10.7	11.0～11.5
相对密度	1.37～1.40	1.37～1.40	1.37～1.40	1.06～1.08	1.17～1.20
黏度/mPa·s	＜25	＜25	＜25	＜20	＜25
平均粒径/nm	50～70	50～70	50～70	＜20	70～90
外观	琥珀色	乳白色	乳白色	乳白色	乳白色
用途	粗抛	细抛	精抛	精抛	粗抛
特点	广泛使用	低腐蚀作用	较低酸碱度	低 Na 值	高速率、低 Na

以上是适合硅片抛光加工的部分抛光液举例，其他没有列出的还很多。在生产中应根据实际的工艺和设备状况选择使用适宜的抛光液，力求达到化学作用和机械作用的最佳配合，以致能获得去除速率高、平面度好、片厚均匀性好及表面完美的抛光效果。此外还要综合考虑易清洗性、对设备的腐蚀性、废料的处理费用及安全性等问题。

4.4.3 碱性二氧化硅抛光方法原理

硅片抛光过程可以看作一个反映体系，即硅、抛光液中的各种成分和设备的运动所形成的系统，在一定温度与压力的条件下进行的综合化学物理过程。这个综合过程包括碱对硅的腐蚀反应、胶粒间的吸附作用、抛光布垫和胶粒与硅片的机械摩擦作用以及碱的络合作用。

（1）碱对硅的腐蚀反应

硅在空气中可迅速被氧化，碱能对硅和氧化硅起反应：

$$Si + 2NaOH + H_2O \longrightarrow Na_2SiO_3 + 2H_2\uparrow$$

$$SiO_2 + 2NaOH \longrightarrow Na_2SiO_3 + H_2O$$

Na_2SiO_3 将进一步发生连串反应和水解反应：

$$Si + Na_2SiO_3 + 2H_2O \longrightarrow Na_2Si_2O_5 + 2H_2\uparrow$$

$$Si + Na_2Si_2O_5 + 2H_2O \longrightarrow Na_2Si_3O_7 + 2H_2\uparrow$$

$$Si + Na_2Si_3O_7 + 2H_2O \longrightarrow Na_2Si_4O_9 + 2H_2\uparrow$$

$$SiO_2 + Na_2SiO_3 \longrightarrow Na_2Si_2O_5$$

$$SiO_2 + Na_2Si_2O_5 \longrightarrow Na_2Si_3O_7$$

$$Na_2SiO_3 + H_2O \rightleftharpoons H_2SiO_3 + 2NaOH$$

H_2SiO_3 部分聚合部分电离形成胶团覆盖在硅片表面，这些胶团对金属杂质和离子型及易水解化合物具有很强的吸附活性。

（2）胶粒间的吸附作用

SiO_2 胶粒具强吸附力，从而能够将反应产生的胶团吸附使其脱离硅片表面。

（3）抛光衬垫和胶粒与硅片的机械摩擦作用

抛光时硅片在抛光头的带动下在高速旋转的抛光平台上围绕设备主轴作行星运动，在一定的压力下，SiO_2 胶粒和抛光布垫对硅片表面产生机械摩擦而除去覆盖在硅片表面的反应生成物。

(4) 碱的络合作用

为了消除和减少钠离子的沾污，目前使用的抛光液多为无钠抛光液，通常是在以 SiO_2、$SiHCl_3$ 或 $SiCl_4$ 等水解物为原料的母液中用有机碱（如四甲基氢氧化氨）取代 NaOH 和 KOH 而制成的 SiO_2 胶体抛光液。其中的有机碱能与硅的腐蚀产物及重金属杂质生成稳定的络合物。

硅片抛光就是以上几个过程连续交替不断进行的过程，在这个过程中，通过腐蚀、吸附、摩擦与络合，层层反应，层层去除，最终达到去除硅片表面损伤及其沾污杂质的目的。

4.4.4 硅片抛光工艺步骤

硅片抛光工艺主要步骤如下：

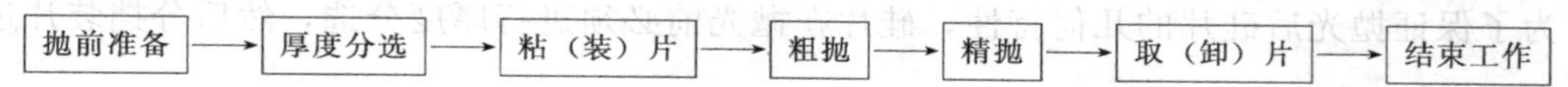

4.4.4.1 抛光前准备

抛光前准备工作包括设备、动力、备件与辅材等。

① 动力条件

电压：380V、50Hz；

冷却水压：0.10～0.55MPa；

气压：0.20MPa/cm^2 以上；

纯水：4.55L/min。

② 硅片装载器具　如果是有蜡抛光，需要准备粘片蜡，粘片蜡通常由优质的松香与白蜡混合配制而成，热熔并经 100 目铜网加纱布过滤。

粘片瓷盘和无蜡抛光用的载体盘都要求表面完整、清洁、不变形。

无蜡抛光用的隔膜板和衬垫要求无形变、无破损、无泡、无皱、无镶嵌物和无污物。

粘片机、装（卸）片机检查正常并开机待用。

③ 抛光布垫　抛光布垫为高强度无纺布衬底，高分子聚合物表面特殊打毛。在抛光过程中起增大摩擦、去除化学反应物的作用。

粗抛垫：含有聚氨酯的聚酯垫。

精抛垫：以无纺布材质作基材，再在其上生长绒毛结构。

如果需要更换抛光布垫，按以下步骤进行。

• 去除旧垫，擦洗处理抛光平台至清洁。可以用乙醇浸泡抛光平台 3～5min，再用脱脂棉浸上乙醇擦洗干净，再清除平台上留下的棉毛，并保持平台清洁，使其干燥。

• 现在使用的抛光垫一般都是一面带胶的，将抛光垫与平台对齐，揭去保护纸，缓慢从抛光平台的一端把抛光垫平贴到平台上，同时用压块或手驱赶抛光垫与平台之间的空气，然后放上压板加压（0.20MPa/cm^2）30min。

• 加压时间到，将板去掉待干燥后，用单面刀片割去平台边缘（中心）多余部分。

抛光垫粘贴好后应牢固、无气泡和平整。

无蜡抛光隔膜板更换方法与抛光垫更换方法基本相同。但是 3800 型无蜡抛光机放上压板后不能加压，需 60min 后才能去板。

④ 配制抛光液并用过滤布进行过滤　通常抛光液在使用时都要加水稀释并加碱调节 pH 值后使用，一般都是现配现用。

pH 值是衡量溶液酸碱度的指标，以 0～14 为其量度范围。纯水的 pH=7；溶液是酸性的，pH<7：溶液呈碱性时，pH>7。

溶液的 pH 值可以用酸碱滴定法、电位法和 pH 试纸法来测量，在硅片生产中通常用

pH 试纸来测量观察 pH 值。pH 值是以对数度量的，代表每升溶液中氢离子的浓度，$pH=-lg[H^{+}]$。因此 pH 值每改变一个单位，就表示氢离子浓度变化 10 倍，例如，pH=7，氢离子浓度=10^{-7} mol/L；pH=10，氢离子浓度=10^{-10} mol/L。

抛光液的 pH 值可以用 NaOH、KOH 或有机碱进行调节。

抛光液可根据需要用 240 目和 180 目的过滤石棉布进行过滤，以去除里面的粗颗粒及异物。

⑤ 清洗设备和抛光液系统。

4.4.4.2 硅片厚度分选与装载

（1）厚度分选

为了保证抛光后硅片的几何特性，硅片在抛光前必须进行厚度分选，然后分挡装片进行加工。

硅片厚度分选按每 2μm/挡分类，并作标识。

（2）硅片抛光面的选择

硅片抛光面的选择与硅片的型号晶向有关，当面对抛光面（硅片正面）的时候硅片参考面位置应如图 1-4 所示。

（3）有蜡抛光工艺硅片的装载

粘片机预热后，将瓷盘放在粘片机加热盘上加热，温度控制在 120～150℃后，在瓷盘上涂上粘片蜡。

将同一挡厚度硅片轻轻放置于瓷盘上，用压块推动硅片左右旋转挤压把下面的蜡压匀及压实并将硅片放置于合适位置。注意盘上硅片分布应均匀，不能超出瓷盘边界，片与片之间保持 2mm 以上间隔。用压块挤压硅片时移动幅度要小，用力均匀适度，防止产生背面划道。

粘贴好硅片的瓷盘送到冷却台上冷却后，去除硅片、瓷盘上多余的蜡，用纯水冲洗干净，待抛。

（4）无蜡抛光工艺硅片的装载

无蜡抛光工艺不用将硅片粘贴固定在瓷盘上，但是也要将其装载到隔膜板上，才能进行上机抛光。

装片机通电预热，温度 70～80℃。载体盘施加适当压力，设定加温加压的持续时间为 40s～2min。温度达到指定值且稳定时方可操作装片机。

装片时先将隔膜板和衬垫用纯水湿润，再把同挡厚度的硅片装载到隔膜板上，压上压块。隔膜板上装好的硅片应不能蠕动，片动则取下该片，喷水在衬垫上，重新贴片和压片。

4.4.4.3 硅片上机抛光

硅片上机抛光通常采用先粗抛然后精抛的工艺方法，粗抛主要在于使硅片表面去层并达到需要的厚度、TTV 和平整度，而精抛的意义在于对硅片表面的精细修整，使其有更好的表面光洁度等。

（1）有蜡抛光

抛光机通电、通水、通气并检查是否正常。

用千分表测量瓷盘上硅片厚度，保证同一瓷盘硅片厚度之差在 5μm 之内，否则重新粘片。

检查抛光头上卡块是否松动，防止瓷盘在工作中甩出，造成设备部件损坏或伤人，然后将已粘贴好硅片的瓷盘装上抛光头并卡好，搬动手动转阀，气缸对抛光头施压使其缓慢下降，行至抛光平台。

抛光瓷盘装载好后就可以启动机器，根据需要采用相应的抛光方案进行抛光了。注意启动设备时，抛光头严禁加压启动。

先进行粗抛，可参考表4-8参数进行调节。

表4-8 有蜡抛光工艺条件参考

工艺参数	粗 抛	精 抛
抛光压力/MPa	0.08～0.16	0.02～0.08
抛光温度/℃	25～45	25～30
抛光液流量/(mL/min)	150～300	150～300
pH	10～11	7.5～9.0
抛光时间/min	10～15	2～10

抛光时间到，将抛光压力降至0，关抛光液，用水抛3～10s。然后关上主机电源。

抛光盘停转后，迅速转动气动转阀。取出抛光盘，用纯水冲洗硅片及瓷盘。检查硅片厚度并在日光灯下观察硅片应无划道、蚀坑、泡、橘皮及形变，满足要求后进行精抛。

精抛工艺参数参考设置见表4-9。

停机后，取下抛盘，冲洗干净抛光液后，送取片机处取片。

(2) 无蜡抛光

与有蜡抛光一样，无蜡抛光工艺也是先进行粗抛。

接通设备电源、液压起动及真空保护并打开机盖，垂直安放好四个载体盘并盖上机盖。

设定抛光时间、压力后启动机器，调节抛光液流量、pH值和温度等进行抛光。

无蜡抛光工艺参数可参考表4-9设置。

表4-9 无蜡抛光工艺条件参考

工艺参数	粗 抛	精 抛
抛光压力/MPa	0.6～1.6	0.07～1
抛光温度/℃	25～65	25～45
抛光液流量/(mL/min)	150～300	150～300
pH	9～11	7.5～10

抛光结束后停止抛光液供应，停止机器转动，打开机盖，喷洗后取下抛光盘。

擦净抛光头，洗刷并刮净抛光垫，注意禁止水进入真空系统。

抽取硅片测量厚度、TTV和表面等，满足合同要求则转入精抛。

精抛前需要重新固定硅片在隔膜板上的位置，再到装片机上压片定位，然后调节抛光条件后精抛修整硅片表面。精抛工艺参数参考设置见表4-9。

无论是有蜡抛光还是无蜡抛光工艺，抛光过程中都需要严防抛光液断流和抛光温度超高，如发生掉片、抛盘摔出等其他异常情况时，应按“紧急制动”按钮，取出在抛片，彻底清洗抛光系统并过滤抛光液后方可再恢复抛光。中途停电后需重新检查调整各参数，设备空载运行无问题后再进行抛光。在启动设备时，抛光头严禁加压启动。

4.4.4.4 取（卸）片

(1) 有蜡抛光取片

先将硅片和瓷盘表面用干净滤纸轻轻吸干水后放置到粘片机加热盘上，温度控制在120～150℃。抛光盘背面的水一定要擦干，以防止加热时抛光盘爆裂，造成设备部件损坏和

图 4-20 抛光完毕的硅片加热卸载

伤人。

待粘片蜡熔化后用竹镊子轻推硅片边缘进行取片，取出的硅片放置在干净滤纸上，硅片表面不能有镊子轨迹和粘片蜡。瓷盘上的硅片取完后应擦净瓷盘表面上的蜡迹。图 4-20 显示的即是抛光完毕的硅片在卸片台上加热等待卸载的状况。

(2) 无蜡抛光卸片

将载体盘安放在卸片机卸片支架上，用漂洗水喷射硅片边缘。戴上塑料手套用吸笔或手从隔膜板上取下硅片，放入片盒中。将抛好的硅片同片盒一起，浸泡在纯水池中待清洗。

取下衬垫浸泡在纯水中，清洗载体盘和抛光液系统。

4.4.5 硅片抛光工艺条件分析

硅片抛光是一个复杂的化学机械过程，其工艺条件的控制与抛光效率和质量密切相关。抛光工艺控制的基本点，就是要使抛光过程中的化学腐蚀作用与机械作用达到平衡，有了这个平衡，才能既获得好的抛光表面又得到合理的生产效率。

4.4.5.1 抛光速率与工艺参数的关系

设硅片抛光时碱与硅的化学腐蚀反应速率分量为 V_1，机械摩擦去除反应产物速率分量为 V_2，反应产物吸除速率分量为 V_3，当 $V_1=V_2+V_3$ 时，抛光速率 V 应为最佳。

经分析推导，有

$$V=K[\mathrm{OH}]^2=BpK\mu h(n_1+n_2)+Cqsdr$$

式中 B——摩擦因子；

C——吸附常数；

p——压力；

K——反应速率常数；

μ——衬垫摩擦系数；

n——抛盘转速；

h——硬度；

r——胶粒直径；

d——浓度；

s——比表面积；

q——表面电荷密度。

从关系式可以看出，抛光速率与抛光压力、温度、pH 值、硅片晶体结构以及摩擦力等诸多因素有关，现就其主要因素简单分析如下。

(1) 抛光压力

抛光压力是抛光反应过程的条件之一，一般来说，在其他条件不变时，抛光速率随压力的增加而提高。但是在实际生产中，压力加大到某一程度，其抛光速率不一定会提高反而会有下降。这是因为压力过大会使抛光液在抛光垫中的滞留量减少，从而影响抛光速率。

另外过高的压力使碎片和掉片的故障增加而造成损失，过高过低的压力都会使硅片表面产生缺陷。

因此抛光压力需根据具体工艺条件综合决定，通常控制在 $p\leqslant300\mathrm{gf/cm^2}$ 为宜。在单面抛光过程中可以采取低压→中压→高压→低压水抛或低压→高压→中压→低压水抛的四段加压抛光技术，如图 4-21 所示。

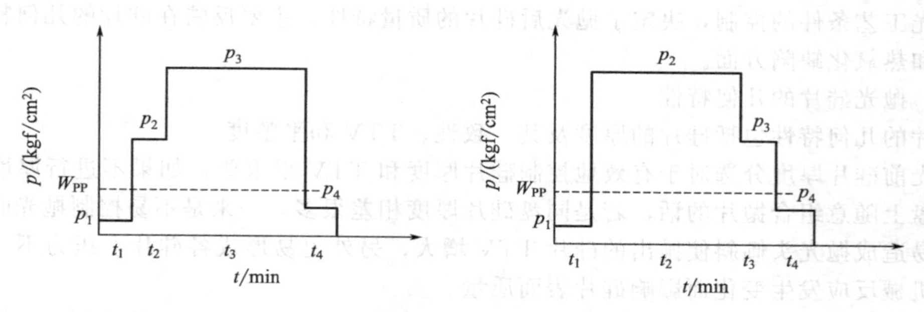

图 4-21 四段加压抛光技术示意图

(2) 抛光温度

温度越高，化学反应的速率就越快，其抛光速率也就越高。但是，过快的反应速率容易使硅片表面生成腐蚀坑之类的缺陷，因此，抛光温度也要服从于硅片表面质量的需要。

(3) pH 值

抛光速率与 pH 值成指数函数关系，提高 pH 值可以加快硅与抛光液的化学反应过程而提高抛光速率，但是和压力与温度一样，过快或过慢的抛光速率都会使硅片表面产生缺陷。每一种抛光液在使用时的 pH 值掌握要根据实际工艺通过实验来确定，一般粗抛时可以大一些，而精抛时要小一些。

(4) 硅片晶体结构

不同型号、不同晶向及不同电阻率的硅片，其面密度及原子结合力都不同，因此在抛光过程中的化学腐蚀速率有所不同。一般来说，即使在相同的设备和工艺条件下，(100) 面的抛光速率明显快于 (111) 面，而低阻硅片也比高阻硅片难抛。因此可以根据硅片的类别分别进行抛光条件的搭配组合，以求得最佳抛光速率。

(5) 摩擦力

在化学机械抛光过程中，主要靠机械摩擦来去除硅片表面反应生成物，从而使新的反应不断延续来达到抛光去层目的。

$$摩擦力\ f=\mu p$$

式中 μ——摩擦系数；

p——抛光压力。

摩擦系数 μ 与相互摩擦的物质的表面结构以及摩擦过程的润滑介质有关。在硅片抛光过程中，μ 由抛光垫结构和抛光液的理化性质，如 SiO_2 浓度、黏滞系数及磨粒尺寸等决定。

抛光压力 p 的变化往往引起摩擦力 f 的改变，f 的改变不仅影响化学机械抛光过程中去除反应生成物能力的改变，还会引起温度的变化，温度的变化使化学反应速率改变，因此摩擦力 f 的作用不可忽视。

综上所述，硅片抛光速率与多种因素相关，化学腐蚀作用和机械磨削作用的增强都会使抛光速率提高。与化学腐蚀作用有关的主要是抛光温度和抛光液的 pH 值，温度与 pH 值增高则化学腐蚀速率加快。与磨削作用有关的主要是抛光压力、机械转速、二氧化硅颗粒度以及抛光垫结构等。加大抛光压力、提高机械转速及增大二氧化硅粒度或浓度，都能使磨削速率提高。另外抛光垫储存抛光液的能力愈强，磨削速率也愈快。抛光速率过慢使生产效率低下，而且过慢或过快的抛光速率都会使抛光后硅片的表面特性变差，因此需要综合地进行控制以得到最佳速率。

4.4.5.2 抛光工艺条件与抛光后硅片质量的关系

抛光工艺条件的控制，决定了抛光后硅片的质量特性，主要反映在硅片的几何特性、表面特性和热氧化缺陷方面。

(1) 抛光硅片的几何特性

硅片的几何特性包括硅片的厚度及其一致性、TTV 和平整度。

抛光前硅片厚度分选对于有效地控制硅片厚度和 TTV 很重要，如果不进行厚度分选而在一个盘上随意组合抛片的话，若是同盘硅片厚度相差很多，一来是不易控制抛光时间，二来很容易造成抛光头倾斜使抛出的硅片 TTV 增大，另外也易形成各硅片上压力不一致而使其化学机械反应发生变化而影响硅片表面质量。

抛光片表面的平整度是硅片的重要参数。抛光片表面的不平整，将使光刻时，掩模和硅片表面不能很好地密合接触，造成光刻图形的变坏。目前，对硅片表面局部平整度(SFQD) 一般要求为设计线宽的 2/3，以 64M 存储器的加工线宽 0.35μm 为例，则要求硅片在 22mm^2 范围内的局部平整度为 0.23μm，256M 电路的 SFQD 为 0.17μm。对于用于线宽为 0.09～0.13μm 工艺的 300mm 硅片来说，一般要求硅片的全局平整度 (GBIR)＜2μm，局部平整度 (SFQR，25mm×32mm)＜85nm。

有蜡抛光中蜡层如果厚薄不均及抛光瓷盘的平整性差都会使抛光片的 TTV 和平整度变大，抛光布垫的平整性对于抛光硅片的 TTV 和平整度也有直接关系。这些除了对材料及器具本身的要求外，还有对工艺技术及操作者技能的要求，只要解决好了，就可以加工出符合器件生产工艺要求的合格抛光片来。

(2) 抛光硅片的表面特性

硅片的表面特性指硅片的表面光洁度、洁净度以及完整性。

抛光片的表面光洁度用粗糙度指标来衡量，通常要求达到 R_z 0.05～0.025μm。表面粗糙度主要与抛光垫的材质结构和抛光液的性质有关。

抛光片的表面洁净度以及完整性用表面缺陷数来衡量，抛光片的表面缺陷有崩边、缺口、裂纹、划痕、蚀坑、凹坑、波纹、橘皮和雾状等，通常都要求没有这些缺陷存在。

崩边、缺口和裂纹的产生与机械碰撞及压力有关，生产中只要设备与配件配置合理且操作方法得当是可以避免的。

划痕产生的原因主要是抛光液中混入大颗粒物，因此，抛光的环境和抛光机及抛光液的清洁度尤为重要。另外也可能因压力过大、抛光液流量过小等因素使机械摩擦力过大而致划痕产生。但是抛光液流量也不宜过大，过大的流量对抛光性能没有进一步提高，只会增加成本。

蚀坑和波纹产生的原因主要是抛光时腐蚀速率大于磨削速率。如抛光液 pH 值过高、抛光温度过高及抛光布储存抛光液的能力差等。

橘皮的产生主要是抛光磨削速率大于腐蚀速率，通常采用调节抛光液中的 pH 值来加以解决。

因此，要想获得表面质量好的抛光片，重要的是使抛光过程中的化学腐蚀作用与机械作用达到平衡。如果化学腐蚀作用大于机械磨削作用，抛光片表面容易产生腐蚀坑、波纹等缺陷。如果机械磨削作用大于化学腐蚀作用，抛光片表面容易产生橘皮、拉丝和划痕等缺陷。抛光温度和抛光液的 pH 值的增高使化学腐蚀速率加快，抛光压力的增大、机械转速的加快、二氧化硅颗粒度的增大以及抛光垫储存抛光液的能力增强等，都能使磨削速率提高。

另外，抛光环境的洁净度也会对抛光片的表面质量产生影响。

抛光液的纯度高、颗粒度小，为避免环境沾污和大颗粒的侵入，应在净化的环境中进行抛光生产。尘粒的侵入是造成抛光片表面划痕和质量不好的一个重要因素。蜡层中夹杂了纸毛等异物及留有气泡等，都会使抛光后的硅片平整度变差或使硅片表面产生凹坑。通常要求硅片抛光的环境条件至少是10000级，最好的工艺条件应是在100级的净化环境中进行抛光生产，以便能够抛出高质量的抛光硅片。

(3) 抛光硅片的热氧化缺陷

所谓热氧化缺陷，就是将抛光后的硅片经过高温氧化以后方能显露的缺陷，与抛光工艺相关的主要有氧化层错和氧化雾。在日光灯下就能看到麻点或是雾状，在显微镜下观察可以看到氧化层错的特征形状和一些小黑点，它们有可能与晶体本身有关，也有可能与氧化工艺有关，但是抛光工艺中若是存在抛光不足或金属沾污等也可以引起其发生。

所谓抛光不足，就是指抛光去层不够，没有完全消除研磨等前工序留下的损伤层，这个残留的损伤层在经过高温氧化后就会显露出氧化层错类缺陷来。因此，在实际生产中，要根据前工序所使用的设备及加工出的硅片实际状况而设计相应的硅片抛光工艺，以保证前工序加工损伤层的去除。

本章小结

1. 关于硅片化学减薄

硅片化学减薄主要有三个作用，第一是使硅片表面洁净，第二可以提高抛光效率，第三可以消除硅片内应力。

硅片化学减薄主要有酸腐蚀和碱腐蚀两种方法。

2. 硅片抛光方法类型

硅片抛光方法可以分为机械抛光、化学抛光和化学机械抛光三大类。硅片抛光中普遍使用的是化学机械抛光（CMP）。

化学机械抛光（CMP）是将化学作用和机械作用同时结合使用的抛光方法，通过化学试剂与硅发生化学反应，再借助抛光布垫和磨料的机械摩擦作用去除其反应物，化学反应→机械去除→再反应→再去除……如此反复而达到抛光目的。

3. 碱性二氧化硅抛光方法原理

典型的化学机械抛光方法为碱性二氧化硅抛光，这种抛光技术能有效地去除硅片表面损伤层和杂质，得到表面平整光洁、几何精度高和无损伤的高质量硅片。

硅片碱性二氧化硅抛光过程可以看作一个反应体系，即硅、抛光液中的各种成分和设备的运动所形成的系统，在一定温度与压力的条件下进行的综合化学物理过程。这个综合过程可分解如下：

① 碱对硅的腐蚀反应；

② 胶粒间的吸附作用；

③ 抛光衬垫和胶粒与硅片的机械摩擦作用；

④ 碱的络合作用。

在这个综合过程中，几个分过程连续交替不断进行。通过腐蚀、吸附、摩擦与络合，层层反应，层层去除，最终达到去除硅片表面损伤及其沾污杂质的目的。

4. 硅片抛光工艺方式及其设备

硅片抛光工艺主要分为有蜡和无蜡两大类，按其抛光加工面又分为单面抛和双面抛两种。因而硅片抛光设备也因抛光工艺不同而具多种类型，大体来说有单面抛光机、双面抛光机，有蜡抛光机和无蜡抛光机等。

硅片双面抛光工艺正越来越多地被使用，双面抛光机抛光平台和抛头（上盘）上都装有抛光垫，双垫之间采用游龙盘装载硅片，抛光液由上盘采用多孔注入方式加至双垫之间，其工作形式和机械传动过程与硅片双面研磨机相仿。

5. 硅片抛光工艺步骤

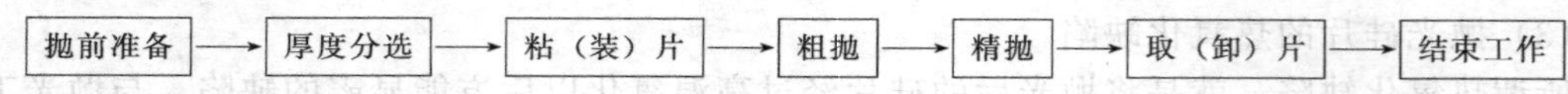

6. 抛光布垫

抛光布垫（或称抛光布、抛光垫）在整个硅片抛光过程中起着储存及输送抛光液的重要作用。抛光布垫的机械性能，如硬度、弹性和剪切模量、毛孔的大小及分布、可压缩性、黏弹性、表面粗糙度以及抛光布垫使用的不同时期等，对抛光速率及硅片最终平整度都有着重要影响。

7. 抛光液

抛光液是CMP的关键要素之一，抛光液的性能直接影响抛光后硅片表面的质量。

抛光液一般由超细固体粒子研磨剂（如纳米SiO_2、Al_2O_3粒子等）、表面活性剂、稳定剂和氧化剂等组成。固体粒子（磨粒）提供研磨作用，化学氧化剂提供腐蚀溶解作用。抛光液的化学成分及浓度，其中磨粒的种类、大小、形状及浓度，抛光液的黏度、pH值、流速、流动途径等对抛光去层速率都有影响。

8. 抛光速率与工艺参数的关系

过慢或过快的抛光速率都会使抛光后硅片的表面特性变差，而且抛光速率过慢使生产效率低下，因此需要综合地进行控制以得到最佳抛光速率。

硅片抛光速率与多种因素相关，化学腐蚀作用和机械磨削作用的增强都会使抛光速率提高。与化学腐蚀作用有关的主要是抛光温度和抛光液的pH值，温度与pH值增高则化学腐蚀速率加快。与磨削作用有关的主要是抛光压力、机械转速、二氧化硅颗粒度以及抛光垫结构等。加大抛光压力、提高机械转速及增大二氧化硅粒度或浓度，都能使磨削速率提高。另外抛光垫储存抛光液的能力愈强，磨削速率也愈快。

(1) 压力

在其他条件不变时，抛光速率随压力的增加而提高。但是在实际生产中，过高的压力也会使抛光液在抛光垫中的滞留量减少而影响抛光速率。

(2) 温度

温度越高，化学反应的速率就越快，其抛光速率也就越高。

(3) pH值

抛光速率与pH值成指数函数关系，提高pH值可以加快硅与抛光液的化学反应过程而提高抛光速率。

(4) 硅片晶体结构

不同型号、不同晶向及不同电阻率的硅片，其面密度及原子结合力都不同，因此在抛光过程中的化学腐蚀速率有所不同。

(5) 摩擦力

摩擦力$f=\mu p$，式中μ为摩擦系数，p为抛光压力。

摩擦系数μ与相互摩擦的物质的表面结构以及摩擦过程的润滑介质有关。在硅片抛光过程中，μ由抛光垫结构和抛光液的理化性质如SiO_2浓度、黏滞系数及磨粒尺寸等决定。

9. 抛光工艺条件与抛光后硅片质量的关系

(1) 抛光硅片的几何特性

硅片的几何特性包括硅片的厚度及其一致性、TTV和平整度。

抛光前硅片厚度分选可以有效地控制硅片厚度和TTV。蜡层如果厚薄不均及抛光瓷盘的平整性差都会使抛光片的TTV和平整度变大，抛光布垫的平整性对于抛光硅片的TTV和平整度也有直接关系。

(2) 硅片的表面特性

硅片的表面特性指硅片的表面光洁度、洁净度以及完整性。

抛光片的表面光洁度用粗糙度指标来衡量，通常要求达到R_z 0.05～0.025μm。表面粗糙度主要与抛光垫的材质结构和抛光液的性质有关。

抛光片的表面洁净度以及完整性用表面缺陷数来衡量，抛光片的表面缺陷有崩边、缺口、裂纹、划痕、蚀坑、凹坑、波纹、橘皮和雾状等，通常都要求没有这些缺陷存在。

① 崩边、缺口和裂纹的产生与机械碰撞及压力有关；

② 划痕产生的原因主要是抛光液中混入大颗粒物，这与抛光的环境和抛光机及抛光液的清洁度有关，也可因抛光压力过大或抛光液流量过小等因素而致，过大的抛光压力可能会使碎片和掉片的故障增加而造成损失；

③ 蚀坑和波纹产生的原因主要是抛光时腐蚀速率大于磨削速率，如抛光液pH值过高、抛光温度过高及抛光布储存抛光液的能力差等；

④ 橘皮的产生主要是抛光磨削速率大于腐蚀速率。

(3) 氧化缺陷

与抛光工艺相关的主要有氧化层错和氧化雾，宏观观察能看到麻点或雾状，显微镜下可观察到一定的形貌特征。抛光工艺中若是存在抛光不足、表面缺陷或金属沾污等可以诱发氧化缺陷。

因此，要想获得表面质量好的抛光片，重要的是使抛光过程中的化学腐蚀作用与机械磨削作用达到平衡。如果化学腐蚀作用大于机械磨削作用，抛光片表面容易产生腐蚀坑、波纹等缺陷；如果机械磨削作用大于化学腐蚀作用，抛光片表面容易产生橘皮、拉丝和划痕等缺陷。

习 题

4-1 硅片热处理的作用是什么？

4-2 硅片碱腐蚀工艺主要环节有哪些？

4-3 硅片抛光主要有哪些抛光方法与方式？

4-4 简述硅片抛光的主要意义及其主要步骤。

4-5 简述二氧化硅抛光的原理。

4-6 提高抛光速率可以提高生产效率，因此抛光速率越高越好，对吗？为什么？

4-7 硅片抛光工艺与哪些硅片特性指标有关？

4-8 什么是四段加压抛光技术？

4-9 硅片在抛光前为什么要进行厚度分选？

4-10 简述抛光布垫在硅片抛光过程中的作用及其使用与放置注意要点。

第5章 硅片清洗

学习目标

掌握：• 硅片清洗基本概念
• 硅片清洗处理方法
• 硅片清洗工艺
理解：• 硅片清洗原理
了解：• 纯水制备系统简介

硅片在一系列加工过程中，会受到来自设备、工装、磨料以及环境等各方面的种种沾污，这些沾污需要利用多种化学物理的方法进行去除，这就是硅片清洗。硅片在经过每一道工序加工后，都要进行清洗。

本章围绕硅片清洗，对高纯概念、硅片表面的杂质吸附与解吸、硅片的清洗方法与工艺、硅片清洗设备以及纯水制备系统等进行讨论。

5.1 硅片清洗基本概念

硅片生产加工的最终目的，是要为器件生产制作出一个清洁完美符合要求的可使用表面，为此每一步的清洗都是必要的。再有，对于每道工序的加工结果都要进行检验，以确定是否符合要求，为此也必须进行硅片清洗。所谓硅片清洗，就是清洗硅片的表面，去除附着在其上的污染物。因为污染物对于硅片的加工质量和器件特性会带来严重影响，会降低硅片生产后工序和器件生产的成品率及可靠性。

5.1.1 高纯的概念

半导体，在希腊文中的含义为“清洁”，半导体对于杂质的敏感性决定了其工艺制作过程中注重洁净的特点。硅属于半导体，当然也同样注重洁净。高纯的概念不只是在器件生产中需要建立，即使在硅片加工中，也应从头至尾都贯穿其中。

5.1.1.1 吸附

硅片的表面是硅单晶的一个断面，这个断面所有的晶格都处于破坏状态。所谓破坏状态，就是说有一层或多层硅原子的键被打开而呈现一层到几层的悬挂键，也称为非饱和键。非饱和键化学活性高，处于不稳定状态，极容易与周围的分子或原子结合，这就是吸附。

吸附可以分为化学吸附和物理吸附两种形式。

化学吸附时，吸附层内被吸附的原子数等于硅片表面原子数。因为不同晶面的硅片其表面原子数是不同的（如表5-1），所以其吸附层内被吸附的原子数也是不同的。

表 5-1 硅单晶几种典型晶面的原子数

晶面$\{h,k,l\}$	{111}	{110}	{100}
原子数/(个/cm^2)	7.84×10^{14}	7.58×10^{14}	6.78×10^{14}

从表 5-1 中可以看出，硅 {111}、{110} 和 {100} 三种晶面中，{111} 面的原子数最多，而 {100} 面的原子数最少。因此，{111} 面的化学吸附要大于其他两种晶面。

物理吸附时，吸附层内被吸附的原子数取决于以液相或固相状态存在于硅片表面上的被吸附分子的大小。

在硅片加工生产的过程中是无法避免硅片不吸附它所处环境下的分子或原子的。如果在真空状态（10^{-10}mmHg[1] 压力）或惰性气体保护下，吸附会减弱，但是要全面创造这样的硅片生产加工条件几乎是不可能的。现在只能在每一道工序后面采取相应措施和方法去清除硅片表面所吸附的杂质，并改变硅片本身所处的环境，逐级过渡，一步步减少硅片表面有害杂质的粘污，最终制作出符合器件生产要求的合格硅片表面。

为此，硅片在经过每一道工序加工后都要进行清洗。而且硅片清洗的环境洁净度也要逐级提高。也就是说，切割片、研磨片和抛光片清洗应当有各自不同等级的环境要求。

5.1.1.2 环境洁净度等级标准

环境洁净度等级标准有好多种，但是通常使用最多的是美国联邦标准。美国联邦标准最初于 1963 年 12 月由美国原子能协会、太空总署和公众卫生局等共同制定，后经多次修改。表 5-2 就是在 1987 年修改的《联邦标准 FS-209D》，这个标准以 0.5μm 的粒子为基准，以其在单位体积空气中的数量为等级划分准则，将环境洁净度分为 6 个等级。

表 5-2 美国《联邦标准 FS-209D》

洁净等级		1	10	100	1000	10000	100000
微尘粒子/(个/ft^3)	≥0.5μm	≤1	≤10	≤100	≤1000	≤10000	≤100000
	≥5.0μm	0	0	1	≤10	≤65	≤700
压力/Pa		>173					
温度/℃		(19.4～25)±2.8，特殊需求±1.4					
风速与换气率		层流方式 0.35～0.55m/s			乱流方式≥20 次/h		
照度/lx		1080～1620					

注：1ft=0.3048m。

随着半导体集成电路的发展，此标准又于 1992 年修改为《联邦标准 FS-209E》，这一次修改在原来英制计量的基础上，引进了国际单位制，将等级划分得更细，并且 100 级、10 级和 1 级三个等级中对于 0.3μm、0.2μm 和 0.1μm 的粒子数量也有了相应的约束，如表 5-3。目前国际上采用的是《ISO-14644-1 Air Cleanliness》国际洁净室标准，如表 5-4。

中国于 2002 年 1 月发布实施的《洁净厂房设计规范》(GB 50073—2001) 等同采用了《ISO-14644-1 Air Cleanliness》国际洁净室标准，这里就不再列出。

在硅片生产中，晶体滚磨、切割、硅片倒角和研磨等工序可以在 10000 级的环境中进行，而硅片的清洗、化学减薄和抛光就要在高一点的环境中进行，硅抛光片的清洗和检验包装对作业环境的要求就更高，至少要在 100 级的环境下进行。

[1] 1mmHg=133.322Pa。

表 5-3 美国《联邦标准 FS-209E》

洁净等级		微尘粒子									
		0.1μm		0.2μm		0.3μm		0.5μm		5.0μm	
		个/m³	个/ft³	个/m³	个/ft³	个/m³	个/ft³	个/m³	个/ft³	个/m³	个/ft³
公制	英制	公制	英制	公制	英制	公制	英制	公制	英制	公制	英制
M1		350	9.91	75.7	2.14	30.9	0.879	10.0	0.283		
M1.5	1	1240	35.0	265	7.50	106	3.00	35.3	1.00		
M2		3500	99.1	757	21.4	309	8.75	100	2.83		
M2.5	10	12400	350	2650	75.0	1060	30.0	353	10.0		
M3		35000	991	7570	214	3090	87.5	1000	28.3		
M3.5	100			26500	750	10600	300	3530	100		
M4				75700	2140	30900	875	10000	283		
M4.5	1000							35300	1000	247	7.00
M5								100000	2830	618	17.5
M5.5	10000							353000	10000	2470	70.0
M6								1000000	28300	6180	175
M6.5	100000							3530000	100000	24700	700
M7								10000000	283000	61800	1750

表 5-4 《ISO-14644-1 Air Cleanliness》国际洁净室标准及与《联邦标准 FS-209E》的对应关系

空气洁净等级	《ISO-14644-1 Air Cleanliness》						《联邦标准 FS-209E》
	微尘粒子最大浓度限值/(个/m³)						/(个/ft³)
	≥0.1μm	≥0.2μm	≥0.3μm	≥0.5μm	≥1.0μm	≥5.0μm	≥0.5μm
1	10	2					
2	100	24	10	4			
3	1000	237	102	35	8		1
4	10000	2370	1020	352	83		10
5	100000	23700	10200	3520	832	29	100
6	1000000	237000	102000	35200	8320	293	1000
7				352000	83200	2930	10000
8				3520000	832000	29300	100000
9				35200000	8320000	293000	

5.1.1.3 洁净室的维护与管理

在长期的生产活动中，洁净室很容易受到来自各方面因素的干扰而使洁净环境产生变化，要防止和减缓这种变化，就需要对洁净室进行必要的维护与管理，使之保持符合使用需要的洁净程度。

(1) 人员流动的管理

人员流动是洁净室环境恶化的主要因素，表 5-5 中列出了人体在不同动作时尘埃粒子的产生状况，单位为个/（人·min)。可以看到，人体的轻微动作都能使其周围环境中尘埃粒子成倍增加，着无尘服可以在很大程度上减少尘埃粒子的产生。

表 5-5 人体在不同动作时尘埃粒子的产生状况 单位：个/(人·min)

粒子尺寸	≥0.3μm			≥0.5μm		
衣服	一般工作服	无尘服		一般工作服	无尘服	
人体动作		白大褂型	全覆盖型		白大褂型	全覆盖型
站立(静姿态)	543000	151000	13800	339000	113000	5580
坐下(静姿态)	448000	142000	14800	302000	112000	7420
手腕上下动	4450000	463000	49000	2980000	298000	18600
上身前屈	3920000	770000	39200	2240000	538000	24200
手腕自由运动	3470000	572000	52100	2240000	298000	20600
头颈上下、左右动	1230000	187000	22100	631000	151000	11000
屈身	4160000	1110000	62500	3120000	605000	37400
原地踏步	4240000	1210000	92100	2800000	861000	44600
步行	5380000	1290000	157000	2920000	1010000	56000

操作人员的行动则更会增加环境污染的倍率，如表 5-6 所示。表中列出了操作人员在站立、坐下、行走及其他行动时周围环境污染增加的情况。

表 5-6 操作人员的行动会增加环境污染的倍率

人员动作	周围环境污染增加的倍率	人员动作	周围环境污染增加的倍率
操作人员动作		吸烟后 20min 内吸烟者的呼吸	2.0～5.0
4～5 人聚集在一起	1.5～3.0	打喷嚏	5.0～20.0
正常行走	1.2～2.0	用手擦脸上的皮肤	1.0～2.0
静静地坐下	1.0～1.2	操作人员用的工作服(合成纤维类)	
将手伸人层流式工作台中	1.01	刷工作服袖子时	1.5～3.0
层流式工作台无操作	无	不穿鞋套踏地板时	10.0～50.0
操作人员自身行为		穿鞋套后踏地板时	1.5～3.0
正常呼吸状态	无	从口袋内取出手帕时	3.0～10.0

从表 5-5 和表 5-6 可以看出，人体的动作，哪怕是一个微小的动作，都会给周围环境带来影响。因此，洁净室的维护管理，首先就是对人的管理，尤其是人员流动的管理。

① 进入洁净室的人员数量应该以维持室内生产作业的最少人员设计。

② 进入洁净室时按规定穿戴洁净服并经过空气吹淋处理。

从前面的讨论已经知道，操作人员着装与周围环境污染有关，使用超净服可以减少这种影响。超净服由兜帽、连衣裤工作服、手套、靴子和口罩组成，完全包裹住身体。

③ 洁净室工作人员应培养良好的高纯卫生习惯，在洁净室内任何时间都应保持超净服闭合，并始终确保所有的头部和面部头发被包裹起来。

④ 非室内工作人员不许进入。

(2) 洁净室内物品器具的管理

除了人员进出外，洁净室的设备、用具和原辅材料的流动也需要进行必要的控制，即物流管理。

① 进入洁净室的物品必须在外面拆除外包装并经清洁处理后方能移入洁净区。

② 洁净室内的物品尽量少，各种耗材应根据其用量合理配备进入，不用的器具及时

移出。

③ 只允许将必需物品带入洁净室，操作人员不得随意将各种私人物品带入，比如化妆品、食品、香烟以及首饰等。

④ 洁净服由专人保管并定期清洗处理。

(3) 其他

① 空气过滤器　进入洁净室的空气经过特效颗粒过滤器后，以层流方式流向地面，穿过带孔的地板后进入空气循环系统与补给的空气一起再返回过滤器。当使用一定的时间后应更换过滤器。

② 温度与湿度控制　洁净室通常都需要对室内环境温度和湿度进行必要的控制，一般都安置有温度、湿度监控仪器。温度和湿度的变化与波动会影响工艺控制，在硅片检验中往往会影响检验结果。

③ 防静电处理　洁净室相对湿度较低，硅片表面容易产生静电电荷的积累，由此产生的静电场吸引带电颗粒或极化并吸引中性颗粒到硅片表面。因此，为了减小硅片表面颗粒吸附，应采取防静电措施。如，使用防静电的材料，静电释放（ESD）接地和空气电离等。

5.1.2　硅片表面沾污类型

硅片经过不同工序加工后，其表面已受到严重沾污，一般讲硅片表面沾污大致可分为有机杂质沾污、颗粒类杂质沾污和金属杂质沾污三类。

(1) 有机杂质沾污

硅片在切割时需要将晶体进行粘接固定，在抛光时也可能会对硅片进行粘贴，因此硅片在这些过程中会受到胶黏剂和粘片蜡类杂质的沾污，在机械加工过程中也可能会引入油脂类杂质的沾污。胶黏剂、蜡和油脂等都属于有机沾污。

有机沾污通常可通过有机试剂的溶解作用，结合超声波清洗技术来去除。

(2) 颗粒类杂质沾污

颗粒沾污主要来自加工中的磨料，还有环境中的尘粒，一般采用物理方法去除。可以采用机械擦洗或超声波清洗技术来去除粒径≥0.4μm 的颗粒，利用兆声波可去除≥0.2μm 的颗粒。

(3) 金属杂质沾污

硅片加工生产中的设备都离不开金属，很多工装器具也是金属的，因此在硅片加工过程中必然会引入金属杂质的沾污。

硅片表面金属杂质沾污有两大类：

① 金属离子或原子通过吸附分散附着在硅片表面；

② 带正电的金属离子得到电子后附着（犹如“电镀”）到硅片表面。

金属杂质沾污必须采用化学的方法才能去除。

5.1.3　硅片表面沾污对后工序的影响

硅片经过切割、倒角、研磨、热处理、化学减薄到抛光，其中每一步都要进行认真的清洗，否则就会给后工序带来影响或埋下隐患。

切割后的硅片边缘存在胶黏剂，如果不彻底去除，势必影响下一步的边缘倒角或研磨；硅片表面残留的切割液只靠冲洗是不可能完全去除的；尤其是一部分磨料颗粒会镶嵌或吸附在硅片表面，不经过充分的清洗则不会脱落，这些颗粒会在硅片研磨时划伤硅片表面，或者垫在硅片表面于磨盘之间影响研磨效果。

热处理前的硅片若没有进行严格的清洗，其表面吸附的金属离子在高温下会向硅片深处扩散，对未来的器件特性产生影响。虽然 650℃的温度并不算高，仍然有一些快扩散杂质是不能忽视的。在1100℃高温氧化时就更要注意了，硅片表面的金属沾污会导致氧化雾和氧化层错的产生。金属杂质的沾污可导致pn结漏电流增加以及少数载流子寿命降低，使器件成品率降低。金属离子的性质活泼，可以在电学测试和运输很久以后沿着器件移动，引起器件在使用期间失效。

研磨后的硅片如果没有很好地清洗，其表面吸附的杂质会影响化学减薄效果，造成不均匀腐蚀而形成花片。

作为精细加工的硅片抛光来说，硅片在抛光前的表面状态就更重要了，很小的颗粒沾污都会导致硅片表面特性的变化。因此在抛光前特意设计了化学减薄工序，化学减薄的意义之一就是通过化学腐蚀剥离使硅片表面更洁净，以得到高质量的抛光硅片。

至于硅片表面的沾污对于器件质量的影响就更大了。集成电路发展到今天，线宽已经到了纳米级计量。就是粒度为0.5μm的尘粒，都可能导致硅片在氧化时其氧化膜的致密性和均匀性受到破坏而影响器件的电特性。在集成电路制造过程中，颗粒能引起电路开路或短路。另外，硅片表面的颗粒还可能导致光刻工艺中胶膜不匀而造成缺陷。

在半导体制造工艺中，可以接受的颗粒尺寸必须小于最小器件特征尺寸的一半。例如，最小特征尺寸为0.18μm的器件，不能接触0.09μm的颗粒，否则可能会引起致命缺陷。目前对于用于线宽为0.09～0.13μm工艺的300mm硅片，要求其表面≥0.12μm的颗粒数≤100个。

5.2 硅片清洗处理方法

硅片清洗处理方法分为湿法清洗和干法清洗两大类，这里着重讨论湿法清洗。湿法清洗又分为化学清洗和物理清洗两种。

5.2.1 化学清洗

化学清洗就是利用各种化学试剂对各种杂质的腐蚀、溶解、氧化及络合等作用，去除硅片表面的杂质沾污。

5.2.1.1 用有机溶剂去除硅片表面的有机杂质沾污

硅片生产过程中所使用及有可能接触到的胶黏剂、松香、蜡和油脂等都属于有机物，有机物可以溶解在有机试剂中。物质结构相似的物质能够相溶，蜡和油脂类虽然难溶于水，但是却易溶于甲苯、丙酮和乙醇中，就是因为它们都有其相似的结构，它们的分子结构中都含有碳氢基团。乙醇的分子结构中除了含有碳氢基团，还含有与水分子相似的羟基，因此它既和甲苯、丙酮等相溶，又与水相溶。所以一般在使用甲苯、丙酮后，再使用乙醇进行处理，然后才能用水冲洗。

在化学清洗中还常常使用合成洗涤剂，合成洗涤剂是采用有机合成的方法制得的一种具有去污能力的表面活性剂。这种活性剂也是一端具有憎水基，而另一端具有亲水基，因此能溶于水。表面活性剂分子两端的憎水基团和亲水基团分别对油和水的吸附降低了油与水互不相溶的两相间的表面张力，形成了裹有油脂乳化剂的油滴，在水的冲洗下被带走，从而将硅片表面的油脂去除。同时在搅拌过程中，乳浊液与空气接触，活性剂分子在液、气界面聚集而产生泡沫，这些泡沫也能将乳剂化的油裹携而去，达到清洗去油的目的。

5.2.1.2 无机酸及氧化还原反应在硅片化学清洗中的应用

(1) 常用酸介绍

在硅片化学清洗中还经常使用各种无机酸，如盐酸、硝酸、硫酸和氢氟酸等。

① 盐酸（HCl） 盐酸（HCl）是氯化氢气体的水溶液，纯净的浓盐酸是无色的透明液体，有强烈的刺激性气味。浓盐酸的密度为1.19g/cm³，其中约含氯化氢37%，主要性质为强酸性、强腐蚀性和易挥发性。硅片化学清洗中主要利用其强酸性和强腐蚀性来去除硅片表面的杂质沾污。

大多数金属杂质都能与盐酸作用而生成可溶性盐类，然后在水的冲洗下去除。但是盐酸不能直接与金、银、铜等重金属作用。

盐酸与金属的反应举例如下：

$$Zn+2HCl = ZnCl_2+H_2\uparrow$$

$$2Al+6HCl = 2AlCl_3+3H_2\uparrow$$

$$Al_2O_3+6HCl = 2AlCl_3+3H_2O$$

$$Cu(OH)_2+2HCl = CuCl_2+2H_2O$$

$$BaCO_3+2HCl = BaCl_2+H_2O+CO_2\uparrow$$

② 硝酸（HNO_3） 纯净的浓硝酸是无色的透明液体，浓硝酸的密度为1.41g/cm³，其中硝酸的含量为69.2%，沸点121.8℃，硝酸的主要性质为强酸性、强腐蚀性和强氧化性，硅片化学清洗中主要利用其强酸性和强氧化性。

和盐酸一样，硝酸能够与金属活动顺序表中氢以前的金属作用，与各种碱性氧化物及氢氧化物、两性氧化物及氢氧化物作用生成硝酸盐。金属活动顺序表见表5-7，由于硝酸具强氧化性，因此除了金属活动顺序表中氢以前的金属外，硝酸还可以与银、汞、铜等金属作用。

表5-7 金属活动顺序表

常用
K Ca Na Mg Al Zn Fe Sn Pb（H_2）Cu Hg Ag Pt Au
完整
Li K Rb Cs Ra Ba Sr Ca Na Ac La Ce Pr Nd Pm Sm Eu Gd Tb Y Mg Am Dy Ho Er Tm Lu（H）Sc Pu Th Np Be U Hf Al Ti Zr V Mn Sm Nb Zn Cr Ga Fe Eu Cd In Tl Co Ni Mo Sn Tm Pb（D_2）（H_2）Cu Tc Po Hg Ag Rh Pd Pt Au

硝酸与金属的反应举例如下：

$$Cu+4HNO_3(\text{浓}) = Cu(NO_3)_2+2NO_2\uparrow+2H_2O$$

$$3Cu+8HNO_3(\text{稀}) = 3Cu(NO_3)+2NO\uparrow+4H_2O$$

$$4Mg+10HNO_3(\text{稀}) = 4Mg(NO_3)_2+NH_4NO_3\uparrow+3H_2O$$

$$4Zn+10HNO_3(\text{很稀}) = 4Zn(NO_3)_2+NH_4NO_3+3H_2O$$

③ 硫酸（H_2SO_4） 纯净的浓硫酸是无色的、黏稠的油状液体，密度为1.84g/cm³，其中硫酸的含量为98%，沸点338℃，浓硫酸的主要性质为强酸性、强腐蚀性、强氧化性和强吸水性，硅片化学清洗中主要利用其强酸性和强氧化性。

稀硫酸可以与金属活动顺序表中氢以前的金属作用，浓硫酸能够与银、汞、铜等金属作用，但是，仍然不能与金作用。硫酸能与碱性氧化物、两性氧化物及氢氧化物作用，生成硫酸盐。硫酸作为氧化剂参加反应时，本身被还原，还原生成物为二氧化硫、硫或硫化氢。

典型的反应举例如下：

$$Al_2O_3+3H_2SO_4 = Al_2(SO_4)_3+3H_2O$$

$$Cu(OH)_2+H_2SO_4 = CuSO_4+2H_2O$$

$$Cu+2H_2SO_4 = CuSO_4+SO_2\uparrow+2H_2O$$

$$Hg+2H_2SO_4 = HgSO_4+SO_2\uparrow+2H_2O$$

$$2Ag+2H_2SO_4 = Ag_2SO_4+SO_2\uparrow+2H_2O$$

$$3Zn+4H_2SO_4 = 3ZnSO_4+S\downarrow+4H_2O$$

$$4Zn+5H_2SO_4 = 4ZnSO_4+H_2S\uparrow+4H_2O$$

另外，硫酸具有很强的吸水性，一些有机化合物和油脂等能与其作用被碳化。当硫酸与水混合时会发出大量的热，如果将水倒进硫酸，水会因局部热量过大而迅速沸腾溅出，可能发生危险。因此，使用硫酸时应特别注意安全操作，严禁将水倒入硫酸。稀释和配制洗液时只准许将硫酸沿着器壁缓慢倒入水中，并轻轻搅拌让热量迅速扩散。

④ 氢氟酸（HF） 氢氟酸是氟化氢的水溶液，无色透明，浓氢氟酸中氟化氢含量可达49%左右，含氟化氢35%的氢氟酸密度为1.14g/cm³，沸点112℃。

氢氟酸的主要性质为弱酸性、强腐蚀性和易挥发性。

氢氟酸能够溶解二氧化硅，因此在硅片化学清洗腐蚀中常用以去除硅片表面的二氧化硅层，其反应如下：

$$SiO_2+4HF = SiF_4\uparrow+2H_2O$$

$$SiF_4+2HF = H_2[SiF_6]$$

氢氟酸能腐蚀玻璃，因此不能用玻璃器皿盛放。而且它能对人体骨头造成腐蚀，在使用中应特别注意安全防护，严禁人体任何部位直接接触。

（2）氧化还原反应的原理和过氧化氢清洗液

氧化还原是化学反应的基本类型之一，是反应物质间的电子得失的过程。氧化与还原是同时发生的，还原剂失去电子被氧化，氧化剂得到电子被还原。

硅片化学清洗中，以硅片表面容易失去电子的杂质作为还原剂，选用索取电子能力强的元素的化合物作为氧化剂，通过氧化还原反应，使之成为离子或易溶于酸、碱的氧化物、卤化物类，进而将杂质去除。

除了前面提到的几种酸，过氧化氢也因其强氧化性而被普遍使用于硅片的化学清洗中。过氧化氢（H_2O_2），也称为双氧水，是一种很好的溶剂，可以与水按任何比例混合。常用的过氧化氢分别为3%和30%的水溶液，本书中在没有专门说明时，指30%的水溶液。

过氧化氢具有极弱的二元酸性质，在水溶液中电离成离子：

$$H_2O_2 \rightleftharpoons 2H^+ + O_2^{2-}$$

过氧化氢与某些碱可以直接发生互换反应：

$$H_2O_2+Ba(OH)_2 = BaO_2+2H_2O$$

过氧化氢具有极强的氧化性，对大多数金属、非金属和有机物都具氧化性，就是较难失去电子的碘化物，在酸性过氧化氢清洗液中也能被氧化而放出碘来：

$$H_2O_2+2KI+2HCl = 2KCl+I_2\downarrow+2H_2O$$

当遇有强氧化剂时，过氧化氢也显出还原性，如：

$$H_2O_2+Cl_2 = 2HCl+O_2\uparrow$$

在硅片化学清洗中，以过氧化氢为基础的清洗液被广泛应用。这类清洗液主要分酸性和碱性两种。

① 碱性过氧化氢清洗液 碱性过氧化氢清洗液由过氧化氢、氨水（$NH_3\cdot H_2O$，浓度为27%）和水按一定比例配成，三者的体积比通常为（1∶1∶5）～（1∶1∶7），硅片清洗中习惯称之为1#液（SC-1）。

1#液常被使用于硅抛光片的清洗中，其中的氨水一方面与能溶于碱的杂质反应，另一方面提供氨分子作为如铜、银、镍、钴和镉之类的重金属的内配位体，以形成络合物，达到清除的目的。

这样一来，通过 H_2O_2 的强氧化和 $NH_3 \cdot H_2O$ 的溶解作用，使有机物沾污变成水溶性化合物，随去离子水的冲洗而被排除。再由于溶液具有强氧化性和络合性，能氧化 Cr、Cu、Zn、Ag、Ni、Co、Ca、Fe、Mg 等使其变成高价离子，然后进一步与碱作用，生成可溶性络合物而随去离子水的冲洗而被去除。为此用 1# 液清洗抛光片既能去除有机沾污，亦能去除某些金属沾污。

② 酸性过氧化氢清洗液　酸性过氧化氢清洗液由过氧化氢、盐酸和水按一定比例配成，三者的体积比通常在 1∶1∶6～1∶2∶8，硅片清洗中常被称为 2# 液（SC-2）。

和 1# 液一样，2# 液也被普遍使用于硅抛光片的清洗中，其中的盐酸也是兼有酸和络合剂二者的作用，氯离子将是形成金、铂等重金属络合物的配位体。

2# 液具有极强的氧化性和络合性，能与氧以前的金属作用生成盐随去离子水冲洗而被去除。被氧化的金属离子与 Cl^- 作用生成的可溶性络合物亦随去离子水冲洗而被去除。

5.2.1.3　络合物在硅片化学清洗中的作用

凡是有两个或两个以上含有独对电子的分子或离子，与具有空的价电子轨道的中心原子或离子结合而成的结构单元，称为络合单元。络合单元有带电荷的和不带电荷的两种，带电荷的如 $[SiF_6]^{2-}$、$[Ag(NH_3)_2]^+$ 等叫做络合离子，络合离子可与带异性电荷的离子组成中性化合物如 $H_2[SiF_6]$、$[Ag(NH_3)_2]Cl$ 称为络合物；不带电荷的络合单元 $[Pt(NH_3)_2Cl_4]$ 本身就是中性，也叫络合物。

络合物分子中占据在中心位置的离子称为络合离子形成体的中心离子，中心离子通常是带正电的，在它的周围配位着一定数量的带相反电荷的离子或呈电中性的分子，被称为配位体，这一层亦被称为内配位层。不在内层里面的其他离子，则在距离中心离子较远的地方组成外配位层。内配位层中离子或中性分子的总数叫做络合离子形成体的配位数。例如，在 $[Ag(NH_3)_2]Cl$ 中，Ag^+ 是中心离子，NH_3 是内配位体，而 Cl^- 则是外配位体，配位数为 2。

中心离子带电荷越多，离子半径越小，对配位体的极化作用就越强，就越容易生成稳定的络合离子，另外在中心离子具有能量较低的空轨道时，也容易生成较稳定的配位价键。当硅片表面沾污的杂质符合充当形成稳定的络合离子的中心离子之条件时，就可以选择适当的络合剂，使硅片表面沾污的杂质解吸生成稳定的络合离子而被去除，达到清洁硅片表面的目的。

在半导体工业化学清洗中，经常利用王水来去除像金之类的重金属杂质。所谓王水，就是盐酸和硝酸按一定比例配制的混合酸液，通常的配制比为 3∶1。盐酸在其中就充当了络合剂，提供 Cl^- 作为内配位体，与金形成稳定的络合离子溶解在溶液中而被去除，其反应式如下：

$$Au + HNO_3 + 3HCl \longrightarrow AuCl_3 + NO + 2H_2O$$

$$HCl + AuCl_3 \rightleftharpoons H[AuCl_4]$$

在前面提到过的过氧化氢清洗液中，氨水和盐酸也都充当了络合剂，为络合离子的形成提供配位体；利用氢氟酸去除硅片表面的二氧化硅时也是如此。

5.2.1.4　硅片清洗中的化学试剂分级

化学试剂通常按其纯度分为优级纯、分析纯和化学纯三个级别，其中以优级纯杂质含量最少而级别最高。在硅片清洗中，应视清洗硅片种类与场合进行合理选择。

通常硅切割片和研磨片的清洗可以使用分析纯试剂，硅抛光片清洗则往往使用优级纯试剂。

硅片清洗中经常使用的化学试剂如盐酸、硝酸、硫酸、氢氟酸、过氧化氢等，都制定有相应的国家标准。标准中对这些试剂中各种主要杂质含量都按其纯度级别规定有相应限量。比如，GB/T 622—2006 就是盐酸的现行国标，三个级别的杂质含量限定被列于表5-8中。

表 5-8 GB/T 622—2006 化学试剂盐酸的规格

名　　称	优级纯	分析纯	化学纯
HCl w/%	36.0～38.0	36.0～38.0	36.0～38.0
色度/黑曾单位	≤5	≤10	≤10
灼烧残渣(以硫酸盐计),w/%	≤0.0005	≤0.0005	≤0.002
游离氯(Cl),w/%	≤0.00005	≤0.0001	≤0.0002
硫酸盐(SO_4),w/%	≤0.0001	≤0.0002	≤0.0005
亚硫酸盐(SO_3),w/%	≤0.0001	≤0.0002	≤0.001
铁(Fe),w/%	≤0.00001	≤0.00005	≤0.0001
铜(Cu),w/%	≤0.00001	≤0.00001	≤0.0001
砷(As),w/%	≤0.000003	≤0.000005	≤0.00001
锡(Sn),w/%	≤0.0001	≤0.0002	≤0.0005
铅(Pb),w/%	≤0.00002	≤0.00002	≤0.00005

5.2.2 物理清洗

硅片的物理清洗主要指超声波和兆声波清洗等，这里主要分析讨论超声波清洗。

5.2.2.1 超声波清洗原理与超声系统基本结构

在工业清洗中，常用的清洗方式一般有手工清洗、有机溶剂清洗、蒸汽气相清洗、高压水射流清洗和超声波清洗等，其清洗效果比较可以从图 5-1 中看出，很显然，超声波清洗的效果为最佳。超声波清洗被国际公认为当前效率最高和效果最好的清洗方式，其清洗效率达到了 98%以上，清洗洁净度也达到了最高级别，而传统的手工清洗和有机溶剂清洗的清洗效率仅仅为 60%～70%，即使是气相清洗和高压水射流清洗的清洗效率也低于 90%。因此，超声波清洗被广泛应用于工业清洗中，硅片清洗也不例外。

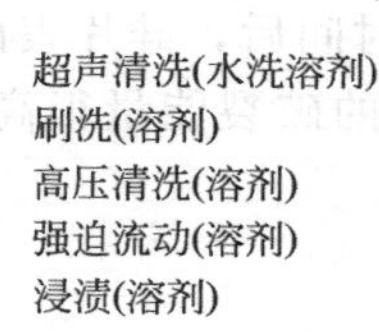

图 5-1 清洗效果比较

爆裂

图 5-2 空化泡的扩大以及爆裂

超声波是一种不以人耳收听为目的的声波，与地震波等相同，是一种弹性波。人耳能听到的声音是频率在 20～20000Hz 的声波信号，高于 20000Hz 的声波称之为超声波，声波的传递依照正弦曲线纵向传播，即一层强一层弱，依次传递，当弱的声波信号作用于液体中时，会对液体产生一定的负压，使液体内形成许许多多微小的气泡，而当强的声波信号作用于液体时，则会对液体产生一定的正压，因而，液体中形成的微小气泡被压碎。经研究证明：超声波作用于液体中时，液体中每个气泡的破裂会产生能量极大的冲击波，相当于瞬间产生几百度的高温和高达上千个大气压，这种现象被称之为“空化效应”，如图 5-2 所示。超声波清洗正是应用液体中气泡破裂所产生的冲击波来达到清洗和冲刷工件内外表面的作用。

超声波的能量能够穿透细微的缝隙和小孔，故可以应用于任何零部件或装配件的清洗，尤其被清洗件为精密部件或装配件时，超声清洗往往成为能满足其特殊技术要求的唯一的清洗方式。

超声波清洗是半导体工业中广泛使用的清洗方法，因为它简单方便、安全有效，尤其是清除硅片表面附着的大块沾污及微粒时，所以特别适合切割和研磨后的硅片及一些专门器具的清洗。

超声波清洗系统主要由超声波电源、清洗槽和换能器这三个基本单元组成，如图 5-3 所示。

图 5-3 超声波电源、清洗槽和换能器

超声波电源用来产生高频振荡信号；换能器则将其转换成高频机械振动波，也就是所说的超声波；清洗槽即盛放清洗液和被清洗工件的容器，也是超声波清洗的工作容器。清洗槽通常由不锈钢制成，可安装加热及温控装置，通常在清洗槽底部粘接超声波换能器。

当超声波电源将 50Hz 的日常供电频率改变为高频信号（28～40kHz）后，通过输出电缆线将其输送给粘接在清洗槽底部的换能器，由换能器将高频的电能转换成机械振动波并发射至清洗液中。当高频的机械振动波传播到液体里后，清洗液内即产生空化现象。由于超声波的频率很高，连续不断产生的瞬间高压强烈冲击物体表面，使物体表面及缝隙中的污垢迅速剥落，从而达到物件表面清洁净化的目的。利用超声波清洗硅片也是如此，清洗液中无数气泡快速形成并迅速内爆，由此产生的冲击将浸没在清洗液中的硅片表面的污物振落剥离下来。脱落的污染物随着流动的溶液流走。在此过程中硅片表面被振落剥离的污物一部分留在溶液中被带走，一部分又回到硅片上，又被剥落，如此反复并经过适当的时间后，硅片表面的附着物即可完全被清除。因为每个气泡的体积非常微小，因此虽然它们的破裂能量很高，但对于硅片和液体来说，通常不会产生机械破坏和明显的温升。

5.2.2.2 超声波清洗工艺主要要素

(1) 超声波频率

超声波频率越低，在液体中产生空化越容易，作用也越强，但是方向性差。频率高则超声波方向性强，且随着超声频率的提高，气泡数量增加而爆破冲击力减弱。

超声波清洗时，由于空化现象，只能去除≥0.4μm 的颗粒。如果将超声波频率提高成为兆声清洗时，由于 0.8MHz 的加速度作用，能去除≥0.2μm 的颗粒，即使液温下降到 40℃也能得到与 80℃超声清洗去除颗粒的同样效果，而且比超声清洗更能避免硅片产生损伤。

因此，高频超声特别适合于精细物体的清洗及小颗粒污垢的清洗而不破坏其工件表面。

(2) 超声波功率密度

超声波的功率密度越高，空化效应越强、速度越快，清洗效果越好。但对于精密的、表面光洁度甚高的工件，采用长时间的高功率密度清洗会对物体表面产生“空化”腐蚀。

（3）超声波清洗介质

所谓超声波清洗介质，就是指采用超声波清洗时浸没硅片的溶液，也就是清洗液。一般有两种清洗液用于超声波清洗，化学溶剂清洗液和水基清洗液。为了得到更好的清洁效果，往往在硅片清洗中配入一定量的化学清洗剂，清洗介质的化学作用，加上超声波清洗的物理作用，两种作用相结合，使清洗更充分、更彻底。

（4）超声波清洗温度

一般来说，超声波在30～40℃时空化效果最好。但是大多数清洗液中的化学成分都会在一定温度下达到最佳清洁效果，另外加热也有利于提高清洗的速度。因此在实际应用超声波清洗时，通常采用40～65℃的工作温度。

（5）工件放置方式

若工件在清洗槽内上下、左右缓慢地摆动，则清洗越均匀、彻底，清洗效果也就越好。

5.3 硅片清洗工艺

前面介绍了硅片清洗的基本方法和原理，在硅片实际生产中，硅片的清洗工艺就是建立在这些基本方法原理之上。从这个基本点出发，结合每种产品的自身特点和生产线的整套工艺状况，利用各种专门设备，摸索、总结和创造出各种与之适应的硅片清洗工艺。

5.3.1 硅片清洗工艺技术的发展研究

在硅片生产中，针对硅片表面存在的沾污类型，通常采用了化学清洗与物理清洗结合的工艺方式，包括：

① 使用强氧化剂使"电镀"附着到硅表面的金属离子氧化成金属，溶解在清洗液中或吸附在硅片表面；

② 用无害的小直径强正离子（如 H^+）来替代吸附在硅片表面的金属离子，使之溶解于清洗液中；

③ 用清洗液配合超声波清洗，以达到最佳去污效果；

④ 用大量去离子水进行超声波清洗和冲淋，以排除溶液中的金属离子和硅片表面残留的污物。

1970年美国RCA（美国无线电公司）实验室提出的浸泡式RCA化学清洗工艺得到了广泛应用，1978年RCA实验室又推出兆声清洗工艺，RCA清洗工艺至今仍然是硅片行业的基本清洗工艺。近几年来以RCA清洗理论为基础的各种清洗技术不断被开发出来，例如：

① 美国FSI公司推出离心喷淋式化学清洗技术；

② 美国原CFM公司推出的Full-Flow systems封闭式溢流型清洗技术；

③ 美国VERTEQ公司推出的介于浸泡与封闭式之间的化学清洗技术（例Goldfinger Mach2清洗系统）；

④ 美国SSEC公司的双面擦洗技术（例M3304 DSS清洗系统）；

⑤ 日本提出无药液的电解离子水清洗技术（用电解超纯离子水清洗）使抛光片表面洁净技术达到了新的水平；

⑥ 以 HF/O_3 为基础的硅片化学清洗技术。

5.3.1.1 RCA清洗工艺技术

传统的RCA清洗工艺技术，所用清洗装置大多是多槽浸泡式清洗系统，清洗工序基本上为：SC-1→DHF→SC-2，如表5-9所示。

表 5-9 RCA 典型清洗工艺

工艺步骤	SC-1	DHF	SC-2
清洗液组成	$NH_4OH:H_2O_2:H_2O$	$HF:H_2O$	$HCl:H_2O_2:H_2O$
清洗液比例	1:1:5	1:50	1:1:6
清洗温度/℃	75～80	室温	75～80
清洗时间	10min	15s	10min
超声频率/kHz	20～80		20～80
超声功率/kW	120～250		120～250

(1) SC-1 清洗去除颗粒

SC-1 清洗的目的主要是去除颗粒沾污（粒子），同时也能去除部分金属杂质。

① 去除颗粒　硅片表面由于 H_2O_2 氧化作用生成氧化膜，该氧化膜又被 NH_4OH 腐蚀，腐蚀后立即又发生氧化，氧化和腐蚀反复进行，因此附着在硅片表面的颗粒也随腐蚀层而落入清洗液内。

在这个过程中，自然氧化膜的厚度大约为 0.6nm，与 NH_4OH、H_2O_2 浓度及清洗液温度无关。SiO_2 的腐蚀速率随着 NH_4OH 的浓度升高而加快，与 H_2O_2 的浓度无关。Si 的腐蚀速率随着 NH_4OH 的浓度升高而加快，当到达某一浓度后为一定值，H_2O_2 浓度越高这一值越小。因此，可以这样认为，NH_4OH 促进腐蚀，而 H_2O_2 则阻碍腐蚀。

当 H_2O_2 的浓度一定时，NH_4OH 浓度越低，颗粒去除率也越低，如果同时降低 H_2O_2 浓度，亦可抑制颗粒去除率的下降。随着清洗液温度升高，颗粒去除率也会提高，在一定温度下可达最大值。因此，颗粒去除率与硅片表面腐蚀量有关，为确保颗粒的去除，要有一定量以上的腐蚀。

在 SC-1 清洗液中，硅表面为负电位，有些颗粒也为负电位，由于两者电的排斥力作用，可防止粒子向晶片表面吸附，但也有部分粒子表面是正电位，由于两者电的吸引力作用，粒子易向晶片表面吸附。

② 去除金属杂质　由于硅表面的氧化和腐蚀作用，硅片表面的金属杂质，将随腐蚀层而进入清洗液中，并随去离子水的冲洗而被排除。

由于清洗液中存在氧化膜或清洗时发生氧化反应，生成氧化物的自由能的绝对值大的金属容易附着在氧化膜上，如 Al、Fe、Zn 等便易附着在自然氧化膜上，而 Ni、Cu 则不易附着。Fe、Zn、Ni、Cu 的氢氧化物在高 pH 值清洗液中是不可溶的，有时会附着在自然氧化膜上。下面是几个相关实验结果。

• 据报道如表面 Fe 浓度分别是 10^{11} 原子/cm^2、10^{12} 原子/cm^2、10^{13} 原子/cm^2 的三种硅片放在 SC-1 液中清洗后，三种硅片中 Fe 浓度均变成 10^{10} 原子/cm^2。若放进被 Fe 污染的 SC-1 清洗液中清洗后，结果浓度均变成 $10^{13}/cm^2$。

• 用 Fe 浓度为 1ppb 的 SC-1 液，不断变化温度，清洗后硅片表面的 Fe 浓度随清洗时间延长而升高。对应于某温度洗 1000s 后，Fe 浓度可上升到恒定值达 $10^{12}\sim4\times10^{12}$ 原子/cm^2。将表面 Fe 浓度为 10^{12} 原子/cm^2 硅片，放在浓度为 1ppb 的 SC-1 液中清洗，表面 Fe 浓度随清洗时间延长而下降，对应于某一温度的 SC-1 液洗 1000s 后，可下降到恒定值达 $4\times10^{10}\sim6\times10^{10}$ 原子/cm^2。这一恒定值随清洗温度的升高而升高。

• 用 Ni 浓度为 100ppb 的 SC-1 清洗液，不断变化液温，硅片表面的 Ni 浓度在短时间内到达一恒定值，即达 $10^{12}\sim3\times10^{12}$ 原子/cm^2。这一数值与上述 Fe 浓度 1ppb 的 SC-1 液清洗后表面 Fe 浓度相同。

这表明 Ni 脱附速度大，在短时间内脱附和吸附就达到平衡。

上述实验数据表明

• 硅片表面的金属浓度是与 SC-1 清洗液中的金属浓度相对应的。硅片表面的金属的脱附与吸附是同时进行的，即在清洗时，硅片表面的金属吸附与脱附速率差随时间的变化达到一恒定值，因此清洗后硅片表面的金属浓率取决于清洗液中的金属浓度。

• 清洗时，硅片表面的金属的脱附速率与吸附速度因各金属元素的不同而不同。特别是对 Al、Fe、Zn。若清洗液中这些元素浓度不是非常低的话，清洗后的硅片表面的金属浓度便不能下降。

基于以上两点，在选用化学试剂时，特别要选用金属浓度低的超纯化学试剂。

• 清洗液温度越高，晶片表面的金属浓度就越高。若使用兆声波清洗可使温度下降，有利于去除金属沾污。

③ 其他作用　由于 H_2O_2 的氧化作用，硅片表面的有机物被分解成 CO_2、H_2O 而被去除。因此 SC-1 常被用来去除有蜡抛光工艺后硅片表面的蜡沾污。

另外，硅片表面微粗糙度 R_a 与清洗液的 NH_4OH 组成比有关，组成比例越大，其 R_a 也越大。R_a 为 0.2nm 的硅片，经 $[NH_4OH]:[H_2O_2]:[H_2O]=1:1:5$ 的 SC-1 液清洗后，R_a 可增大至 0.5nm。为控制硅片表面 R_a，有必要降低 NH_4OH 的组成比，例如用 0.5：1：5。

(2) DHF 清洗的特点

在 DHF 清洗时，可将由于使用 SC-1 清洗时表面生成的自然氧化膜腐蚀掉，而 Si 几乎不被腐蚀。但是在酸性溶液中，硅表面呈负电位，颗粒表面为正电位，由于两者之间的吸引力，粒子容易附着在晶片表面。

用 HF 清洗去除表面的自然氧化膜，因此附着在自然氧化膜上的金属再一次溶解到清洗液中，同时 DHF 清洗可抑制自然氧化膜的形成。故可容易去除表面的 Al、Fe、Zn、Ni 等金属，另外 DHF 清洗也能去除附在自然氧化膜上的金属氢氧化物。但随自然氧化膜溶解到清洗液中，一部分如 Cu 等氧化还原电位比氢高的金属会附着在硅表面。

据实验报道，Al^{3+}、Zn^{2+}、Fe^{2+}、Ni^{2+} 的氧化还原电位 E_0 比 H^+ 的氧化还原电位 ($E_0=0.000V$) 低，呈稳定的离子状态，几乎不会附着在硅表面。

当硅片最外层的 Si 以氢键结构存在时，表面呈疏水性，在化学上是稳定的，即使清洗液中存在 Cu 等金属离子，也很难发生与 Si 的电子交换，因此 Cu 等金属也不会附着在裸硅表面。但是如果清洗液中存在 Cl^-、Br^- 等阴离子，它们会附着于 Si 表面的终端氢键不完全的地方，帮助 Cu 离子与 Si 电子交换，使 Cu 离子成为金属 Cu 而附着在硅片表面。

清洗液中的 Cu^{2+} 的氧化还原电位 ($E_0=0.337V$) 比 Si 的氧化还原电位 ($E_0=-0.857V$) 高得多，因此 Cu^{2+} 从硅片表面的 Si 得到电子进行还原，变成金属 Cu 从硅片表面析出，同时被金属 Cu 附着的 Si 释放与 Cu 的附着相平衡的电子，自身被氧化成 SiO_2。

(3) SC-2 清洗

清洗液中的金属附着现象在碱性清洗液中容易发生，在酸性溶液中不易发生，酸性溶液具有较强的去除晶片表面金属的能力。硅片经过 SC-1 清洗后虽能去除 Cu 等金属，但硅片表面形成的自然氧化膜的附着（特别是 Al）问题还未解决。

SC-2 液清洗可以很好地去除硅片表面的金属离子沾污，硅片表面经 SC-2 液洗后，表面 Si 大部分以 O 键为终端结构，形成一层自然氧化膜，呈亲水性。SC-2 中的 HCl 靠溶解和络合作用形成可溶的碱或金属盐，在大量纯水的冲洗下被带走。

但是在 SC-2 清洗中，由于晶片表面的 SiO_2 和 Si 不能被腐蚀，因此不能达到去除粒子的效果。

所以，在 RCA 工艺中，通常是按 SC-1→DHF→SC-2 的清洗顺序，就是顺应各种清洗液的特性和主要作用，首先去除硅片表面的有机沾污和颗粒沾污，然后去氧化层，最后去除金属离子。

5.3.1.2 离心喷淋式化学清洗抛光硅片

离心喷淋式化学清洗系统内可按不同工艺编制储存各种清洗工艺程序，常用工艺如下。

① FSI“A”工艺：SPM＋APM＋DHF＋HPM。

② FSI“B”工艺：SPM＋DHF＋APM＋HPM。

③ FSI“C”工艺：DHF＋APM＋HPM。

④ RCA 工艺：APM＋HPM。

⑤ SPM Only 工艺：SPM。

⑥ Piranha HF 工艺：SPM＋HF。

上述工艺程序中：

SPM＝[H_2SO_4]∶[H_2O_2]＝4∶1，去除有机杂质沾污；

DHF＝[HF]∶[H_2O](1%～2%)，去原生氧化物和金属沾污；

APM＝SC-1＝[NH_4OH]∶[H_2O_2]∶[H_2O]＝1∶1∶5 或 0.5∶1∶5，去有机杂质，金属离子和颗粒沾污；

HPM＝SC-2＝[HCl]∶[H_2O_2]∶[H_2O]＝1∶1∶6，去金属离子 Al、Fe、Ni、Na 等。

如再结合使用双面擦洗技术可进一步降低硅片表面的颗粒沾污。

5.3.1.3 新的清洗技术

据研究报道，一些经过某些改进的新的硅片清洗技术正在逐渐被使用。

(1) APM (SC-1) 的改进清洗

① 为抑制 SC-1 使表面 R_a 变大而降低 NH_4OH 组成比，例如使用：

$$[NH_4OH]:[H_2O_2]:[H_2O]=0.05:1:1$$

要使 $R_a=0.2nm$ 的硅片清洗后其值不变，在 APM 清洗后的 D1W（去离子水）漂洗应在低温下进行。

② 使用兆声波清洗去除超微粒子，同时可降低清洗液温度，减少金属附着。

③ 在 SC-1 液中添加界面活性剂、可使清洗液的表面张力下降。

选用低表面张力的清洗液，可使颗粒去除率稳定，维持较高的去除效率。

使用 SC-1 液洗，其 R_a 变大，约是清洗前的 2 倍。用低表面张力的清洗液，其 R_a 变化不大（基本不变）。

④ 在 SC-1 液中加入 HF，控制其 pH 值，可控制清洗液中金属络合离子的状态，抑制金属的再附着，也可抑制 R_a 的增大和 COP（晶体的原生粒子缺陷）的发生。

⑤ 在 SC-1 加入螯合剂，可使洗液中的金属不断形成螯合物，有利于抑制金属的表面附着。

(2) O_3+H_2O 清洗去除有机物

如硅片表面附着有机物，就不能完全去除表面的自然氧化层和金属杂质，因此清洗时首先应去除有机物。

据报道用添加 2～10ppm（1ppm＝10^{-6}）O_3 的超净水清洗，对去除有机物很有效，可在室温进行清洗，不必进行废液处理，比 SC-1 清洗有很多优点。

O_3，臭氧，氧气（O_2）的同素异形体，由一个氧分子（O_2）携带一个氧原子（O）组成，又称富氧、三子氧、超氧，具有很强的氧化能力。

(3) DHF的改进

DHF的改进包括DHF+氧化剂（例HF+H_2O_2）、DHF+阴离子界面活性剂、DHF+络合剂和DHF+螯合剂等。

① HF+H_2O_2清洗　据报道用HF（0.5%）+H_2O_2(10%)，在室温下清洗，可防止DHF清洗中的Cu等贵金属的附着。

由于H_2O_2的氧化作用，可在硅表面形成自然氧化膜，同时又因HF的作用将自然氧化层腐蚀掉，附着在氧化膜上的金属可溶解到清洗液中，并随去离子水的冲洗而被排除。

添加强氧化剂H_2O_2（E_0=1.776V）后，H_2O_2比Cu^{2+}优先从Si中夺取电子，因此硅表面由于H_2O_2而被氧化，形成一层自然氧化膜。因此Cu^{2+}和Si电子交换很难发生。即使硅表面附着金属Cu，也会从氧化剂H_2O_2中夺取电子呈离子化。

洗后的硅片分别放到添加Cu的DHF清洗液或HF+H_2O_2清洗液中清洗，硅片表面的Cu浓度用DHF液洗为10^{14}原子/cm^2，用HF+H_2O_2洗后为10^{10}原子/cm^2。即说明用HF+H_2O_2液清洗去除金属的能力比较强，为此近几年大量报道清洗技术中，常使用HF+H_2O_2来代替DHF清洗。

② DHF+界面活性剂的清洗　据报道在HF（0.5%）的DHF液中加入界面活性剂，其清洗效果与HF+H_2O_2清洗有相同效果。

据报道在DHF液中，硅表面为负电位，粒子表面为正电位，当加入阴离子界面活性剂时，可使粒子表面电位由正变为负，与硅片表面正电位同符号，从而使硅片表面和粒子表面之间产生电的排斥力，因此可防止粒子的再附着。

(4) 酸系统溶液

酸系统溶液有HNO_3+H_2O_2、HNO_3+HF+H_2O_2和HF+HCl等。

(5) 以HF/O_3为基础的硅片化学清洗技术

此清洗工艺是以德国ASTEC公司的AD（ASTEC-Drying）专利而闻名于世。其HF/O_3清洗、干燥均在一个工艺槽内完成。

5.3.1.4 小结

综上所述，归纳如下。

① 用RCA法清洗对去除粒子有效，但对去除金属杂质Al、Fe效果很小。

② DHF清洗不能充分去除Cu，HPM清洗容易残留Al。

③ 有机物，粒子、金属杂质在一道工序中被全部去除的清洗方法，目前还不能实现。

④ 为了去除粒子，应使用改进的SC-1液即APM液，为去除金属杂质，应使用不附着Cu的改进的DHF液。

⑤ 为达到更好的效果，应将各种清洗方法适当组合，使清洗效果最佳。

5.3.2 硅片清洗设备及其使用

近几年，随着太阳能光伏产业的发展，硅片的生产规模急剧扩大，因此各种半自动和全自动的硅片清洗机纷纷问世并很快被普遍采用。20世纪80年代初的时候，全自动硅片清洗机还要从国外进口，基本用于硅抛光片的清洗，如今国内就有多个生产厂家，从单晶生长需要的硅料清洗，到抛光后的硅片清洗都有能满足其要求的相应清洗设备。

5.3.2.1 全自动硅片清洗机

(1) 全自动硅片（切割片、研磨片）清洗机基本结构及其工作方式

在此主要针对使用于硅切割片和研磨片清洗的设备进行介绍。

全自动硅片清洗机整机通常为全密封结构，底部设有不锈钢可调节地脚及万向轮，便于设备水平和位置的调节；全板一般采用不锈钢板制作；上部为玻璃观察视窗，下部为活动检修门，顶部为整体式抽风口，可外接抽风机排风。

全自动硅片清洗机的工作原理是利用超声波产生的高频机械振动（空化效应）冲击工件表面，同时结合清洗剂的去污作用使工件快速洁净。清洗机主体由不锈钢材质制作，由上料输送段、超声波水洗槽、超声波水剂清洗槽、超声波漂洗槽和下料输送段组成。

上料输送段是放置待清洗硅片的地方，由操作者将装有硅片的清洗篮手动装入清洗筐，再由单臂机械手将清洗筐送往清洗工位。每一个清洗筐可以装载的硅片数量视其设备型号而有所差别，一般可容纳 156mm×156mm 规格（准）方片的花篮（每篮 25 片，共计 150 片）6 只。

超声波水洗槽和超声波水剂清洗槽是对硅片进行超声清洗的地方，超声频率为 40kHz 左右，功率可以调节。两种清洗槽只是清洗介质不同而已，超声波水洗槽通常只使用纯水，而超声波水剂清洗槽则在纯水中加有一定比例的清洗剂而配制成水剂清洗剂。有时候清洗工艺还需要使用一些酸或碱进行处理，所以通常设有专门的酸碱处理槽，酸碱处理槽要求其槽体的材料能耐腐蚀，通常采用 PVC 材料制作。超声波清洗槽可以加热，由数显温控器控制，温控范围在室温～90℃之间。槽体底装有振板，槽内设有进液口、锯齿状四面溢流口、排液阀，槽底制作成似漏斗结构，排液口设 100 目过滤网。

超声波漂洗槽则在超声清洗的同时采用了溢流型清洗技术，快速排走漂浮物，更便于除去硅片表面附着的颗粒和化学反应生成物等沾污，进一步保证清洗洁净度。

下料输送段就是清洗处理后的硅片暂时放置的地方，由操作者手动将其取至下一工位，即干燥处理段。

设备传送方式一般采用两套全自动单臂机械手控制。控制面板提供按钮式控制系统操作，可通过 PLC 程序选择手动或自动等不同操作模式，还可以进行系统参数设置以实现智能自动温度监控、时间控制、位置控制以及事故报警等功能。

为了使超声清洗效果更均匀，避免出现花片，清洗过程中可采用抛动方式。抛动频率约 10～15 回/min 可调。

全自动硅片清洗机使用时，由操作者将装有硅片的清洗筐放置在自动进料段输送轨道上，单臂机械手将清洗筐依次送往各清洗工位，系统按预置程序对硅片进行清洗和漂洗然后由机械手将清洗筐送至自动下料段，操作者在自动下料端将清洗篮取下转入干燥工位。

（2）几款机型举例

① KWT-70252SH 型全自动硅片清洗机　图 5-4 是深圳市某超声波设备有限公司生产的 KWT-70252SH 型全自动硅片清洗机，适用于切割后硅片的清洗。整套装置中清洗部分为全封闭结构，有可拆卸的观察窗、抽插式活动检修门及良好的抽排风系统。系统初始设置工作节拍≈4min，具体清洗节拍可根据硅片洗净程度在 3～6min 范围内调整。

每一个清洗筐可以装载 156mm×156mm 规格（准）方片花篮（每篮 25 片，共计 150 片）6 只。超声频率为 40kHz，总功率 1800W 连续可调。抛动频率 10～15 回/min 可调，上、下抛动幅度 40～50mm，抛动到最低点距离槽底约 15mm。

② 深圳某公司全自动硅片清洗机　图 5-5 是深圳某精密设备有限公司生产的全自动硅片清洗机，视硅片直径大小不同而分别具有 1200～3600 片/h 的处理能力。对于 156mm×156mm 的太阳能硅片，可以达到 1800 片/h 的处理能力。

③ 北京某有限公司全自动硅片清洗机　北京某有限公司生产的全自动硅片清洗机，适用于硅片切割或研磨后的批量清洗。此设备设计了 DI 水超声＋氮气鼓泡→喷淋→碱超声→

喷淋→溢流的工艺流程。采用了联动机械手按节拍同时移动篮具，其工艺时间可以自行调节，标准设计为1000片/h。

图 5-4 KWT-70252SH 型全自动硅片清洗机

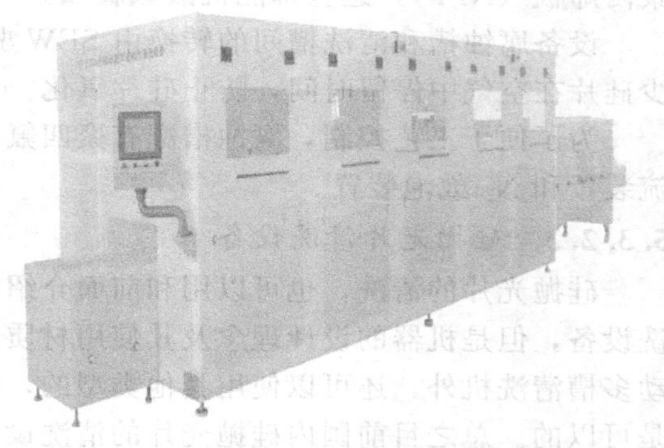

图 5-5 深圳某公司生产的全自动硅片清洗机

此外，该公司还生产一种平板式硅片清洗机（图 5-6），清洗对象是 2～8in（1in＝2.54cm）的硅研磨片。设备整体采用进口 PLC 控制，通过设定工作节拍各个工序，由上料开始到下料均自动完成。设备各项参数设定采用触摸屏完成。

图 5-6 北京某公司平板式硅片清洗机

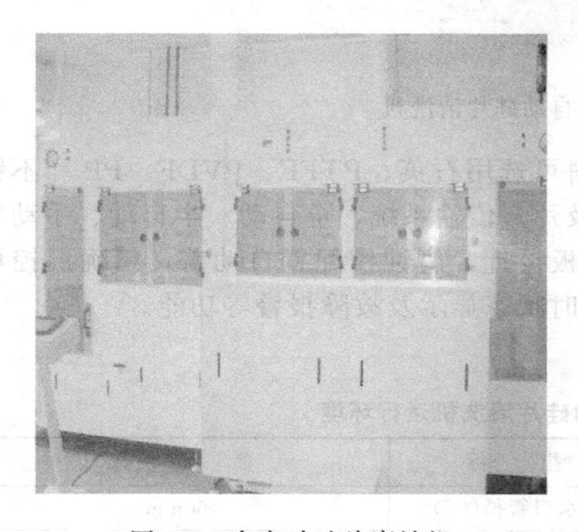

图 5-7 全自动硅片腐蚀机

图 5-8 硅片清洗台

5.3.2.2 硅片腐蚀机

图 5-7 是北京某公司生产的全自动硅片腐蚀机，适用于 2～8in 硅片的腐蚀。

此设备为柜体式腐蚀机，采用瓷白色聚丙烯（PP）作为箱体材质，透明聚氯乙烯（PVC）作为门板材质，腐蚀槽材质为自然色聚偏二氟乙烯（PVDF），清洗槽材质为自然色聚丙烯板（NPP），这些都能抗酸碱腐蚀。

设备腐蚀槽和清洗槽间的转换由 SEW 驱动，以迅速实现两槽之间的硅片转换，尽量减少硅片在空气中停留时间，防止硅片氧化。

为了便于工艺控制，腐蚀槽配有聚四氟乙烯加热器、虹吸上排和传感器；清洗槽配有溢流装置和 N_2 鼓泡装置。

5.3.2.3 硅抛光片清洗设备

硅抛光片的清洗，也可以用和前面介绍的硅切割片和研磨片清洗机类似的全自动多槽清洗设备，但是机器的设计理念及其使用材质则必须考虑其防腐蚀性和高纯性。除了使用全自动多槽清洗机外，还可以使用其他类型的，比如将具备特定独立功能的几种设备组合使用也是可以的。总之目前国内硅抛光片的清洗设备种类也很多，下面试举几例。

（1）硅片清洗台

图 5-8 是北京某设备有限公司生产的硅片清洗台，专门为超净化车间使用而设计，适用于 2～8in 硅片的清洗。清洗机由骨架、清洗机本体、槽体、机械手、通风、管路和电器部分组成。清洗机箱体采用 PP 板，耐腐蚀，机内还配有照明灯管，地脚的活动脚轮可调节高度以适应机器的水平调节需要。

（2）FQ-1506ZT 型自动硅片清洗机

图 5-9 是中国研究生产的 FQ-1506ZT 型全自动硅片清洗机，可以用于硅片的化学腐蚀及 DI 水冲洗工艺。

图 5-9　FQ-1506ZT 型全自动硅片清洗机

设备各清洗槽功能可根据要求配置，槽体材料可选用石英、PTFE、PVDF、PP 和不锈钢等，以适应不同工艺的需要。有伺服驱动系统及片盒传输系统，全自动、半自动、手动等多种工作模式供选择。PLC 控制和触摸屏操作面板设计，腐蚀槽配置自动盖，精确温控可达到±0.5℃，可实现化学液循环、自动配液、实时状态显示及故障报警等功能。

设备运行环境如表 5-10 所示。

表 5-10　FQ-1506ZT 型全自动硅片清洗机运行环境

指　标	参　数	指　标	参　数
氮气压力	0.3～0.35MPa	排水口管径(OD)	ϕ60mm
压缩空气压力	0.45～0.6MPa	设备废气排风量	≥8500L/min(每个排风口)
去离子水压力	0.2～0.3MPa	电源	AC 380V±38V,50Hz(三相五线制)
自来水压力	0.2～0.3MPa		

(3) HKD-1128STGF 硅片半导体清洗机

图 5-10 为某集团公司生产的 HKD-1128STGF 型半导体硅片全自动清洗机。

HKD-1128STGF 半导体硅片清洗机特点：

① 采用进口伺服驱动机构及机械手臂，清洗过程中无需人工操作；

② 通过 PLC 实现控制，全部操作通过触摸屏界面一次完成；

③ 可预先设制多条清洗工艺，可同时运行多条工艺；

④ 自动化程度高，适用于批量生产，确保清洗质量的一致性；

⑤ 自动氮气鼓泡装置可有效提高产品质量，缩短清洗时间；

⑥ 可选装层流净化系统及自动配酸装置。

图 5-10　HKD-1128STGF 型半导体硅片清洗机

(4) 酸处理清洗设备等清洁单元

图 5-11～图 5-13 是苏州某半导体设备技术有限公司生产的几款清洗机。

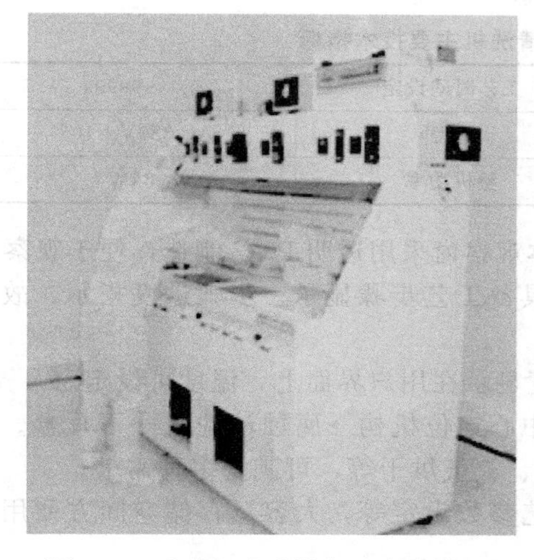

图 5-11　酸处理清洗设备（清洁单元）

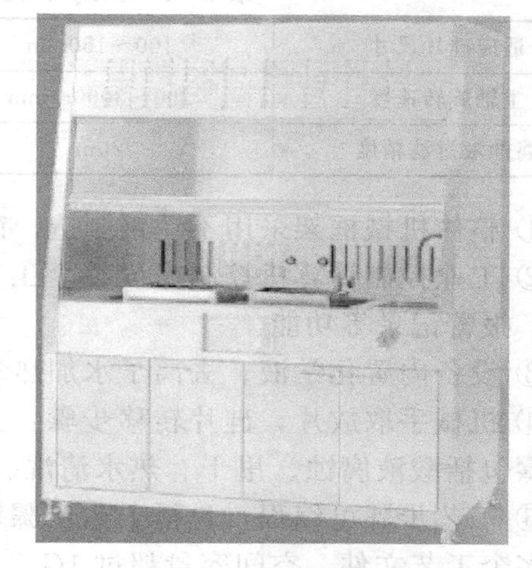

图 5-12　有机溶剂清洗设备

其中图 5-11 为酸洗设备，主要制作材料为 PP 和 PVDF，前门使用硬质 PVC（透明），有上下推拉式或左右推拉式两种，适用于清洗 5″、6″和 8″硅片。配备有空气净化单元，确保清洁空气在设备中畅通流动，创造最佳的清洁环境，并可连接药液供给设备和水处理设备等。

图 5-12 为有机溶剂清洗设备，适用于 5″、6″和 8″硅片的清洗。主要材料为不锈钢 SUS316，操作台下部开门，便于安全检查和整体维护，小清洗槽便于其他清洗浸泡功能。此设备也可实现与药液供给设备和水处理设备的自由组合连接。

图 5-13 为药液供给设备（酸用），主要采用耐腐蚀性 PVC 材料制作，配置两个 15L 容器为盛装药液之用，设有可移动式 N_2 加压式抽液泵，并配置手动清洗喷枪、药液称量系统、储液罐内药液空罐预报警及排气结构，增加安全系数。

5.3.2.4 其他清洗设备

(1) DXQ-1100F 自动腐蚀清洗机

DXQ-1100F 自动腐蚀清洗机（表 5-11 和图 5-14）可用于硅片湿法清洗，最大可清洗 ϕ150mm 的硅片，使用机械手自动取片放片，有效地提高了清洗效率和清洗效果。DXQ-1100F 主要针对批量生产、工艺种类繁多的用户，其主要特点如下。

图 5-13 药液供给设备（酸用）

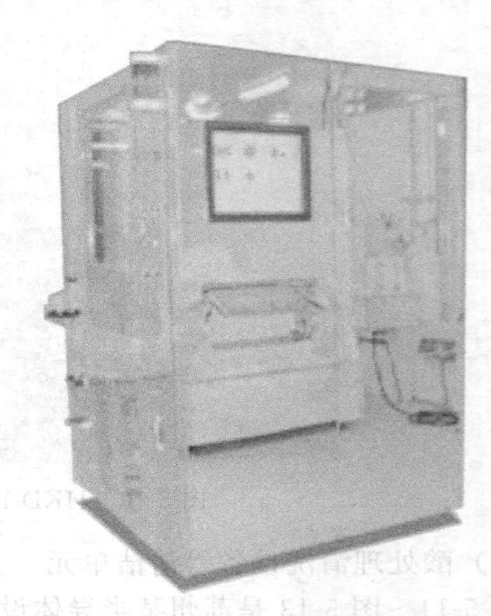

图 5-14 DXQ-1100F 自动腐蚀清洗机

表 5-11 DXQ-1100F 自动腐蚀清洗机主要技术指标

适应硅片尺寸	100～150mm	工艺时间设定	1～9999s
主轴旋转速度	200～3000r/min	电源	AC 380V±10%
腐蚀液过滤精度	2μm	整机功率	8kW

① 整体机械框架采用不锈钢制造，窗体及腔体观察窗采用透明 PVC 制造，便于观察。

② 工业控制计算机控制完成整个工艺流程，具备工艺步骤显示、步骤进度指示、故障提示、报警记录等功能。

③ 设备内置化学液、去离子水加热装置，温度显示在用户界面上，温度可设定。

④ 机械手取放片，硅片转移步骤：上片盒→中心定位机构→腐蚀清洗腔→下片盒。工艺步骤包括酸液腐蚀、甩干、热水清洗、冷水清洗、氮气烘干等，可满足多种需求。

⑤ 工艺步骤可编程，包括工艺步骤增减、工艺参数设定等，大容量存储空间方便用户存储多个工艺文件，空间容量超过 1G。

⑥ 人机交互方式使用触摸屏，并配备鼠标及键盘，方便用户操作。

(2) SYQ 系列石英管清洗机

SYQ 系列石英管清洗机（图 5-15）主要用于半导体电路和硅片生产过程中所用石英管

的湿法清洗工艺。

SYQ系列石英管清洗机主要特性和技术指标如下：

① 最大可清洗石英管尺寸，ϕ350mm、长度2200mm；

② 槽体材料选用NPP材料，酸洗槽的化学液排放可选手动或电动；

③ 石英管转动方式为自动；

④ 冲洗槽具有DI水注入、排放、冲洗功能，槽内传输有手动、自动方式可选；

⑤ 可选氮气烘干系统；

⑥ 具有故障提示与报警等功能；

⑦ 整机功率2kW。

图5-15 石英管清洗机

图5-16 硅片花篮

（3）硅片装载花篮

在硅片加工生产中常常都需要使用硅片装载花篮，如图5-16。硅片花篮按硅片直径形状及其尺寸不同而具有各种相应的规格，采用PVDF/PTFE/PFA为原料，用于不同的场合。为了满足硅片生产线清洗/转换的要求，应具有较强的刚性、强度、精确的外形尺寸和严格的产品重量，长期使用不变形、不污染清洗液，装载硅片时不划伤硅片，能够满足硅片生产工艺要求。

最常使用的硅片花篮具有标准直径规格和装载量，即25片/篮。随着太阳能光伏的快速发展，太阳能硅片的生产量日益扩大，就有了专用的装载量大一些的太阳能硅片花篮，一般为100片/篮。

5.3.2.5 硅片脱水干燥设备

硅片经过清洗后需要进行脱水干燥处理，无论硅片表面清洗得怎么清洁，如果没有注意干燥处理，将会前功尽弃。完美的干燥既不能残留有附着的微粒和水分，也不能留有水迹。所谓水迹，就是水滴干燥后留下的痕迹。

干燥的方法主要有旋转干燥（离心干燥）、异丙醇蒸气干燥、吹干干燥、真空干燥、热风干燥（烘干）、红外线干燥等。其中在硅片生产中使用最多的是旋转干燥（离心干燥），近年来热风干燥（烘干）和异丙醇蒸气干燥的使用也逐渐增多。

（1）LXS系列立式旋转冲洗甩干机

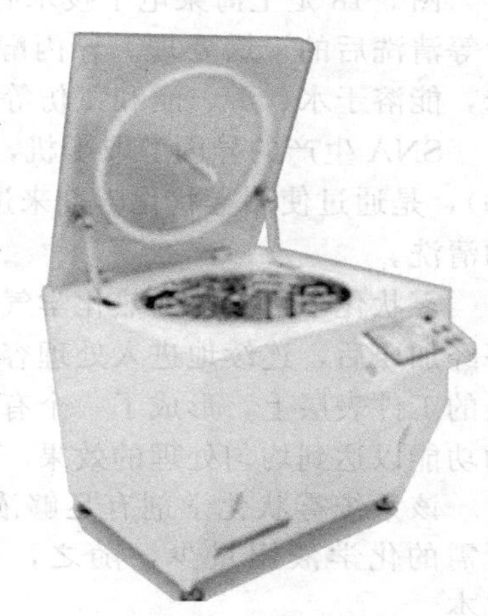

图5-17 LXS系列立式旋转冲洗甩干机

图5-17为LXS系列立式旋转冲洗甩干机，主要应用于太阳能电池和半导体硅片等的冲洗甩干工艺环节，具有容量

大、效率高的特点。

设备腔体和转架采用316不锈钢，经电化学抛光处理，由无刷电机驱动，转轴氮气密封，具有锁盖防护功能、去离子水电阻率监控功能、氮气温度控制和故障诊断、显示及报警功能。设备使用了彩色液晶触摸屏实时监控，可存储多种工艺菜单。设备技术指标如表5-12所示。

表 5-12 LXS 系列立式旋转冲洗甩干机技术指标

指　标	参　数	指　标	参　数
去离子水耗量	12L/min(max)	旋转速度范围	100～900r/min
去离子水压力	0.23～0.3MPa(2.3～3kgf/cm²)	电源	AC220V±22V
氮气耗量	240 L/min (max)	外形	1150mm×1200mm×1250mm(800 系列)
氮气压力	0.25～0.3MPa(2.5～3kgf/cm²)	质量	280kg
氮气温度控制	100℃±5℃		

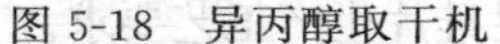

图 5-18 异丙醇取干机

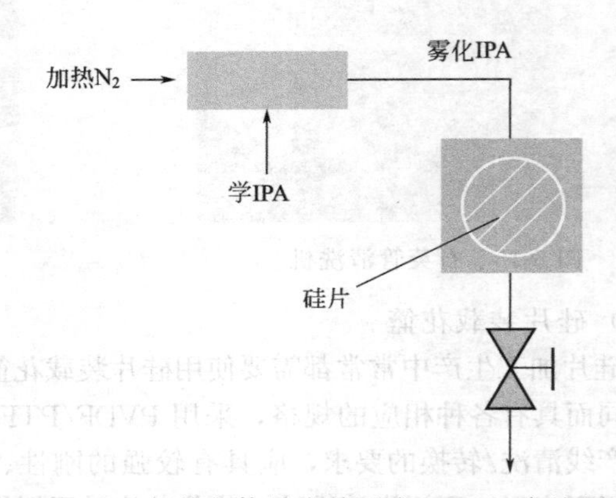

图 5-19 SNA 加热气体雾化异丙醇（IPA）方法原理图

(2) 异丙醇取干机

图5-18是上海某电子技术有限公司（以下称为SNA）生产的异丙醇取干机，可用于硅片等清洗后的干燥处理。异丙醇是无色透明可燃性液体，有与乙醇、丙酮混合物相似的气味，能溶于水、醇、醚和氯仿等，在许多情况下可代替乙醇使用。

SNA生产的异丙醇取干机，采用了SNA加热气体雾化异丙醇（IPA）取干方法（图5-19），是通过使用雾状化学剂来进行清洗的一个系统，尤其适用于半导体硅片与平板显示器的清洗。

雾状化学剂是由加热化学气体而产生的，不同的被加热的雾状化学剂，依不同的工艺程序经加压后，连续地进入处理容器内，这些微小的化学物质经加热加压后，渗透到硅片或复杂的工件表层上，形成了一个有效的工业处理薄膜。系统具有使雾状化学剂及气体不断循环的功能以达到均匀处理的效果。

该系统雾状化学剂有足够浓度，形成IPA层较快，配合加热N_2，取干快且雾化处理所需的化学液用量少，随之，去离子水的冲洗水用量也就非常少，这样便能大大节约成本。

在结构方面，SNA使用的雾状化学处理器结构简单，没有运动组件。

在处理方式上，传统雾化处理所使用的是空气、氮气或者超声振子；而SNA使用的是具有一定压力的经加热的多种化学气体，其雾化器能够产生纳米级的极小雾状颗粒，且渗透性大，可以渗透到极微小（0.18μm以下）的集成电路线路排列中，因此能渗入到复杂工件内部而得到好的取干效果。

5.3.3 硅切割片和研磨片的清洗工艺过程

在硅片生产中，对于硅切割片和研磨片的清洗，主要是要去除切割和研磨过程中硅片表面附着的磨料颗粒、硅粉和各种沾污，包括残留在切割片上的胶黏剂及石墨等。

5.3.3.1 硅切割片清洗工艺过程

经切割后的硅片，首先要进行去胶，也就是去掉残留在硅片边缘的胶黏剂及其托板如石墨、玻璃或其他材料。然后进行超声清洗，去除硅片表面附着或者镶嵌的磨料微粒、硅粉微粒和其他杂质。清洗好的硅片最后经脱水干燥后送检验。

硅切割片清洗工艺流程如下：

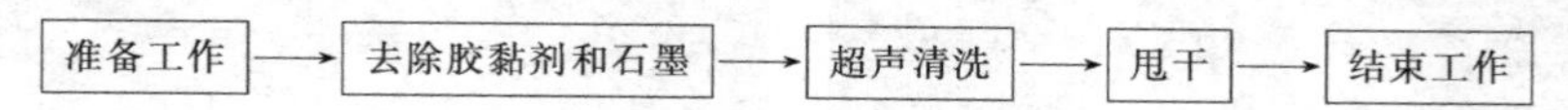

(1) 准备工作

准备工作包括：

① 穿戴防护用品；

② 开启配电箱电源、通风橱电源和氮气开关；

③ 清洗超声池、甩干机、周转箱和石英容器等用具，并将甩干机空甩3～5次备用；

④ 查对已切完的硅片在数量、类型上是否与加工单一致，将硅片按编号作标记；

⑤ 超声清洗之前30min，向超声池注入一定量的水，按需要配制合适的清洗液，并打开机器预热，打开通风移门，功率旋钮调至最小。

(2) 去胶（去除胶黏剂和石墨）

如果切片时采用的是冷粘工艺，则先将硅片放入不锈钢盒，加入沸水，没过硅片和石墨粘接处，待硅片上胶黏剂软化后用手轻轻扳掉胶黏剂和石墨即可。

如果切片时采用的是热粘工艺，可将硅片放入不锈钢盒，按洗涤剂：水＝1：9配制洗涤剂溶液，加入不锈钢盒内，液面没过硅片，煮沸20min，胶黏剂和石墨去除后自然冷却，然后取出硅片用水冲洗。也可以将硅片放入石英容器内，慢慢加入适量浓硫酸，没过硅片，煮沸1min，待胶黏剂和石墨去除后自然冷却，然后取出硅片用水冲洗，直到水为中性。但是在此过程中一定要注意安全操作，防止被酸烧伤。

目前，针对线切割工艺，设备厂家提供了硅切割片尤其是太阳能硅片去胶的专门设备，手动、自动和半自动的都有。图5-20是常州某超声科技有限公司生产的硅片去胶机。

将切割完毕的硅片放入专用清洗夹具中，按一定间隔挂上隔离板，如图5-21(a)所示。用手动或自动机械手将装好的硅片放入去胶槽中进行脱胶处理，脱胶的方法视所使用的胶的品种性能而定，可以用热水，也可以加入脱胶剂，还可以超声波配合，如图5-21(b)和(c)。经过适当的时间，胶黏剂与硅片脱离，这时可人工将其去除，如图5-21(d)，最后将硅片转入清洗工序。

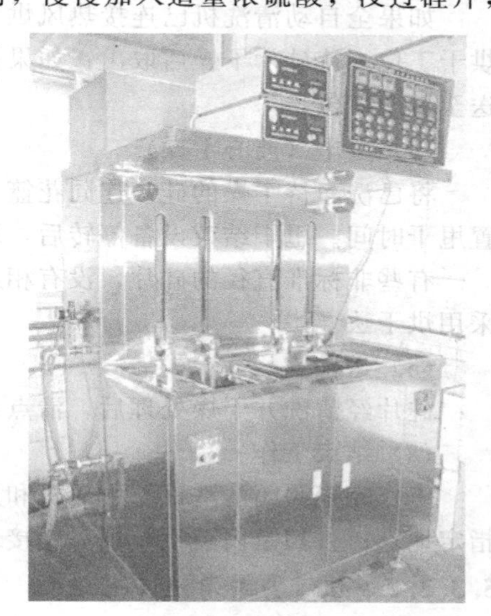

图5-20 硅片去胶机

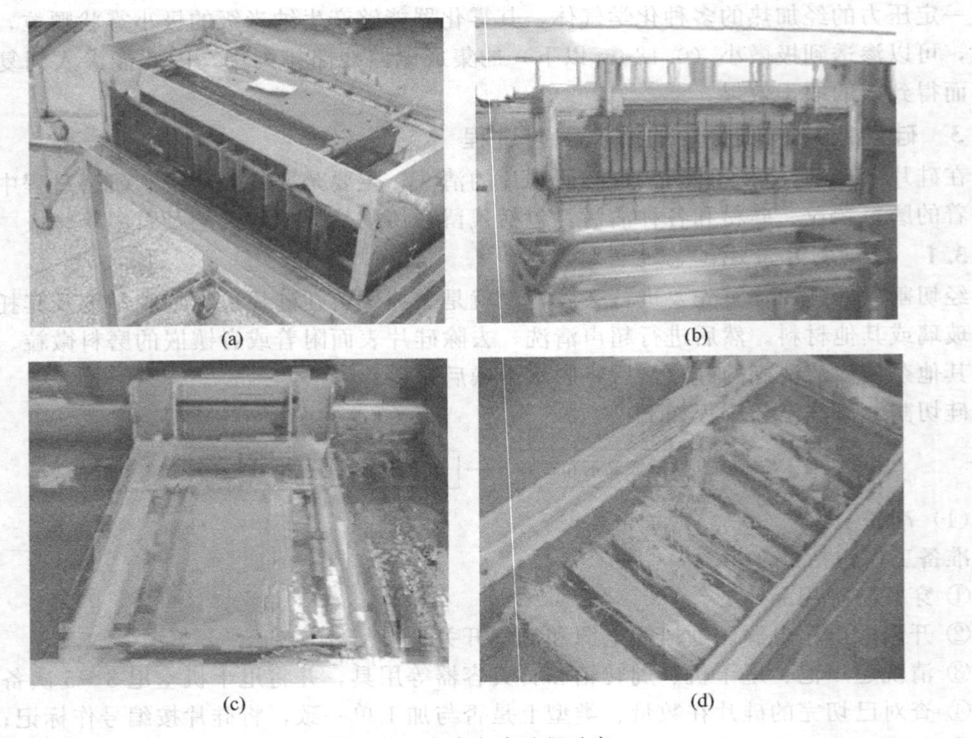

图 5-21 硅片去胶过程示意

(3) 清洗

将去除胶黏剂后的硅片装篮后放入超声池内，水面高度高于硅片 20～30mm。调节超声清洗机功率旋钮，不断适当振动硅片及移动硅片在池中的位置，可以用多个超声槽互相配合，实现清洗剂超洗、纯水超洗和漂洗等功能，直到硅片表面干净清洁为止。

如果是采用全自动多槽清洗机，则将去胶后的硅片装入清洗花篮，再按设备装载量放入全自动清洗机的专用清洗筐中，将清洗筐放入上片工位，启动设备按预置程序进行清洗。

如果全自动清洗机已连接热风烘干等干燥装置，可以手动或是自动将硅片花篮送至热风烘干工位，待硅片干燥后取出；如果是采用离心干燥方式，则需要人工手动将硅片花篮取下送至甩干工位。

(4) 甩干（离心干燥）

将已洗净待干燥的硅片连同花篮一起平衡对称地放入甩干机内（注意保证动平衡），设置甩干时间。甩干结束设备停转后，取出硅片送检验。

有些非标准直径的硅片，没有相应合适的装载花篮，就不能采用离心甩干的方式，只能采用烘干法。

(5) 送检

硅片经清洗并干燥处理后，清点片数，填写工艺记录并送检验。

(6) 结束工作

工作完毕关闭清洗机、甩干机和风橱电、气；清洗超声池和所有用具并将其分类放置于指定地点；打扫室内卫生，填写交接班记录。

5.3.3.2 硅研磨片清洗工艺过程

硅研磨片清洗主要采用超声波清洗，加以适当的专用清洗液，去除硅片表面残留的磨料颗粒、硅粉等各种杂质，获得清洁的硅片表面。

硅研磨片清洗工艺流程

准备工作 → 粗洗 → HF浸泡 → 超声清洗 → 甩干 → 结束工作

（1）准备工作

准备工作包括：

① 了解前班交接班记录，接受最新工作指令，穿戴好防护用品；

② 开启电源和氮气；

③ 清洗超声池、甩干机及周转箱等器具，甩干机空甩3～5次备用，超声池中加注一定量的水，启动设备预热；启动设备电源前应首先检查清洗机的加热和超声波开关是否处于关闭状态，确认后，打开清洗机控制柜的总电源；

④ 查对来片数量、类型是否与加工单一致，并按编号作标记；

⑤ 按需要配制清洗液。2%～5%的氢氟酸溶液配制：在通风橱内按比例向塑料槽内先加水后加氢氟酸配制成氢氟酸清洗液待用；按规定进行清洗试剂的配制，配制完成后打开加热开关进行加热，有活性剂的槽体，要打开超声波进行助溶和搅拌5min。

（2）粗洗

粗洗可以采用冲洗和超声清洗，目的是去除表面的粗颗粒。超声清洗时水面高度约高于硅片顶部20～30mm，超声时间3～5min。如果是采用单槽或多个超声设备手动方式，则在清洗过程中应适当上下振动每篮硅片和移动其在池中的位置，并注意及时换水。

（3）HF浸泡

经粗洗后的硅片应在稀释的氢氟酸溶液里浸泡，以去除表面的氧化层，浸泡时间约2min，氢氟酸溶液的浓度约为2%～5%即可。

经浸泡后的硅片，取出用水冲洗后转入超声清洗。

（4）清洗

① 检查确认清洗机是否处于原点状态，如果不是，按下相应按钮使其回复到原点。

② 通过超声波清洗机的人机界面操作系统，按工艺要求设置或调出所需程序。

③ 将装有硅片的花篮按设备装载量依次放入超声波清洗机的清洗筐中，再将清洗筐移至规定位置等待清洗。

④ 通过人机界面操作使设备进入预置全自动清洗程序，整个过程中注意监控。

⑤ 硅片清洗完毕，如果全自动清洗程序已经包含了脱水干燥过程，就取下硅片送交检验，如果没有包括则取下硅片送甩干工位。

表5-13和表5-14可供参考。表5-13列出了超声清洗的温度、时间、清洗液配比及其可达到的目的，表5-14则列出了清洗液配制中所使用化学试剂的有效含量及纯水的最低要求。

表5-13 超声波清洗各槽溶液配比执行表

名称＼槽	1	2	3	4	5	6	7	8	9	10
清洗溶液性质	1%清洗剂；1%活性剂；2%NaOH 80L			2%清剂；2%活剂；2%NaOH 80L	纯水 80L	1%清洗剂；1.5%活性剂；2%NaOH 80L	3%HCl；3%H_2O_2；纯水溶液 80L	纯水 80L		
温度/℃	40～60			40～60	室温	40～60	40～60	室温	40～60	室温
时间/min	5	5	5	5	5	5	5	5	5	5

续表

名称 \ 槽	1	2	3	4	5	6	7	8	9	10
目的	去除表面粗颗粒物						去除金属杂质	漂洗，去除清洗试剂残留物		
备注	每3000片彻底换液一次									

表 5-14　清洗所需溶剂及有效含量表

名称	清洗剂	氢氧化钠	氢氟酸	双氧水	纯水
有效含量	活性物＞96.5%	NaOH＞96%	HF＞40%	H_2O_2＞30%	纯净度＞12MΩ

(5) 甩干

将已洗净的硅片及承载花篮平稳对称地放入甩干机内（注意保证动平衡），盖严上盖，设置甩干时间。甩干时间与所使用的设备和甩干的硅片直径有关，通常约两分钟左右。

甩干完毕待设备停转后，取出硅片清点片数，填写工艺记录并送检验。

(6) 结束工作

工作结束后，首先关掉加热和超声波开关。

如果下班需要重新配制清洗试剂，就要将所有化学试剂液体全部排放，如果下班需要补液，按照规定排掉部分液体，将槽体内的脏物清理干净，并加上去离子水，然后对清洗机做彻底的卫生工作，保证清洗机及周围环境的洁净。

当操作人员结束工作，离开工作现场时，要关闭清洗机的总电源、总水源和总气源。

5.3.4　硅抛光片清洗工艺过程

硅抛光片清洗工艺因其抛光工艺、硅片类别、清洗方法及清洗条件不同而具多样性，举例介绍如下。

抛光工艺：有蜡抛光。

待清洗硅片：P(111)ϕ100mm。

清洗工艺流程

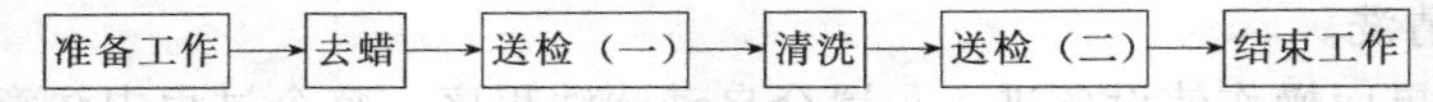

(1) 准备工作

硅抛光片清洗准备工作包括以下内容。

① 防护用具　耐酸碱橡胶手套，防止化学药品对人手造成伤害，避免人手所带有害物质在操作过程中对硅片造成污染；防护眼镜，防止化学试剂进入眼睛，起到防护作用；通风橱，及时排出硅片清洗中的有害气体，防止化学药品对人体、室内环境造成危害。

② 审核所收到的硅片在数量及其类型等方面是否与加工单相符。然后将硅片按加工编号分别细心装入清洗花篮并作标记及详细记录。

③ 开启清洗房间水、电、风开关，检查氮气压力，高纯 N_2，无水、油污、粒子和其他有害杂质，气压在 $5kPa/cm^2$ 以上。电源 380V，50Hz；初纯水电阻率≥800kΩ·cm，无 0.5μm 以上的微粒杂质及有害金属杂质，具备 3t/h 供给能力；高纯水电阻率≥16MΩ·cm，不含 0.2μm 以上的不带电微粒，具备每小时不小于 3.5t 的供给能力。

④ 检查清洗机、甩干机及其配件，清洗机打开电源预热，甩干机合理装配挂架，经冲洗后空甩 3～5 次，直到出水水质符合要求（≥10MΩ·cm）为止。

清洗石英缸、周转箱、清洗盒等器具。

量杯精度10mL或100mL，能测量水及H_2O_2、HCl、NH_4OH和HF等各种化学试剂的体积。

温度计精度1℃，能准确测量低于100℃化学清洗液温度。

清洗用承载篮（花篮、提篮）材料为氟塑料类，可以进行加热化学清洗且不变形，不破坏硅片表面状态和不带入污染。

⑤ 准备当班化学试剂，并按规定核对检查化学试剂是否满足要求。

化学试剂：HF、H_2O_2、HCl、NH_4OH等，分析纯以上。

（2）硅片去蜡

① 配制清洗液　硅片去蜡使用1#液（SC-1），1#液在通风橱内配制，要求操作者戴防护手套和眼镜，并准确量取药品数量，H_2O为纯水，1#液配制量根据清洗时所使用的容器和硅片数量来定，配比可参考下式：

$$[NH_4OH]:[H_2O_2]:[H_2O]=1:2:7$$

② 加热　将装硅片的花篮上安好提篮，手持提篮将硅片放入已配好清洗液的清洗容器如石英缸或清洗槽内，加热控温至80～85℃，时间10～15min。

③ 冲洗　时间到，停止加热并用大量纯水冲洗，降温后提出花篮，在PVC盒内冲洗，并不断适当振动，换水，冲洗直至水为中性。

④ 重复以上①～③过程，即再进行一次1#液（SC-1）清洗。

如果采用全自动硅片清洗机，则在清洗前输入或提出预置程序，自动运行加热、超声及冲洗过程。

如果需要进行中间检验分选，则将已冲洗干净硅片装入专用甩干机（初级）内，盖严上盖，设定水甩2min，干甩1min。甩干完毕，取出送检验分选。

（3）清洗

① HF溶液浸泡　按1：5(HF：H_2O)配制HF溶液，先加水于容器中，再倒入适量的HF，注意防止HF溅到皮肤上。

将需要继续清洗的硅片用纯水冲洗后，放入HF溶液内浸泡适当时间后，取出用纯水冲洗至中性。

② 1#液清洗　配制适量的1#液，放入已冲洗的硅片，并加热至80～85℃，恒温15～20min后用纯水冲洗至中性。

③ 2#液清洗　按$[HCl]:[H_2O_2]:[H_2O]=1:2:8$比例配制2#清洗液，并将硅片放入清洗液中加热至80～85℃，恒温15min左右后，用纯水冲洗至中性，将硅片移至甩干工位。

④ 甩干　将硅片置于甩干机（终级）内，保持负载动平衡，盖严上盖，设置喷淋漂洗时间3min，甩干1min，待甩干完毕取出，填写工艺记录并送检验。

（4）结束工作

工作完毕清洗所有用具，并分类放置于指定地点，关闭清洗机和甩干机水、电、气源，打扫室内卫生。

当班工作结束后关闭室内所有水、电、风和气源。

5.4 纯水制备系统简介

硅片生产加工离不开纯水，纯水即纯净的水。自然界的水都含有或多或少的各种杂质，而半导体和电子行业需要的纯水，就是用各种方法将水中的杂质去除以后的符合一定标准要求的水。

5.4.1 纯水标准

杂质的去除不可能是100%的，总会有所遗留，因此需要有标准及其各种指标来衡量。

表5-15是中华人民共和国国家标准《电子级水》GB/T 11446.1—1997。表中将电子级用超纯水分为4个级别，即EW-Ⅰ、EW-Ⅱ、EW-Ⅲ和EW-Ⅳ。标准就其电阻率、颗粒、细菌以及其他杂质含量都分别做了规定，其中以EW-Ⅰ要求最高。表中规定，EW-Ⅰ级超纯水的电阻率为18MΩ·cm以上，>1μm的微粒含量不超过0.1个/mL，细菌不超过0.01个/mL，铜或锌的含量分别不得超过0.2μg/L等。

表5-15 电子级超纯水规格 GB/T 11446.1—1997

指标\级别	EW-Ⅰ	EW-Ⅱ	EW-Ⅲ	EW-Ⅳ
电阻率(25℃)/MΩ·cm	18以上，(95%时间)不低于17	15，(95%时间)不低于13	12.0	0.5
硅(最大值)/(μg/L)	2	10	50	1000
>1μm微粒数(最大值)/(个/mL)	0.1	5	10	500
细菌个数(最大值)/(个/mL)	0.01	0.1	10	100
铜(最大值)/(μg/L)	0.2	1	2	500
锌(最大值)/(μg/L)	0.2	1	5	500
镍(最大值)/(μg/L)	0.1	1	2	500
钠(最大值)/(μg/L)	0.5	2	5	1000
钾(最大值)/(μg/L)	0.5	2	5	500
氯(最大值)/(μg/L)	1	1	10	1000
硝酸根(最大值)/(μg/L)	1	1	5	500
磷酸根(最大值)/(μg/L)	1	1	5	500
硫酸根(最大值)/(μg/L)	1	1	5	500
总有机酸(最大值)/(μg/L)	20	100	200	

即使是EW-Ⅳ级纯水，电阻率也要达到0.5MΩ·cm以上，水中>1μm的微粒含量也不得超过500个/mL，细菌不得超过100个/mL，铜或锌的含量分别不得超过500μg/L等。

5.4.2 纯水制备系统

纯水制备系统通常由预处理系统、初级处理系统和精处理系统三大部分组成。

预处理系统对原水进行过滤和软化处理，去除原水中的悬浮物和游离氯等。初级处理系统对预处理水进行继续处理，主要作用是去除离子和矿物质。精处理系统提供了在产水到达用水点以前对残余矿物质、固体颗粒和细菌等的最终处理。

5.4.2.1 预处理系统

预处理系统包括进水储存罐（或其他）、原水输送泵、多介质过滤器、活性炭装置、软化装置、RO保安过滤器以及其他附带设备。主要作用是去除原水中的悬浮物和游离氯等。

预处理系统第一步是对原水的过滤处理。

由原水输送泵将原水储罐里的水输送到原水处理装置中。首先用多介质过滤器除去进水中的沉淀物、悬浮固体颗粒以及有机物质。根据直径由大变小的原则，滤料的排列从上往下一般依次是无烟煤、粗砂和细砂，但是在各滤层中，粒径是由小到大依次排列，各自的粒径为：

无烟煤，1.2～0.8mm；

粗砂，0.8～0.6mm；

细砂，0.6～0.45mm。

多介质过滤器运行过程中，会有污堵物质截留在滤层表面，因此设计有反洗程序，反洗的频率决定于过滤器进出水点之间的压降，正常情况下设定压降值为0.7bar。反洗过程中，滤层在水压的作用下全部托起膨胀，污堵物质与滤层分离，排出罐体。过滤器的运行和反洗状态之间的切换将由PLC系统自动控制。

活性炭过滤器用于去除水中的有机物质和氯化物，主要原理是吸附作用。在该过滤器中一般会有活性炭和石英砂两种滤料，而活性炭又分为椰壳和果壳两种，椰壳的吸附面积要比果壳的吸附面积大，所以吸附效果较好，但是价格相对较高。

罐体内部填料从上而下依次为活性炭和石英砂，粒径约为：

活性炭，0.6～0.45mm；

石英砂，0.8～0.6mm。

活性炭的使用寿命一般为1～2年，这是因为活性炭不能在罐体内通过化学药剂再生而重复使用，也不可以仅仅通过反洗就恢复使用性能。过滤器的运行和反洗状态之间的切换也是由PLC系统自动控制。

软化器用于去除水中的钙镁离子，主要原理是离子交换。通过软化树脂使进水中的钙镁等硬度离子交换为钠离子，从而达到去除硬度的目的。

软化器在运行一定时间之后，树脂会失效而无交换能力。这时候可以采用氯化钠进行树脂再生，使树脂基团上附着的钙镁离子重新被交换为钠离子，最终排出罐体。

软化器的运行和再生状态之间的切换由PLC系统自动控制。

在进入到反渗透系统之前，由预处理系统产生的水需要利用RO保安过滤器进行进一步的过滤，以免残留的固体颗粒（大于3μm）以及细菌等造成反渗透系统的污堵。

5.4.2.2 初级处理系统

初级处理系统又被称为脱盐处理系统，主要包括RO反渗透系统和CEDI电渗析装置，其主要作用是脱盐，去除离子和矿物质。

(1) RO反渗透系统

反渗透过程是所有使用过滤方法中最精细的过滤方式。反渗透膜像一个屏障阻碍了可溶性盐和无机分子，以及相对分子质量大于100的有机分子的通过，而水分子却自由通过膜后形成了一条产水水流。为了满足反渗透系统进水压力，预处理水在进入到反渗透压力容器前通过反渗透升压泵进行升压。预处理进水被加压后通过反渗透膜以去除水中的杂质和溶解固体。当被加压后的进水进入压力管通过反渗透膜过程中，进水被分流成产水流和浓水流。

在可溶性固体颗粒被阻碍后进入浓水中时，纯水将扩散通过半透膜。在一般情况下，反渗透系统的脱盐率为98%。

当反渗透膜受到诸如金属氧化物水合物、碳酸钙、有机物质和生化污水污染时，要进行反渗透清洗。清洗装置包括化学混合罐、压力泵、保安过滤器和必要的控制仪器仪表。

反渗透产品水箱储存反渗透设备产品水。水箱内设液位控制系统，具备自动补水及低水位报警功能。为防止空气污染，水箱顶部安装空气过滤器。

(2) CEDI电渗析系统

CEDI电渗析系统是一种通过离子交换膜、离子交换树脂以及无化学再生电流获取高纯水的连续电脱盐的技术。

当直流电通过膜堆时，在此同时离子也通过树脂和膜，并在每个隔室中维持电流中性状态。由于膜的半透性和电流的方向性，溶液中的离子被从淡水隔室进入相邻的浓水隔室中形成浓水。存在于淡水隔室中的离子交换树脂能降低膜堆的电阻并驱使进水中的大量离子进行移动交换。当靠近于树脂珠粒的流体层的离子被用完时，特别是当阳离子珠粒与阴离子珠粒相接触时，水流使珠粒表面裂开，从而产生出相当数量的氢离子和氢氧离子，使离子交换树脂持续产生氢离子和氢氧离子。同时通过水流击裂出的氢氧离子与由诸如碳酸和硅酸电离出的氢离子通过阴离子树脂和膜进入到淡水隔室中去。

CEDI 装置能除去反渗透水中 99%以上离子，95%以上硅化物以及降低 99%以上总二氧化碳浓度。

5.4.2.3 精处理系统

精处理系统包括抛光混床系统、UV 系统、1.0μm 过滤器及 0.45μm 过滤器，提供了在产水到达用水点以前对残余矿物质、固体颗粒和细菌等的最终处理。

抛光混床系统采用离子交换的原理，对经过的纯水进行最后一步脱盐处理，提升水的电阻率。在抛光混床出水处通常设置有电阻率监测探头以保证产水质量。

由精处理混床产出的水要再次进行过滤，首先将所有残留的大于 1.0μm 固体颗粒及细菌除去，这样可以减轻后端 0.45μm 过滤器的负荷，降低运行成本。

UV 灯主要用于消毒，由于其产生的巨大光能，同样可以用于去除 TOC 和臭氧，已经成功运用于医药、半导体、能源、食品饮料、化妆品、水产以及卫生行业。

UV 光是一种电磁辐射能量，或者是以电磁波的形式存在。波长位于可视光和 X 光的波长之间，UV 技术中常用的两种波长是 254nm 和 185nm。185nm 波长的光携带的能量要高于 254nm 波长的光，主要用于 TOC 的去除，分解有机分子。254nm 波长的光主要用于去除水中残存的细菌。

在进入到生产流水线之前，所有残留的固体颗粒以及细菌都将有可能在通往生产流水线的分流管道内繁殖，因此还要用 0.45μm 终端过滤器进行进一步过滤，经过过滤处理后的超纯水送至使用点。

5.5 化学试剂的安全使用

为了保证安全生产，在使用化学试剂之前，必须对其安全性能有一个全面的了解。在使用时必须有针对性地采取一些安全防范措施，以避免由于使用不当造成的对人员及设备的危害。

(1) 防毒

① 首先应了解所使用药品的毒性及相应防护措施。

② 一般的化学试剂对人体都有程度不同的毒害，在使用时一定要避免大量吸入。为此操作应在通风橱内进行，并穿戴好防护用品。

苯、四氯化碳、乙醚、硝基苯等的蒸气会引起中毒。它们虽有特殊气味，但久嗅会使人嗅觉减弱，所以一定要在通风良好的情况下使用。

③ 化学试剂能透过皮肤进入人体，因此应避免与皮肤接触，一旦不慎使任何化学试剂碰到皮肤、黏膜、眼、呼吸器官时都要及时清洗。

④ 使用完化学试剂后，要及时洗手、洗脸、洗澡，更换工作服。

⑤ 剧毒药品如氰化物、高汞盐［$HgCl_2$、$Hg(NO_3)_2$ 等］、可溶性钡盐（$BaCl_2$）、重金属盐（如镉、铅盐）、三氧化二砷等，应有专人保管，使用时要特别小心且严格控制使用量。

(2) 防火

一般将闪点在25℃以下的化学试剂列入易燃化学试剂，它们多是极易挥发的液体，遇明火即可燃烧。闪点越低，越易燃烧。

① 许多有机溶剂如乙醚、丙酮、乙醇、苯等易燃物，大量使用时现场不能有明火、电火花或静电放电，所用电器应采用防爆电器。

使用易燃化学试剂时绝对不能使用明火或直接用加热器加热，一般可用水浴加热。

大量使用有机溶剂后应该及时回收处理，不可直接倒入下水道，以免聚集引起火灾。

这类化学试剂应存放在阴凉通风处，生产现场不可存放过多，如果需要放在冰箱中时，一定要使用防爆冰箱。

② 有些物质如磷、钠、钾、电石及金属氢化物等，还有一些如铁、锌、铝等金属粉末，在空气中易氧化自燃。这些物质在使用时要特别小心，并需要隔绝空气存放。

③ 实验室如果着火不要惊慌，应根据情况进行灭火。

常用的灭火剂有：水、沙、二氧化碳灭火器、四氯化碳灭火器、泡沫灭火器和干粉灭火器等，可根据起火的原因选择使用。

以下几种情况不能用水灭火：

- 金属钠、钾、镁、铝粉、电石、过氧化钠着火，应用干沙灭火；
- 比水轻的易燃液体，如汽油、苯、丙酮等着火，可用泡沫灭火器；
- 有灼烧的金属或熔融物的地方着火时，应用干沙或干粉灭火器；
- 电器设备或带电系统着火，可用二氧化碳灭火器或四氯化碳灭火器。

(3) 防爆

可燃气体与空气混合，当两者比例达到爆炸极限时，受到热源（如电火花）的诱发，就会引起爆炸。易燃试剂在激烈燃烧时也可引发爆炸。

① 使用可燃性气体时，要防止气体逸出，室内通风要良好。

② 操作大量可燃性气体时，严禁同时使用明火，还要防止发生电火花及其他撞击火花。

③ 有些药品如叠氮铝、乙炔银、乙炔铜、高氯酸盐、过氧化物等受震和受热都易引起爆炸，使用时要特别小心。

④ 严禁将强氧化剂和强还原剂放在一起。

⑤ 久藏的乙醚使用前应除去其中可能产生的过氧化物。

⑥ 进行容易引起爆炸的实验，应有防爆措施。

(4) 防灼伤与腐蚀

强酸、强碱、强氧化剂、溴、磷、钠、钾、苯酚和冰醋酸等都会腐蚀皮肤、呼吸器官和黏膜，应避免身体部位接触，尤其要防止溅入眼内；液氧和液氮等低温也会严重灼伤皮肤，使用时要小心。

① 操作应在通风橱内进行，并且应穿戴必要的防护用品，严禁身体各部位直接接触化学试剂。

② 按规范配制清洗液，并小心操作，防止溅出造成危害。

③ 在使用前一定要了解接触到这些腐蚀性化学试剂的急救处理方法。

如果不小心让酸、碱溅出到皮肤，马上用大量水冲洗或用稀碱、稀酸液清洗等。

本章小结

1. 高纯的概念

① 环境洁净度是维护硅片表面清洁的重要保证。

② 室内物品摆放、合理的设备与人员设置以及操作员的行为动作、操作习惯和处理方式等都与室内环境指标有直接关系。

③ 为了保持应有的环境洁净度，必须制定并严格执行相应的管理制度。

2. 吸附与解吸

硅片的表面是硅单晶的一个断面，这个断面所有的晶格都处于破坏状态。即，有一层或多层硅原子的键被打开而呈现一层到几层的悬挂键，也称为非饱和键。非饱和键化学活性高，处于不稳定状态，极容易与周围的分子或原子结合——吸附。

吸附可以分为化学吸附和物理吸附两种形式。

硅片表面沾污大致可分为有机杂质沾污、颗粒类杂质沾污和金属杂质沾污三类。

硅片清洗就是解吸的过程，其目的就是要阻止和消除硅片表面的有害杂质吸附。

3. 硅片清洗工艺方法

① 湿法清洗仍然是目前硅片清洗的主流工艺方法。

② 在原有工艺方法基础上，新的工艺技术不断推出。传统的RCA清洗工艺技术经过各种改进而更趋完善与合理。

③ 超声波清洗被广泛使用。

④ 各种全自动及半自动清洗设备问世，正在部分或完全取代手工操作方式。

4. 超声波清洗工艺原理与主要要素

(1) 超声波清洗原理

超声波在传递过程中会使液体内形成许许多多微小的气泡，这些小气泡形成后迅速膨胀并爆裂，产生能量极大的冲击波，相当于瞬间产生几百度的高温和高达上千个的大气压，这种现象被称之为“空化效应”。由此产生的冲击将浸没在清洗液中的硅片表面的污物振落剥离下来。脱落的污染物随着流动的溶液流走。在此过程中硅片表面被振落剥离的污物一部分留在溶液中被带走，一部分又回到硅片上，又被剥落，如此反复并经过适当的时间后，硅片表面的附着物即可完全被清除。

(2) 超声波清洗主要要素

① 超声波频率　超声波频率越低，在液体中产生空化越容易，作用也越强，但是方向性差。频率高则超声波方向性强，且随着超声频率的提高，气泡数量增加而爆破冲击力减弱。

因此，高频超声特别适合于精细物体的清洗及小颗粒污垢的清洗而不破坏其工件表面。

② 超声波功率密度　超声波的功率密度越高，空化效应越强，速度越快，清洗效果越好。但对于精密的、表面光洁度甚高的工件，采用长时间的高功率密度清洗会对物体表面产生“空化”腐蚀。

③ 超声波清洗介质　为了得到更好的清洁效果，往往在硅片清洗中配入一定量的化学清洗剂，清洗介质的化学作用，加上超声波清洗的物理作用，两种作用相结合，使清洗更充分更彻底。

④ 超声波清洗温度　实际应用超声波清洗时，通常采用40～65℃的工作温度。

⑤ 工件放置方式　若工件在清洗槽内上下、左右缓慢的摆动，则清洗越均匀、彻底，清洗效果也就越好。

5. 常用酸的主要性质

在硅片化学清洗中经常使用的无机酸主要有盐酸、硝酸、硫酸和氢氟酸等。

盐酸的主要性质为强酸性、强腐蚀性和易挥发性。硅片化学清洗中主要利用其强酸性和强腐蚀性来去除硅片表面的杂质沾污，2# 液配制中亦要使用盐酸。

硝酸的主要性质为强酸性、强腐蚀性和强氧化性。硅片化学清洗中主要利用其强酸性和强氧化性，硝酸与氢氟酸配制的混合酸液常常被用于硅单晶和硅片的腐蚀。

浓硫酸的主要性质为强酸性、强腐蚀性、强氧化性和强吸水性。硅片化学清洗中主要利用其强酸性和强氧化性，利用硫酸配制的王水被用于去除重金属沾污。

氢氟酸的主要性质为弱酸性、强腐蚀性和易挥发性，硅片化学清洗腐蚀中常用以去除硅片表面的二氧化硅层。

6. 过氧化氢清洗液

过氧化氢（H_2O_2），也称为双氧水，具强氧化性，也是一种很好的溶剂，可以与水按任意比例混合。

过氧化氢清洗液被广泛使用于硅片清洗，尤其是硅抛光片的清洗。主要通过溶解、氧化和络合反应而达到清洁硅片表面的目的。

过氧化氢清洗液主要有两种，即$1^{\#}$液和$2^{\#}$液。

$1^{\#}$液的主要作用是去除硅片表面的有机杂质与颗粒沾污，其成分为过氧化氢、氢氧化氨和水；

$2^{\#}$液则主要用于去除金属离子沾污，由过氧化氢、盐酸和水配制而成。

7. RCA 清洗工艺技术

在 RCA 工艺中，通常是顺应各种清洗液的特性和主要作用，按 SC-1→DHF→SC-2 的顺序进行清洗。即首先去除硅片表面的有机沾污和颗粒沾污，然后去除氧化层，最后去除金属离子。

8. 化学试剂的安全使用

硅片清洗中要使用一些化学试剂，其安全使用主要包括防毒、防火、防爆和防灼伤与腐蚀。

习　题

5-1　简述洁净室管理的主要环节与要素。

5-2　硅片表面主要存在哪些沾污？

5-3　在硅片生产中经常使用的化学试剂有哪些？试举1～2例说明其主要作用与特点。

5-4　在配制洗液时如何安全地使用硫酸？

5-5　以过氧化氢为基础的清洗液被广泛应用于硅片化学清洗中，简要说明其主要成分与用途。

5-6　简述超声波清洗的基本原理。

5-7　什么是 RCA 清洗工艺？

5-8　清洗后的硅片可以采用离心干燥吗？

5-9　硅单晶经过线切割以后硅片应如何进行清洗处理？

5-10　硅片清洗中，通常在什么时候用稀释的氢氟酸溶液浸泡硅片？其目的是什么？

5-11　硅抛光片可以在金属容器里进行清洗吗？为什么？

第6章 硅片检验与包装

学习目标

掌握：• 硅片检验基本知识
• 硅片检验程序步骤
• 硅片检验结果计算及其判定
理解：• 硅片检验方法原理
了解：• 硅片检验标准
• 硅片检验仪器设备
• 硅片包装与运输

硅片检验是硅片生产加工中不可缺少的部分，检验的形式有自检、互检和专检，可以现场抽样检验，也可以集中检验。总之，硅片检验贯穿于整个工艺过程。

硅片质量特性参数主要包括电学参数、结晶学参数、几何参数和表面洁净度参数。本章将以这些质量特性为参数中心，系统地介绍一些相关的检验标准，其中以国标为主。将学习硅片检验的基本概念和基本知识，从而明白检验的意义与职能，并清楚如何去实施硅片检验。将以硅片质量特性为主线，以产品标准与检验方法标准为依据，结合生产实际，对硅片质量特性参数的检验方法原理、检验步骤、检验数据处理、检验判定、检验仪器设备以及硅片的包装运输等进行比较全面的讨论。

通过硅片检验的讨论，能更好地认识硅片各项参数的本质，以致对于硅片生产加工工艺过程能有更深刻的理解。

6.1 硅片检验基本知识

从硅单晶滚磨到成为抛光片，其间经过了若干个工序过程，如何评价硅片是否满足要求？怎样判断硅片生产线是否处于正常受控状态？需要用硅片的各项参数指标来衡量，硅片检验就是进行这种衡量与判断的过程。

6.1.1 硅片检验的意义

硅片检验贯穿于硅片生产的始终，硅片检验是硅片生产管理的“眼睛”和“耳朵”，是硅片产品质量把关的重要环节。

(1) 硅片的理想状态

前面已经提到过，硅片生产的最高追求就是使硅片形态达到理想状态。

所谓理想状态，是指硅片的加工形态达到理想值，其条件应具备下列两方面：

① 硅片上下表面间所有对应测量点的垂直距离完全一致，且任意一个表面都与理想平

面互相平行；

② 硅片加工表面的晶格完整性好，所有非饱和悬挂键全在一个二维平面内。

但是在实际生产工艺过程中，几乎所有的硅片都达不到理想状态。因此，对于硅片加工过程中的成品及半成品，需要用各种工具、仪器或其他分析方法检查其各项技术指标是否合乎规格，这种检查的过程就是硅片检验。

(2) 检验的意义

什么是检验？检验就是为了确定产品或服务的各种特性是否合格而进行的测定、检查、试验或度量产品或服务的一种或多种特性，并且与规定要求进行比较的活动。

硅片质量检验就是利用各种专门仪器和方法，测定、检查、试验或度量硅片的各项质量特性参数，并与其标准进行比较以判断其是否符合要求的活动。硅片质量检验是指导硅片生产和保证产品质量的重要过程，检验具有把关和预防的职能。

这里所说的硅片质量检验并非只限于最终产品的检验，而是贯穿在整个硅片生产之中的。从单晶棒投下生产线开始直至产品包装，其间每一道工序都要进行检验。硅片生产工艺线上生产出来的硅片，其技术参数和质量特性是否满足要求，必须经过检验来判断，以剔除不合格品，符合相应要求的硅片才能进入下道工序，这就是检验把关的职能。通过硅片的质量检验与分析，可以全面地了解产品的质量状况，为当前工艺的合理性与符合性评价提供证据，同时还能及时发现工艺过程中可能存在的各种隐患，有利于适时制定并实施可行的措施而防止新的不合格的产生，这是预防的职能。

硅片质量检验技术是随着生产工艺技术的发展和产品标准的提高而不断发展的。

随着大规模集成电路（LSI）、超大规模集成电路（VSLI）和特超大规模集成电路（ULSI）的发展，对硅片的质量特性参数的要求越来越高。高度精细的生产加工标准促使硅片的生产工艺技术产生巨大的变化，也随之带来了硅片检验技术突飞猛进的发展。从传统的接触式检测方法过渡到非接触式检测方法，从人工检验发展到计算机控制的自动化检验，从某种意义上讲硅片检验技术已成为大规模集成电路产业发展的关键技术之一。

6.1.2 硅片检验的内容与方式

(1) 硅片质量特性

硅片质量特性用一系列质量参数来体现，大致可分为电学参数、结晶学参数、机械几何参数和表面参数四大类，硅片检验就是对硅片各种参数的检验。

硅片的电学参数包括导电类型、电阻率、电阻率变化及电阻率条纹等；结晶学参数包括硅片表面取向、参考面取向、漩涡及氧化诱生缺陷等；几何参数包括硅片直径、厚度、厚度变化、弯曲度、翘曲度、平整度、参考面或切口尺寸、边缘轮廓及其外形等；表面参数包括硅片表面洁净度和表面完整度，即硅片表面各种类型的沾污及损伤限度。

四大类参数均与硅片加工直接或间接相关。

硅片的电学参数主要由单晶生长过程决定，例如，硅片的导电型号取决于单晶生长时掺杂类型，硅片电阻率则取决于掺杂量，这些在室温下都不能被改变。但是硅片表面吸附的金属杂质就可能会在高温下影响其电学特性。

硅片的结晶学参数首先取决于硅单晶本身的结晶学完整性，但是硅片加工过程中引入二次缺陷的可能性是存在的。例如，抛光表面的不完整性可在高温氧化时诱导产生表面层错；硅片边缘破损可能在高温下引起滑移位错，硅片背面的损伤也可能在某一区域形成高位错区等。另外，硅片表面取向和参考面取向更是与加工过程密切相关。

硅片几何参数和表面参数完全取决于硅片加工过程，因此与硅片生产直接相关。首先硅片的外形轮廓在滚磨切方工序完成，该工序决定了硅片的直径、参考面或切口，经切割、研磨或抛光后决定了硅片的厚度、总厚度变化、平整度、弯曲度及翘曲度，崩边、缺口、裂纹、划道、橘皮和小坑等表面完整性指标也在其工艺过程中形成，整个生产工艺尤其是硅片清洗工艺决定了硅片的表面洁净度指标。当然，这些已经形成的质量参数还需在检验和包装的过程中得以保持，否则将功亏一篑。

(2) 硅片检验方式

硅片检验分接触式与非接触式两种方式。

接触式检测指检验仪器的信号选取部分通过与被测硅片表面直接接触而进行测量。例如，用千分表的端头与硅片两面接触测量硅片厚度，用四探针接触硅片表面测量硅片电阻率，用冷、热探针接触硅片表面测量硅片型号。

接触式检测简单、可靠、准确和直观，但是容易对硅片表面造成一定程度的损伤和沾污。

在硅片生产的早期，接触式检测方法被普遍使用于硅片生产中。随着大规模集成电路的发展，硅片检验不但要求高精度，而且要求无损伤、无应力、无沾污和无微粒。由此，非接触式检测应运而生。

非接触式检测即指检验仪器的信号选取部分不与被测硅片表面直接接触而进行测量。非接触式检测普遍利用了电学、声学、光学和力学原理，结合计算机技术实现自动化检验。例如，利用高频电场在介质中产生涡电流原理测量硅片电阻率；利用静电电容法和声波反射法测量硅片厚度、平行度和弯曲度；利用光学干涉原理测量硅片平整度；利用高照度平行光源检验硅抛光片表面质量。

非接触式测量在测量过程中，所用检验仪器信号接取部分不与硅片表面直接接触，因而避免了因测量探头接触而引入的表面沾污及损伤，显示了很大的优越性，尤其在抛光片的检验中更为重要。随着大规模集成电路的发展，硅片的检验项目增多，检验精度提高，无接触检验得到越来越广泛的应用。

近年来太阳能光伏产业的异军突起，硅片的产量大幅度上升，其生产规模越来越大，太阳能硅片的厚度也是非常的薄，这些因素也进一步促进硅片检验向无接触自动化方向发展。

6.1.3 硅片检验标准

6.1.3.1 关于标准

在实际生产工艺过程中，要实施检验，就必须要提供作为比对的标准。有关硅片质量检验的各种标准，是硅片生产加工的技术要求和硅片检验的依据。标准一般分为国际标准、国家标准、行业标准和企业标准等，硅片生产中通常执行我国的国家标准，另外也经常使用瓦克标准和 SEMI 标准等。

中华人民共和国标准化法第二条规定：

对工业产品的品种、规格、质量、等级或者安全、卫生要求以及设计、生产、检验、包装、储存、运输、使用的方法或者生产、储存、运输过程中的安全、卫生要求，应当制定标准。

对需要在全国范围内统一的技术要求，应当制定国家标准。国家标准由国务院标准化行政主管部门制定。对没有国家标准而又需要在全国某个行业范围内统一的技术要求，可以制定行业标准。对没有国家标准和行业标准而又需要在省、自治区、直辖市范围内统一的工业产品的安全、卫生要求，可以制定地方标准。企业生产的产品没有国家标准和行业标准的，应当制定企业标准，作为组织生产的依据。已有国家标准或者行业标准的，国家鼓励企业制定严于国家标准或者行业标准的企业标准，在企业内部使用。

国家标准、行业标准分为强制性标准和推荐性标准。强制性标准，必须执行。不符合强制性标准的产品，禁止生产、销售和进口。推荐性标准，国家鼓励企业自愿采用。

企业对有国家标准或者行业标准的产品，可以向国务院标准化行政主管部门或者国务院标准化行政主管部门授权的部门申请产品质量认证。认证合格的，由认证部门授予认证证书，准许在产品或者其包装上使用规定的认证标志。

一般来说，标准可以划分为基础标准、产品标准和检验方法标准三种类型。以下列出的是常用的与硅片生产相关的一些国家标准和少量行业标准。

（1）基础标准

GB/T 13389—1992　掺硼掺磷硅单晶电阻率与掺杂剂浓度换算规程

GB/T 14264—1993　半导体材料术语

GB/T 14844—1993　半导体材料牌号表示方法

GB/T 16595—1996　晶片通用网格规范

GB/T 16596—1996　确定晶片坐标系规范

（2）产品标准

GB/T 2881—2008　工业硅

GB/T 12962—2005　硅单晶

GB/T 12963—1996　硅多晶

GB/T 12964—2003　硅单晶抛光片

GB/T 12965—2005　硅单晶切割片和研磨片

（3）检验方法标准

GB/T 1550—1997　非本征半导体材料导电类型测试方法

GB/T 1551—2009　硅单晶电阻率测定方法

GB/T 1553—2009　硅和锗体内少数载流子寿命测定光电导衰减法

GB/T 1554—2009　硅晶体完整性化学择优腐蚀检验方法

GB/T 1555—2009　半导体单晶晶向测定方法

GB/T 1557—2006　硅晶体中间隙氧含量的红外吸收测量方法

GB/T 1558—2009　硅中代位碳原子含量　红外吸收测量方法

GB/T 4058—2009　硅抛光片氧化诱生缺陷的检验方法

GB/T 4059—2007　硅多晶气氛区熔基磷检验方法

GB/T 4060—2007　硅多晶真空区熔基硼检验方法

GB/T 4061—2009　硅多晶断面夹层化学腐蚀检验方法

GB/T 4298—1984　半导体硅材料中杂质元素的活化分析方法

GB/T 4326—2006　非本征半导体单晶霍尔迁移率和霍尔系数测量方法

GB/T 6616—2009　半导体硅片电阻率及硅薄膜薄层电阻测试方法　非接触涡流法

GB/T 6617—2009　硅片电阻率测定　扩展电阻探针法

GB/T 6618—2009　硅片厚度和总厚度变化测试方法

GB/T 6619—2009　硅片弯曲度测试方法

GB/T 6620—2009　硅片翘曲度非接触式测试方法

GB/T 6621—1995　硅抛光片表面平整度测试方法

GB/T 6624—2009　硅抛光片表面质量目测检验方法

GB/T 11073—2007　硅片径向电阻率变化的测量方法

GB/T 13387—2009　硅及其他电子材料晶片参考面长度测量方法

GB/T 13388—2009 硅片参考面结晶学取向X射线测量方法

GB/T 14140—2009 硅片直径测量方法

GB/T 14144—2009 硅晶体中间隙氧含量径向变化测量方法

GB/T 14849.1—2007 工业硅化学分析方法 第1部分 铁含量的测定 1,10-二氮杂菲分光光度法

GB/T 14849.2—2007 工业硅化学分析方法 第2部分 铝含量的测定 铬天青-S分光光度法

GB/T 14849.3—2007 工业硅化学分析方法 第3部分 钙含量的测定

GB/T 19922—2005 硅片局部平整度非接触式标准测试方法

GB/T 19444—2004 硅片氧沉淀特性的测定 间隙氧含量减少法

YS/T 26—92 硅片边缘轮廓检验方法

YS/T 28—92 硅片包装

SJ 20636—1997 IC用大直径薄硅片的氧、碳含量微区试验方法

6.1.3.2 硅片生产产品标准

中国的硅片生产产品国家标准有GB/T 12965—2005《硅单晶切割片和研磨片》和GB/T 12964—2003《硅单晶抛光片》。这两个标准参照采用了半导体设备和材料国际组织SEMIM标准等国际有关标准的相关内容，结合中国硅材料的实际生产和使用情况，并考虑硅材料的生产及微电子产业的发展和现状进行修订而成。

这两个标准与GB/T 12962《硅单晶》一起配套使用。

(1) GB/T 12965—2005《硅单晶切割片和研磨片》

GB/T 12965—2005《硅单晶切割片和研磨片》规定了硅单晶切割片和研磨片（简称硅片）的产品分类、术语、技术要求、试验方法、检测规则以及标志、包装、运输、储存等。这个标准适用于由直拉单晶、悬浮区熔单晶和中子嬗变掺杂硅单晶经切割、双面研磨制备的圆形硅片。产品主要用于制作晶体管、整流器件等半导体器件，或进一步加工成抛光片。

在该标准中，将硅片按导电类型分为N型和P型两种类型，按硅单晶生长及其掺杂方法分为直拉（CZ）、悬浮区熔（FZ）和中子嬗变掺杂三种，直径分为ϕ50.8mm、ϕ76.2mm、ϕ100mm、ϕ125mm、ϕ150mm和ϕ200mm六种规格，并分别规定了每种规格硅片应符合的相应技术指标。

① 硅片的导电类型，掺杂剂，电阻率及径向电阻率变化，少数载流子寿命，氧、碳含量应符合GB/T 12962的规定。

② 硅片的几何参数应符合表6-1的规定。

③ 切割片、研磨片所有参数规格在表6-1中没有列出的，按供需双方协商提供。

④ 合格质量区（FQA）在GB/T 14264—93《半导体材料术语》中被称为固定优质区，指硅片表面除去距标称边缘为x的环形区域后，所限定的硅抛光片表面的中心区域，如图6-1所示。此区域包括距标称圆周距离为x的所有点，该区域内各参数的值均应符合规定值。

(2) GB/T 12964—2003《硅单晶抛光片》

GB/T 12964—2003《硅单晶抛光片》规定了硅单晶抛光片（简称硅抛光片）的必要的相关性术语、产品分类、技术要求、试验方法、检测规则以及标志、包装、运输、储存等。适用于直拉硅单晶研磨片经腐蚀减薄后进行单面抛光制备的硅抛光片。产品主要用于制作集成电路等半导体器件或作为硅外延沉积的衬底。

表 6-1 硅片几何尺寸参数要求

产品名称		硅片直径/mm	50.8	76.2	100	125	150	200
		直径允许偏差/mm	±0.4	±0.5	±0.5	±0.3	±0.3	±0.2
切割片		硅片厚度(中心点)/μm	≥260	≥220	≥340	≥400	≥500	≥600
		厚度允许偏差/μm	±15	±15	±15	±15	±15	±15
		总厚度变化(TTV)/μm 不大于	10	10	10	10	10	10
		翘曲度(WARP)/μm 不大于	25	30	40	40	50	50
		崩边/mm 不大于	0.5	0.8	0.8	0.8	0.8	0.8
研磨片		硅片厚度(中心点)/μm	≥180	≥180	≥200	≥250	≥300	≥500
		厚度允许偏差/μm	±10	±10	±10	±15	±15	±15
		总厚度变化(TTV)/μm 不大于	3	5	5	5	5	5
		翘曲度(WARP)/μm 不大于	25	30	40	40	50	50
	崩边/mm 不大于	未倒角	0.5	0.8	0.85	0.8	0.8	0.8
		倒角	0.3					
主参考面长度/mm			16.0±2.0	22.5±2.5	32.5±2.5	42.5±2.5	57.5±2.5	57.5±2.5
副参考面长度/mm			8.0±2.0	11.5±1.5	16.0±2.0	27.5±2.5	37.5±2.5	无
切口	深度/mm		—	—	—	—	—	$1.0^{+0.25}_{-0.00}$
	角度/(°)		—	—	—	—	—	90^{+5}_{-1}
主参考面直径/mm			—	—	—	—	—	195.50±0.20

注：ϕ200mm 硅片的基准标记分为有切口的和有参考面的两种，有参考面的用主参考面直径来表征。

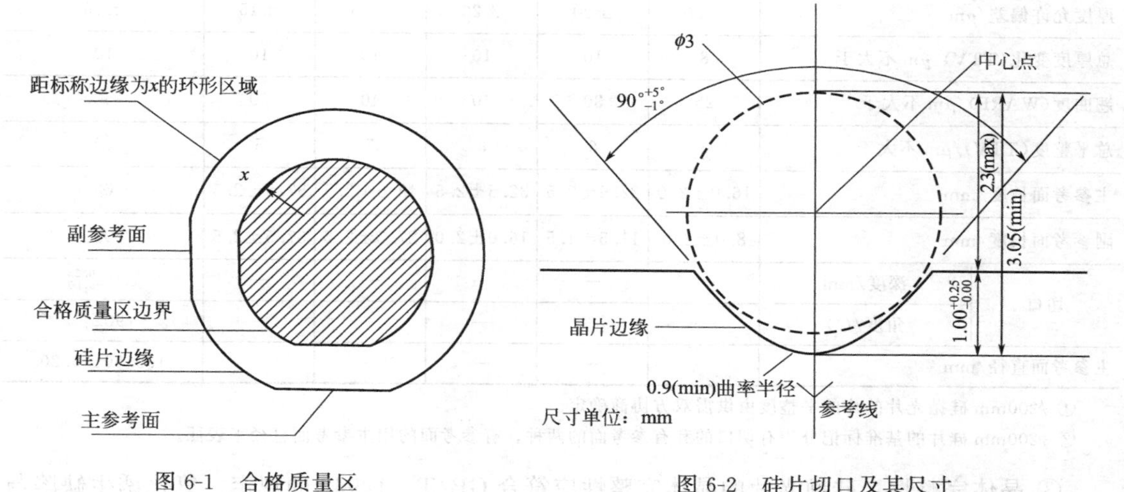

图 6-1 合格质量区

图 6-2 硅片切口及其尺寸

注：本图以虚线表示的销子，用来对准夹具中有切口晶片；在测量切口尺寸和尺寸公差时，该销子还用作有切口晶片的基准。本图中所示的切口尺寸，假定该对准销子直径为 3mm

硅单晶抛光片国标对硅片的主参考面直径、切口尺寸和合格质量区（FQA）分别进行了定义与描述。

① 主参考面直径　主参考面直径指从主参考面的中心沿着垂直于主参考面的直径，通

过硅片到达对面的边缘周边处的直线长度，如图 1-13 所示。

② 硅片切口　硅片切口就是在硅片上加工的具有规定形状和尺寸的凹槽，如图 6-2。切口由平行规定的低指数晶向并通过切口中心的直径来确定，该直径又称取向基准轴。

③ 合格质量区（FQA）　合格质量区的含义与硅切割片和研磨片一样，指除去距标称边缘 x 的环形区域后，所限定的硅抛光片表面的中心区域，如图 6-1 所示，该区域内各参数的值均应符合规定值。

④ 局部区域　硅抛光片表面上的一种矩形区域。矩形的边平行和垂直于主参考面或切口的等分角线。矩形的中心应在 FQA 内。

局部平整度（sitef latness）指在 FQA 内，局部区域的 TIR 或 FPD 中的最大值。

硅单晶抛光片标准中硅抛光片按导电类型分为 N 型和 P 型两种类型，按硅单晶生长方法分为直拉（CZ）和悬浮区熔（FZ），按直径又分为 ϕ50.8mm、ϕ76.2mm、ϕ100mm、ϕ125mm、ϕ150mm 和 ϕ200mm 6 种规格。

针对每一种规格的硅片，硅单晶抛光片标准中规定了相应的技术参数指标。

① 物理性能参数　物理性能参数即硅抛光片的导电类型、掺杂剂、电阻率及其径向变化、少数载流子寿命、氧含量、碳含量和晶体缺陷等，标准规定这些参数应符合 GB/T 12962 的规定。

② 几何参数　硅抛光片的几何参数应符合表 6-2 的规定。

表 6-2　硅抛光片几何尺寸参数要求

硅片直径/mm		50.8	76.2	100	125	150	200
直径允许偏差/mm		±0.4	±0.5	±0.5	±0.3	±0.3	±0.2
硅片厚度(中心点)/μm		≥280	≥381	≥525	≥625	≥675	≥725
厚度允许偏差/μm		±20	±20	±20	±15	±15	±15
总厚度变化(TTV)/μm 不大于		8	10	10	10	10	10
翘曲度(WARP)/μm 不大于		25	30	40	40	50	50
总平整度(TTV)/μm 不大于		5	6	6	5	5	①
主参考面长度/mm		16.0±2.0	22.5±2.5	32.5±2.5	42.5±2.5	57.5±2.5	②
副参考面长度/mm		8.0±2.0	11.5±1.5	16.0±2.0	27.5±2.5	37.5±2.5	无
切口	深度/mm	—	—	—	—	—	$1.0^{+0.25}_{-0.00}$
	角度/(°)	—	—	—	—	—	90^{+5}_{-1}
主参考面直径/mm		—	—	—	—	—	195.50±0.20

① ϕ200mm 硅抛光片的片的平整度由供需双方协商确定。

② ϕ200mm 硅片的基准标记分为有切口的和有参考面的两种，有参考面的用主参考面直径来表征。

③ 晶体完整性　硅抛光片的晶体完整性应符合 GB/T　12962 的规定。氧化诱生缺陷与晶体的完整性、抛光工艺等诸多因素有关。氧化诱生缺陷指标由供需双方协商确定。

④ 表面取向　硅抛光片的表面取向为 {100} 或 (111}，其表面取向的偏离如下。

正晶向：0°±0.5°。

偏晶向（{111}）：有主参考面的硅片表面法线沿平行主参考面的平面向最邻近的〈110〉方向偏 2.5°±0.5°或 4.0°±0.5°；有切口的硅片表面法线沿垂直于切口基准轴的平面向最邻近的〈110〉方向偏 2.5°±0.5°或 4.0°±0.5°。

⑤ 基准标记　基准标记指硅片的参考面和切口的取向及位置。

• 直径≤150mm 的硅抛光片参考面取向及位置应符合表 6-3 和图 6-3 的规定，其中直径 150mm 的 N 型｛100｝硅片参考面位置如图 6-4。

表 6-3　硅抛光片主副参考面位置

导电类型	表面取向	主参考面	副参考面
P	(111)	(110)±1°	无
N	(111)	(110)±1°	与主参考面成 45°±5°
P	(100)	(110)±1°	与主参考面成 90°±5°
N	(100)	(110)±1°	与主参考面成 180°±5°(ϕ≤125mm 硅片) 135°±5°(ϕ=150mm 硅片)

注：对于（111）的硅片，等效于（110）面的有（1$\bar{1}$0）、（$\bar{1}$01）和（01$\bar{1}$）晶面。

对于（100）的硅片，等效于（110）面的有（01$\bar{1}$）、（0$\bar{1}\bar{1}$）、（0$\bar{1}$1）和（011）和晶面。

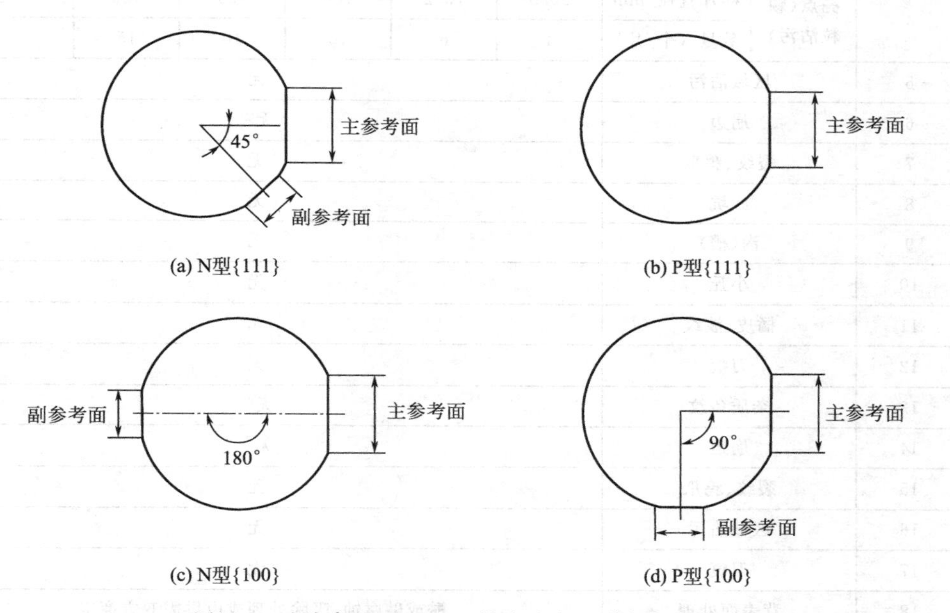

图 6-3　硅片直径≤150mm 抛光片主、副参考面位置

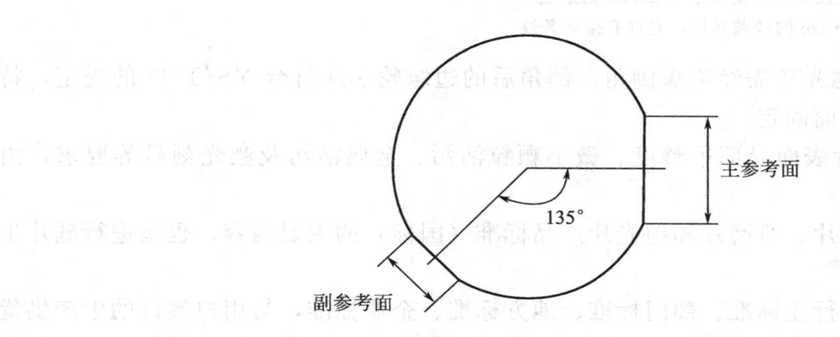

图 6-4　直径 150mm 的 N 型｛100｝硅片主、副参考面位置

• 直径 200mm 的硅抛光片分有切口的和有参考面的两种，均无副参考面。切口和主参考面位置应符合表 6-4 规定。

表 6-4　切口和主参考面位置

切口基准轴取向	$\langle 110\rangle \pm 1°$
主参考面位置	$\langle 110\rangle \pm 1°$

注：对 {111} 的硅片，等效于 (110) 面的有 $(1\bar{1}0)$、$(\bar{1}01)$ 和 $(10\bar{1})$ 晶面。
对 {100} 的硅片，等效于 (110) 面的有 $(01\bar{1})$、$(0\bar{1}\bar{1})$、$(0\bar{1}1)$ 和 (011) 晶面。

⑥ 表面质量　硅抛光片表面质量应符合表 6-5 的规定。

表 6-5　硅抛光片表面质量目检要求

<table>
<tr><td></td><td>序号</td><td colspan="2">项　目</td><td colspan="6">最大缺陷限度</td></tr>
<tr><td rowspan="13">正表面</td><td>1</td><td colspan="2">划伤</td><td colspan="6">无</td></tr>
<tr><td>2</td><td colspan="2">蚀坑</td><td colspan="6">无</td></tr>
<tr><td>3</td><td colspan="2">雾</td><td colspan="6">无</td></tr>
<tr><td rowspan="2">4</td><td rowspan="2">亮点(颗粒沾污)</td><td>硅片直径/mm</td><td>50.8</td><td>76.2</td><td>100</td><td>125</td><td>150</td><td>200</td></tr>
<tr><td>数量/(个/片)</td><td>4</td><td>6</td><td>10</td><td>10</td><td>15</td><td>无</td></tr>
<tr><td>5</td><td colspan="2">区域沾污</td><td colspan="6">无</td></tr>
<tr><td>6</td><td colspan="2">崩边</td><td colspan="6">无①</td></tr>
<tr><td>7</td><td colspan="2">裂纹、鸦爪</td><td colspan="6">无</td></tr>
<tr><td>8</td><td colspan="2">凹坑</td><td colspan="6">无</td></tr>
<tr><td>9</td><td colspan="2">沟(槽)</td><td colspan="6">无</td></tr>
<tr><td>10</td><td colspan="2">小丘</td><td colspan="6">无</td></tr>
<tr><td>11</td><td colspan="2">橘皮、波纹</td><td colspan="6">无</td></tr>
<tr><td>12</td><td colspan="2">刀痕</td><td colspan="6">无</td></tr>
<tr><td></td><td>13</td><td colspan="2">杂质条纹</td><td colspan="6">无②</td></tr>
<tr><td rowspan="5">背表面</td><td>14</td><td colspan="2">崩边</td><td colspan="6">无①</td></tr>
<tr><td>15</td><td colspan="2">裂纹、鸦爪</td><td colspan="6">无</td></tr>
<tr><td>16</td><td colspan="2">区域沾污</td><td colspan="6">无</td></tr>
<tr><td>17</td><td colspan="2">刀痕</td><td colspan="6">无</td></tr>
<tr><td>18</td><td colspan="2">背表面处理</td><td colspan="6">酸或碱腐蚀，吸除处理或由供需双方商定。</td></tr>
</table>

① 符合定义，且径向深度或周边长度大于 0.25mm 为崩边。
② 电阻率不大于 0.020Ω·cm 的硅抛光片，允许有杂质条纹。

⑦ 边缘轮廓　硅抛光片需经边缘倒角，倒角后的边缘轮廓应符合 YS/T 26 的规定，特殊要求可由供需双方协商确定。

⑧ 其他　硅抛光片表面局部平整度、微小颗粒沾污、金属沾污及激光刻号等要求，由供需双方协商确定。

以上是硅单晶切割片、研磨片和抛光片产品标准（国标）的主要内容，也是进行硅片生产和检验的重要依据。

除了国标外，还有行业标准、部门标准、地方标准、企业标准，与用户签订的生产供货合同、技术协议以及企业为某种目的而特定的技术规范与内控标准等，都同样可以作为其产品的生产指导和检验依据。具体如何执行一般由供需双方协定，除非涉及强制性标准，那是必须执行的。

国际标准中使用最广泛的是 SEMI 标准，SEMI 是半导体设备和材料国际组织的简称，是一个有多家半导体器件、计算机与通信设备生产企业参加的跨国组织。我国从20世纪80年代开始引进SEMI标准，并逐步转化为我国标准，现行国标的制定中也在很大程度上参照了这套标准。

（3）太阳能电池用硅单晶棒、片

太阳能电池用硅单晶片的产品标准，目前国标还未颁布。原电子工业部在1985年颁布过一个相关标准，即SJ 2572—85《太阳能电池用硅单晶棒、片》。

这个标准中，对用于地面或空间的太阳能硅片分别进行了规范，对于所用硅材料的电阻率、位错、寿命、反型杂质浓度、金属杂质和氧、碳含量等，都规定了相应指标，如表6-6～表6-8所示。

表6-6　硅单晶棒常规参数

应用范围	掺杂元素	导电类型	晶向	电阻率中心值/(Ω·cm)	电阻率偏差/%	电阻率/Ω·cm	径向不均匀度/%			位错密度/(个/cm²)	寿命/μs
							A	B	C		
空间	B	P	(111) (100)	10	≤±30	—	20	15	10	无	≥80
地面	P	N	(111) (100)	—	—	0.1～2.0	40	30	20	<5×10³	—
	B	P									

表6-7　硅单晶棒、片中的反型杂质浓度

反型杂质浓度/(原子/cm³) 等级 / 单晶类别/Ω·cm	A	B	C
CZP型 1≤ρ≤50	N_D≤2.2×10¹³	N_D≤1.5×10¹³	N_D≤1.1×10¹²
FZP型 1≤ρ≤10	N_D≤1.0×10¹²	N_D≤5×10¹²	N_D≤5×10¹²
FZP型 10≤ρ≤100	N_D≤1.0×10¹²	N_D≤1.0×10¹²	N_D≤1.0×10¹²
FZP型 100≤ρ≤3000	N_D≤2.2×10¹²	N_D≤2.2×10¹²	N_D≤2.2×10¹¹

表6-8　硅单晶棒、片中的金属杂质和氧、碳含量

杂质种类 杂质含量 / 单晶类别	铜/ppb			铁/ppb			镍/ppb			锰/ppb		
	A	B	C	A	B	C	A	B	C	A	B	C
CZ	≤1	≤0.1	≤0.1	≤15	≤10	≤5	≤10	≤5	≤5	≤15	≤10	≤5
FZ	≤0.5	≤0.1	≤0.08	≤5	≤1	≤1	≤5	≤1	≤1	≤15	≤10	≤5

杂质种类 杂质含量 / 单晶类别	钠/ppb			氧/(原子/cm³)			碳/(原子/cm³)		
	A	B	C	A	B	C	A	B	C
CZ	≤5	≤1	≤1	≤1.2×10¹⁸	≤6×10¹⁷	≤1×10¹⁷	≤2×10¹⁷	≤5×10¹⁸	≤1×10¹⁶
FZ	≤5	≤1	≤1	≤1×10¹⁷	≤5×10¹⁶	≤1×10¹⁶	≤1×10¹⁷	≤5×10¹⁸	≤1×10¹⁶

标准中也对硅片的几何参数规定了相应要求，如表6-9。只是那时候用于太阳能电池的

硅片尺寸比较小，方片最大为 40mm×40mm，圆片最大直径为 100mm。而目前广泛使用的是 125mm×125mm 或 156mm×156mm 的方片或准方片。

表 6-9 硅单晶片的外形尺寸

片型＼尺寸＼名称	长/mm 长度值	长/mm 公差	宽/mm 宽度值	宽/mm 公差	直径/mm 直径值	直径/mm 公差	厚度/mm 厚度值 空间	厚度/mm 厚度值 地面	厚度/mm 公差 空间	厚度/mm 公差 地面	厚度/mm 总厚度变化 空间	厚度/mm 总厚度变化 地面	弯曲度
方形	20.1	±0.1	20.1	±0.1			0.30	0.40	0.02	0.05	0.02	0.03	0.025
	20.3		20.3										
	40.1		40.1										
	40.3		40.3										
	40.1		20.1										
	40.3		20.3										
	50.1		50.1										
	50.3		50.3										
圆形	—	—	—	—	ϕ40	±0.30	—	0.45	—	±0.05	—	0.03	0.03
					ϕ50	±0.40							
					ϕ60	±0.50							
					ϕ75	±0.50	—	0.50	—	±0.05	—	0.03	0.035
					ϕ100	±0.50							

6.1.3.3 硅片检验方法标准

硅片各项参数指标的检验，有其特定的检验方法，要保证检验的准确性和有效性，首要条件是其检验方法必须统一并得到认可。为此在相关产品标准中都规定了各参数指标的检验方法，这些方法过程具体描述和规定被制定在对应的硅片检验方法标准之中。

下面是 GB/T 12964—2003《硅单晶抛光片》中规定的硅抛光片检验方法：

硅片导电类型测量按 GB/T 155 进行；

硅片电阻率测量按 GB/T 6616 进行；

硅片径向电阻率变化测量按 GB 11073 进行；

硅片晶向的测量按 GB/T 1555 进行；

硅片参考面长度测量按 GB/T 13387 进行；

硅片主参考面晶向测量按 GB/T 13388 进行；

硅片主参考面直径测量按供需双方商定的方法进行；

硅片切口尺寸的测量按供需双方协商确定；

硅单晶晶体完整性检验按 GB/T 1554 进行；

硅抛光片氧化诱生缺陷按 GB/T 4058 进行；

硅片直径测量按 GB/T 14140 进行；

硅抛光片间隙氧含量的测定按 GB/T 14143 进行；

硅片厚度和总厚度变化的测量按 GB/T 6618 进行；

硅片翘曲度测量按 GB/T 6620 进行；

硅片平整度测量按 GB/T 6621 进行；

硅片表面质量检验按 GB/T 6624 进行；

硅片边缘轮廓检验方法按 YS/T 26 进行；

硅抛光片局部平整度（STIR 或 SFPD）、微小颗粒沾污、金属沾污的检测方法由供需双方协商。

在硅片检验方法标准中，首先对所检验的硅片质量特性参数进行了定义，然后对所使用的检验方法原理、检验测试装置、检验测试样品的制备、检验条件、检验方法步骤和测试数据分析处理等，都有详细的描述和规定。这里就不一一列出，在后面涉及具体参数的检验方法时再分别进行讨论。

6.1.3.4 *硅片检验抽样标准*

抽检方式的采用，在很多时候是必要的。在硅片检验中，有些项目的检验，比如氧化诱生缺陷的检验，是破坏性的；还有一些参数的检验代表性很强，比如同一支晶体所加工硅片的直径、导电类型及晶向等，在这些情况下全检显然没有必要，而使用抽检更为适宜。在批量产品的验收交付中，全检也是不经济和几乎不可能的，只能是抽检。

要使抽检的结果令人信服而得到认可，其方法过程必须具有科学性、权威性和统一性，因此使用大家认同的抽样标准便顺理成章了。

抽样标准是专门用于质量特性抽检的指导性文件。在硅片生产中，通常使用的抽样标准是 GB/T 2828《计数抽样检验程序》，又以其第一部分 GB/T 2828.1—2003/ISO 2859-1：1999《计数抽样检验程序第 1 部分：按接收质量限（AQL）检索的逐批检验抽样计划》为主，下面的讨论不作特殊说明时，即指这部分内容。

在 GB/T 2828.1—2003 中，规定了一个按批量范围、检验水平和 AQL 检索的计数抽样检验系统。抽样系统即抽样方案或抽样计划及抽样程序的集合。其中，抽样计划带有改变抽样方案的规则，而抽样程序则包括选择适当的抽样方案或抽样计划的准则。

标准中对于正常检验、加严检验及放宽检验时，各种批量及检验水平选择下样本的抽取数量和方法、合格与不合格的判定［接收质量限（AQL）和批接收准则］、不合格的处理以及由正常检验到加严检验或放宽检验的转移等，都有明确的规定。

标准中明确指出，制定与执行抽样标准的目的，是通过批不接收使供方在经济上和心理上产生的压力，促使其将过程平均至少保持在和规定的接收质量限一样好，而同时给使用方偶尔接收劣质批的风险提供一个上限。

下面介绍一些关于抽样检验的基本概念。

(1) 抽检

硅片检验可以分为全检和抽检，全检即将所有的硅片逐一全数检验，剔除不合格品。而抽检则是按一定抽样方案从批产品中随机抽取部分样品进行检验，并根据样品的检验结果判断此批产品是否合格的检验方式。

至于在生产中全检与抽检的选择，主要根据工艺性质、参数性能和工艺水平（工序能力指数）来确定。一般来说，在硅片生产中，硅片的表面特性通常采用全检，型号、晶向、直径、定位面、氧化诱生缺陷等通常采用抽检，而其他参数视具体情况分别采用不同的检验方式。

注意样品的抽取一定是随机抽样，所谓随机抽样，就是每次抽取时，批中所有单位产品被抽中的可能性都相等的抽样方法。

通常应按简单随机抽样从批中抽取作为样本的产品。但是，当批由子批或（按某个合理的准则识别的）层组成时，应使用分层抽样。按此方式，各子批或各层的样本量与子批或层的大小是成比例的。

样本可在批生产出来以后或在批生产期间抽取，可以采取一次、二次或多次抽样方式，使用二次或多次抽样时，每个后继的样本应从同一批的剩余部分中抽选。

(2) 抽样方案

抽样方案指在抽检中所使用的样本量和有关批接收准则的组合。

① 样本量 样本指取自一个批并且提供有关该批的信息的一个或一组产品，样本量即样本中产品的数量，用“n”来表示。

批指汇集在一起的一定数量的某种产品、材料或服务，批中产品的数量即为批量，用“N”来表示。检验批可由几个投产批或投产批的一部分组成。

样本量由样本量字码确定，对特定的批量和规定的检验水平使用表 6-10 查找适用的字码。

表 6-10 样本量字码

批 量	特殊检验水平				一般检验水平		
	S-1	S-2	S-3	S-4	Ⅰ	Ⅱ	Ⅲ
2～8	A	A	A	A	A	A	B
9～15	A	A	A	A	A	B	C
16～25	A	A	B	B	B	C	D
26～50	A	B	B	C	C	D	E
51～90	B	B	C	C	C	E	F
91～150	B	B	C	D	D	F	G
151～280	B	C	D	E	E	G	H
281～500	B	C	D	E	F	H	J
501～1200	C	C	E	F	G	J	K
1201～3200	C	D	E	G	H	K	L
3201～10000	C	D	F	G	J	L	M
10001～35000	C	D	F	H	K	M	N
35001～150000	D	E	G	J	L	N	P
150001～500000	D	E	G	J	M	P	Q
500001 及其以上	D	E	H	K	N	Q	R

② 检验水平 对于一定的批量 N，抽取的样本量 n 与抽样方案规定的检验水平有关，因此可以说，检验水平标志着检验量，决定了批量 N 与样本 n 之间的关系，见表 6-10。

对于一般的使用，表 6-10 中给出了Ⅰ、Ⅱ和Ⅲ共 3 个检验水平。除非另有规定，应使用Ⅱ水平。当要求鉴别力较低时可使用Ⅰ水平，当要求鉴别力较高时可使用Ⅲ水平。另外，表 6-10 还给出了 4 个特殊检验水平 S-1、S-2、S-3 和 S-4，可用于样本量必须相对地小而且能容许较大抽样风险的情形。

③ 接收质量限 接收质量限，以前叫做合格质量水平，与检查水平结合形成对批产品判断力的衡量。

接收质量限被定义为，当一个连续系列批被提交验收抽样时，可允许的最差过程平均质量水平。根据接收质量限可查到相应的批合格与不合格判定数，也就是接收数 Ac 和拒收数 Re。接收数 Ac 和拒收数 Re 用来判断批质量是否合格，Ac 和 Re 通常为一组相连的两个整数，如表 6-11 中所见。

在抽检中，当样本中不合格数≤Ac 时，该样本所代表的检验批被判为合格；而当不合格数≥Re 时，该样本所代表的检验批被判为不合格。

④ 抽样方案的类型 标准中给出了一次、二次和多次三种类型的抽样方案，对于给定的 AQL 和样本量字码，如果有几种不同类型的抽样方案时，可以使用其中任一种。通常应

通过比较这些方案的平均样本量与管理上难易程度来决定使用哪一种方案，一般来说，多次抽样方案的平均样本量小于二次抽样方案，而二次和多次抽样方案的平均样本量均小于一次抽样方案的样本量，而且，一次抽样的管理难度和每个产品的抽样费用通常均低于二次和多次抽样方案。

表 6-11 为正常检验一次抽样方案（局部），这是抽样方案的主表。↓表示使用箭头下面的第一个抽样方案，如果样本量等于或超过批量，则执行 100%检验；↑表示使用箭头上面的第一个抽样方案。

表 6-11　正常检验一次抽样方案（局部）

样本量字码	样本量	接收质量限(AQL)																
		0.010	0.015	0.025	0.040	0.065	0.10	0.15	0.25	0.40	0.65	1.0	1.5	2.5	4.0	6.5	10	15
		Ac Re	Ac Re	Ac Re	Ac Re	Ac Re	Ac Re	Ac Re	Ac Re	Ac Re	Ac Re	Ac Re	Ac Re	Ac Re	Ac Re	Ac Re	Ac Re	Ac Re
A	2	↓	↓	↓	↓	↓	↓	↓	↓	↓	↓	↓	↓	↓	↓	0 1	↓	↓
B	3	↓	↓	↓	↓	↓	↓	↓	↓	↓	↓	↓	↓	↓	0 1	↑	↓	1 2
C	5	↓	↓	↓	↓	↓	↓	↓	↓	↓	↓	↓	↓	0 1	↑	↓	1 2	2 3
D	8	↓	↓	↓	↓	↓	↓	↓	↓	↓	↓	↓	0 1	↑	↓	1 2	2 3	3 4
E	13	↓	↓	↓	↓	↓	↓	↓	↓	↓	↓	0 1	↑	↓	1 2	2 3	3 4	5 6
F	20	↓	↓	↓	↓	↓	↓	↓	↓	↓	0 1	↑	↓	1 2	2 3	3 4	5 6	7 8
G	32	↓	↓	↓	↓	↓	↓	↓	↓	0 1	↑	↓	1 2	2 3	3 4	5 6	7 8	10 11
H	50	↓	↓	↓	↓	↓	↓	↓	0 1	↑	↓	1 2	2 3	3 4	5 6	7 8	10 11	14 15
J	80	↓	↓	↓	↓	↓	↓	0 1	↑	↓	1 2	2 3	3 4	5 6	7 8	10 11	14 15	21 22
K	125	↓	↓	↓	↓	↓	0 1	↑	↓	1 2	2 3	3 4	5 6	7 8	10 11	14 15	21 22	↑
L	200	↓	↓	↓	↓	0 1	↑	↓	1 2	2 3	3 4	5 6	7 8	10 11	14 15	21 22	↑	↑
M	315	↓	↓	↓	0 1	↑	↓	1 2	2 3	3 4	5 6	7 8	10 11	14 15	21 22	↑	↑	↑
N	500	↓	↓	0 1	↑	↓	1 2	2 3	3 4	5 6	7 8	10 11	14 15	21 22	↑	↑	↑	↑
P	800	↓	0 1	↑	↓	1 2	2 3	3 4	5 6	7 8	10 11	14 15	21 22	↑	↑	↑	↑	↑
Q	1250	0 1	↑	↓	1 2	2 3	3 4	5 6	7 8	10 11	14 15	21 22	↑	↑	↑	↑	↑	↑
R	2000	↑	↑	1 2	2 3	3 4	5 6	7 8	10 11	14 15	21 22	↑	↑	↑	↑	↑	↑	↑

（3）正常、加严和放宽检验及其转移规则

正常检验是当过程平均优于接收质量限时抽样方案的一种使用法。此时抽样方案具有为保证生产方以高概率接收而设计的接收准则。当没有理由怀疑过程平均不同于某一可接收水平时，应进行正常检验。

加严检验抽样方案具有比相应正常检验抽样方案更严厉的接收准则，当预先规定的连续批数的检验结果表明过程平均可能比接收质量限低劣时，可进行加严检验。

放宽检验抽样方案样本量比相应正常检验抽样方案小，而接收准则和正常检验抽样方案相差不大。放宽检验的鉴别能力小于正常检验，当预先规定连续批数的检验结构表明过程平均优于接收质量限时，可进行放宽检验。

开始检验时应采用正常检验，但是正常、加严或者放宽检验是可以遵循一定的规则和程序进行转移的。

① 正常到加严　当正在采用正常检验时，只要初次检验中连续 5 批或少于 5 批中有 2 批是不可接收的，则应转移到加严检验。

② 加严到正常　当正在采用加严检验时，如果初次检验的接连 5 批已被认为是可接收的，应恢复正常检验。

③ 正常到放宽　当正在采用正常检验时，如果下列各条件均满足，可以转移到放宽检验：

• 当前的转移得分至少是 30 分（关于转移得分，标准中有详细的规定，这里就不细说了）；

• 生产稳定；

• 负责部门认为放宽检验可取。

④ 放宽到正常　当正在执行放宽检验时，如果初次检验出现下列任一情况，应恢复正常检验。

• 一个批未被接收；

• 生产不稳定或延迟；

• 认为恢复正常检验是正当的其他情况。

⑤ 暂停抽样检验　如果在初次加严检验的一系列连续批中未接收批的累计数达到 5 批，应暂时停止抽样检验，直到供方为改进所提供产品或服务的质量已采取行动，而且负责部门承认此行动可能有效时，才能从使用加严检验开始恢复抽样检验。

6.1.4　硅片检验环境条件

(1) 环境温度

标准规定为 23℃±5℃，在实际生产中通常都尽量控制在 23℃±2℃。

(2) 相对湿度

相对湿度≤65%。

(3) 电源

电源一般为 220V±10V 和 380V±20V，50Hz 交流电源。

(4) 环境洁净度

环境洁净度与所检验的硅片种类有关，通常在 100～10000 级，硅抛光片的最终检验至少为 100 级，最高可到 1 级。

100 级：通常的概念为 $1ft^3$ 空气中，≥0.5μm 的粒子总数不得超过 100 个。

(5) 光源

① 高强度狭束光源　离光源 100mm 处光照度≥16klx；

② 大面积散射光源　检测面上光照度为 430～650lx。

(6) 其他

上面所述是很概括的普遍常规要求，往往根据具体的检验方法有其特定的检验环境要求，如有些检验需要电磁屏蔽，有些需要避光等，实际实施时需具体考虑。

6.1.5　硅片检验数据及其统计分析报告

前面已经讲到过硅片质量检验在硅片生产管理中具有把关和预防的职能。通过硅片的质量检验与分析，可以全面地了解产品的质量状况，为当前工艺的合理性与符合性评价提供证据。在这个过程中，有必要提供适当的检验数据统计分析报告，检验员应当具备检验数据收集与整理及其简单的数理分析能力。

通常以检验数据统计表的形式提供其硅片检验信息。硅片检验数据统计表应包括以下内容。

① 被检测硅片基本信息　硅片基本信息包括硅片批号、类别、数量以及直径、型号、晶向、厚度和电阻率等主要参数。

硅片批号可以表明硅片的生产日期和时间，便于追溯；硅片类别指被测硅片表面加工状态，是切割片、研磨片还是抛光片，或是倒角后、化腐后等；硅片主要参数勾画出硅片的大致特征类别。

② 检验项目及其测试数据 包括所测试项目参数名称、计量单位、加工目标值及其测试数据值。如果有必要，还应当附上计算公式。

③ 统计分析 统计分析包括测试数据简单统计汇总及其分析，主要有测试结果汇总，如实测总数、合格数量、不合格数量及其状态等；另外对于计数值数据，通常作出平均值、最大值、最小值和标准偏差等统计数据。

④ 测试设备与方法 测试设备及其编号、测试方式方法和测试环境等。

⑤ 其他 工序操作者、检验员和检验日期等应当注明的信息。

6.2 硅片电学参数检验

硅片电学参数检验主要包括硅片导电类型检验、硅片电阻率和径向电阻率均匀性检验。

6.2.1 硅片导电类型检验

GB/T 12964—2003《硅单晶抛光片》中规定，硅片导电类型测量按 GB/T 1550 进行。

硅片导电类型的检验有多种方法，主要有热探针法、冷探针法、点接触整流法、全类型系统测试法和霍尔效应极性法等。

6.2.1.1 热探针法和冷探针法

热探针法和冷探针法又称为热电动势法，其基本原理是利用了半导体的温差效应，通过观测温差电流的方向来判断所测样品的导电类型。这两种方法简单实用，因而应用广泛，其中又以热探针法最为常见，下面着重对其进行讨论。

(1) 测试装置

热探针法测试硅片导电类型的装置示意如图 6-5。

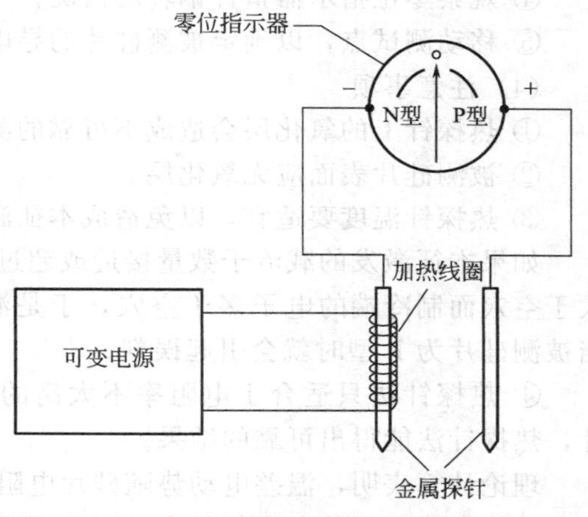

图 6-5 热探针法测试硅片导电类型的装置示意图

① 两只探针，其材料用不锈钢或镍，针尖呈 60°锥体，其中一只绕有 10～20W 的加热线圈，线圈与探针之间需良好绝缘。

② 调压电源，可使热探针温度升到所需范围，即 40～60℃。

③ 零位指示器，中心刻度为零，其偏转灵敏度至少为 1×10^{-9} A/mm。

(2) 方法原理

具有不同温度的两只金属探针接触被测硅片表面后，硅片两接触点间产生温度差。与热探针接触的部位温度较高，称之为热区，与另一探针接触的部位温度较低，称为冷区。半导体中载流子的热运动速度与温度有关，由于热区载流子的热运动速度大于冷区，便形成由热区到冷区的载流子热运动扩散流，使冷、热两端产生电荷积累，建立起电场。随着电荷积累增多，电场强度加大，最后在冷、热两端形成一稳定的电势差，称之为温差电动势。若在两探针间接入一个检流计，即会有电流流过，这就是温差电流。温差电流的方向与硅片的导电类型有关，据此即能判断出被测硅片的导电类型。

例如，当被测硅片为 P 型时，由于其多数载流子为空穴，载流子热运动形成由热端到冷端的空穴流，其结果在冷端产生空穴积累而带正电，热端缺乏空穴而带负电。冷、热两端间电场的方向由冷端指向热端，其温差电动势的方向与电场方向一致，温差电流从冷端流向热端，零位指示器表针向正方向偏转，如图 6-6(a) 所示。如果被测硅片为 N 型，其多数载流子为电子，情形就与之相反，如图 6-6(b) 所示。

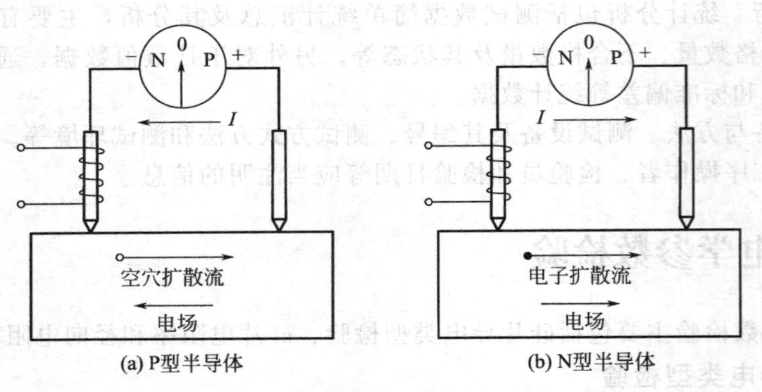

图 6-6　P 型和 N 型硅片产生不同的温差电流

(3) 测试步骤

① 热探针接零位指示器负端，冷探针接正端；

② 将热探针温度升到 40～60℃；

③ 将两只探针（间隔在几毫米内）向下稳定地不损坏硅片地压到硅片上；

④ 观察零位指示器指针偏转的情况；

⑤ 移动测试点，以确定被测硅片的导电类型。

(4) 注意事项

① 热探针上的氧化层会造成不可靠的测试结果，因此要注意去除。

② 被测硅片表面应无氧化层。

③ 热探针温度要适宜，以免造成本征激发。

如果本征激发的载流子数量接近或超过杂质电离产生的载流子时，由于电子的扩散速率大于空穴而制冷端的电子多于空穴，于是温差电动势总是负的，显示出 N 型硅片的特征，当被测硅片为 P 型时就会引起误判。

④ 热探针法只适合于电阻率不太高的硅片，对于室温电阻率在 1000Ω·cm 以下的硅片，热探针法能得出可靠的结果。

理论计算表明，温差电动势随硅片电阻率的升高而加大，但是由于硅片电阻率很高，尽管电动势大了，温差电流却很小，因此不适合采用热探针法测试高电阻率的硅片。

6.2.1.2　点接触整流法

点接触整流法测试硅片导电类型的基本原理在于利用了金属与半导体接触时的整流特性。

(1) 测试装置

图 6-7 为点接触整流法测试装置示意图。通过半导体-金属点接触的电流方向，可测定半导体的导电类型。当硅片为负极时，金属点接触与 N 型硅片之间会有电流通过。

① 自耦变压器，能使 50Hz 或 60Hz 的 0～15V 电压加到待测硅片上；

② 隔离变压器；

③ 探针，用铜、钨、铝或银制成，一头呈锥形，接触半径不大于 50μm；

④ 大面积欧姆接触器，由铅箔或铟箔等软性导体和弹簧夹具构成；

⑤ 电流检测器，中心刻度为零，其满刻度灵敏度至少要优于 200μm。

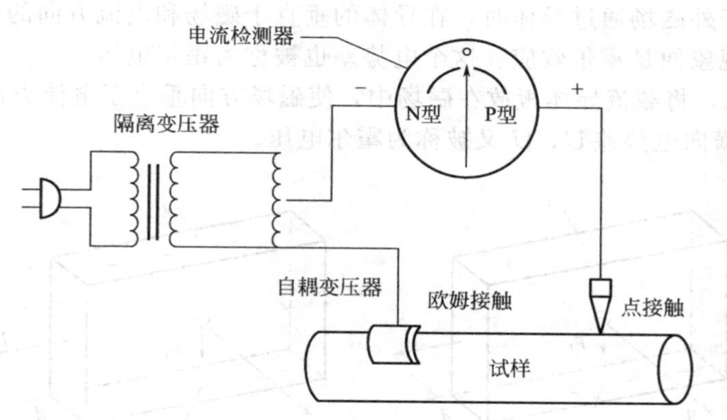

图 6-7 点接触整流法示意图

（2）方法原理

金属与半导体点接触时，会表现出类似 PN 结的单向导电性。

如图 6-7 所示，将交流电源加在点接触和大面积欧姆接触之间，通过被测样品组成回路。若被测样品为 P 型，假定外加电流在正半周时，金属探针为正，样品为负，这时相当于反向阻流状态，检流计中没有电流通过；而在负半周时，样品为正，金属探针为负，相当于正向流通状态，检流计中有电流通过，方向为正。若被测样品为 N 型，则负半周为反向阻流状态，正半周为流通状态，检流计中电流方向为负。因此根据检流计中电流的方向就可以确定被测样品的导电类型。

金属与被测样品的另一个接触为大面积欧姆接触，这里是不会发生整流现象的，不管加正向还是反向电压，电流都会随电压而很快增大，只相当于一个很小的电阻。因此检流计中电流的方向是由金属与半导体点接触处被测样品的导电类型所决定的。

（3）测试步骤

① 检查电路连接是否正确，点接触探针必须接于零位指示器正极；

② 将大面积欧姆接触器放在清洁的样品上并固定好；

③ 用小于 49N 的力加到点接触探针上；

④ 观察零位指示器指针偏转情况，若指针偏向正，表示被测样品为 P 型，反之则为 N 型。

（4）注意事项

① 硅片表面的氧化层会导致检流计无指示；

② 手或其他物品接触被测样品可能引起干扰；

③ 被测硅片表面不适合化学腐蚀；

④ 点接触整流法适用于电阻率在 1～1000Ω·cm 的硅片，对低电阻率的硅片不适用。

6.2.1.3 其他测试方法

（1）全类型系统测试法

全类型系统测试法分为三探针法和四探针法两种。三探针法也是利用了半导体的整流特性，而四探针法则是利用了半导体的温差电效应。这两种方法都可以利用测硅片电阻率的四探针头，甚至可以直接和电阻率测试仪装在一起，共用一个探针头，因而使用也是比较多的。

（2）霍尔效应极性法

如果用前面几种方法测试都得不到满意的结果，还可以采用霍尔效应极性法。

当电流垂直于外磁场通过导体时，在导体的垂直于磁场和电流方向的两个端面之间会出现电势差，这一现象便是霍尔效应。这个电势差也被称为霍尔电压。

如图 6-8 所示，将载流导体板放在磁场中，使磁场方向垂直于电流方向，在导体板两侧 ab 之间就会出现横向电势差 U，U 又被称为霍尔电压。

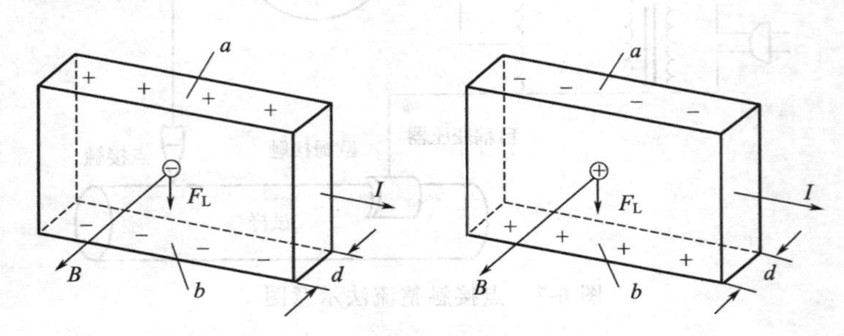

图 6-8 霍尔效应原理

设导体中电流方向如图 6-8 所示，如果载流子带负电，它的运动方向和电流方向相反，作用在它上面的洛伦兹力向下，因此，导体上界面带正，下界面带负电；如果载流子带正电，则导体上界面带负电而下界面带正电。由此可以看出，只要测得上下界面间霍尔电压的符号就可以确定载流子的符号。因此用这种方法就能够判断半导体究竟是 P 型还是 N 型，也就是能测定半导体的导电类型。

6.2.2 硅片电阻率和径向电阻率均匀性检验

GB/T 12965—2005《硅单晶切割片和研磨片》和 GB/T 12964—2003《硅单晶抛光片》中规定，硅片电阻率测量按 GB/T 6616 进行，硅片径向电阻率变化测量按 GB/T 11073 进行。

常用的硅片电阻率测量方法有两种，非接触涡流法和接触式四探针法。

6.2.2.1 非接触涡流法

非接触涡流法适用于直径大于或等于 30mm 且厚度为 0.1～1mm 的硅片，测量范围一般为 $1\times10^{-3}\sim2\times10^{2}\Omega\cdot cm$。GB/T 6616—1995 中对非接触涡流法进行了描述与规范。

(1) 测量装置

① 涡流传感器 如图 6-9 所示，其装置由一对同轴线探头（中间有间隙可供被测硅片插入）、硅片支架（需保证硅片与探头轴线垂直）、硅片对中装置和高频振荡器组成。传感器可提供与硅片电导成正比的输出信号。

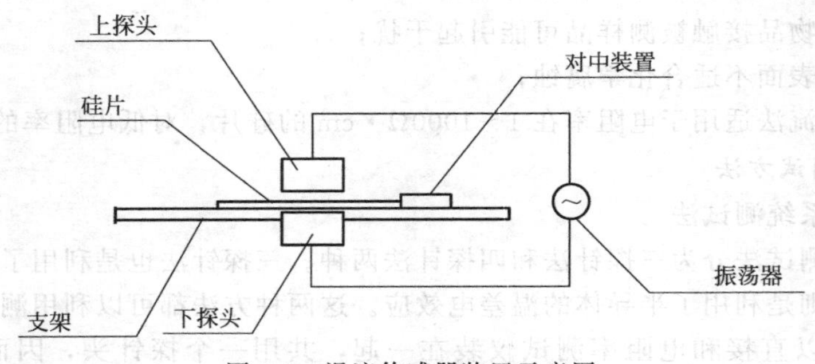

图 6-9 涡流传感器装置示意图

② 信号处理器 进行电学转换，将测量得到的薄层电导信号结合被测硅片的厚度，计算转换为电阻率。

③ 测厚仪　测量硅片的厚度。

④ 标准片和参考片　电阻率标准片具各种量值规格，用于校正测量仪器，其厚度与待测片的厚度偏差应小于25%；参考片用于检查测量仪器的线性，其厚度与待测片的厚度偏差应小于25%。

标准中列出的电阻率标准片的标称值分别为0.01Ω·cm、0.1Ω·cm、1Ω·cm、10Ω·cm、25Ω·cm、75Ω·cm和180Ω·cm；参考片的电阻率值如表6-12所示。

表6-12　参考片电阻率值

测量范围/Ω·cm	参考片电阻率/Ω·cm	测量范围/Ω·cm	参考片电阻率/Ω·cm
0.001～0.999	0.01	0.1～99.9	0.90
	0.03		3
	0.10		10
	0.30		30
	0.90		90

标准片和参考片至少应各有5片，数值范围应跨越仪器的全量程。

(2) 方法原理

当整块导体处于变化的磁场中或在磁场中运动时，在导体中会产生一环形感应电流，称之为涡旋电流，这种现象称为涡流效应。涡流法测量硅片电阻率就是利用了电磁涡流效应而实现的。

将硅片平插进一对共轴探头之间，与振荡回路相连接的两个探头之间的高频磁场在硅片上感应而产生涡流，硅片中的载流子将作定向运动并以焦耳热的形式损耗能量。载流子浓度不同（电阻率不同），其能量损耗亦不同。为使高频振荡器的电压保持不变，需要增加激励电流。硅片的电阻率不同，需要增加的激励电流也不同，据此就能测量计算出被测硅片的电阻率。

(3) 测试步骤

① 仪器校正；

② 线性检查；

③ 测量并输入待测硅片厚度；

④ 将待测硅片放入硅片支架上进行测量并读取测量结果。为避免涡流在硅片上造成温升，测量时间应小于1s。

6.2.2.2　四探针法

在硅片电阻率测量中，四探针法也被广泛使用，关于此方法见GB/T 1551—2009。

(1) 测量装置

① 探针装置　探针用钨或碳化钨制作，针尖为45°～150°圆锥形，尖端初始标称半径为25～50μm。

每根探针压力为1.75N±0.25N，或4.0N±0.5N。

四根探针等间距（1mm）地排成直线，一探针与其他探针及仪器任何部位之间的绝缘大于10^9Ω·cm。

探针架能使探针无横向位移地降到待测硅片表面。

② 电学测量装置　恒流源、电流换向开关、数字电压表、欧姆计和标准电阻等组成。

③ 样品架。

④ 测厚仪。

(2) 方法原理

图 6-10 为直排四探针测量硅片电阻率示意图。排列成一直线的四根探针垂直地压在被测样品表面上，将直流电流在两外探针间通入样品，在两内探针间接入一电位差计或其他高输入阻抗的电子仪器，测量由电流 I 引起的电位差 V。根据 I 和 V，使用合适的几何修正因子进行计算，就可以得到所测硅片的电阻率。

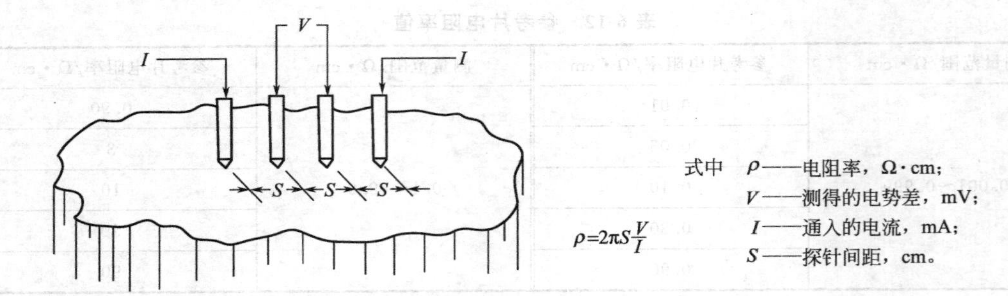

V
I
I
S
S
S
式中 ρ——电阻率，Ω·cm；
V——测得的电势差，mV；
I——通入的电流，mA；
S——探针间距，cm。
ρ=2πS V/I

图 6-10 直排四探针测量硅片电阻率示意图

假定样品的电阻率是均匀的，并且假定样品为半无限大，即它只有一个平面，样品在这个平面下任意伸展。如果这平面上有一点电流源向样品输入电流 I，电流将在样品内部呈放射状均匀扩展，等位面为半球形，如图 6-11 所示。

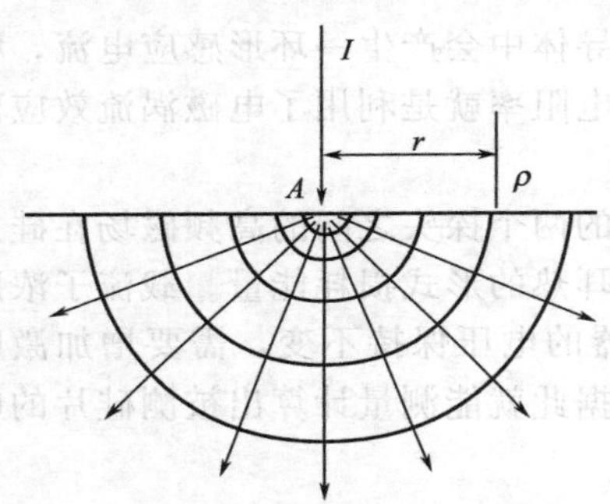

图 6-11 点电流源在均匀半无限大样品中的电流分布及等位面

在以点电流源为中心半径为 r 的半球面上，任意点的电流强度是相等的，其电位 $\phi=\pm\frac{\rho I}{2\pi r}$，式中 ρ 为样品电阻率。当电流流进样品时，ϕ 为正；流出样品时，ϕ 为负。

压在样品上的四根探针，如果电流从探针 1 流入，从探针 4 流出，则在样品上成为两个点电流源。这时在样品内任意点的电位就等于这两个点电流源在该点电位的叠加。因此，探针 2 和探针 3 所在处的电位分别为：

$$\phi_2=\frac{\rho I}{2\pi}\left(\frac{1}{r_{12}}-\frac{1}{r_{24}}\right)$$

$$\phi_3=\frac{\rho I}{2\pi}\left(\frac{1}{r_{13}}-\frac{1}{r_{34}}\right)$$

这两点间的电位差 V_{23} 为：

$$V_{23}=\phi_2-\phi_3=\frac{\rho I}{2\pi}\left(\frac{1}{r_{12}}-\frac{1}{r_{24}}-\frac{1}{r_{13}}+\frac{1}{r_{34}}\right)$$

根据上式可得出：

$$\rho=\frac{V_{23}}{I}\times 2\pi\left(\frac{1}{r_{12}}-\frac{1}{r_{24}}-\frac{1}{r_{13}}+\frac{1}{r_{34}}\right)^{-1}$$

因为四根探针是呈直线排列，探针间距分别为 S_1、S_2 和 S_3，上式即可写为：

$$\rho=\frac{V_{23}}{I}\times 2\pi\left(\frac{1}{S_1}-\frac{1}{S_2+S_3}-\frac{1}{S_1+S_2}+\frac{1}{S_3}\right)^{-1}$$

又因为四根探针是等距排列，即 $S_1=S_2=S_3$，所以：

$$\rho=\frac{V_{23}}{I}\times 2\pi S$$

其中 $2\pi S$ 被称为探针系数，用 C 来表示，即：

$$C=2\pi S \quad 或 \quad C=2\pi\left(\frac{1}{S_1}-\frac{1}{S_2+S_3}-\frac{1}{S_1+S_2}+\frac{1}{S_3}\right)^{-1}$$

对于每一个探针头来说，有其固定的探针间距，探针系数 C 就是一个常数，只要测出探针间距，就可以计算出 C。

在实际测量中，为了计算方便，常常将电流 I(mA) 取为与 C(cm) 相等的数值，这样由电位差计测得的电位差 V_{23}(mV) 就可以直接读为被测样品的电阻率（Ω·cm）了。

(3) 关于修正因子

前面的推导是建立在一个假设的基础之上，即假定被测样品是半无限大的，显然是做不到的。如果样品有足够大的尺寸，使测量时探针头在被测面上距任何一个边缘的距离都足够远，就可以认为样品近似满足半无限大的条件，用两个尺寸来衡量：

① 样品边缘离最近探针的距离不小于 3 倍探针间距 S；

② 样品厚度不小于 3 倍探针间距 S。

如果上述条件不满足，则需要进行修正。

在硅片生产中，硅片通常为厚度小于 1mm 的圆片，因此需要进行几何修正，修正因子可以通过查表（表 6-13 和表 6-14）得到。

表 6-13 厚度修正因子 $F_{(W/S)}$ 与 W/S 关系表

W/S	$F_{(W/S)}$	W/S	$F_{(W/S)}$	W/S	$F_{(W/S)}$	W/S	$F_{(W/S)}$
0.40	0.9993	0.63	0.9894	0.86	0.9547	1.9	0.659
0.41	0.9992	0.64	0.9885	0.87	0.9526	2.0	0.634
0.42	0.9990	0.65	0.9875	0.88	0.9505	2.1	0.610
0.43	0.9989	0.66	0.9865	0.89	0.9483	2.2	0.587
0.44	0.9987	0.67	0.9853	0.90	0.9460	2.3	0.566
0.45	0.9986	0.68	0.9842	0.91	0.9438	2.4	0.546
0.46	0.9984	0.69	0.9830	0.92	0.9414	2.5	0.528
0.47	0.9981	0.70	0.9818	0.93	0.9391	2.6	0.510
0.48	0.9978	0.71	0.9804	0.94	0.9367	2.7	0.493
0.49	0.9976	0.72	0.9791	0.95	0.9343	2.8	0.477
0.50	0.9975	0.73	0.9777	0.96	0.9318	2.9	0.462
0.51	0.9971	0.74	0.9762	0.97	0.9293	3.0	0.448
0.52	0.9967	0.75	0.9747	0.98	0.9267	3.1	0.435
0.53	0.9962	0.76	0.9731	0.99	0.9242	3.2	0.422
0.54	0.9958	0.77	0.9715	1.0	0.9216	3.3	0.410
0.55	0.9953	0.78	0.9699	1.1	0.892	3.4	0.399
0.56	0.9947	0.79	0.9681	1.2	0.864	3.5	0.388
0.57	0.9941	0.80	0.9664	1.3	0.833	3.6	0.378
0.58	0.9934	0.81	0.9645	1.4	0.803	3.7	0.368
0.59	0.9927	0.82	0.9627	1.5	0.772	3.8	0.359
0.60	0.9920	0.83	0.9608	1.6	0.742	3.9	0.350
0.61	0.9912	0.84	0.9588	1.7	0.713		
0.62	0.9903	0.85	0.9566	1.8	0.685		

注：W——硅片厚度，mm；S——探针平均间距，mm。

表 6-14 直径修正因子 $F_{(D/S)}$ 与 D/S 关系表

D/S	$F_{(D/S)}$	D/S	$F_{(D/S)}$	D/S	$F_{(D/S)}$
∞	4.532	75	4.524	30	4.483
200	4.531	50	4.517	25	4.470
125	4.530	40	4.508	20	4.436
100	4.528	35	4.501	10	4.171

注：D——硅片直径，mm；S——探针平均间距，mm。

(4) 测试步骤

① 开启测试仪电源，预热 15min。

② 根据待测硅片目标电阻率，选择适当的电流量程，可参考表 6-15。

表 6-15 电阻率测量时电流量程选择

电阻率/Ω·cm	电流量程/mA	电阻率/Ω·cm	电流量程/mA
<0.012	100	0.4～60	1
0.01～0.6	10	40～1000	0.1

③ 计算几何修正系数 F

$$F=F_{(D/S)}\times W\times F_{(W/S)}\times F_{SP}$$

式中 W——待测硅片厚度，mm；

D——待测硅片直径，mm；

S——探针平均间距，mm；

$F_{(D/S)}$——圆片直径修正因子，当 $D\to\infty$ 时，$F_{(D/S)}=4.532$，在有限直径下，$F_{(D/S)}$ 可从表 6-14 查出；

$F_{(W/S)}$——厚度修正因子，当 $(W/S)<0.4$ 时，$F_{(W/S)}=1$，$(W/S)\geqslant 0.4$ 时，$F_{(W/S)}$ 可从表 6-13 查出；

F_{SP}——探针间距修正因子。

④ 选择调节电流值 I，输入必要参数 通常测量仪器都可以选择自动或手动测量，在自动测量时一般调节电流 I=直径修正因子 $F_{(D/S)}$，比如 $F_{(D/S)}=4.532$ 时，即调节电流 I 为 4.532，然后输入被测硅片厚度和 F_{SP}。

⑤ 测量 将待测硅片放在测试台上，压下探针进行测量，读取仪器显示数值，如果需要，进行计算。

(5) 注意事项

① 每批硅片检验前及长时间连续测量时应用电阻率标准样片进行校对，误差<5%时方可进行测量，电阻率标准样片应选用与待测硅片电阻率相接近的样片；

② 如果测试仪器位于高频发生器附近，应有良好的屏蔽；

③ 测量过程中避免光电导和光生伏特效应的影响；

④ 被测硅片表面清洁平整，具一定粗糙度，最好经过研磨处理；

⑤ 选取适当的测试电流，表 6-16 为 GB/T 1551—2009 推荐的测试电流；

表 6-16 硅片电阻率测试电流选择

电阻率/Ω·cm	电流/mA	推荐的圆片测量电流值/mA
<0.03	≤100	100
0.03～0.30	<100	25
0.3～3	≤10	2.5
3～30	≤1	0.25
30～300	≤0.1	0.025
300～3000	≤0.01	0.0025

⑥ 被测硅片温度应保持恒定，通常应在恒温环境中放置一定时间后进行测量，常规生产检验环境温度一般控制在23℃±2℃。必要时可以进行温度修正。

6.2.2.3 硅片径向电阻率变化（径向电阻率均匀性）测量

硅片径向电阻率变化又叫做硅片径向电阻率均匀性，其测量按GB/T 11073进行。

硅片径向电阻率变化通常采用四探针接触式方式测量，即按照规定的测量取点方案，测试硅片各点的电阻率，然后通过计算，得到硅片的径向电阻率变化。

（1）测量取点方案

GB/T 11073规定了4种测量取点方案，如图6-12。

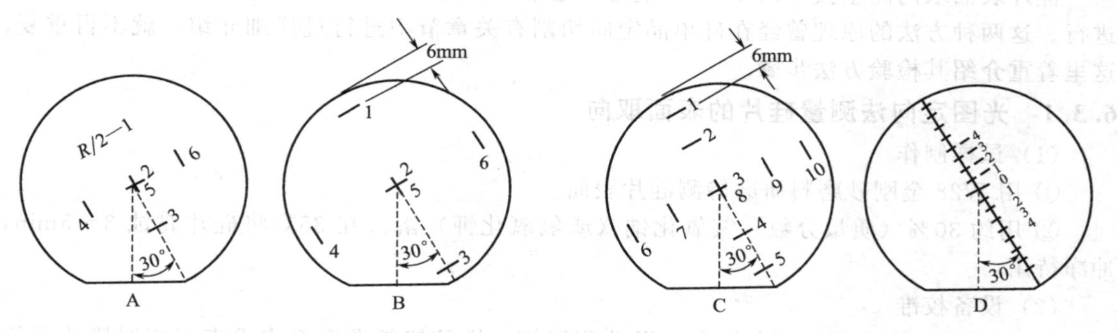

图 6-12 硅片电阻率测量取点方案

① 方案A 小面积十字形。

测量六点，硅片中心两点，两条垂直半径的中点（$R/2$）处各一点。

② 方案B 大面积十字形。

测量六点，硅片中心两点，两条垂直半径距边缘6mm处各一点。

③ 方案C 小面积及大面积十字形。

测量十点，硅片中心两点，两条垂直半径中点（$R/2$）处及距边缘6mm处各一点。

④ 方案D 一条直径上的高分辨型。

在一条直径上硅片中心点以及中心与直径两端的距离之间，以2mm间隔在尽可能多的位置上进行测量。

（2）计算

① 对于方案A或B，计算电阻率平均百分变化$\Delta\rho_{\max}$。

$$\Delta\rho_{\max}=\frac{|(\rho_a-\rho_c)|}{\rho_c}\times100\%$$

式中 ρ_a——硅片中心两点电阻率平均值；

ρ_c——硅片$R/2$处或边缘四点电阻率平均值。

② 对于方案C或D，计算电阻率最大百分变化$\Delta\rho_{max}$。

$$\Delta\rho_{max}=\frac{|(\rho_M-\rho_m)|}{\rho_m}\times100\%$$

式中 ρ_M——各点测得结果中的最大值；

ρ_m——各点测得结果中的最小值。

（3）关于直径修正因子

表6-17中列出了部分直径规格硅片各测量点的直径修正因子F_2。

表 6-17 硅片各测量点直径修正因子 F_2

测量位置	D/S值						
	25	38	51	60	76	100	125
中心(O)	4.470	4.505	4.517	4.521	4.526	4.528	4.530
半径中点(R/2)	4.424	4.485	4.505	4.513	4.520	4.525	4.528
边缘6mm(R－6)	4.416	4.439	4.447	4.451	4.455	4.458	4.460

6.3 硅片表面取向检验

硅片表面取向测量按GB/T 1555进行，通常可以使用光图定向法和X射线衍射定向法进行。这两种方法的原理曾经在硅单晶定向切割有关章节中进行过详细介绍，就不再重复，这里着重介绍其检验方法步骤。

6.3.1 光图定向法测量硅片的表面取向

（1）试样制作

① 用W28金刚砂磨料研磨待测硅片表面。

② 用约30%（质量分数）氢氧化钠（或氢氧化钾）溶液在85℃将硅片腐蚀3～5min，冲净待用。

（2）设备校准

① 用水平仪检查调节定向仪水平滑动燕尾槽，样品架基准平面应垂直于燕尾槽并平行于显示光屏。

② 用一垂线检查光屏及其“y”轴是否垂直于水平面，如不垂直则转动光屏调节，使其垂直。

③ 取一平整度＜10μm，$\phi\geqslant76.2$mm的抛光硅片贴于定向仪样品架基准平面上，开启激光定向仪，调节测角仪使激光束照在镜面上且反射点与光源点重合。

④ 观察测角仪读数是否为零，若不是，则调整激光定向仪系统使其为$0°\pm10'$，或设置新的基准零点。

（3）硅片表面取向测量

① 开启激光定向仪电源，将电流调至7～9mA，使有稳定的激光束输出；

② 将待测硅片贴于样品架上，调整载物台位置，使激光束打在腐蚀处理过的端面上；

③ 观察光屏上的反射光图，并调节测角仪使光图中心与光束发射孔对中；

④ 读取测角仪水平偏角（x轴偏角）α和垂直偏角（y轴偏角）β。

（4）计算总的角度偏差Φ

$$\cos\Phi=\cos\alpha\cos\beta$$

当角度＜5°时，上式可简化为：

$$\Phi^2=\alpha^2+\beta^2$$

根据光反射图像与计算结果，确定被测硅片的表面取向，也就是晶向及其偏离度。图 6-13 显示了硅单晶主要晶面的光反射图像。

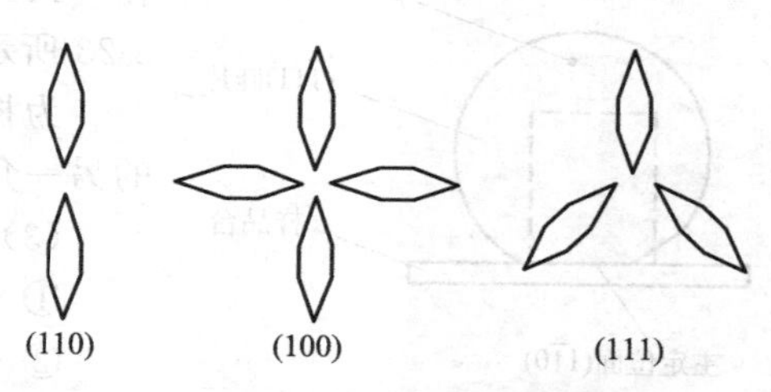

图 6-13 硅单晶主要晶面的光反射图像

6.3.2 X 射线衍射法测量硅片的表面取向

（1）测量步骤

① 开启 X 射线衍射仪电源，预热设备；

② 根据待测硅片大致晶向预置 GM 计数管于 2θ 角。硅单晶常用晶面对铜靶衍射的 θ 角值如表 6-18 所示；

表 6-18 硅单晶常用晶面对铜靶衍射布拉格角 θ

反射平面{h,k,l}	θ 值	反射平面{h,k,l}	θ 值
111	14°14′	400	34°36′
220	23°40′	422	44°04′

③ 将待测硅片置于载物台上，注意待测面紧贴定向仪基准平面；

④ 开启高压，转动测角仪，同时观察电流表指示，直到最大值为止；

⑤ 读取角度仪读数为 Ψ_1；

⑥ 顺时针转动试样分别为 90°、180°及 270°，并依次重复步骤③和④，测量读取 Ψ_2、Ψ_3 及 Ψ_4。

（2）计算

令：

$$\alpha=\frac{|(\Psi_1-\Psi_3)|}{2}$$

$$\beta=\frac{|(\Psi_2-\Psi_4)|}{2}$$

Φ 的计算同 6.3.1 中（4）计算总的角度偏差 Φ。

注：当不需要最高测量精度时，可以只测得 Ψ_1 和 Ψ_2，则：

$\alpha=|\Psi_1-\theta|$，$\beta=|\Psi_2-\theta|$，然后计算 Φ。

（3）关于设备校准

① 用一标准石英晶片作为仪器校准晶片，该晶片标准衍射角为 13°20′或其他。

② 用上述测量步骤中所述方法测量石英晶片衍射角度是否相符，如不符，松开测角仪固定螺钉，调节直至衍射角相符（±30″）为止。

6.3.3 注意事项

（1）偏离方向

〈111〉硅单晶偏离切割时，通常应平行于主定位面向最近的〈110〉方向偏离，如图 2-29所示。

在对偏离切割的硅片进行表面取向测量时，要注意其偏离方向，如果是光图法，当定向仪测角台归零后，光图的位置应该如图 2-29 所示；如果是 X 射线衍射法，当（111）硅片主参考面在下方时（图 6-14），其测量点（P）测得的衍射角 Ψ 应大于相应的标准衍射角 θ，即 $\Psi_P>14°14′$（前提是主参考面方位正确）。

（2）正交晶向偏离

在偏离切割的硅片中，硅片表面法线矢量在｛111｝面上的投影与最邻近的〈110〉方向

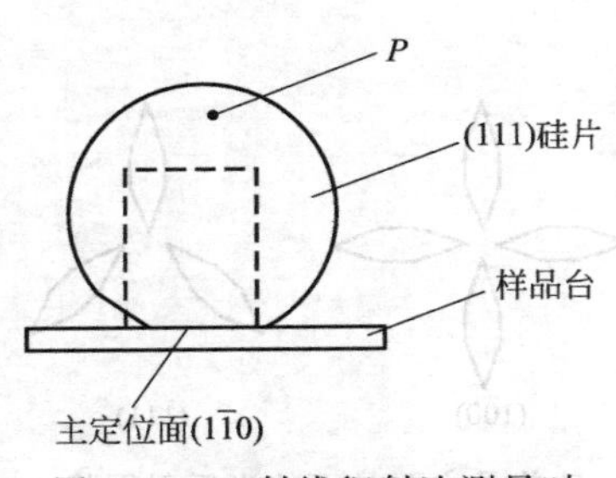

图 6-14 X射线衍射法测量时(111)硅片偏离方向判断

在{111}面上投影之间的夹角，称为正交晶向偏离，如图2-23所示。

为控制正交偏差，偏离切割的单晶，与偏离方向垂直的另一角度分量通常应小于30′。

(3) 安全

① 勿将眼睛正对激光光束；

② 勿将身体各部位置于X射线光路中，必要时应穿带防辐射用品；

③ 不能接触仪器高压部位；

④ 进行硅片化学腐蚀时要使用专门防护用品，避免身体受到伤害。

6.4 硅片几何参数检验

硅片几何参数检验包括硅片直径、厚度、总厚度变化、弯曲度、翘曲度、参考面、平整度和定位面等的检验。

6.4.1 硅片直径检验

直径是硅片最基本的参数之一，GB/T 12965—2005《硅单晶切割片和研磨片》中规定，硅片直径测量按GB/T 14140进行。

6.4.1.1 硅片直径测量部位与结果处理

按照标准，每个硅片应测量三条直径，以三次测量结果的平均值作为该硅片的直径D，即：

$$\overline{D}=\frac{1}{3}\sum_{i=1}^{3}D_i$$

GB/T 14140中给出了硅片直径测量部位，如图6-15。

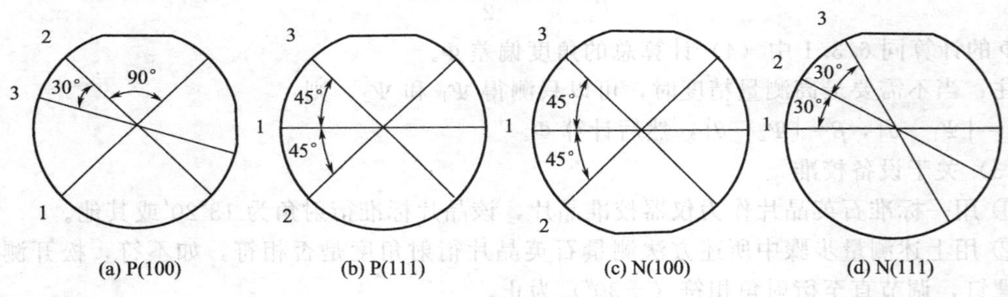

图 6-15 硅片直径测量部位

① P⟨111⟩和N⟨100⟩的硅片，要测量的三条直径分别是平行于主参考面的直径和另外两条与该直径呈45°角的直径。

② P⟨100⟩硅片，第一条直径位于主、副参考面的中间，第二条直径垂直于第一条直径，第三条直径与第二条直径呈30°角。

③ N⟨111⟩硅片，第一条直径平行于主参考面，第二条直径与第一条直径呈30°角，第三条直径与第二条直径也呈30°角。

6.4.1.2 光学投影法测量硅片直径

(1) 方法提要

利用光学投影仪，将硅片投影到显示屏上，使用螺旋测微计和标准长度块进行其直径的测量。

通过调节使硅片投影的两端边缘分别与显示屏上的垂直坐标轴左右两边相切，其位置差即为硅片直径。

（2）测试装置

① 光学投影仪　放大倍数为10～50倍，其载物台可在 x 和 y 方向移动，移动范围0～25mm，精度0.1μm。

② 样品架　包括样品夹和支架，样品夹可在支架上滑动，滑动范围50～100mm。

③ 标准长度块　具备所测量直径规格的标准长度块多个。

注：以上装置的移动范围只适合直径不大于100mm的硅片测量。

（3）测量步骤

① 移动载物台到中间位置，将硅片放入样品夹，使被测直径处于测量位置；

② 选择与硅片直径尺寸相当的标准长度样块置于硅片架左端，滑动样品夹，使硅片边缘紧靠标准长度块；

③ 调节光学投影仪，使硅片边缘轮廓清晰地显示在显示屏上；

④ 调节螺旋测微仪，使载物台在 x 方向移动，直到硅片边缘轮廓的左边与显示屏上的垂直坐标轴相切，如图6-16(a) 所示，记下螺旋测微计读数 F；

⑤ 移走标准长度块，记下基准长度 L，滑动样品夹靠紧支架左端。调节螺旋测微仪，使载物台在 x 方向移动，直到硅片边缘轮廓的右边与显示屏上的垂直坐标轴相切，如图6-16(b)所示，记下螺旋测微计读数 S；

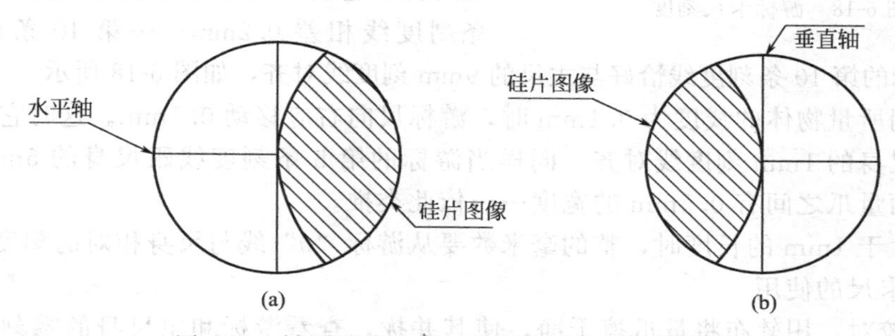

图 6-16　被测硅片边缘与垂直坐标轴相切示意图

⑥ 旋转硅片，使另一被测直径处于测量位置，重复以上步骤，直至完成三条直径测量。

（4）计算

$$D_i = L + (F_i - S_i)$$

式中　D_i——硅片直径测量值，mm；

L——基准长度值，mm；

F_i——第一次记录的读数，mm；

S_i——第二次记录的读数，mm。

6.4.1.3　用外径千分尺或游标卡尺测量硅片直径

最简单直观的方法就是用外径千分尺测量硅片直径，在直径公差范围比较宽时，也常常使用游标卡尺来进行。

用外径千分尺或游标卡尺测量硅片直径时，首先应校准所使用的计量器具零点，因为是直接测量，测量时要格外小心，以免损坏硅片。

（1）游标卡尺

① 游标卡尺的结构　游标卡尺是工业上常用的测量长度的仪器，它由尺身及能在尺身

上滑动的游标组成，如图 6-17 所示。若从背面看，游标是一个整体。游标与尺身之间有一弹簧片（图中未能画出），利用弹簧片的弹力使游标与尺身靠紧。游标上部有一紧固螺钉，可将游标固定在尺身上的任意位置。尺身和游标都有量爪，利用内测量爪可以测量槽的宽度和管的内径，利用外测量爪可以测量零件的厚度和管的外径，也可以测量硅片直径。深度尺与游标尺连在一起，可以测量槽和筒的深度。

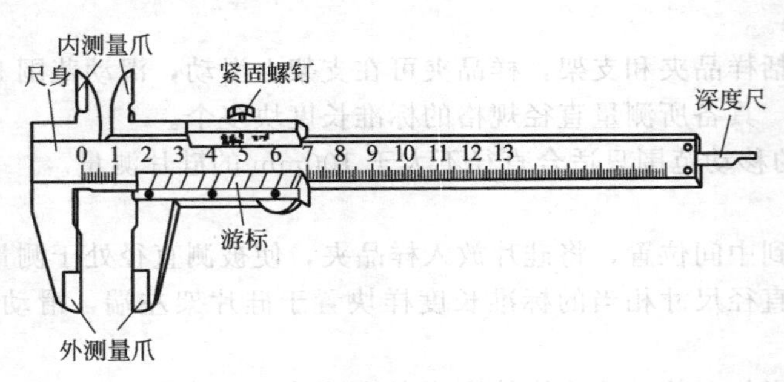

图 6-17 游标卡尺

游标卡尺尺身和游标尺上面都有刻度。以准确到 0.1mm 的游标卡尺为例，尺身上的最小分度是 1mm，游标尺上有 10 个小的等分刻度，总长 9mm，每一分度为 0.9mm，比主尺上的最小分度相差 0.1mm。量爪并拢时尺身和游标的零刻度线对齐，它们的第 1 条刻度线相差 0.1mm，第 2 条刻度线相差 0.2mm……第 10 条刻度线相差 1mm，即游标的第 10 条刻度线恰好与主尺的 9mm 刻度线对齐，如图 6-18 所示。

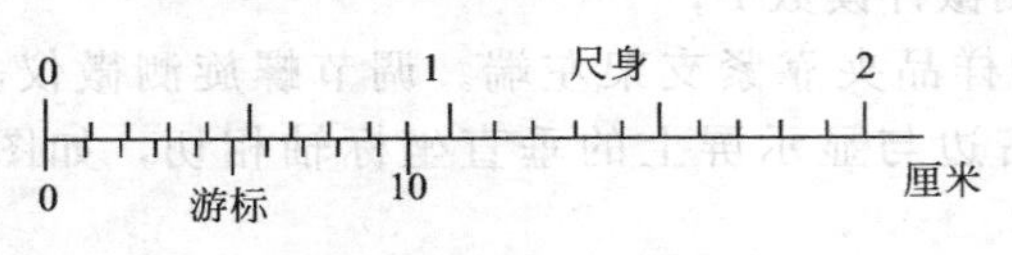

图 6-18 游标卡尺刻度

当量爪间所量物体的线度为 0.1mm 时，游标尺向右应移动 0.1mm。这时它的第 1 条刻度线恰好与尺身的 1mm 刻度线对齐。同样当游标的第 5 条刻度线跟尺身的 5mm 刻度线对齐时，说明两量爪之间有 0.5mm 的宽度……依此类推。

在测量大于 1mm 的长度时，整的毫米数要从游标“0”线与尺身相对的刻度线读出。

② 游标卡尺的使用

• 零点校对：用软布将量爪擦干净，使其并拢，查看游标和主尺身的零刻度线是否对齐。如果对齐就可以进行测量；如果没有对齐则要记取零误差。游标的零刻度线在尺身零刻度线右侧的叫正零误差，在尺身零刻度线左侧的叫负零误差（此规定与数轴的规定一致，原点以右为正，原点以左为负）。

• 测量：测量时，右手拿住尺身，大拇指移动游标，左手拿待测外径（或内径）的物体（如硅片），使待测物位于外测量爪之间，当与量爪紧紧相贴时，即可读数，如图6-19所示。

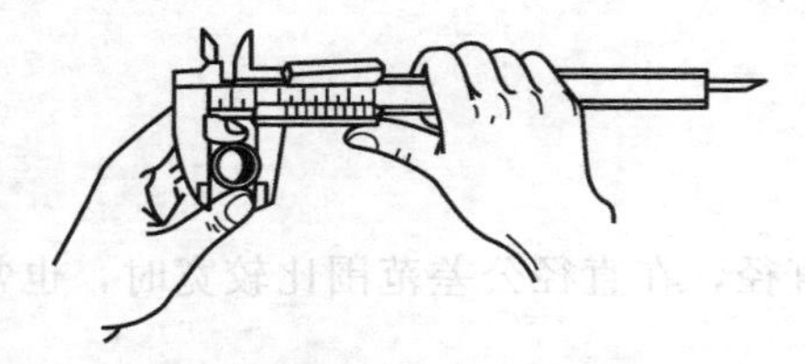

图 6-19 使用游标卡尺测量物体外径尺寸

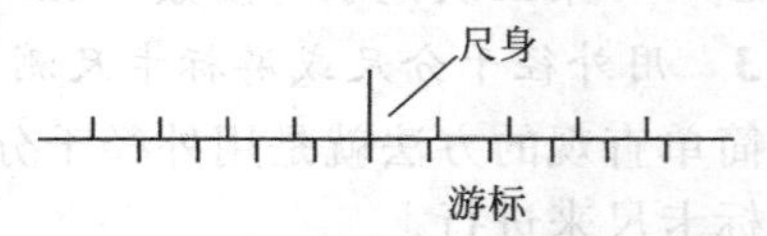

图 6-20 判断游标上哪条刻度线与尺身刻度线对准的方法

• 读数：读数时首先以游标零刻度线为准在尺身上读取毫米整数，即以 mm 为单位的整数部分。然后看游标上第几条刻度线与尺身的刻度线对齐，如第 6 条刻度线与尺身刻度线对齐，则小数部分即为0.6mm，若没有正好对齐的线，则取最接近对齐的线进行读数。如有零误差，则一律用上述结果减去零误差（零误差为负时，实际上相当于加），读数结果为：

$$L=\text{整数部分}+\text{小数部分}-\text{零误差}$$

判断游标上哪条刻度线与尺身刻度线对准，可用下述方法：选定相邻的三条线，如左侧的线在尺身对应线左右，右侧的线在尺身对应线之左，中间那条线便可以认为是对准了，如图6-20所示。

如果需测量几次取平均值，不需每次都减去零误差，只要从最后结果减去即可。

③ 游标卡尺的精度　常用的游标卡尺精度为0.1mm、0.05mm和0.02mm。精度为0.05mm的游标卡尺的游标上有20个等分刻度，总长为19mm。测量时如游标上第11根刻度线与主尺对齐，则小数部分的读数为（11/20）mm=0.55mm，如第12根刻度线与主尺对齐，则小数部分读数为（12/20）mm=0.60mm。

一般来说，游标上有n个等分刻度，它们的总长度与尺身上（$n-1$）个等分刻度的总长度相等，若游标上最小刻度长为x，主尺上最小刻度长为y，则

$$nx=(n-1)y$$

$$x=y-(y/n)$$

主尺和游标的最小刻度之差为：

$$\Delta x=y-x=y/n$$

y/n叫游标卡尺的精度，它决定读数结果的位数。由公式可以看出，提高游标卡尺的测量精度在于增加游标上的刻度数或减小主尺上的最小刻度值。一般情况下y为1mm，n取10、20和50时，其对应的精度分别为0.1mm、0.05mm、0.02mm。由于受到本身结构精度和人的眼睛对两条刻线对准程度分辨力的限制，目前机械式游标卡尺的最高精度为0.02mm。数显游标卡尺的精度要高些，一般可到0.01mm，高精度数显卡尺精度可达0.005mm。

④ 游标卡尺的使用与保管注意事项

• 游标卡尺是比较精密的测量工具，要轻拿轻放，不得碰撞或跌落地下。使用时不要用来测量粗糙的物体，以免损坏量爪，不用时应置于干燥地方防止锈蚀。

• 测量时，应先拧松紧固螺钉，移动游标不能用力过猛。两测量爪与待测物的接触不宜过紧。不能使被夹紧的物体在测量爪内挪动。

• 读数时，视线应与尺面垂直。如需固定读数，可用紧固螺钉将游标固定在尺身上，防止滑动。

• 实际测量时，对同一长度应多测几次，取其平均值来消除偶然误差。

• 游标卡尺使用完毕，用棉纱擦拭干净。长期不用时应将它擦上黄油或机油，两测量爪合拢并拧紧紧固螺钉，放入卡尺盒内盖好。

（2）外径千分尺

外径千分尺常简称为千分尺，如图6-21所示，是比游标卡尺更精密的长度和直径测量仪器，其规格依25mm间格行程划分，常用的为0～25mm、25～50mm、50～75mm、75～100mm和100～125mm等。微米外径千分尺主要刻度值是0.01mm，分辨刻度为0.001mm。

① 外径千分尺使用方法　首先用标准样块校对外径千分尺，如有不超过±0.002mm（2μm）偏差，该千分尺被视为合格而无须校正，超出则需要校正。校正时应使用产品盒中配套的板子调整，将单爪端插入固定套筒的小孔内，转动固定套筒，即可调零。如零位偏差较大，使用板子双爪端旋松测力装置，持小锤轻震微分筒尾端，使其与测微螺杆脱开，转动微分筒对零后旋紧测力装置。

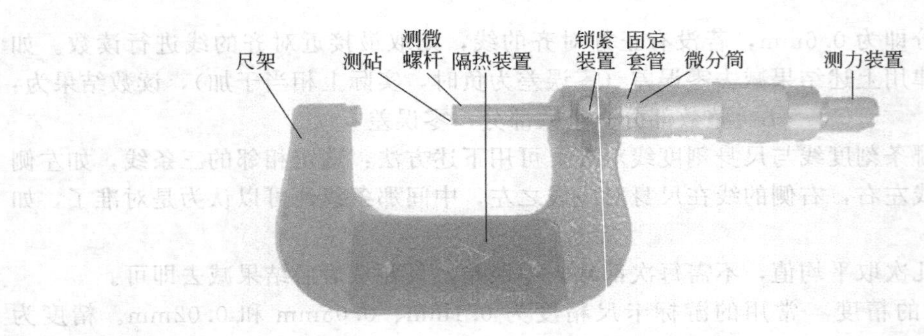

图 6-21 外径千分尺结构

测量时，先将测砧与工作件接触，然后转动微分筒，缓慢进给测微螺杆，在测量面将要接触工作件时，应通过转动测力装置渐近测量面，听见“咔咔”2～3 声，表明测量面已接触上，测力装置卸荷有效，即可读数。

② 外径千分尺刻度与读数 如图 6-22 所示，固定套管上有一条水平线，这条线上、下各有一列间距为 1mm 的刻度线，上面的刻度线恰好在下面二相邻刻度线中间。微分筒上刻度线是将圆周分为 50 等分的水平线，它是旋转运动的。根据螺旋运动原理，当微分筒（又称可动刻度筒）旋转 1 周时，测微螺杆前进或后退一个螺距——0.5mm。

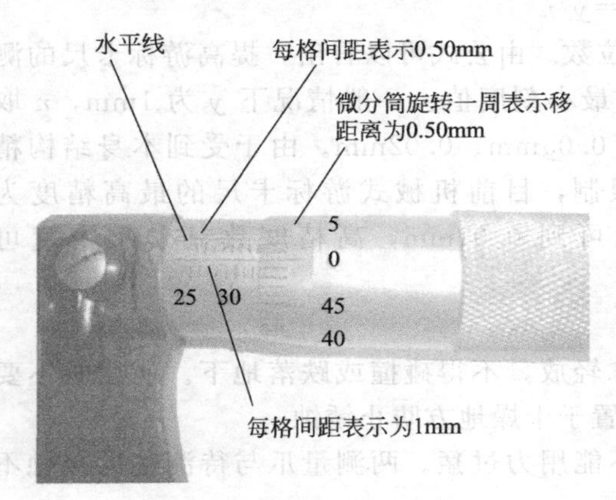

图 6-22 外径千分尺刻度

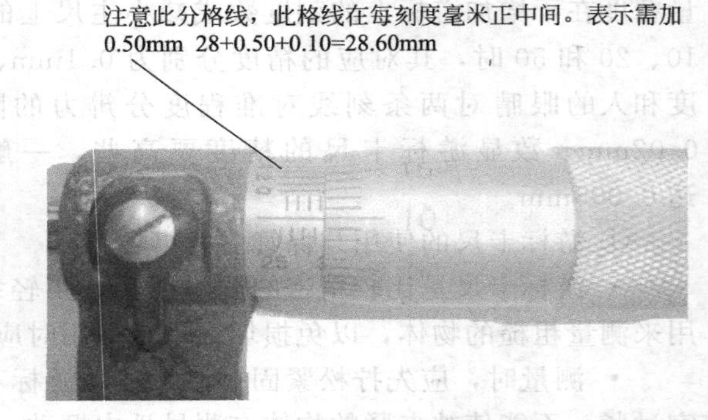

图 6-23 外径千分尺测量结果读取

这样，当微分筒旋转一个分度后，它转过了 1/50 周，这时螺杆沿轴线移动了 1/50×0.5mm＝0.01mm，因此，使用千分尺可以准确读出 0.01mm 的数值。

外径千分尺可以用下面方法读取数值。

• 直接读取：因微分筒每转两圈测微螺杆移动 1mm，所以在微分筒临边离开整数刻度后的第一圈内，可用固定套管的整数加微分筒的读数直接读取测量值。

• 间接读取——直接读取＋0.50mm：在微分筒临边离开整数刻度后的第二圈内，应能看到固定套管上整数刻度的半毫米刻度，这时，整毫米数加 0.5mm，再加微分筒的读数即为测量值。

如图 6-23 所示，读数应为 28＋0.50＋0.10＝28.60mm

• 微米读取：

$$1\text{mm}=100(\text{丝})=1000\mu\text{m}$$

分度值为 0.001mm 的千分尺，在固定套管上有10 等分的刻度，测量后微分筒上的任何刻线与固定套管纵刻线对不上时，按上述方法读取数值后，再读出千分数值，与各类游标卡尺读取方法相同。

如图 6-24 所示，读取为 35＋0.02＋0.005＝35.025mm。

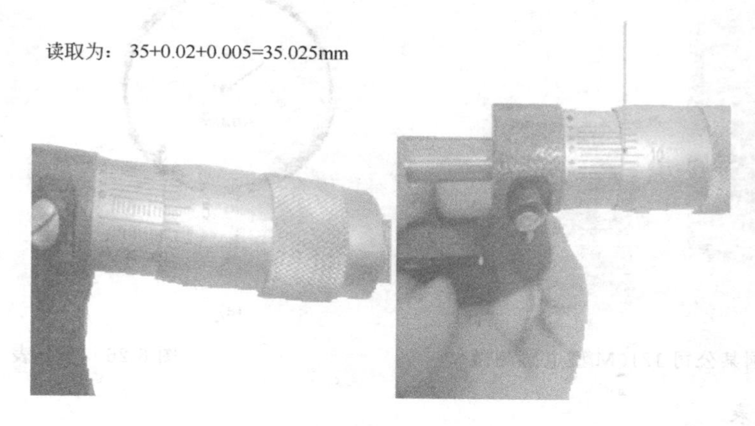

图 6-24 外径千分尺微米读取

如果所使用的外径千分尺没有微米刻度，千分数值就只能估计读取。

③ 使用千分尺注意事项

• 千分尺是一种精密的量具，使用时应轻拿轻放不要让它受到打击和碰撞。千分尺内的螺纹非常精密，使用时要注意。

• 旋钮和测力装置在转动时都不能过分用力。

当转动旋钮使测微螺杆靠近待测物时，一定要改旋测力装置，不能转动旋钮使螺杆压在待测物上；

当测微螺杆与测砧已将待测物卡住或旋紧锁紧装置的情况下，决不能强行转动旋钮。

• 有些千分尺为了防止手温使尺架膨胀引起微小的误差，在尺架上装有隔热装置。实验时应手握隔热装置，而尽量少接触尺架的金属部分。

• 千分尺用毕后，应用纱布擦干净，在测砧与螺杆之间留出一点空隙，放入盒中。如长期不用可抹上黄油或机油，放置在干燥的地方。注意不要让它接触腐蚀性的气体。

6.4.2 硅片厚度和总厚度变化（TTV）检验

硅片厚度和总厚度变化（TTV）检验可以用接触式或非接触式方法进行。接触式测量一般采用电感测微仪或千分表来进行，简单方便并直观；非接触测量通常利用静电电容法来实现，在全自动硅片检验尤其是硅抛光片的检验中被大量使用。

6.4.2.1 电感测微仪

电感测微仪是一种能够测量微小尺寸变化的精密测量仪器，它由主体和测头两部分组成，配上相应的测量装置（例如测量台架等），能够完成各种精密测量。电感测微仪可以检查工件的厚度、内径、外径、椭圆度、平行度、直线度、径向跳动等，被广泛应用于精密机械制造业、晶体管和集成电路制造业以及国防、科研、计量部门的精密长度测量。

电感测微仪在硅片生产中主要用于测量硅片厚度，指针式或数显式均可，通常测量分辨率为 0.1μm 以上。

图 6-25 显示的是一台德国某公司 1210M 型电感测微仪，由显示电箱、电感传感器和测量台架三部分组成，分辨率 0.05μm，公制或英制方式下均可操作。

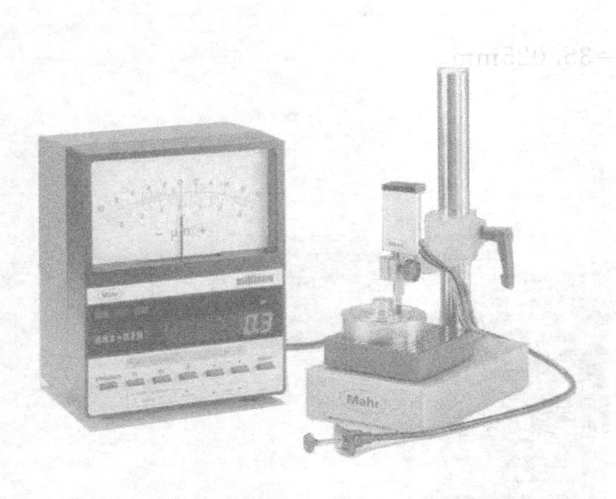
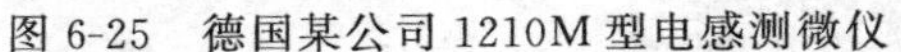

图 6-25 德国某公司 1210M 型电感测微仪

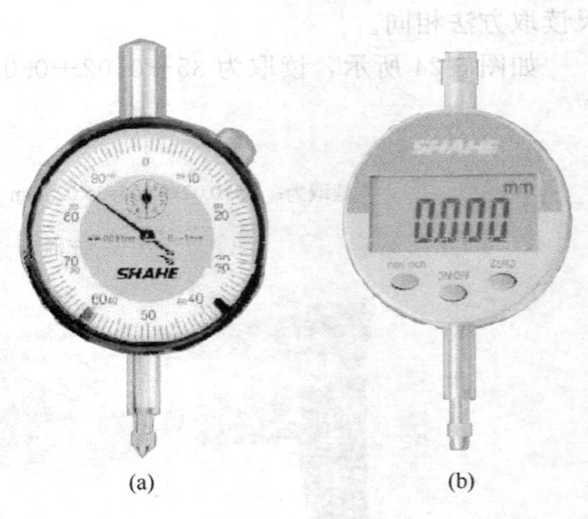

(a) (b)

图 6-26 千分表

6.4.2.2 千分表

图 6-26 中显示的千分表为成都市某量具有限公司产品。千分表以其灵活、方便及小巧的特点被广泛使用于硅片加工生产中，通常量程为 1mm，主要用于硅片厚度的检查，尤其是在线检查。

图 6-26(a)为指针式的，当大盘指针转一圈时，小圆内指针移动一个刻度，表示表头位移 0.1mm（100μm）。大盘圆周被分为 100 份并有对应刻度，每个小格代表 1μm。

图 6-26(b)为数显式千分表。

6.4.2.3 静电电容法非接触测量硅片厚度方法原理

静电电容法测量硅片厚度的方法示意如图 6-27 所示。

上、下探头输入一个高频信号，其间产生高频电场，被测硅片置于此电场中，电容传感器的电容极板与硅片的表面构成一电容，这个电容与传感器内的标准电容之间的偏差量与交流信号的频率及振幅成比例，因此可以通过一个标准线性电路求出电流的变化量，并通过电流的变化量求出硅片的电容量。

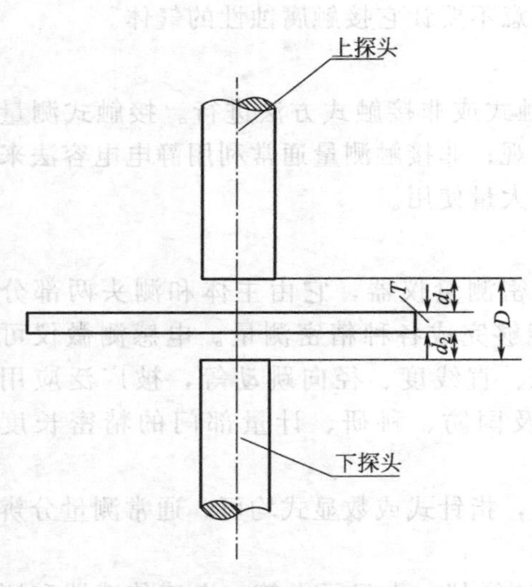

图 6-27 静电电容法测量硅片厚度方法示意图

对于平板电容，有 $C=\varepsilon\dfrac{S}{d}$

式中 C——电容器的容量；

S——平板的面积；

d——板间的距离；

ε——介电常数。

由此公式可以计算出 d_1 和 d_2，再由下式计算出硅片厚度。

$$T=D-d_1-d_2$$

式中 d_1——上探头与硅片上表面距离；

d_2——下探头与硅片下表面距离；

T——硅片厚度；

D——上、下探头之间距。

6.4.2.4 硅片总厚度变化（TTV）测量方式

硅片总厚度变化（TTV）检验可以采用分立点式测量和扫描式测量两种方式进行，两种方式均可以利用手动或自动模式得以实现。GB/T 6618—1995《硅片厚度和总厚度变化测试方法》中对这两种方法进行了规范性描述。

（1）分立点式测量

分立点式测量通常用于接触式测量，如千分表或电感测微仪等，非接触测量中也可以使用。按图 6-28 中所示，测量硅片中心点和距硅片边缘 6mm 圆周上的四个对称点处的厚度，然后根据测量结果计算硅片的总厚度变化（TTV）。因为一共有五个测量点，中心一点，与硅片主参考面垂直平分线逆时针方向的夹角呈 30°的直径上两点，与该直径垂直的另一条直径上两点，因此又称为五点法。

（2）扫描式测量

扫描式测量用于非接触式测量，硅片由某种方式支撑，按规定的扫描路径及一定的取点量对硅片各处厚度进行扫描测量，然后根据测量结果计算出硅片的总厚度变化（TTV）。图手动扫描测量装置由一个可移动的基准环、带指示器的固定探头装置、定位器和平板组成。

图 6-29 为硅片扫描路径示意图。

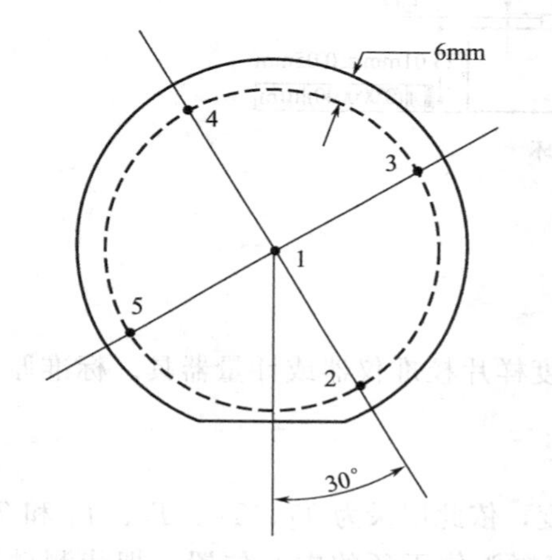

图 6-28　分立点式测量的取点位置示意图

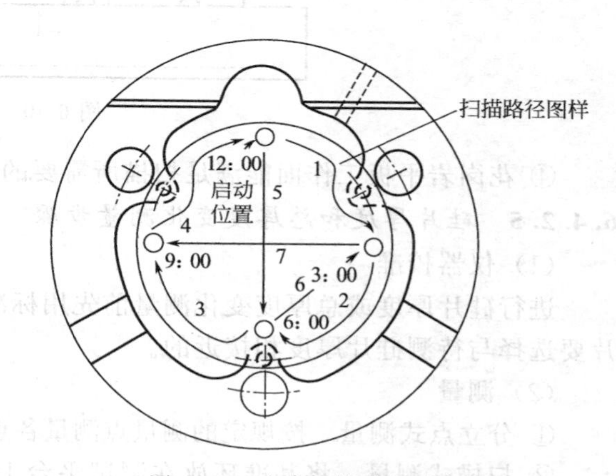

图 6-29　硅片扫描路径示意图

① 基准环　由图 6-30 所示，基准环有一个圆环状基座，上面有三个半球形支承柱和三个圆柱形定位销，环厚度至少为 19mm，底面平整度在 0.25μm 之内，外径比被测硅片大 50mm。

三个半球形支承柱用碳化钨或与其相似的其他材料做成，在圆周上等距分布，用来确定基准平面并支撑硅片；三个圆柱形尼龙定位销对被测硅片进行定位；基准环上设有硅片主参考面取向线，用于被测硅片定位，确定扫描起始位置；在主参考面取向线旁边是探头停放位置。

基准环按被测硅片的直径对应有不同的规格，某一直径的硅片测量只能使用相应规格的基准环。

② 带指示器的固定探头装置　带指示器的固定探头装置由一对无接触位移传感器探头、探头支承架和指示单元组成。传感器探头可以是电容的、光学的或其他方式的，上、下探头与硅片上下表面测量位置相对应，其公共轴与基准环所决定的基准平面垂直；指示器能显示每个探头各自的输出信号，并能手动复位。

手动扫描指的是靠人工手动方式推动基准环来移动硅片测量位置而实现扫描，但是其扫描过程中的数据测量与采集是自动的，自动数据采集至少每秒 100 个数据点。

③ 定位器　定位器用于限制基准环移动的位置，除探头停放位置外，探头固定轴与被测硅片边缘的最近距离不小于 6.78mm。

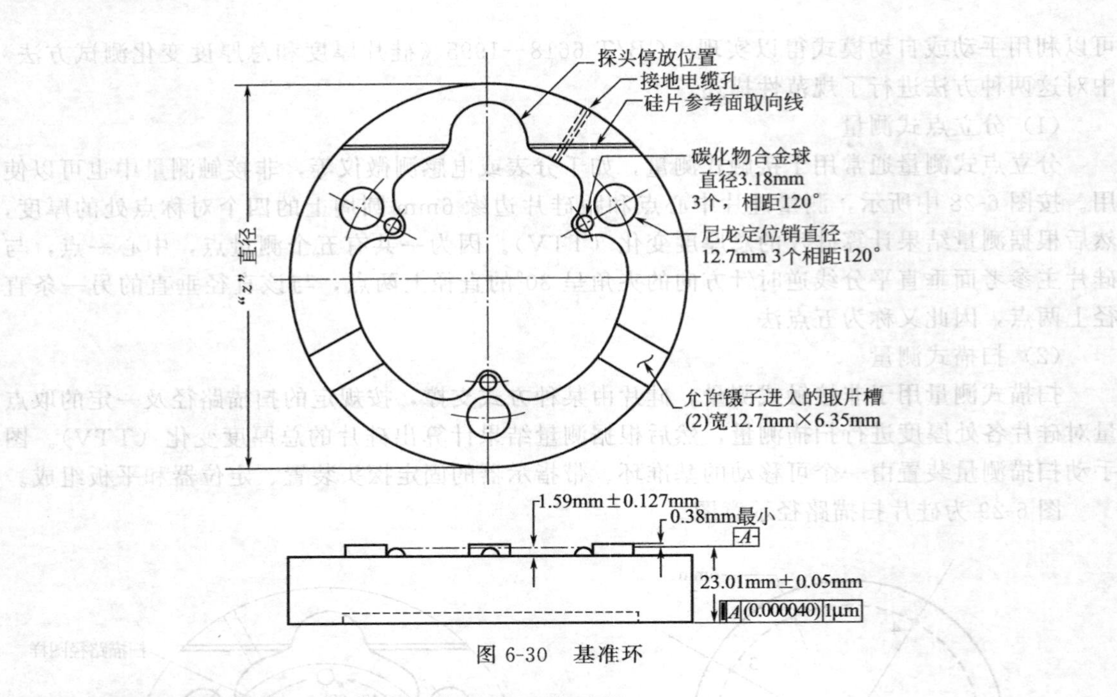

图 6-30 基准环

④ 花岗岩平板工作面能满足扫描所需要的面积。

6.4.2.5 硅片厚度和总厚度变化测量步骤

(1) 仪器校准

进行硅片厚度或总厚度变化测量前先用标准厚度样片校准仪器或计量器具。标准厚度样片要选择与待测硅片厚度相接近的。

(2) 测量

① 分立点式测量　按规定的测量点测量各点厚度，依此记录为 T_1、T_2、T_3、T_4 和 T_5；

② 扫描式测量　将基准环放在测试平台上，使探头位于环的中心位置，把待测硅片放在环上支承柱上，使主参考面与基准环上参考面取向标线平行，测量硅片中心点厚度，记为 T_1；

移动基准环，使探头位于扫描起始位置，指示器复位，沿扫描路径平稳地移动基准环，进行硅片总厚度变化测量。

(3) 计算

① 硅片中心点厚度（T_1）为该片的标称厚度。

② 硅片的总厚度变化

$$\mathrm{TTV}=T_{\max}-T_{\min}$$

式中　$T_{\max}$——各点厚度最大值；

$T_{\min}$——各点厚度最小值。

6.4.3 硅片弯曲度（BOW）和翘曲度（WARP）检验

硅片弯曲度和翘曲度都是硅片体形变的度量，是硅片的体性质。硅片弯曲度测试方法按 GB/T 6619—1995 进行，翘曲度测量按 GB/T 6620—1995 进行。

6.4.3.1 测量装置与方法描述

(1) 测量装置

硅片弯曲度和翘曲度的测量可以使用 6.4.2.4 中硅片总厚度变化（TTV）扫描测量装

置来进行，这个装置由一个可移动的基准环、带指示器的固定探头装置、定位器和花岗岩平板所组成，如图 6-30 所示，这里就不再重复。

如果是采用接触式方法测量硅片弯曲度，则需要有一个低压力位移指示器，这个位移指示器指针应处于基准环中心，可垂直于基准平面上、下移动，并指示出硅片中心点与基准平面的距离。指示器指针头部呈半球形，对被测硅片的压力不大于 0.3N。

(2) 硅片弯曲度测量方法描述

硅片弯曲度测量可以使用接触式或非接触式方法。将硅片置于基准环的三个支点上，三个支点组成的平面成为测量的基准平面，用一个低压力位移指示器或无接触的测量探头，分别测量硅片正面和背面向上放置时中心偏离基准平面的距离，然后通过计算得到硅片的弯曲度。

(3) 硅片翘曲度测量方法描述

将硅片置于基准环的三个支点上，三个支点组成的平面形成测量的基准平面，硅片上、下表面相对于测量仪的一对探头，沿规定路径同时对被测硅片进行扫描，成对地给出上、下探头与硅片最近表面之间的距离，求其一系列差值，差值中最大值与最小值相减后再除以 2，所得数值即为被测硅片翘曲度。

硅片翘曲度测量的扫描路径与 6.4.2.4 中硅片总厚度变化（TTV）测量扫描路径相同，如图 6-29。

硅片翘曲度形象化示意如图 2-32。

6.4.3.2 测量步骤

(1) 硅片弯曲度测量步骤

① 根据待测硅片直径选择合适的测量基准环，用厚度标准片校准仪器并调节量程；

② 如果是非接触测量，则取下上探头放入屏蔽套内；

③ 将待测硅片正面向上放于基准环上，硅片参考面与环上的标线平行，如果硅片没有参考面，在某一认定位置作标记；

④ 移动基准环，使硅片中心位于待测试位置；

⑤ 测量硅片中心所在位置，读取数值，记作 B_1，如果是非接触测量，测得结果是硅片下表面至下探头的距离；

⑥ 翻转硅片，使之背面向上并且硅片恰好位于与原来位置相对应的三个支点上，测量并读取指示器数值，记作 B_2。

(2) 硅片翘曲度测量步骤

① 根据待测硅片直径选择合适的测量基准环，用厚度标准片校准仪器并调节量程；

② 将待测硅片正面向上放于基准环上，硅片参考面与环上的标线平行，如果硅片没有参考面，在某一认定位置作标记；

③ 移动基准环，使硅片处于扫描起始位置；

④ 仪器清零复位后，平稳地推动基准环，沿规定的扫描路径，成对地测量硅片上、下表面至最近探头的距离；

⑤ 读取仪器数值，如果是直读式仪器，该数值即为硅片翘曲度 W。

(3) 计算

① 硅片弯曲度计算

$$B=\frac{|B_1-B_2|}{2}$$

式中 B——硅片弯曲度；

B_1——硅片正面向上测量值；

B_2——硅片背面向上测量值。

② 硅片翘曲度计算　如果是自动测量仪器，可以直接读出硅片的翘曲度值，否则就要根据测量结果来计算硅片的翘曲度 W。

$$W=\frac{1}{2}\left[\left|(b-a)\right|_{\max}-\left|(b-a)\right|_{\min}\right]$$

式中　W——硅片翘曲度；

a——硅片上表面与上探头的距离；

b——硅片下表面与下探头的距离。

硅片翘曲度计算实例可以参看图 6-31。

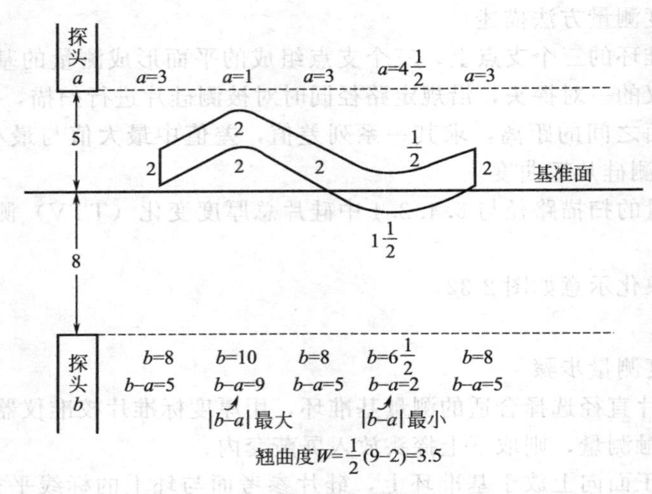

图 6-31　计算硅片翘曲度实例示意图

③ 利用翘曲度测量数据，还可以计算出硅片总厚度变化 TTV。

$$\mathrm{TTV}=\frac{1}{2}\left[\left|(b+a)\right|_{\max}-\left|(b+a)\right|_{\min}\right]$$

式中　a——硅片上表面与上探头的距离；

b——硅片下表面与下探头的距离。

(4) 测量注意事项

硅片弯曲度和翘曲度是硅片形变的度量，因此测量时应保持硅片处于自由无挟持状态，即便是采用接触式方法测量硅片弯曲度，也只能施加所规定的力。

6.4.4　硅片参考面检验

硅片参考面检验有两个方面，其一是参考面的结晶学方向或者说参考面的方位，其二就是参考面的尺寸即参考面的长度（或宽度）。

6.4.4.1　*硅片参考面方位检验*

(1) 测量装置与方法描述

硅片主参考面取向测量按 GB/T 13388 进行，测量装置如下。

① X 射线衍射定向仪　保证入射线、衍射线、基准面（衍射面）法线和计数管窗口在同一平面内。

② 样品夹具　样品夹具固定在 X 射线衍射定向仪上，包括一个具有平坦表面的真空吸盘和一个与该平面垂直的基准挡板，如图 6-32，基准挡板中心线与 X 射线衍射定向仪中心转轴重合。

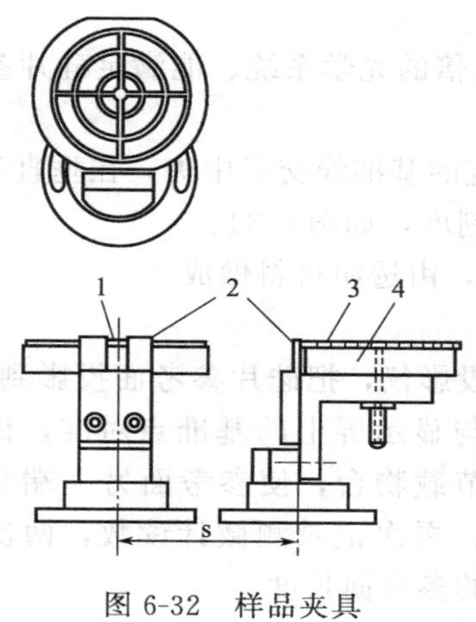

图 6-32 样品夹具
1—硅片参考面；2—基准挡板；
3—硅片；4—真空吸盘

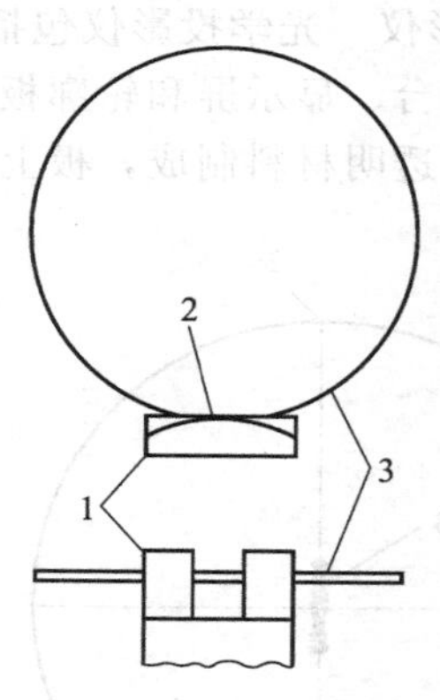

图 6-33 硅片参考面和基准挡板
1—基准挡板；2—硅片
参考面；3—硅片

将硅片置于夹具上，使其主参考面紧靠基准挡板，如图 6-33。当 X 射线射到硅片的主参考面上，在满足布拉格定律时产生衍射，根据硅片主参考面所处位置，通过测角仪读数并计算，便可测定其结晶学方向及其偏离。

(2) 测量步骤

① 仪器预热并设置 2θ 角　硅片主参考面通常为（110）面，由于（110）面无衍射，取其等效面（220），（220）面对于铜靶 X 射线的标准衍射角为 23°40′，2θ 角即为 47°20′。

② 将待测硅片正面向上放入样品夹具中，使其参考面与基准挡板对齐，用真空吸盘将硅片吸住。

③ 开启 X 射线衍射仪高压，使 X 射线射到待测参考面上，转动测角仪，观察衍射强度到最大值。

④ 读取角度仪读数，记为 Ψ_1。

⑤ 关闭 X 射线衍射仪高压，取下硅片，将其背面向上放入样品夹具中，使其参考面与基准挡板对齐，用真空吸盘将硅片吸住。

⑥ 重复③，读取角度仪读数，记为 Ψ_2。

⑦ 计算角度偏离 α

$$\alpha=\frac{|(\Psi_1-\Psi_2)|}{2}$$

(3) 副参考面方位检验

硅片副参考面方位的偏离要求比较宽，国标规定其在±5°范围，因此可以用适当的计量器具直接测量即可。

另外由于硅片很薄，其厚度通常小于 1mm，主参考面变是一个比较小的平面，要按 GB/T 13388 中方法对其进行晶向的检验有一定难度。在实际生产中，往往在硅单晶滚磨切方工序对其进行控制与检验，检验方法可以采用 X 射线衍射定向法，在其精度要求不高时采用光图定向法亦能得到满意的结果。关于此内容在前面已有介绍，这里不再重复。

6.4.4.2 硅片参考面长度检验

GB/T 13387 规定了用光学投影法测量硅片参考面长度的方法。

(1) 测量装置与方法描述

① 光学投影仪　光学投影仪包括放大倍数为 20 倍的光学系统、能满足硅片参考面测量移动位置的载物台、显示屏和轮廓板。

轮廓板由半透明材料制成，板上有两条相互垂直的基准线交于中央，在垂直基准线的中心上、下标有刻度，如图 6-34。

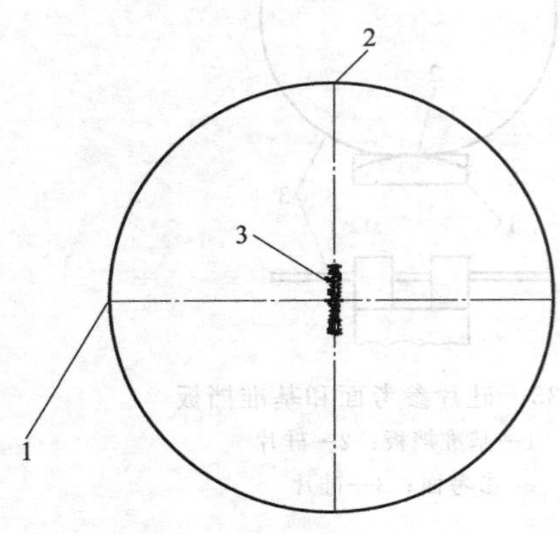

图 6-34　轮廓板

1—水平基准线；2—垂直基准线；3—刻度线

② 测微尺，由透明材料做成。

③ 钢板尺。

利用光学投影仪，把硅片参考面投影到显示屏上，使参考面一端与显示屏上的基准点对准，记录测微计读数，然后调节载物台，使参考面另一端与显示屏上的基准点对准，再次记录测微计读数，两次读数之差即为所测硅片的参考面长度。

(2) 测量步骤

① 校准　校准水平基准线、光学投影仪放大倍数和载物台 x 轴。

② 放置硅片　将待测硅片放在载物台上，使参考面投影图像的中心部分落在显示屏中心处。

③ 参考面投影图像调整　调节载物台，将参考面从一端移到另一端，使参考面与水平基准线 x 轴重合或平行。

如果参考面呈凸形，调节使其高点与水平基准线相切并使两端的低点与基准线等距，如图 6-35；如果参考面呈凹形，调节使其两端的高点与水平基准线相切，如图 6-36。

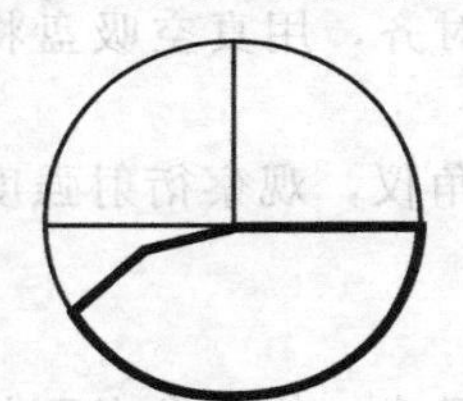

图 6-35　凸形参考面的对准

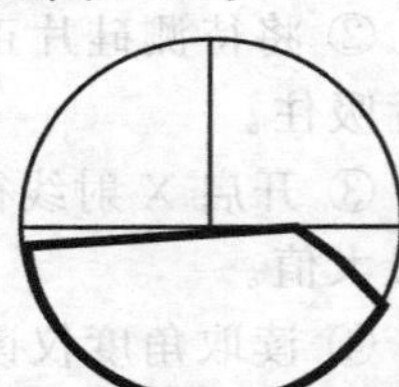

图 6-36　凹形参考面的对准

④ 测量　调节 x 轴测微计，使参考面投影图像左端与两基准线交点重合，记下测微计读数 L_1，再调节 x 轴测微计，使参考面投影图像右端与两基准线交点重合，记下测微计读数 L_2。

如果是参考面两端边缘不清晰的倒角硅片，使用偏移法确定其端点位置，如图 6-37，一般选取偏移量 100μm 即可。

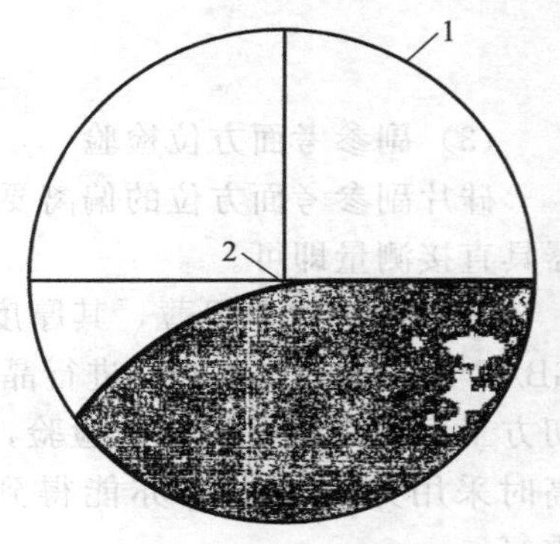

图 6-37　参考面边端使用偏移的图例

1—轮廓板；2—偏移量

⑤ 计算硅片参考面长度 L

$$L=|L_2-L_1|$$

6.4.5 硅片平整度检验

GB/T 6621—1995 规定了硅抛光片表面平整度测试的两种方法，即光干涉法和电容法。

6.4.5.1　光干涉法

(1) 测量装置与方法描述

① 掠射入射干涉仪　由单色光源、聚焦透镜、毛玻璃

散射盘、准直透镜、基准棱镜、目镜和观察屏组成，如图6-38。

② 真空系统 真空系统包括真空泵、真空量规和真空吸盘，用于固定被测硅片。

③ 校准劈 校准劈为平整度已知的光学平晶，用于校准干涉仪灵敏度。

用真空吸盘吸住被测硅片背面，硅片测量表面尽可能地靠近（两面相距约25～500μm）并近似平行于干涉仪基准平面，来自单色光源的平面波受到硅片被测表面和干涉仪基准平面的反射，在空间叠加形成光干涉。由于各处光程差不同，在屏幕上出现干涉条纹，如图6-39。分析所得到的干涉条纹，可度量被测表面的平整度，用总指示读数（TIR）表示，如图6-40所示。

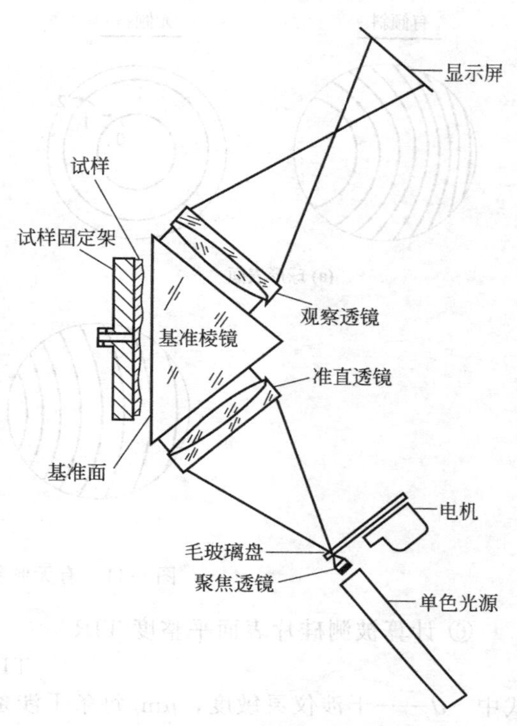

图6-38 掠射入射干涉仪示意图

（2）测量步骤

① 利用已知平整度的校准劈，调节其入射角θ，校准确定仪器灵敏度d。

② 检查真空吸盘平整度。

③ 将待测硅片置于真空吸盘上吸住，调节使其被测表面尽量靠近但不接触基准面。

④ 调节真空吸盘倾斜控制器，消除因硅片被测面倾斜而产生的干涉条纹，直到看到的条纹数目最少，如图6-41。图中给出了有或者无倾斜时的三种典型干涉图，当无倾斜时，最少的干涉条纹代表被测表面的状况；数字0代表高的区域，2代表低的区域；图中每种情况下，峰谷值为两条条纹。

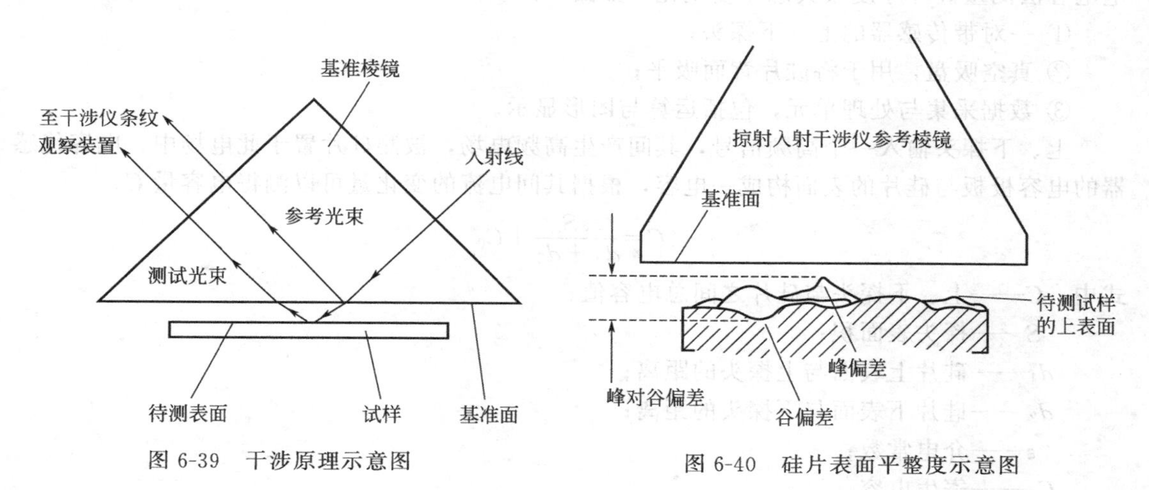

图6-39 干涉原理示意图

图6-40 硅片表面平整度示意图

⑤ 确定被测表面最高点和最低点，读出其间完整及不完整的条纹总数目M，当M太大或太小时，需要重新确定仪器灵敏度。

如果$M>10$，减小入射角将仪器灵敏度调低一倍；

如果$M<2$，增大入射角将仪器灵敏度调高一倍。

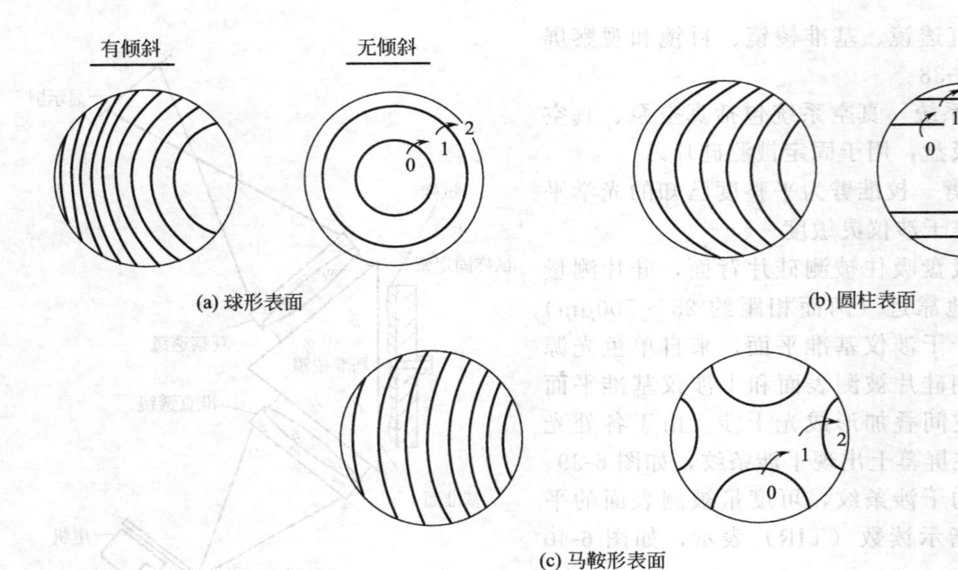

图 6-41 有无倾斜时的三种典型干涉图

⑥ 计算被测硅片表面平整度 TIR

$$\mathrm{TIR}=dM$$

式中 d——干涉仪灵敏度，μm/每条干涉条纹；

M——测量时干涉条纹总数目；

TIR——硅片平整度（总指示读数）。

6.4.5.2 电容法

（1）测量装置与方法描述

电容法就是利用电容位移传感器测量硅片表面平整度的方法，其装置与原理略同于用静电电容法测量硅片厚度极其总厚度变化，如图 6-27。

① 一对带传感器的上、下探头；

② 真空吸盘，用于将硅片背面吸平；

③ 数据采集与处理单元，包括运算与图形显示。

上、下探头输入一个高频信号，其间产生高频电场，被测硅片置于此电场中，电容传感器的电容极板与硅片的表面构成一电容，根据其间电流的变化量可以测得电容量 C。

$$C=\frac{\varepsilon S}{d_1+d_2}+C_0$$

式中 C——上、下探头与硅片之间总电容值；

S——探头表面积；

d_1——硅片上表面与上探头的距离；

d_2——硅片下表面与下探头的距离；

ε——介电常数；

C_0——寄生电容。

测量时，硅片背面被吸平在下探头上进行扫描，上、下探头之间的距离和硅片下表面与下探头的距离 d_2 都已在校准时固定，因此可以利用硅片各点所测得之电容值计算出对应的硅片上表面与上探头的距离 d_1，然后通过计算即可得到硅片的表面平整度。

（2）计算

$$TIR=d_{1max}-d_{1min}$$

式中 d_{1max}——硅片表面距离上探头最大值；

d_{1min}——硅片表面距离上探头最小值。

FPD的计算需要先确定一个焦平面，以硅片表面距此焦平面的最大偏离作为被测硅片的FPD值。

焦平面的确定：由硅片正表面上以最小二乘法拟合的平面或由硅片离边缘等边间距处的三个点组成的一个平面。

6.5 硅片表面质量检验

硅片表面质量检验通常采用目检，即在规定光照的条件下，用目测检验硅片表面存在的缺陷，比对标准，确定其是否符合要求。

6.5.1 硅抛光片表面质量检验

GB/T 6624—1995《硅抛光片表面质量目测检验方法》规定了硅抛光片表面检验的检验条件、装置与方法。

（1）检验装置与方法描述

硅抛光片表面缺陷在一定光照条件下可产生光的漫反射，且能目测观察，据此可目测检验其表面质量。

① 检验净化台

• 检验净化台至少为100级，即1ft³空气中，≥0.5μm的粒子总数不得超过100个。

• 离净化台正面边缘230mm处背景照度为50～650lx。

② 光源 光源分为两种。

• 高强度狭束光源 离光源100mm处光照度≥16klx。

• 大面积散射光源 可调节光强度的荧光灯或乳白灯，检测面上光照度为430～650lx。

③ 真空吸笔 真空吸笔用于在检验时夹持硅片，要求抛光片与其接触后不留有痕迹，不引入污染，笔头可拆下清洗。

④ 光照度计 光照度计用于对检验光源照度的测量。

在检验净化台内，用真空吸笔吸住抛光片背面，使抛光面（或背面）向上，正对光源。适当晃动硅片，改变入射光角度，目测观察其表面状况并作出合格与否的相应判断。图6-42中显示了光源、被测硅片与检验人员的位置关系。光源距被测抛光片距离约50～100mm，α角为45°±10°，β角为90°±10°。

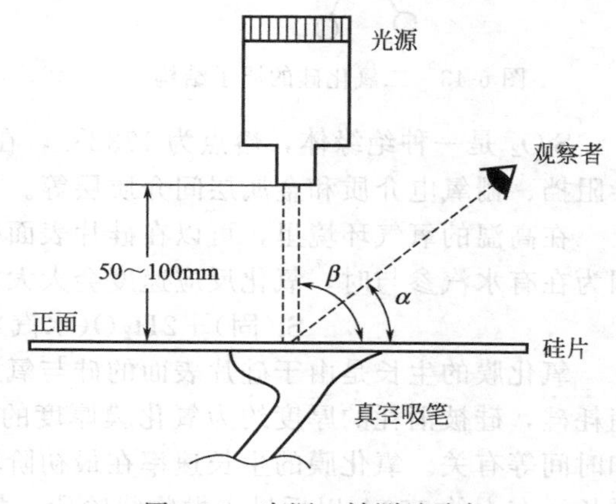

图6-42 光源、被测硅片与检验人员的位置示意图

（2）检验步骤

① 抛光片正面检验

•用真空吸笔吸住硅片背面，使高强度汇聚光源光束斑直射抛光片表面，适当晃动硅片，改变入射光角度，目测观察整个表面的缺陷，主要有划痕、沾污、颗粒及雾状。

• 将光源换成大面积散射光源，目测检验硅片正面的其他缺陷，如崩边、裂纹、沟槽、橘皮、鸦爪、波纹、浅坑、小丘、刀痕和条纹等。

② 抛光片背面检验　用真空吸笔吸住硅片背面，使背面向上，在大面积散射光源下目测检验硅片背面缺陷，如边缘碎裂崩缺、沾污、裂纹、划道和刀痕等。

6.5.2　硅切割片和研磨片表面质量检验

关于硅切割片和研磨片的表面质量检验，国标没有专门的叙述。可以参照 GB/T 6624—1995 中相关部分进行，通常采用大面积散射光源即可。

6.6　硅片氧化诱生缺陷检验

氧化诱生缺陷包括氧化层错、氧化雾、位错滑移、漩涡和条纹等。硅片氧化诱生缺陷的检验按 GB/T 4058—1995《硅抛光片氧化诱生缺陷的检验方法》进行。

6.6.1　方法描述

硅集成电路制造中都有氧化工艺，即在硅片表面生长一层氧化层，用以作为介质材料。如果硅片存在晶格结构缺陷或金属离子沾污，在氧化过程中会得以暴露并将对器件产生致命影响。因此在硅片生产加工中，需要模拟器件的氧化工艺，对其热氧化缺陷进行必要的检验。

（1）氧化膜

硅在有氧的环境中是很容易被氧化的，硅片一旦暴露在空气中，其表面就会很快形成一层自然氧化膜，其化学反应为：

$$Si(固)+O_2(气)\longrightarrow SiO_2(固)$$

自然氧化膜很薄，往往只有几个原子层的厚度，即使长时间在室温下也只能达到 40Å 左右。硅片表面的氧化膜是一层无定形二氧化硅（SiO_2），其原子结构由一个硅原子被四个氧原子包围着的四面体单元组成，如图 6-43 所示。

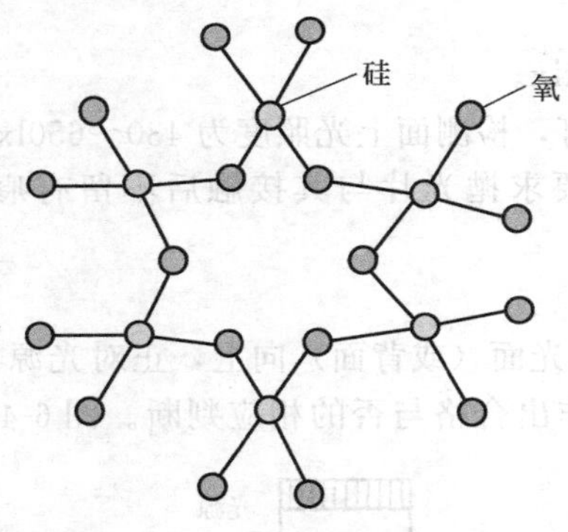

图 6-43　二氧化硅的原子结构

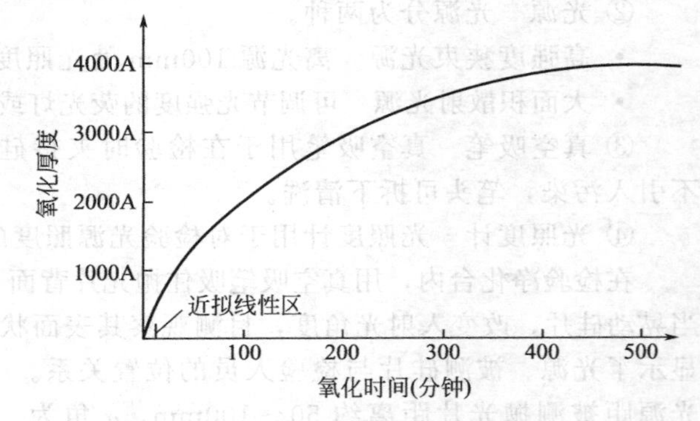

图 6-44　氧化膜生长曲线（1100℃干氧）

SiO_2 是一种绝缘体，熔点为 1732℃，在器件工艺中被用作保护和隔离、表面钝化、掺杂阻挡、栅氧电介质和金属层间介质层等。

在高温的氧气环境里，可以在硅片表面生长出所需厚度的氧化膜。通常采用湿氧生长，因为在有水汽参与时，氧化反应速度会大大加快。湿氧生长的化学反应为：

$$Si(固)+2H_2O(水汽)\longrightarrow SiO_2(固)+2H_2(气)$$

氧化膜的生长是由于硅片表面的硅与氧发生化学反应的结果，因此在此生长过程中必然消耗硅，硅被消耗的厚度约为氧化膜厚度的 46%。氧化膜的厚度与氧化工艺的温度、压力和时间等有关。氧化膜的生长速率在最初阶段呈线性关系，即膜的厚度随时间的延长而线性增长，在大约 150Å 以后进入抛物线阶段，如图 6-44 所示。

在器件工艺中，氧化膜的厚度根据需要有不同，最薄的栅氧厚度仅为 20Å 左右，而场氧化层的厚度可在2500～15000Å。

硅片氧化诱生缺陷的检验则是通过模拟器件氧化工艺条件，利用氧化来缀饰或扩大硅片中的缺陷，或两者兼有，然后用适当的择优腐蚀液显示缺陷，再用显微技术观测，通过计算确定其是否符合标准规定的范围。在硅片氧化诱生缺陷的检验中，氧化膜的厚度大约为1500～2500Å。

（2）杂质在硅中的扩散

由于氧化膜生长需在高温下进行，因此必须关注硅中有害杂质的扩散。

扩散是物质的基本性质，表现了一种物质在另一种物质中运动的情况。原子、分子和离子会由浓度高的地方向浓度低的地方运动，这就是扩散。比如，在一杯清水中滴入一滴蓝墨水，就会看到，蓝墨水迅速地向水中扩散，直到整杯水变成蓝色，这就是液态扩散。扩散有气态、液态和固态三种。

硅片表面热氧化膜的生长，其间也有氧的扩散。当其硅片表面生成氧化膜后，其二氧化硅层会阻挡外界氧和硅的接触，氧分子便是通过扩散运动而穿过阻挡层的，如图6-45所示。

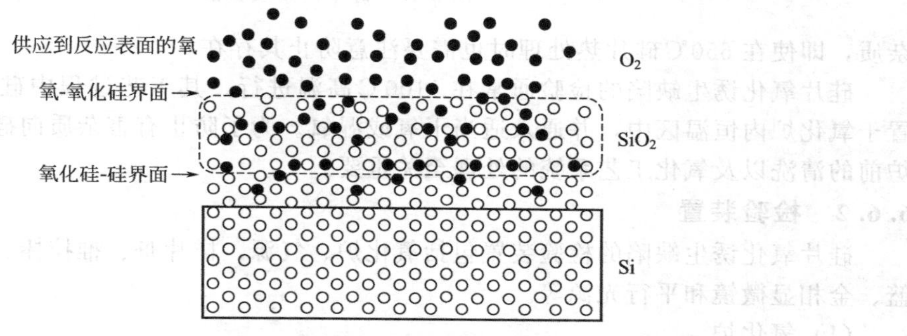

图6-45 穿过氧化层的氧扩散

硅中的杂质也能在硅晶格中扩散，其移动的速度称为扩散率。每一种杂质都有一定的扩散率，扩散率会随着温度的升高而增大，它们的关系用扩散系数来表示。图6-46显示了硼（B）、铝（Al）、镓（Ga）、铟（In）等P型杂质在硅中的扩散系数与温度关系曲线。可以看到，扩散系数随温度的升高而增大。

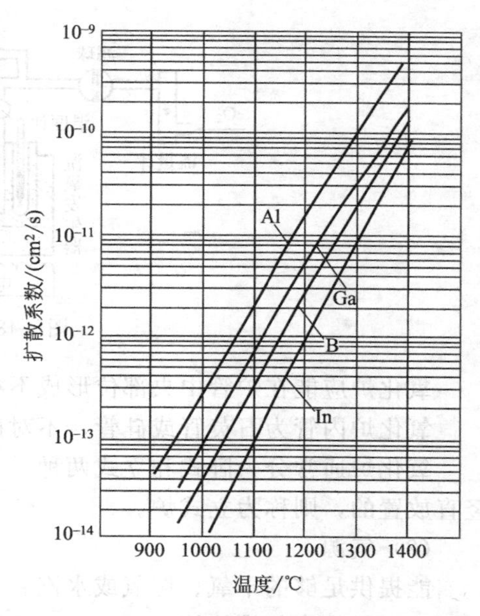

图6-46 P型杂质在硅中的扩散系数与温度关系曲线

硅中杂质原子的扩散分间隙式和替代式两种，如图6-47所示。具有高扩散率的杂质，如金（Au）、铜（Cu）和镍（Ni）等，容易利用间隙运动在硅的晶格空隙中移动；而移动速度较慢的杂质，如（Ar）砷和磷（P）等，通常利用替代运动填充晶格中的空位。在半导体工艺中，会有意地向硅中掺杂以形成所需的杂质硅，也会利用高温扩散工艺将一定的杂质源掺入硅片以形成PN结，这是需要的受控的杂质扩散。

但是，硅片表面存在的杂质沾污，在高温下也会向其内部扩散，这种扩散是非受控而有害的，因此是不希望的，它们进入硅片体内可能在器件工艺中引起缺陷产生，或构成致命威胁。尤其是快扩散

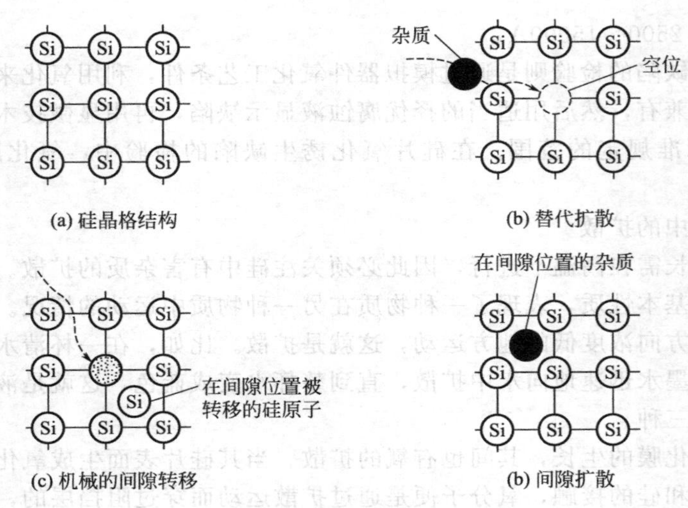

图 6-47 硅中的杂质扩散

杂质，即使在 650℃硅片热处理时也需要注意防止其存在。

硅片氧化诱生缺陷的检验通常在 1100℃高温进行，其工艺过程中硅片被石英舟装载后置于氧化炉内恒温区中，并通入适当干氧或湿氧。为了防止有害杂质向硅中的扩散，硅片入炉前的清洗以及氧化工艺系统的处理至关重要。

6.6.2 检验装置

硅片氧化诱生缺陷的检验装置包括氧化炉、气源、样片舟、推拉棒、化学试剂、硅片花篮、金相显微镜和平行光源等。

(1) 氧化炉

图 6-48 为热氧化装置示意图，氧气经过滤并加湿后进入氧化炉石英内管，硅片被置于石英管内恒温区而在表面生长出氧化膜，氧化炉有热电偶测温并与控制系统相接。

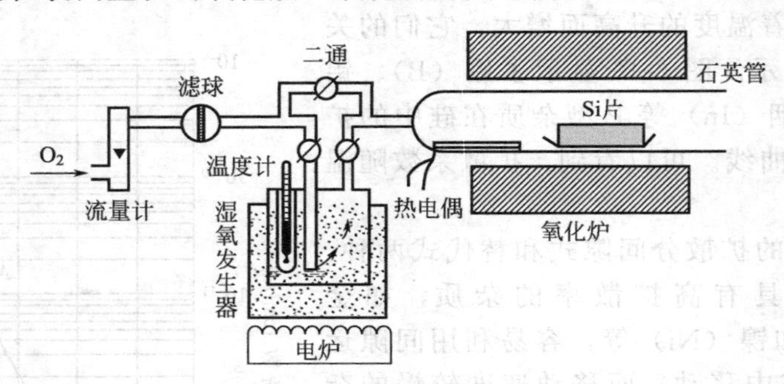

图 6-48 热氧化装置示意图

氧化炉应能在炉管中央部位形成不小于 300mm 长的恒温区，能保持所设定的温度。

氧化炉内管为石英管或硅管，不对硅片造成污染。

氧化炉通常分为卧式和立式两种。石英内管为水平放置的称为卧式，反之若石英内管为竖直放置的，则称为立式炉。

(2) 气源

能提供足够的干氧、湿氧或水汽。

(3) 样片舟与推拉棒

样片舟为石英舟或硅舟，用于承载被氧化硅片并能使之处于平行于气流方向的位置。

石英或碳化硅制成的推拉棒，用于入炉、出炉时推拉样片舟。

样片舟与推拉棒应保证不在高温环境下释放有害杂质且不对硅片产生外应力。

(4) 化学试剂与器具

化学试剂与器具包括化学清洗液、腐蚀液、硅片花篮等，满足硅片入炉氧化前的清洗和出炉后进行缺陷腐蚀的需要。

(5) 金相显微镜

应具有 x-y 机械载物台测微计，放大倍数不低于100倍。

(6) 平行光源

照度100～150lx，观察背景为无光泽黑色。

6.6.3 方法步骤

(1) 氧化工艺

① 待氧化硅抛光片的清洗

• 1# 液（$[NH_4OH]:[H_2O_2]:[H_2O]=1:1:4$）处理，80～90℃，10～15min。

• HF浸泡。

• 2# 液（$[HCl]:[H_2O_2]:[H_2O]=1:1:4$）处理，80～90℃，10～15min。

② 氧化系统和器具的处理

• 氧化炉管、试样舟和气源装置等用 $[HF]:[H_2O]=1:10$（体积比）的溶液浸泡2h，纯水冲净待用。

• 氧化炉管在清洗后应在1100℃煅烧5～10h后待用。

③ 氧化 一般采取通湿氧氧化工艺，氧化温度1100℃，恒温时间2h。

国标推荐的工艺如表6-19所示。

表 6-19 氧化工艺过程

氧化步骤	氧化条件	1(Bipolar)	2(MOS)	3(CMOS)
推(入炉)	气氛	干 O_2	干 O_2	干 O_2
	温度	800℃	1000℃	900℃
	速率	203mm/min	203mm/min	203mm/min
升温	气氛	干 O_2	—	干 O_2
	速率	5℃/min	—	8℃/min
	最后温度	1100℃	—	1200℃
氧化	气氛	湿 O_2	湿 O_2	湿 O_2
	温度	1100℃	1000℃	1200℃
	时间	60min	60min	120min
降温	气氛	干 O_2	—	干 O_2
	速率	3.5℃/min	—	3.5℃/min
	最后温度	800℃	—	900℃
拉(出炉)	气氛	干 O_2	干 O_2	干 O_2
	温度	800℃	1000℃	900℃
	速率	203mm/min	203mm/min	203mm/min

④ 出炉后硅片处理

• HF浸泡。

• 择优腐蚀。

对电阻率不小于0.2Ω·cm的硅片，使用Schimmel-A腐蚀液；对电阻率小于0.2Ω·cm的硅片，使用Schimmel-B腐蚀液。腐蚀时间约2～5min。

Schimmel-A腐蚀液：

铬酸溶液B：氢氟酸＝1∶2（体积比）

Schimmel-B腐蚀液：

铬酸溶液B：氢氟酸：水＝1∶2∶1.5（体积比）

铬酸溶液B：称取75g三氧化铬于烧杯中，加水溶解后，移入1000mL容量瓶中，用水稀释至1000mL，混匀。

（2）观察与计算

① 观察在无光泽黑色背景平行光下，用肉眼观察硅片氧化诱生缺陷的宏观特征；在金相显微镜（10×目镜，10×物镜，放大倍数100倍）下，观察硅片氧化诱生缺陷的微观特征。

② 氧化缺陷观测取点位置　通常取9个观测点，在两条与主参考面不相交的相互垂直的直径上选取，硅片中心处1点，$R/2$处4点，边缘4点，如图6-49。

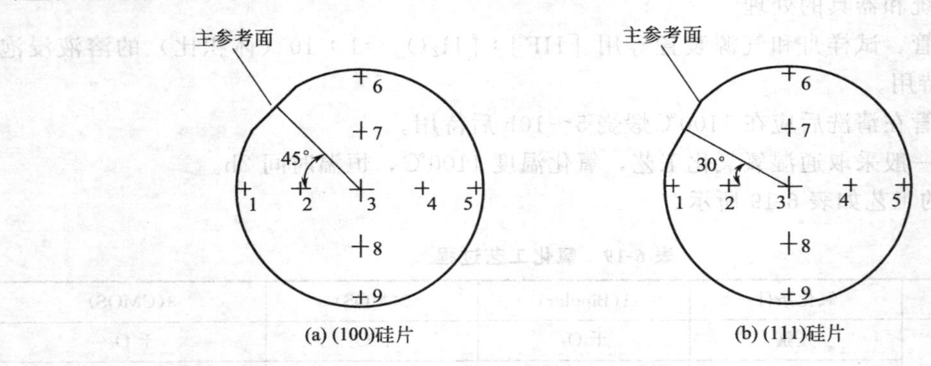

图6-49　氧化缺陷观测取点示意图

边缘4点的取点位置与硅片直径有关，如表6-20所示。

表6-20　边缘选点位置

直径/mm	距边缘（互相垂直直径上）/mm	直径/mm	距边缘（互相垂直直径上）/mm
51	3.9	100	6.8
63	4.6	125	8.3
76	5.4	150	9.8

③ 氧化诱生缺陷的典型形貌特征

• 氧化层错的典型形貌　由原生晶体的体层错或加工中的表面损伤，在高温氧化时诱导产生的表面层错称为氧化层错。

氧化层错在宏观上可能形成同心圆、漩涡状等图形，微观上为大小不一的船形、弓形、卵形及杆状蚀坑。

（100）晶面的氧化层错互为90°或180°，如图6-50；（111）晶面的氧化层错互为60°或120°，如图6-51。

图 6-50 （100）晶面的氧化层错

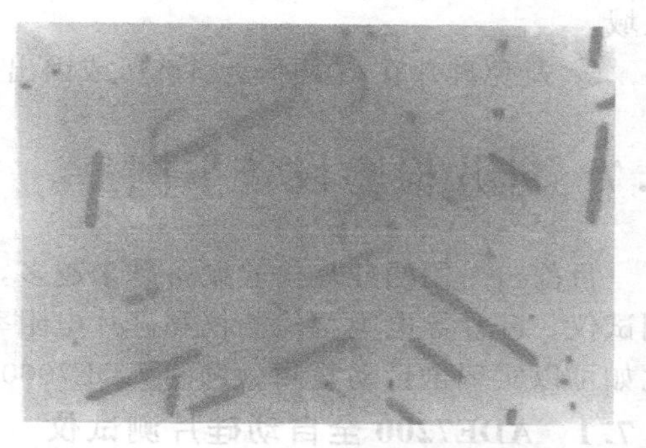

图 6-51 （111）晶面的氧化层错

• 氧化雾 氧化雾为硅片经热氧化和化学腐蚀后，表面上出现的一种由高密度浅蚀坑形成的云雾状外貌，宏观目测能看到硅片表面呈不同程度雾状，显微镜下可观察到密集的小黑点，如图 6-52。

图 6-52 氧化雾

• 位错滑移 位错是晶体结构中具有一定特殊性质的线缺陷。在位错线附近，原子发生严重错排。位错滑移由多个不一定相互接触的呈直线排列的位错蚀坑图形构成，显微镜下观察到位错坑排列，宏观目测可看到星形或井字形结构。

• 漩涡 漩涡是一种结构缺陷，经择优腐蚀后呈肉眼可见的螺旋状或同心圆状的特征。放大 150 倍时呈现不连续性。

• 电阻率条纹 电阻率条纹也叫杂质条纹，是拉晶期间，由于旋转的固、液面上存在不均匀性而引起的局部电阻率变化，这种变化呈同心圆状或螺旋状条纹，反映了杂质浓度的周期性变化。

电阻率条纹在放大 150 倍时观察呈现表面凹凸连续性。

④ 计数

• 记录每个视场观察到缺陷数 n。

• 计算每个视场的缺陷密度 N（个/cm²）。

$$N=\frac{n}{S}$$

式中 N——缺陷密度；

n——观察到的缺陷数；

S——视场面积

• 计算硅片平均缺陷密度 N_0

$$N_0=\frac{\sum_{i=1}^{9}N_i}{9}$$

（3）注意事项

① 入炉前严格控制硅片、炉管及各种器具的清洗处理过程，确保硅片的表面完整性与洁净度。

② 观察缺陷时注意区分由于硅片表面损伤及沾污引起的表层缺陷，计数时避开这些

区域。

③ 避免硅片在高温下受到挤压或因出入炉时温度梯度过大而产生滑移。

6.7 硅片检验设备举例

目前，专用的硅片检验设备越来越多，有针对单一检验项目的小型设备，比如硅片厚度测试仪、硅片导电类型检测仪和硅片电阻率测试仪等。另外还有很多大型的综合检测设备，比如可以实现全自动检测分选的 ADE7000、ADE7200 及与之类似的硅片检测设备。

6.7.1 ADE7200 全自动硅片测试仪

图 6-53 是 ADE7200 全自动硅片测试仪外形图。这是一种综合性的硅片无接触全自动检测设备，主要用于直径 100～200mm 硅片的测试分选，切割片、研磨片及抛光片都适用。

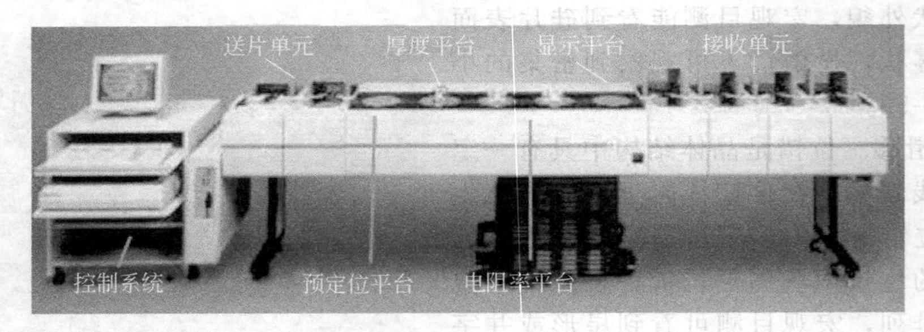

图 6-53 ADE7200 全自动硅片测试仪

6.7.1.1 设备结构

ADE7200 全自动硅片测试仪主要由送片单元、预定位平台、厚度平台、电阻率平台、显示平台、激光标记系统、接收单元和控制系统组成。

(1) 送片单元与接收单元

测试台的最左边是送片单元，通常可以配置 2～6 个送片器，负责将硅片依次送到测试台传送带上；而接收单元则位于测试台的最右端，可以配置 2～24 个接收器，用于分组接收经测试后的硅片。

(2) 预定位平台

硅片被送上测试台传送带后第一步将到达预定位平台，在这里进行硅片对中调节和接受参考面或切口检查，并按一定的位置规律定位放置。

如果硅片没有制作参考面或切口，就不能对其进行定位，硅片的方位便处于随机放置的状态。

(3) 厚度平台

厚度平台又称为“E”平台，具备多种参数检验功能。硅片厚度及其总厚度变化、平整度、弯曲度和翘曲度等平面几何特性的检验都在这里进行，硅片导电类型的检验亦在此进行。

厚度平台由一对带传感器的上、下探头、吸盘及其运动机构组成，检测时硅片被吸在吸盘上被带动作旋转与平移运动而实现其扫描测试。

硅片的厚度等参数检验采用了静电电容法，适用于厚度在 400～1000μm 的硅片测试，测试精度为 10nm。

(4) 电阻率平台

显然，电阻率平台即为测试硅片电阻率的单元，分为高阻和低阻两个部分。

电阻率测试采用了涡流法，硅片电阻率在 0.001～0.999Ω·cm 时选择使用低阻平台，而电阻率在 0.2～199.9Ω·cm 时选择使用高阻平台。

(5) 显示平台

完成测试的硅片到达显示平台，系统显示所有的检验结果及其按预期设置而确定的接收器位置。

(6) 控制系统

控制系统包括设备电源、数据传输与处理、控制面板或计算机键盘输入和输出等，输出设备包括显示器和打印机。

(7) 激光标记系统

除了上述部分外，ADE7200 全自动硅片测试仪还设计了激光标记及其识别系统。

激光标记系统利用激光在硅片指定部位刻划编号等标记，用于硅片个体的识别。

6.7.1.2 设备的主要运行模式

ADE7200 全自动硅片测试仪按其运行模式可以分为 GAGE 模式、COMMAND 模式、MANUAL 模式、AUTO 模式、SELF TEST 模式和 REMOTE 模式，在某一时刻只能进行一种模式操作。

(1) GAGE 模式

GAGE 模式用于设备的校准，在此模式下，可以完成吸盘动作、硅片厚度和电阻率的校准设置。

吸盘的位置及其动作在设备安装、维护及必要时（如更换吸盘）进行调整校对，并不需要每天进行。而硅片厚度和电阻率的校准设置则需要在每班或不同规格的硅片检测前进行。

(2) COMMAND 模式

COMMAND 模式用于硅片检验过程的程序编辑、存储和调用。

利用 COMMAND 模式可以对硅片测试的参数及其接纳范围、分组条件和测试报告内容及形式等进行编辑设置，所编辑的程序可以储存在计算机里便于以后调用。

(3) MANUAL 模式

MANUAL 模式即为手动测试模式，便于少量硅片的测试和设备的调整试验。MANUAL 模式也可以调动适合的预置程序使用，但需要操作者手工将待测硅片一片片安放于指定位置。

(4) AUTO 模式

AUTO 模式是自动测试运行模式，可以说是 ADE7200 全自动硅片测试仪的常规测试模式，因为此检测设备的特点就在于能够自动进行大批量的硅片测试分选，从而被广泛使用于硅片的规模生产检验中。

在 AUTO 模式下，操作人员手工将待测硅片花篮装载到送片器上，设备根据调用的程序设置完成所有测试项目，检验后的硅片按照其符合的测试参数结果组合被装入对应的接收花篮，再由操作者手工将装满硅片的花篮从接收器上取下。

(5) 其他模式

SELF TEST 模式为试验模式，用于设备的自我测试，适用于系统重复性试验，一般在设备安装调试和维护时使用。

试验硅片数量不超过 25 片，需设定好重复试验次数。试验运行是全自动的，每运行完一次，系统会自动将硅片返回再继续运行直到完成。

REMOTE 模式为远程控制模式，便于设备的维护与故障处理。

6.7.1.3 设备主要操作步骤

（1）开机准备

① 依次开启稳压电源、测试部分主控电源、真空泵电源、后备电源（UPS）、计算机显示器和计算机主机电源。

注意：计算机主机电源一旦开启，切不可随便关闭，如要关机，一定要严格按关机程序操作，否则会造成操作系统无法启动等严重后果。

② 打开测试部分主机电源，计算机自动完成初始化。

③ 检查真空吸盘。

真空吸盘的大小与所测硅片直径有关，通常 100～125mm 硅片使用小吸盘（0.92in），150～200mm 硅片使用大吸盘（1.315in），如不符合则进行更换。

（2）检验程序编辑或提取

① 在主菜单中选择“Command Mode”，进入程序编辑界面。

② 输入此批待检验硅片的相关信息，例如硅片类型与规格、生产批号、检验日期等。

③ 确定需要检验的硅片特性参数及其允许范围，例如硅片厚度、TTV、BOW、WARP、TIR 及其公差和导电类型等。

有些检验项目需要确定其检验取点方式，例如硅片 TTV 测试，是采用 5 点法还是扫描法，在程序编辑时需要确定。

如果需要在硅片上进行激光编码，则要进行相应设置。

④ 设定接收分组状况及相应的接收器号码，注意分组的合理性与逻辑性。一个接收组至少对应一个并可以是多个接收器。

⑤ 确定检验结果的显示项目及其输出方式，可以屏幕输出、打印输出或两者兼有。

⑥ 确定此批测试数据是否需要存储，如果需要，编制并输入文件名，文件名是唯一的，不能重复。

⑦ 检验程序编辑完毕后可以进行存储以便以后调用。

⑧ 如果已有合适的检验程序，则输入需提取的程序名称提取后直接使用或修改后使用即可。注意一定要清楚其分组定义，以免出错。

（3）设备校准

设备校准在“GAGE Mode”进行。

① 厚度校准　每批硅片检验前必须进行厚度校准，厚度校准需要选择使用三个厚度标准样片，标准样片的选择可参考下面所叙。

- 1# 样片选择其标称值与待测片厚度尽量接近且相差不大于 30μm 的厚度样片。
- 2# 样片标称值与 1# 样片标称值差值在 30～100μm，且待测片厚度中心期望值在两样片之间。
- 选择待测片中的一片作为 3# 样片。

校准时按计算机提示进行，校准完成后需依次放置 1#、2#、3# 样片于测试位置，观察其显示厚度是否与样片标称值符合（允许误差±0.5μm），否则重新进行校准。

② 电阻率校准　电阻率校准视待测片电阻率高低分别在高阻平台或低阻平台进行，所选标准样片应与之吻合。

确定电阻率平台的温度补偿工作正常后，按计算机提示进行电阻率校准。

在将样片置于相应电阻率平台的前一步位置（如图 6-54 所示）时，注意基准线位置，尽量保证每一次起始位置一致。

和厚度校准一样，在结束前应进行显示检查确认，即将校对用的样片置于图 6-54 所示位置，注意对中。测量并观察电阻率显示是否与其标称值相符，允许误差不大于5%，否则重新校准。

（4）硅片检验运行

① MANUAL Mode（手动模式） 只适用于少量的硅片，主要用于试验系统功能是否正常。

将待测片用手置于传送皮带最左边送片器正对位置，按计算机提示操作运行，计算机屏幕显示检验结果。

② AUTO Mode（自动模式） 适用于批量检验与分选。

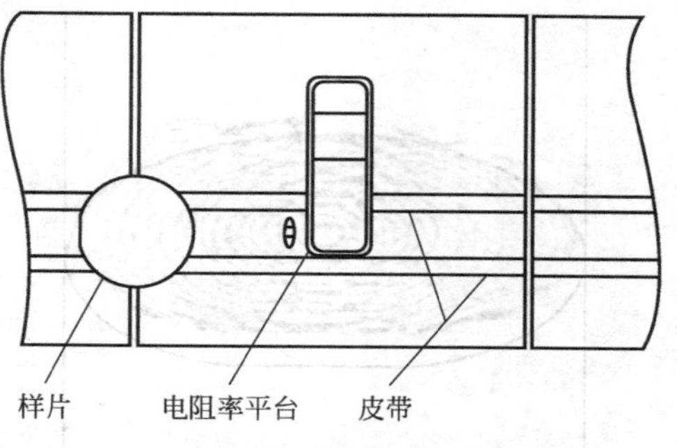

图 6-54 电阻率校准样片位置示意图

选择“AUTO”模式，将装有硅片的花篮放在传送器的升降器上，空花篮放在接收器的升降器上，系统开始运行，经检验后的硅片会按事先的程序设计进入相应的接收器花篮，其检验结果可在计算机屏幕上显示出来。

检验运行过程中操作人员应适时地更换花篮，否则系统会停止运行而等待处理。

待一批硅片运行完毕后，系统可显示此批硅片的检验概况及统计结果。

检验过程中可以打印数据，也可以作出硅片平整度形貌图。

经检验的硅片需要按其分组分别放置并标记，每批片检验结束后分类收片，切勿混淆。

（5）关机

按计算机提示关闭计算机主机电源后，依次关闭显示器、UPS、真空泵、测试部分主机、测试部分主控电源和稳压电源。

6.7.1.4 硅片形貌图

ADE7200具有强大的绘图功能，可以在进行硅片几何参数检验的同时，作出所需要的硅片形貌图，如二维形貌图、三维形貌图、正交投影图、横截面图、局部平整度显示及其分布直方图等，使其更直观地表现硅片的表面形貌特征。下面试举几例。

表6-21为硅片A在ADE7200上所测得的表面特性参数，图6-55～图6-58分别为该硅片的二维形貌图、三维形貌图、正交投影图和横截面图。

表 6-21 硅片 A 测试数据

硅片编号	A	硅片直径/mm	150	FQA/mm	144
中心厚度/μm	680.80	最小厚度/μm	679.41	TIR/μm	1.90
最大厚度/μm	682.09	TTV/μm	2.68	FPD/μm	−1.04

图 6-55 硅片二维形貌图

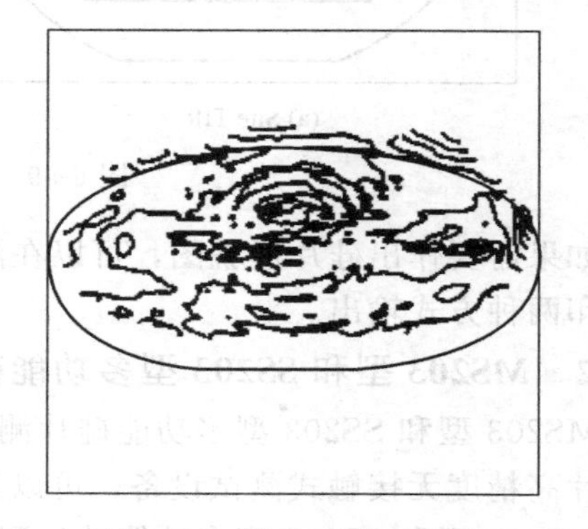
图 6-56 硅片三维形貌图

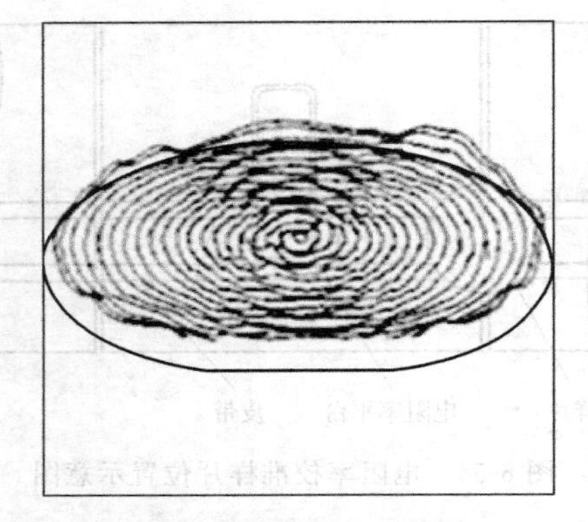

图 6-57 硅片正交投影图

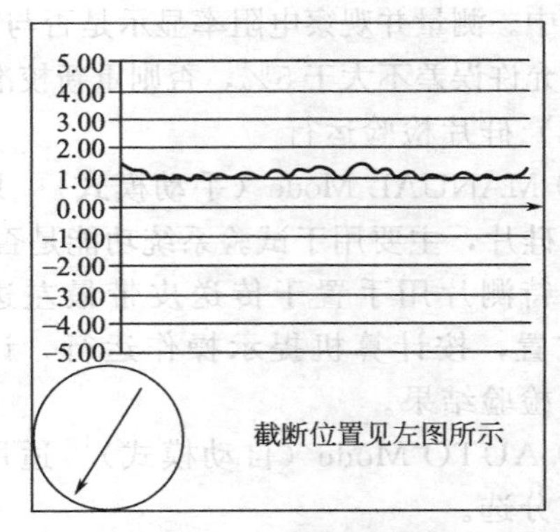

图 6-58 硅片横截面图

硅片形貌图可以以不同角度和间隔来展示。图 6-55 和图 6-56 中的间隔为 0.25μm；图 6-57 表现角度为 30°。

横截面图可以取不同的方位来表示，图 6-58 中表现的是与主参考面呈 30°的横截面。

表 6-22 为硅片 B 的局部平整度（STIR 和 SFPD）测试数据，局部尺寸范围为 15mm×15mm，其平整度值可以在图形上详细表现出来。如图 6-59 所示，可以看到，每个小方块范围内的平整度值被一一标示出来。

表 6-22 硅片 B 测试数据

硅片编号	B	硅片直径/mm	150	FQA/mm	144
STIR/μm	0.28	STIR/%	100.00	宽度(X)/mm	15.00
SFPD/μm	−0.46	SFPD/%	100.00	长度(Y)/mm	15.00

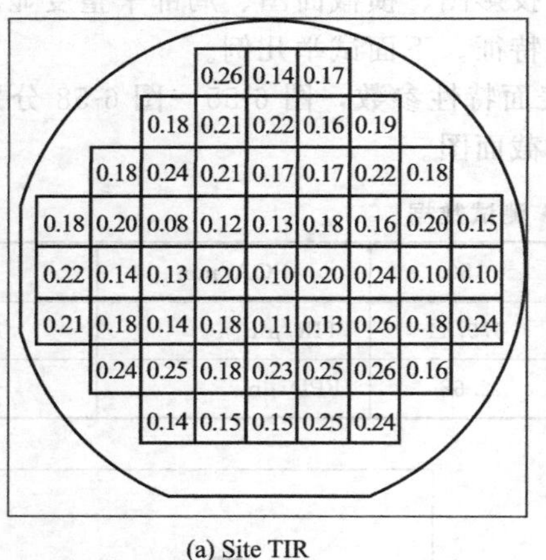

(a) Site TIR

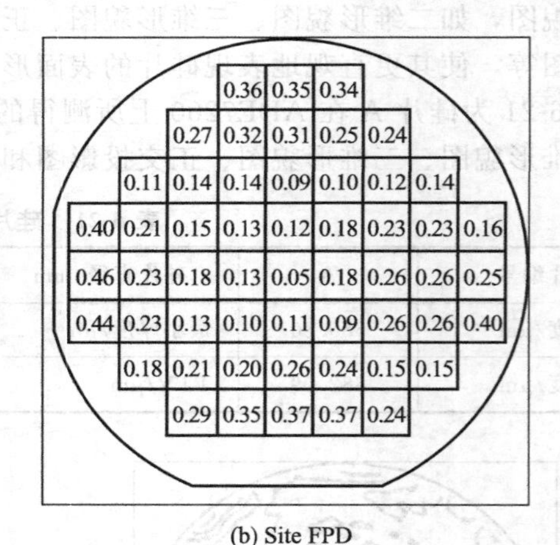

(b) Site FPD

图 6-59 硅片局部平整度数据图

如果需要作出硅片形貌图，可以在测试程序编编中进行适当的设置，图形可以屏幕显示和打印两种方式输出。

6.7.2 MS203 型和 SS203 型多功能硅片测试系统

MS203 型和 SS203 型多功能硅片测试系统是上海星纳电子科技有限公司自主研发生产的硅片高精度无接触式测试设备，可以测量硅片的厚度、TTV、导电型号和电阻率。

MS203 型和 SS203 型多功能硅片测试系统都是无接触测试设备，其硅片厚度测试原理为电容法，电阻率测试原理为电涡流法，硅片导电型号的测试则借助于光学传感器。上海星纳电子科技有限公司吸收了ADE设备的优点和精华，在此基础上扩展了很多有效实用的软件功能，形成自己的风格。例如测试数据存储和数据报表生成方面，除了提供快速准确的出厂报告，还可以方便地导出到Excel报表或者图形格式；根据太阳能电池硅片以及半导体圆硅片分别设计的测试平台可以完全满足不同材料以及形状的测试需求。

(1) MS203型

MS203是手动测试设备，其特点在于小巧灵活、方便快捷且功能多样，图6-60为其结构外形图。

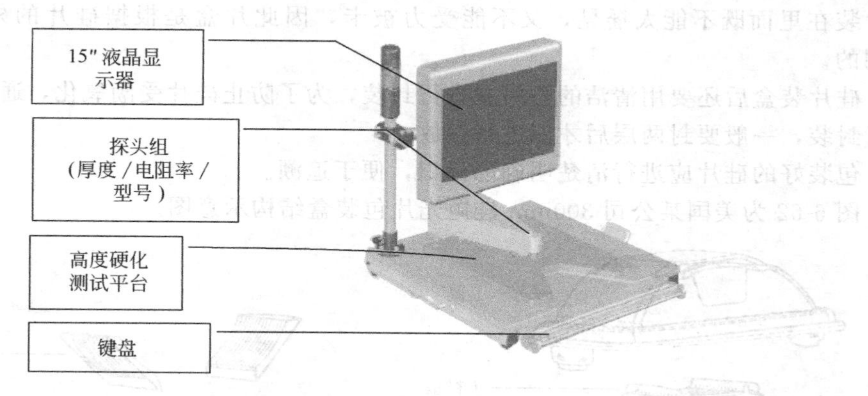

图6-60 MS203测试系统组件

MS203看上去结构简单，占地面积小，但是功能齐全。它将硅片的几项主要测试功能集成在一起，使使用者能同时得到硅片的厚度、TTV、电阻率等信息，非常方便实用。

MS203适用于直径不大于200mm的圆片或不大于156mm×156mm的太阳能方片及其准方片的测量，测量厚度150～350μm，电阻率0.1～30Ω·cm。

(2) SS203

图6-61为SS203测试系统，SS203提供了一个区别于MS203手动检测系统的硅片测试方案，其特点在于不但减少了手动操作，而且当硅片一次性通过测试平台时，可实现硅片的多点厚度及电阻率的测试，因而大大地提高了检测效率。

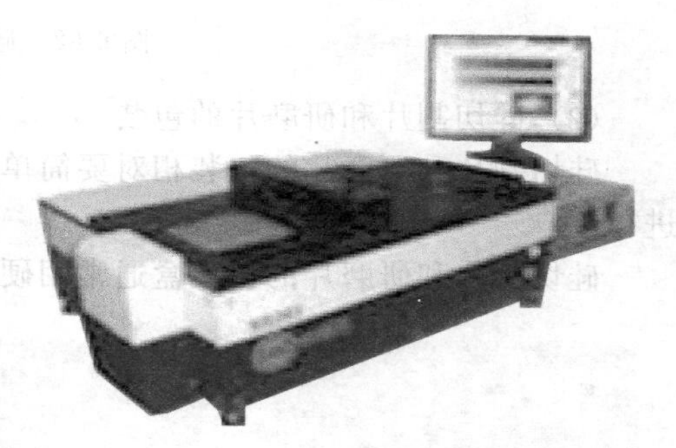

图6-61 SS203测试系统外形图

SS203在MS203测试功能的基础上，增加了硅片翘曲度的检测，设计了硅片自动传输功能，能够根据需要进行测试方式和硅片分类选择，检验结果不仅可以显示与存储，还可以生成图表进行分析和实现打印输出。

SS203适用于直径不大于200mm的圆片或不大于156mm×156mm的太阳能方片及其准方片的测量，测量厚度150～350μm，电阻率0.1～20Ω·cm。

6.8 硅片包装与运输

硅片包装与运输是硅片生产加工的最后环节，因硅片的本身特性而有其特殊性，概括起来主要为防沾污和防破碎。就是这小小两条，已足以让人们绞尽脑汁，尤其是硅抛光片的包装更是要求甚严。

（1）硅抛光片的洁净包装

目前器件生产厂家几乎都要求提供免洗抛光片，即由硅片生产厂家提供的硅抛光片，在器件生产工艺线上开盒不再清洗便能投入使用。为了达到此要求，硅抛光片一般需实行多层包装。

首先在1级或10级洁净环境下将硅片装入干净的片盒内，该片盒所使用的材料有特殊的要求，既不能对硅片造成划伤，又要有一定的强度来保护硅片，并且保证不引入沾污。片盒通常被设计为至少是双层结构，即内、外盒相套的形式。内盒的开槽要适当，硅片装在里面既不能太摇晃，又不能受力被卡，因此片盒是根据硅片的外形规格而对应专用的。

硅片装盒后还要用清洁的塑料袋进行封装，为了防止硅片受潮氧化，通常要采取真空或充气封装，一般要封两层后才能进行存放。

包装好的硅片应进行清楚明确的标识，便于追溯。

图6-62为美国某公司300mm硅抛光片包装盒结构示意图。

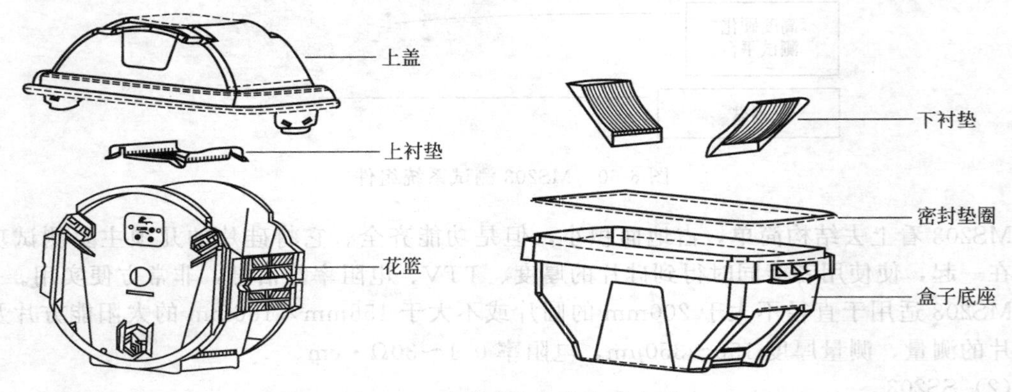

图6-62 硅抛光片包装盒示意图

（2）硅切割片和研磨片的包装

硅切割片和研磨片的包装相对要简单一些，但仍然还是要使用尺寸规格相对应的包装盒进行。

硅切割片和研磨片的包装盒通常用硬泡沫塑料制作，圆片和方片有不同的内形状。

与硅抛光片的包装不同，切割片和研磨片可以互相挤紧在盒内放置，片与片之间可以用纸片隔离以避免硅片表面之间互相摩擦，如图6-63所示。有时也可以将硅片先装入小塑料袋再进行包装，也可以先用塑料薄膜或保鲜膜进行包裹后再装盒。

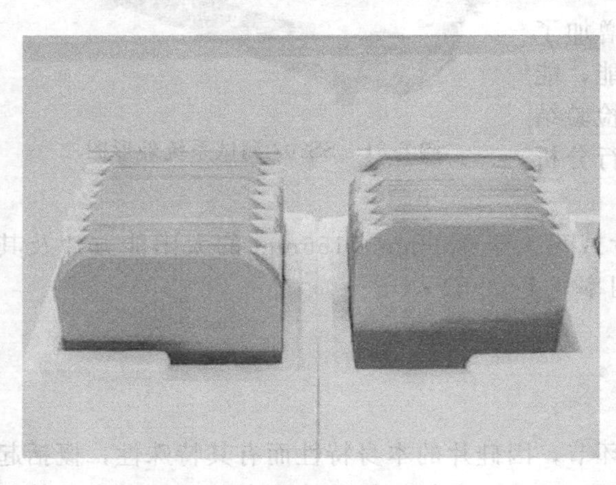

图6-63 太阳能硅切割片包装

（3）硅片的外包装与运输

根据硅片内包装盒的尺寸规格设计专用的相应外包装纸箱及其减震板，包装箱上应注明易碎品、放置方向及防潮等标记。经过适当外包装处理的硅片可以采用陆运、水运和空运来实现运输。

本章小结

1. 硅片的质量特性

(1) 硅片的理想状态，可归纳为以下两点：

① 硅片上下表面间所有对应测量点的垂直距离完全一致，且任意一个表面都与理想平面互相平行；

② 硅片加工表面的晶格完整性好，所有非饱和悬挂键全在一个二维平面内。

(2) 硅片质量特性大致可分为电学参数、结晶学参数、机械几何参数和表面参数四大类。

硅片的电学参数主要由单晶生长过程决定，在常温下不被改变；

硅片的结晶学参数首先取决于硅单晶本身的结晶学完整性，但是硅片加工过程中引入二次缺陷的可能性是存在的，并且硅片表面取向和参考面取向也与硅单晶切割和滚磨有关；

硅片几何参数和表面参数完全取决于硅片加工过程，因此与硅片生产直接相关。

2. 硅片检验的意义

硅片检验就是利用各种专门仪器和方法，测定、检查、试验或度量硅片的各项质量特性参数，并与其标准进行比较以判断其是否符合要求的活动。

硅片检验贯穿在整个硅片生产过程中，具有把关和预防的职能，是指导硅片生产和保证产品质量的重要环节。为此，必须注意其真实性、及时性和准确性。

3. 检验标准

硅片质量检验的各种标准，包括基础标准、产品标准、检验方法标准和抽样检验标准，是硅片生产加工的技术要求和硅片检验的依据。硅片生产中通常执行我国的国家标准，另外也经常使用瓦克标准和 SEMI 标准等。生产（销售）合同和技术协议等亦可视为标准来执行。

以满足用户需要为目的，按标准组织生产、按标准检验产品，是硅片生产与检验的基本指导准则。

4. 检验方法

对于硅片的各项质量特性，需按照标准规定或用户认可的方法进行检验。对于同样的质量特性，往往有多种检验方法可用，选取时通常应注意：

① 所使用检验方法的适用性；

② 检验装置的合理性；

③ 检验数据的准确性；

④ 检验过程的经济性与可操作性。

尤其注意测试仪器校准、测试取点位置、测试结果读取与计算和检验环境条件控制等细节。

5. 随机抽样及其抽样方案

随机抽样，即每次抽取时，批中所有单位产品被抽中的可能性都相等的抽样方法。

抽样方案，在抽检中所使用的样本量和有关批接收准则的组合。涉及样本、总体、检验水平和接收质量限等概念。

硅片抽样检验的实施。

习 题

6-1 测得硅片厚度值（μm）为：510，515，525，513，508，506，512，522，517，507，计算此组数据的平均值、中心值、最大值、最小值。

6-2 测得某硅片晶向偏离为：x 方向 0.5°，y 方向 4°，此硅片晶向偏离的空间角度为 Ψ：请判断：（对或错分别打上“√”或“×”）

A. $\Psi>4°$（ ）

B. $\Psi<0.5°$（ ）

C. $4°>\Psi>0.5°$（ ）

6-3 判断题（对的填“√”、错的填“×”）

① 在常温下硅片加工是不能改变硅片的电学参数的。（ ）

② 硅片径向电阻率均匀性指硅片各点的电阻率。（ ）

③ 裂纹可能贯穿也可能不贯穿硅片的厚度区域。（ ）

④ 横越硅片表面的直线叫直径。（ ）

⑤ 硅片表面质量指标与硅片加工密切相关。（ ）

⑥ 硅片总厚度变化就是硅片给定点处的厚度值。（ ）

⑦ 平整度是硅片的一种表面性质。（ ）

⑧ 硅片结晶学参数与硅片加工无关。（ ）

⑨ 冷热探针法测量硅片导电类型（即型号）是利用了半导体的温差效应。（ ）

⑩ X 射线衍射定向法是利用晶体解理面的原理。（ ）

⑪ 半导体中的所有杂质都是有害的，所以不允许半导体中有杂质存在。（ ）

⑫ 在半导体中，导电电子和空穴相遇、并消失的过程称为复合。（ ）

⑬ 在纯净的半导体中，由于热激发而成对地产生电子-空穴对，这种没有杂质而只有电子-空穴对参与导电的半导体称为本征半导体。（ ）

⑭ 硅单晶中，[111] 晶向总是垂直于相应的 {111} 晶面的。（ ）

⑮ 硅片总厚度变化（TTV）用来体现一批硅片中厚度的变化情况。（ ）

6-4 半导体的基本特性是什么？

6-5 抛光片应检验哪些几何参数和表面完整性内容？

6-6 四探针法测量硅片电阻率时，怎样衡量样品是否满足半无限大条件？

6-7 简述硅片抽检的概念与意义。

6-8 在硅片上制作主、副参考面的目的是什么？怎样制作主、副参考面？

6-9 你认为检验员应履行哪些职责？

6-10 如何进行硅片径向电阻率均匀性检验？

第7章 硅片生产管理与质量控制

学习目标

掌握： • 硅片生产工序控制方法

• 硅片生产质量分析方法

理解： • 统计控制原理

了解： • 硅片生产现场管理

硅片生产管理与质量控制是一个牵涉到方方面面的复杂系统，它包含生产、质量、设备、成本、材料、劳资和文档管理等内容，如图7-1所示。在此着重对其生产过程管理与质量控制进行讨论。

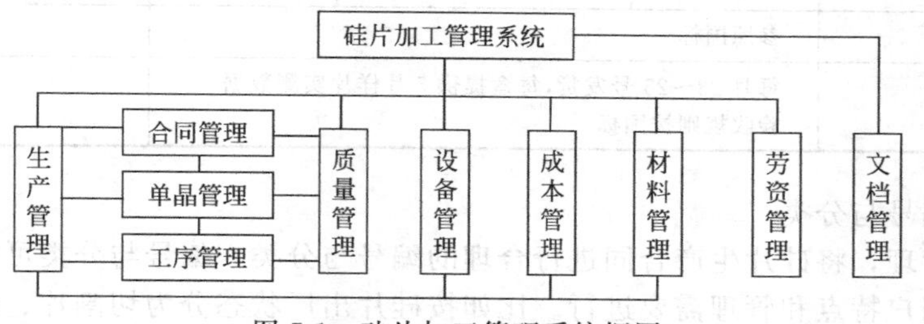

图7-1 硅片加工管理系统框图

7.1 硅片生产过程管理

硅片生产过程涉及的工序多，设备种类多，备品备件和辅助材料杂，半成品和成品规格多且数量大，为了有序地进行生产，其过程管理非常重要。

7.1.1 以生产合同为中心的过程管理模式

以生产合同为中心的过程管理模式，就是说以硅片供货合同作为硅片生产质量管理的主线，所有管理活动皆围绕合同而展开，以贯彻生产标准为指导，以执行合同内容为中心，以完美地实现合同指标和满足用户需求为目的。实践证明，按硅片生产合同进行硅片的生产过程管理是科学的和有效的。硅片生产合同可以直接采用或转化自产品销售合同与订单，将其主要内容与产品参数要求集中体现于表格，便于管理和实施。硅片生产合同上面明确了用户对产品预期的要求，主要包括产品名称、数量、供货日期、供货周期、硅片各项参数指标及其接收范围、硅片包装要求、运输方式和验收方法等，举例如表7-1。

按硅片生产合同进行过程管理，其核心就是按合同组织生产、管理生产和管理产品。由于硅片规格和使用的用户很多，有时候往往会有几十或几百个合同在同时执行，因此必须按其规律进行有序的管理才不至于发生混乱。

表 7-1　硅片生产合同（样例）

产品名称	单晶硅研磨片			供货数量/片	60000
合同编号	09-153	单价/(元/片)		1月	5000
单晶类别	FZ(NTD)	导电类型	N	2月	5000
直径/mm	100±0.3	硅片表面取向	(111)±2°	3月	5000
电阻率/Ω·cm	27～40	主定位面方位	(110)±1°	4月	5000
电阻率分挡		主定位面宽度/mm	30～35	5月	5000
1		次定位面方位	无	6月	5000
2		次定位面宽度/mm	无	7月	5000
3		TTV/μm	≤5	8月	5000
电阻率不均匀性	≤5%	BOW(μm)	≤40	9月	5000
厚度及其公差/μm	285±7	WARP/μm	≤40	10月	5000
厚度分挡		[O](×10^16)	≤	11月	5000
1	278～285	[C](×10^16)	≤	12月	5000
2	285～292	寿命/μs	≥100	用户编号	
3		SW	无	5	
4		倒角	边缘不倒角	用户名称	
表面质量	参照国标				
备注	每月23～25号发货，每盒提供5片样片实测数据 验收规则按国标				

(1) 合同编号与分类

为了便于管理，将硅片生产合同进行合理的编号与分类，编号与分类可以结合各自公司的产品特点、用户特点和管理需要进行。比如按硅片出厂状态分为切割片、研磨片、化腐片和抛光片，也可以按其用途划分为电路级、元器件级和太阳能级，或者以单晶生长类别来划分等等，总之就是将具有某些相同元素的合同归在一起，其目的就是实行分类管理。

合同编号可以使用数字、符号和字母的组合，但是不宜太复杂，要简单，易写易记，便于管理。尤其是实行计算机管理，合同编号的方式一定要便于数据录入、查询、归纳与统计。合同编号是唯一的，不能重复。

(2) 单晶编号

通常，要完成一个合同，需要将1～n支硅单晶切割成片，为了不至于混乱并便于追溯，每支晶体也要进行编号。

晶体的编号应该是一一对应，具唯一性，就是说一个编号只能对应一段晶体。为了简单方便，建议在硅片生产中不要沿用单晶原来的生产编号，而是按硅片生产合同另行编号，最简单的方法就是按序号进行，比如，2009-001-1，2009-001-2，…，2009-001-n，表示2009-001号合同中1#单晶，2#单晶，…，n#单晶。为了便于分类管理，在对单晶进行编号时可以按一定的规则进行划分，比如按首字符划分或按数字段划分等。

每支晶体的相关参数都应该记录在案，如导电类型、晶向、寿命、直径、长度和重量等，其对应的原始单晶编号也必须附上，以利于追溯。

(3) 合同进度管理

在合同签订的时候就应当根据公司的生产能力来接受相应的定货量和交货期，然后根据合同内容安排与组织生产。

首先根据预期生产产品的规格、特点与生产周期制定周密合理的生产计划并下达到生产线。

制订生产计划的原则为：

① 生产周期长的先安排，周期短的暂靠后；

② 供货期逼近的先安排，远的后安排；

③ 根据合同的难易程度和交货批量留出足够的生产时间；

④ 有序衔接，均匀生产。

生产计划制定后下达到工艺线实施，但是并非下达到线就万事大吉，还必须关注其各个环节及其之间的衔接。千万不可小看这个衔接，往往问题就会在此发生。比如硅片抛光，在下达任务时就必须考虑到清洗、检验与包装都要具备相应能力与条件，缺一不可。

为了顺利地完成生产计划，必须随时掌握合同的执行状况与进度，有了关注，才有掌控，有了掌控，才能及时地发现问题和解决问题。每支晶体的加工状况都要及时地反映在作业记录上，这样若干支晶体的加工数据汇总到一起便能反映出合同的整体执行状况，一旦发现任何预期不符合都应该及时进行调整纠正。利用计算机进行管理可以更及时地反映合同执行动态（图 7-2），但是很多数据都需要人工及时地输入，否则仍然是一无所知。

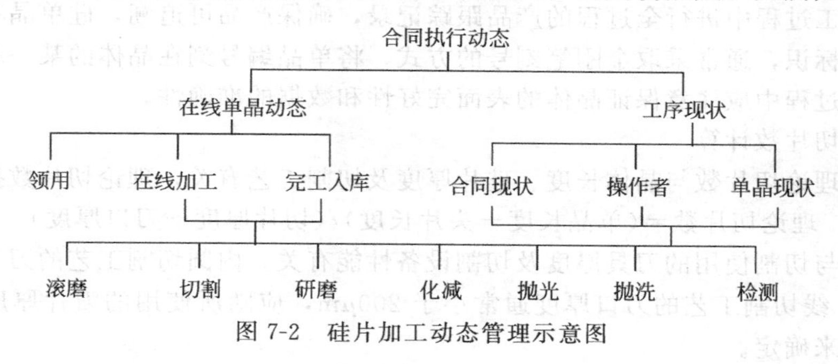

图 7-2 硅片加工动态管理示意图

（4）硅片生产过程中的标识

硅片在生产加工过程中要经过多道工序和生产岗位，其身份标识非常重要。

产品标识的范围如图 7-3 所示，其目的在于识别产品的身份及其状态，防止不同类别、不同检验状态的产品混用和误用，确保需要时对产品质量形成的过程实现可追溯性。

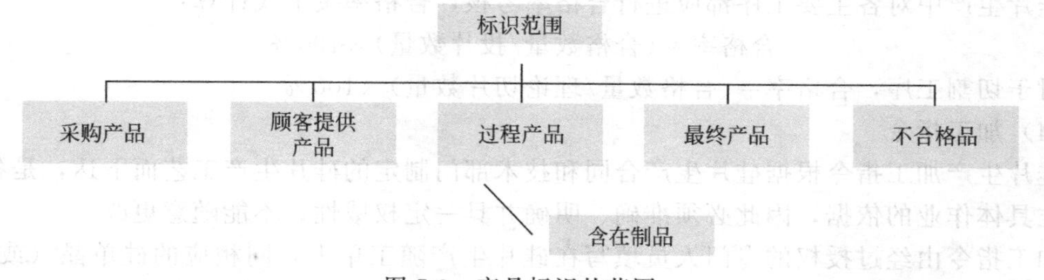

图 7-3 产品标识的范围

产品标识包括生产、检验、包装及发货的全过程。产品标识应清楚、准确、易于识别和便于追溯。其内容包括产品的名称、型号、规格、生产日期、状态，例如合同编号、单晶编号、数量、加工状态、检验状态及不合格分类等。检验岗位的硅片，一定要标明检验状态、数量和编号。

标识可以根据具体情况采用多种方法与形式，比如随工单跟随、容器或花篮标记、挂牌、卡片、标签以及硅片上标记等。为了更准确地进行追溯，在用户同意时，可以采用激光刻字在硅片上进行标识。

7.1.2 硅抛光片生产过程控制

硅抛光片生产过程的控制贯穿体现于工艺设计、产品制造、检验包装以及运输的全过程。

过程控制主要包括以下环节。

审查合同 → 处理单晶 → 理论切片数计算 → 加工指令 → 动态管理

(1) 审查合同

对于生产部门下达的硅片加工合同应进行再审查，如有疑问则查询落实，以清楚具体合同的执行方向，然后归类存档。合同应进行合理的分类并编号排序，便于查阅与统计。

(2) 处理单晶

根据合同与生产进度需要在单晶库选取硅单晶，然后按合同分别进行审核、刻号、归类及登记上册工作。在此过程中应注意核实单晶检验报告单所示参数是否与合同参数相符，晶体的宏观特征（直径、长度、晶向等）是否与检验单一致，如有不符，则不能选用，需提交有关部门处理。

为了在加工过程中进行全过程的产品跟踪记录，确保产品可追溯，硅单晶在实施加工前应进行适当的标识，通常采取金刚笔刻号的方式，将单晶编号刻在晶体的某一端面上。

整个操作过程中应注意保证晶体的表面完好性和数据的准确性。

(3) 理论切片数计算

硅单晶的理论切片数与晶体长度、硅片厚度及切割工艺有关，理论切片数按下式计算：

$$\text{理论切片数}=(\text{单晶长度}-\text{头片长度})/(\text{切片厚度}+\text{刀口厚度})$$

刀口厚度与切割使用的刀具厚度及切割设备性能有关。内圆切割工艺的刀口厚度一般在280～350μm，线切割工艺的刀口厚度通常小于200μm，应随所使用的刀片厚度或钢线直径及机型的变化来确定。

对于线切割工艺，可以利用所使用的切割导轮槽距来计算其理论切片数：

$$\text{理论切片数}=(\text{单晶长度}-\text{头片长度})/\text{槽距}$$

抛光片都要定向切割，有的还要牌例切割，因此头片有时候会比较厚，为了考核的平衡，在进行理论切片数计算时可适当扣除。

硅片生产中对各主要工序都应进行合格率考核，合格率按下式计算：

$$\text{合格率}=(\text{合格数量}/\text{投片数量})\times 100\%$$

对于切割工序，合格率$=(\text{合格数量}/\text{理论切片数量})\times 100\%$

(4) 加工指令

硅片生产加工指令根据硅片生产合同和技术部门制定的硅片生产工艺而下达，是各工序与岗位具体作业的依据，因此必须准确、明确并具一定权威性，不能随意更改。

加工指令由经过授权的专门人员填写在硅片生产随工单上，同相应的硅单晶（或硅片）一起送至对应的生产工序或岗位。硅片生产随工单上应有该晶体的主要参数，如导电型号、晶向、直径和长度等，还必须有该工序或岗位的具体加工目标参数，如直径、厚度及参考面要求等。

【例 7-1】 硅单晶滚磨随工单

硅单晶滚磨随工单一般可以按一定批量下达，其上需注明投放日期、合同编号、单晶编号、数量及有关加工指令，如表 7-2 所示。

表 7-2 硅单晶滚磨随工单

合同编号		导电型号		加工参数及其要求		
数量/支		晶向		直径/mm	主参考面	副参考面
单晶编号						
备注						
日期			下达人		接收人	

在计算滚磨直径时，一定要根据实际的工艺状况留有后工序腐蚀、磨光和倒角的余量，对于偏离切割的合同，还要考虑硅片椭圆度所致的长轴增量。

在硅单晶抛光片的生产加工中，几乎各工序都涉及硅片的厚度控制问题，在其生产工艺中要进行合理的计算与设计，既要保证硅片的最终厚度，又要保证每一步加工去层量。但是并非去层量越大越好，过大的去层量会造成原辅材料、生产力和时间的浪费，影响企业的综合效益。

(5) 合同执行的动态管理

合同执行的动态管理主要目的是掌握和控制生产进度，为此必须做到对合同执行情况了如指掌，合理的投料分配与必要的统计分析就显得尤为重要。

首先应根据生产需要对单晶和硅片进行统一管理与分配，结合各种考核制度，鼓励优质、高产、低耗，并注意根据设备性能、加工难易程度等分类搭配。

对主要工序应掌握控制加工周期及各岗位加工在线量，随时按合同清理线上单晶及半成品硅片，根据合同要求组织与管理工艺线，如有运转不畅或停工待料状态应及时作出相应的调整，以保证合同顺利执行，同时力求产能最大化。

为清楚地显示掌握合同执行情况，合同执行过程中的数据统计非常重要。首先必须建立清晰明了的原始记录台账，主要分为硅片加工台账和单晶台账。硅片加工台账分工序按日期登记，必须有合同号、单晶编号、操作者号、投料数和合格数等，反映各工序生产加工状况；单晶台账分合同按单晶登记，记录每个合同每支单晶加工细况。

各种数据应及时输入计算机，并保证其准确性、完整性与及时性，以便准确进行生产动态管理。

为了便于追溯，所有生产加工数据资料都应该由专人负责归类存放备查，至少保存三年。

7.2 硅片生产现场管理

在硅片加工生产中，生产现场管理与生产效率和产品质量密切相关。如何有效地利用与调控现场资源，创建一个良好的现场生产氛围和维持生产现场的有序运转，就是现场生产管理的主要内容。

7.2.1 标准化作业

所谓标准化作业，简单地说就是按统一规定实施作业程序、方法和步骤。

首先必须制定规范性文件，用以指导生产。规范性文件包括生产标准、管理规程、作业规范和现场记录。

生产标准包括产品标准、检验方法标准、技术协议和生产合同等，它们是产品生产与检验的依据与准则。

管理规程是为规范生产现场管理而制定的规则与程序，如安全生产规程、设备维护保养规程、5S现场管理实施规程、物料管理规程和检验规程等。

作业规范是为实现产品目标而制定的细化的规范性文件，包括工艺规范、操作规程和作业指导书。工艺规范规定工艺作业流水线的相关事项及其衔接；操作规程制定设备特定的操作方法和程序；而作业指导书则规定了具体岗位的作业职责、范围、目的、资源、方式方法和程序。

现场记录包括的范围就更多了，主要有作业（操作）原始记录、随工单、设备维修记录、检验记录、作业现场环境控制记录和交接班记录等。现场记录详细地记载作业的时间、地点、内容、人员、设备和物料状况，是重要的生产现场资料，也是产品历史追溯的依据。

标准化作业文件应明确规定文件的使用范围和目的，遵守5W1H原则（Why，What，When，Where，Who和How），即为什么做，做什么，何时做，在什么地方做，谁来做和如何做，都必须明确。比如，作业指导书是解决如何作业的问题的，具体操作的详细过程，包括每个步骤所涉及的原材料、仪器设备、零部件、作业过程、作业结果、判定标准、移交和记录等，都要作出明确的规定。

有了文件以后，重要的就是按文件去实施、检查和记录。目前，在硅片加工生产中已经越来越多地应用了自动控制设备，自动控制更好地保证了作业条件的规范化和一致性。但是，还是有更多的环节是要靠人去控制的，即便是自动化控制设备，其运行程序也是需要人去设置的，所以，也要强调标准化生产与规范化作业。

7.2.2 生产现场资源控制

(1) 生产现场资源配备

硅片生产现场资源主要包括人员、基础设施和工作环境。

硅片生产作业人员应经过培训，确认其具备所必要的能力。如硅单晶切割工，应对硅单晶基本特性有所认识，能熟练操作内圆切割机或线切割机，掌握晶体粘接、砂浆配制等作业程序与技术，并明确自己所从事活动的相关性和重要性，比如在晶体粘接中，不但要会做，而且应清楚晶体及器具清洁度、胶黏剂调配、粘接方位、粘接手法和固化时间等对于切割质量的影响。

为了能在受控条件下进行硅片生产，必须提供必要的资源并进行有效的管理与控制。基础设施包括以下几方面。

① 建筑物、工作场所和相关的设施，具体来说就是厂房、作业场地及其设施，比如工作台、通风橱、水池和排污管道等。

② 过程设备，包括硬件和软件，硬件指各种硅片生产设备、仪器及其辅助装置，还有各种必需的工具和器具、监视和测量装置等；软件指各种设备仪器的使用操作说明书、计算机程序、产品标准和作业指导文件等。

③ 支持性服务，如运输和通信等。

对工作环境的要求根据工艺性质而有所不同，在前面有关章节中已有叙述。

生产现场资源管理与控制关键在于对生产现场现有资源的合理调配与管理。合理的资源调配可以有效地发挥现有资源的能力，从而实现产能最大化。

(2) 完全有效生产率和设备综合效率

硅片加工发展到今天，设备性能的有效发挥和产能的充分利用越来越被关注与重视，因此合理的资源调配更多的体现在生产设备利用率及其综合效率的管理上。

① 完全有效生产率　设备产能是否达到最大化，可以用产能利用率来进行分析。产能利用率，更多的资料上叫做完全有效生产率，英文缩写TEEP（Total Effective Equipment

Performance），它把所有与设备有关和无关的因素都考虑在内来全面反映企业设备效率。TEEP 的计算公式如下：

TEEP＝设备利用率×OEE

式中 TEEP——完全有效生产率；

OEE——设备综合效率。

设备利用率＝负荷时间/日历时间

负荷时间＝日历工作时间－计划停机时间－非设备因素停机时间

这里，非设备因素停机时间指停水、停电、停气、等待计划排产、等待定单以及等待上、下工序等所有不是本台设备因素造成的停机损失。可以看出，当计划停机时间不变时，如果非设备因素停机时间减少，则负荷时间会增大，从而设备利用率就提高，而合理的资源调配和生产调度及现场管理正是可以有效地帮助人们实现这种减少与提高。

② 设备综合效率 OEE 模型　对于设备综合效率 OEE，国际半导体设备与材料组织（SEMI）将其定义为可用效率（AE 或称 Up Efficiency）、生产效率（OE）、速率效率（RE）和质量效率（QE）之乘积，具体 OEE 模型如图 7-4 所示。

OEE＝AE×OE×RE×QE

式中 AE——设备完好且能进行工艺的时间占总时间的比例，%；

OE——设备进行工艺的时间占可用时间的比例，%；

RE——设备加工的理论生产时间占生产时间的比例，%；

（OE、RE 合并：PE＝OE×RE）

QE——有效加工的理论生产时间（无废片、无回流）占总理论生产时间的比例或工艺完成后的硅片数占总硅片数的比例，%。

图 7-4　SEMI 定义的 OEE 模型

OEE 模型考虑了设备所有的运行情况，完全依据设备的状态时间来进行计算，如图 7-5 所示。

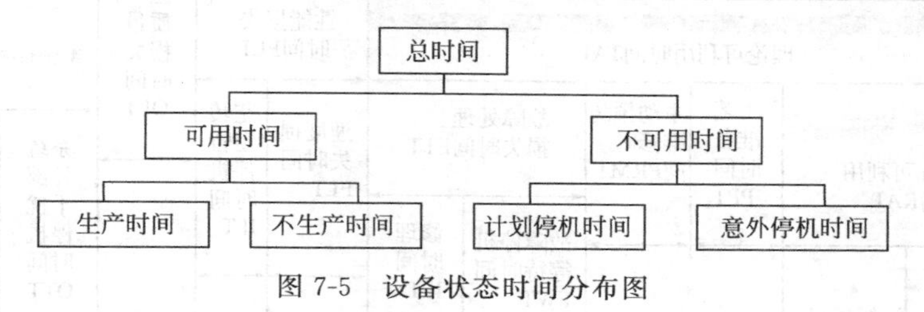

图 7-5　设备状态时间分布图

实际上，设备综合效率 OEE 的计算可以写成下面的形式：

OEE＝时间开动率(AE)×性能开动率(PE)×合格品率(QE)×100%

其中：• 时间开动率＝开动时间/负荷时间

负荷时间＝日历工作时间－计划停机时间－非设备因素停机时间

开动时间＝负荷时间－故障停机时间－初始化停机时间

• 性能开动率＝净开动率×速度开动率

净开动率＝(加工数量×实际加工周期)/开动时间

速度开动率＝理论加工周期/实际加工周期

• 合格品率＝合格品数量/加工数量

(3) OEE 公式的实质

将上面所有项代入，即可得到：

设备综合效率(OEE)＝时间开动率×性能开动率×合格品率

＝(开动时间/负荷时间)×(加工数量×实际加工周期/开动时间)×

$$(理论加工周期/实际加工周期)\times(合格品数量/加工数量)$$
$$=合格品数量\times理论加工周期/负荷时间$$
$$=合格品理论加工时间/负荷时间$$

因此，OEE 计算的简化公式为：

$$OEE=\frac{理论加工周期\times合格品数量}{负荷时间}$$

即合格品的生产时间占总可用生产时间（负荷时间）的比例。

TEEP 的计算公式也就可以写为

$$TEEP=\frac{负荷时间}{日历时间}\times\frac{理论加工周期\times合格品数量}{负荷时间}=\frac{理论加工周期\times合格品数量}{日历时间}$$

即合格品的生产时间占日历时间的比例。

由此可见，OEE 可以准确地表示设备的效率如何，设备真正用于加工合格品的时间是多少，即设备真正有多少时间是在创造价值的，这就是 OEE 公式的实质。目前设备综合效率世界先进水平为≥85％，要达到这个指标，要求设备的时间开动率≥90％；性能开动率≥95％；合格品率≥99％。

(4) 利用 OEE 计算进行损失分析

既然 OEE 计算的简化公式可以如此简单，而为什么 OEE 模型要用那么复杂的公式呢？这是因为，计算 OEE 值并不是目的，而主要是为了通过计算分析问题。

计算 OEE，可以进行生产过程的时间损失分析，如图 7-6 所示。

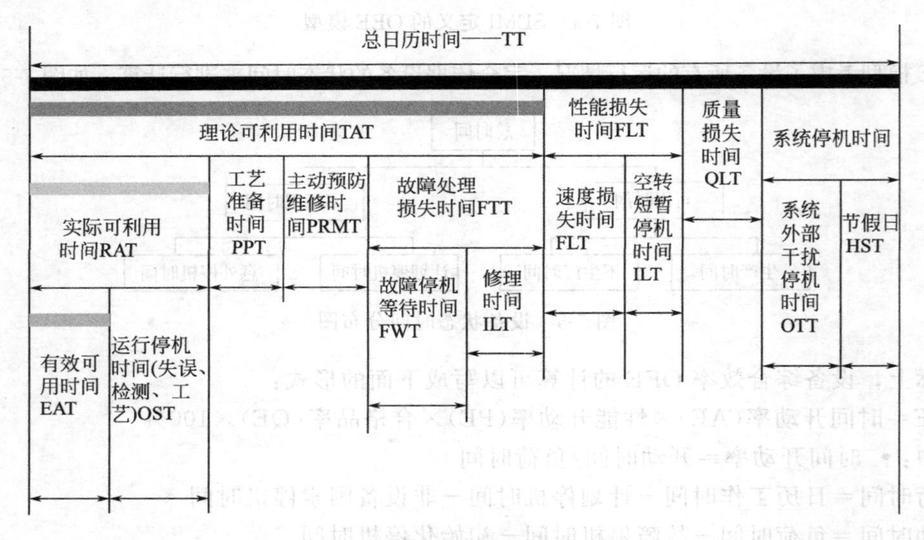

图 7-6 生产过程的时间损失分析

OEE＝时间开动率×性能开动率×合格品率×100％，在分别计算 OEE 的不同“率”的过程中，可以分别反映出不同类型的损失，时间开动率反映了设备的时间利用情况；性能开动率反映了设备的性能发挥情况；而合格品率则反映了设备的有效工作情况。也就是说，一条生产线的可用时间只占运行时间的一部分，在此期间可能只发挥部分的性能，而且可能只有部分产品是合格品。

【例 7-2】 单台生产设备的 OEE 计算。

设某设备 1d 工作时间为 8h，班前计划停机 20min，故障停机 20min，更换产品型号设备调整30min，产品的理论加工周期为0.5min/件，实际加工周期为0.8min/件，一天共加工产品400件，有8件废品，求这台设备的OEE。

计算如下：

负荷时间＝8×60－20＝460min

开动时间＝460－20－30＝410min

• 时间开动率＝410/460＝89.1％

速度开动率＝0.5/0.8＝62.5％

净开动率＝400×0.8/410＝78％

• 性能开动率＝62.5％×78％＝48.8％

• 合格品率＝(400－8)/400＝98％

于是得到OEE＝89.1％×48.8％×98％＝42.6％

设备利用率＝460/480＝95.8％

TEEP＝设备利用率×OEE＝95.8％×42.6％＝40.8％

用简化公式计算：

OEE＝合格品的理论加工时间/负荷时间＝(400－8)×0.5/460＝42.6％

TEEP＝合格品的理论加工时间/日历时间＝(400－8)×0.5/480＝40.8％

得到相同的结果。

从计算结果看，设备利用率＝95.8％，还是很高的，但是OEE和TEEP分别为42.6％和40.8％，很低。这就需要通过OEE模型的各子项分析，找出影响设备效率的因素，以便有的放矢，予以解决。如上例中可以看到，性能开动率很低，仅为48.8％，便可以此入手，进行更深入的分析（略）。

7.2.3 5S现场管理

5S现场管理起源于1955年的日本企业，起初是为了确保作业空间和安全而提出了清理（Seiri）和整顿（Seiton），后因生产和品质控制的需要增加了清扫（Seiso）、清洁（Seiketsu）和素养（Shitsuke），对当时乃至后来的整个现场管理模式形成很大的冲击。

(1) 清理

清理的意义就是清除现场不用的物品，腾出空间，改善和增加现场作业面积。现场无杂物，人行道畅通，可以提高工作效率，并且防止误用误送，同时塑造清爽的工作环境。

清理的流程如图7-7所示。

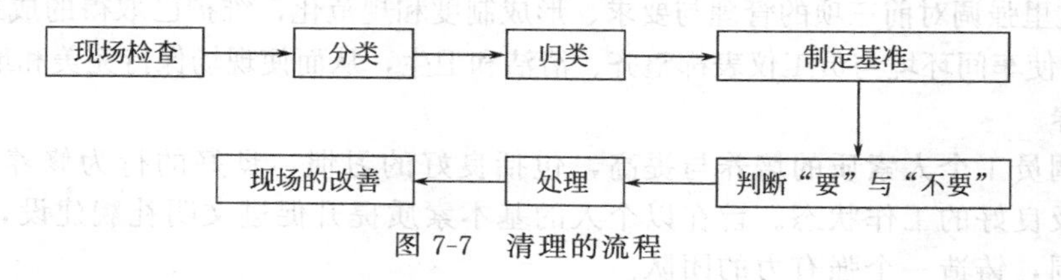

图7-7 清理的流程

清理的三个基准介绍如下。

① 要与不要 分清楚什么物品是现场必需的，而哪些是不需要的。要与不要与现场的工作性质有关，要区别对待。在生产中正常使用的机器、设备、装置及其辅助器具；工作台、料架、桌椅板凳、工具和用具；原（辅）材料、半成品和成品；作业指导书、原始记录和交接班记录；废料收集箱和垃圾箱等，是生产现场需要放置的。但是其他一些与现场生产无关的物品，包括地面上的、桌面上的、橱柜里的和墙壁上的，通通都要清除出去。尤其是在高纯工作室，室内摆放的东西要尽可能少。

② 明确场所　明确什么物品应该放置于什么场所，根据工作现场作业的性质与物品使用频率而定。不常用的放在远处，偶尔用的集中专人保管，经常用的放在近处。

③ 废弃处理　区分申请部门和判定部门，确定专门的部门来处理废弃物，制定并执行不要物处理程序。

(2) 整顿

清理以后，通过整顿把需要的物品加以定量和定位，其意义在于：

- 减少非必需的作业，提高工作效率；
- 将寻找时间减少为零，缩短作业中间转换时间；
- 便于发现异常情况（丢失、损坏等）；
- 创造一目了然的现场，便于标准化作业；
- 减少过多的或无必要的堆放，现场摆放有序，节约场地，利于安全生产。

整顿的三要素：场所、方法、标识。

① 场所　场所即指某物在某地。通过分析情况来合理地划分现场区域和制定摆放要求，明确物品放置场所。

② 方法　方法指物品堆放的方法形式，其原则是容易取放。

放置的方式多样灵活，尽量利用架子，提高空间利用率；放置必须考虑到物品的先进先出，同类物品集中放置；橱柜、物料架等内部定位，便于标识与取放；长条物斜放或束紧竖放；危险品放置场所应覆盖隔离。

③ 标识　标识包括名称、规格、数量、状态、区域等。注意标识位置及方向的合理性，充分利用颜色，使之清楚、明确、一目了然；相同类别尽量统一；必要时注明责任人；定期或不定期更新，保证有效性。

(3) 清扫

清扫即指清除工作场所内的脏污，维护与保持设备性能，同时减少脏污对产品品质的影响，提升作业质量。有效的清扫可以保持工作场所干净明亮、减少设备故障和工业伤害事故。并且良好的工作环境令人心情愉快，有利于生产任务的完成和工作质量的提高。

应建立清扫责任制，规定其区域、周期、任务、目的、人员和方法（5W1H），建立清扫作业规范（标准化），清扫的内容还应当包括清除污染源（粉尘、刺激性气体、噪声、管道泄漏）和清扫设备。

(4) 清洁

清洁在这里强调对前三项的管理与要求、形成制度和规范化，维护已取得的成果，培养良好的工作习惯，使车间环境与员工仪表都整齐、清洁和卫生，从而使现场保持完美和最佳状态。

(5) 素养

素养强调员工个人素质的培养与提高，包括良好的习惯，良好的行为修养，遵章守纪，认真敬业以及良好的工作状态。旨在以个人的基本素质提升促进文明礼貌建设，创造一个和谐的环境氛围，铸造一个强有力的团队。

7.3 硅片生产工序控制

硅片生产过程是一个多工序过程的组合，因此硅片生产过程控制可以分解为对各工序过程的控制及其衔接。工序质量控制是实现硅片生产过程控制的基础保障。

7.3.1 工艺参数和质量特性的波动与统计控制的原理

在硅片生产过程中，由于 4M1E 基本因素（Man 人、Machine 机器、Material 材料、

Entironment 环境和 Means 方法）的波动影响，工艺参数和产品（硅片）的质量特征值的波动是不可避免的。但是这种波动分正常波动和异常波动，偶然性原因（不可避免因素）引起的波动对产品质量影响较小，在技术上难以消除，在经济上也不值得消除，因此被看作正常波动；而系统原因（异常因素）引起的波动对产品质量影响很大，被认为是异常波动，应采取措施避免和消除。工序控制的任务就是要避免和消除引起异常波动的因素而使其处于正常波动的状态。

无论是产品质量特性的波动还是生产工序基本因素的波动，都具有统计规律性，具有一定的随机误差分布规律。当没有系统误差存在时，根据中心极限定理，随机误差的总和，即总体质量特性或工艺参数特性服从正态分布 $N(\mu,\sigma^2)$，如图 7-8。其中 μ 为中心值，σ 为标准偏差。

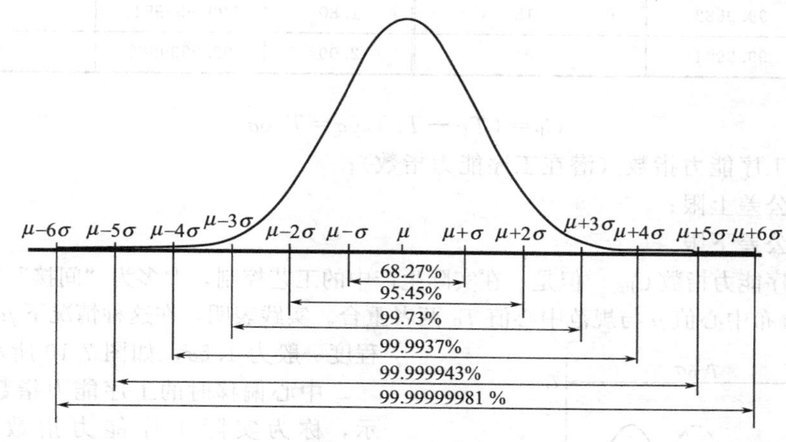

图 7-8 正态分布

从图 7-8 可以看到正态分布的特征：

① 大多数值集中在以 μ 为中心的位置，越往边缘个体数越少；

② 以 μ 为中心正负 3σ 范围内的个体数占 99.73%。即样品特征值出现在（$\mu-3\sigma$，$\mu+3\sigma$）中的概率为 99.73%，超出正负 3σ 范围发生概率仅为 0.27%。这就是统计控制的原理，也称为 3σ 原理。

7.3.2 工序能力分析

（1）工序能力与工序能力指数

硅片生产中，每一道工序都具备实现与完成其预定目标的相应的能力。通常工艺参数服从正态分布 $N(\mu,\sigma^2)$，正态分布标准偏差 σ 的大小反映了参数的分散程度，绝大部分数值集中在 $\mu\pm3\sigma$ 范围内，其比例为 99.73%。

① 工序能力 6σ 6σ 称为工序能力，如图 7-9。6σ 范围越小，表示该工序加工的工艺参数越集中，则生产出成品率高、可靠性好的产品的能力越强，即工序的固有能力越强。

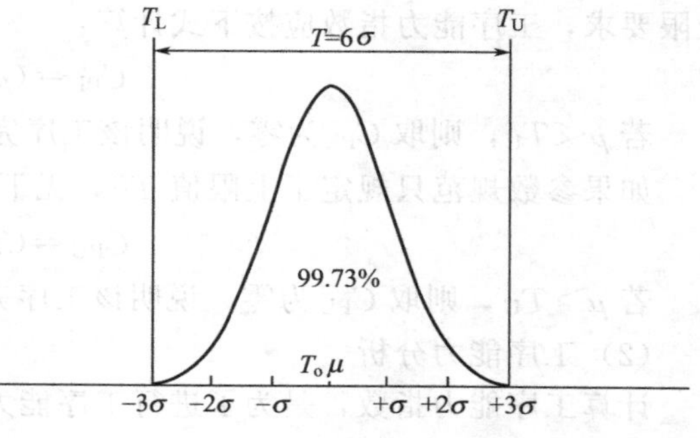

图 7-9 工序能力示意图

② 工序能力指数 C_P 为了综合表示工艺水平满足工艺参数规范要求的程度，工业生产中广泛采用下式定义的工序能力指数来衡量：工序能力指数越高，成品率也越高，

如表 7-3 所示。

表 7-3 工序能力指数与成品率之间的关系

C_P	成品率 q/%	工艺不合格品率/ppm	C_P	成品率 q/%	工艺不合格品率/ppm
0.50	86.64	133614	1.33	99.9968	32
0.67	97.73	22750	1.40	99.9973	27
0.80	98.36	16395	1.50	99.99932	6.8
0.90	99.31	6934	1.60	99.99984	1.6
1.00	99.73	2700	1.67	99.999966	0.34
1.10	99.9033	967	1.70	99.999971	0.29
1.20	99.9682	318	1.80	99.999994	0.06
1.30	99.9904	96	2.00	99.9999982	0.0018

$$C_P=(T_U-T_L)/6\sigma=T/6\sigma$$

式中 C_P——工序能力指数（潜在工序能力指数）；

T_U——公差上限；

T_L——公差下限。

③ 实际工序能力指数 C_{PK} 但是，在实际生产中的工艺控制，大多为“间接”工艺控制，很难使工艺参数分布中心值 μ 与规范中心值 T_0 两者重合。实践表明，在这种情况下 μ 与 T_0 偏移的程度一般为 1.5σ，如图 7-10 所示。

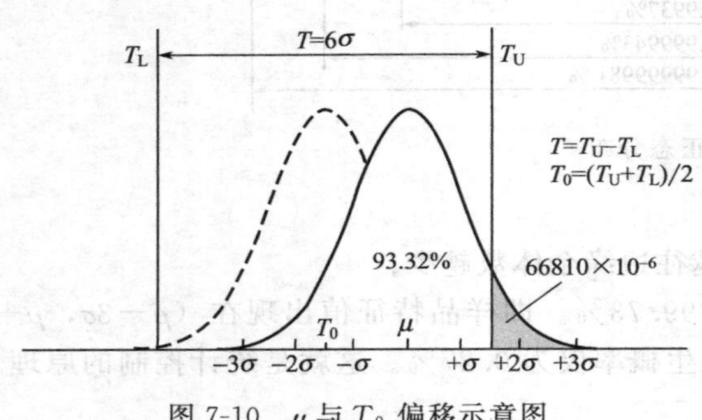

图 7-10 μ 与 T_0 偏移示意图

中心偏移时的工序能力指数用 C_{PK} 来表示，称为实际工序能力指数，其计算公式为：

$$C_{PK}=\frac{T}{6\sigma}(1-K)$$

$$=\frac{T_U-T_L}{6\sigma}\left[1-\frac{\left|\mu-(T_U+T_L)/2\right|}{(T_U-T_L)/2}\right]$$

经整理后写作：

$$C_{PK}=(1-K)C_P=(T-2\varepsilon)/6\sigma$$

式中 C_{PK}——实际工序能力指数；

C_P——中心重合时的工序能力指数；

ε——中心偏移量。

④ 单侧规范值情况的工序能力指数 C_{PL} 和 C_{PU} 如果要求参数大于某一下限值 T_L，无上限要求，工序能力指数应按下式计算：

$$C_{PL}=(\mu-T_L)/3\sigma$$

若 $\mu<T_L$，则取 C_{PL} 为零，说明该工序完全没有工序能力。

如果参数规范只规定了上限值 T_U，无下限要求，则工序能力指数应按下式计算：

$$C_{PU}=(T_U-\mu)/3\sigma$$

若 $\mu>T_U$，则取 C_{PU} 为零，说明该工序完全没有工序能力。

(2) 工序能力分析

计算工序能力指数，是为了进行工序能力分析，以判断工序能力满足产品要求的程度，为工序的系统配置与调控提供依据。表 7-4 列出了一般工业生产中工序能力指数不同量值的相应评价。

表 7-4 一般工业生产中工序能力指数不同量值的相应评价

C_P	≥1.67	1.33～1.67	1～1.33	0.67～1	≤0.67
评价	过剩	充分	尚可	不足	严重不足

在生产中，常常利用直方图进行工序能力分析，如图 7-11 所示。

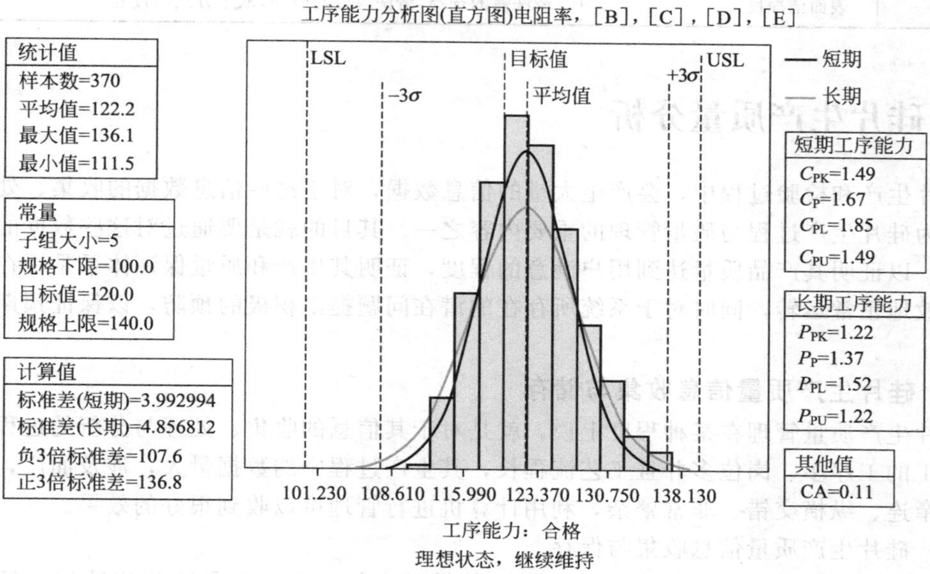

图 7-11 硅片电阻率分布直方图

在相同的工艺条件下，加工出来的产品质量不会完全相同，总是会在某个范围内变动。将一定的抽样数据分成若干组，按其频次依顺序分别在坐标上画出一系列的直方形，并将直方形连起来，这就是直方图。当分组足够多时，就可用一条曲线来拟合它的分布形态(正态分布曲线)。观察直方图的形状，可以判断产品质量特性的分布状况。

直方图适用于对大量计量值数据进行整理加工，找出其统计规律，即通过分析数据分布形态而对其总体的分布特征进行分析估算。

7.3.3 硅片生产工序质量控制点

为了保证硅片的最终质量目标和理想的产品合格率，必须重视其生产过程的质量控制。硅片生产过程由一个个工序组成，每个工序都是一个分过程，根据工序的目的和特点，有着各自相同和不同的控制参数及其重点。

工序质量控制有多种方式，可以直接控制硅片的特性参数，也可以通过控制工序生产中的某些因素来达到目的。关于这些，前面在介绍硅片生产各工序工艺的时候已经有所描述，现将典型的控制点集中归纳于表 7-5，以供参考。

表 7-5 硅片生产工序主要质量控制点

工序名称	主要控制参数	主要控制因素
滚磨切方	直径(外形)、参考面	主参考面方位确定
切割	厚度、弯曲度、翘曲度、刀痕	内圆刀片状态，钢线张力，砂浆温度、黏度与流量，切割进给设定，导轮槽距

续表

工序名称	主要控制参数	主要控制因素
研磨	厚度、TTV、表面完整性	测厚用晶片，磨料粒度均匀性，磨前厚度分选，磨盘状态，研磨速率与时间，磨液流量
化腐	厚度、表面一致性	化腐液浓度，化腐温度与时间，化腐前硅片洁净度
抛光	厚度、TTV、平整度、表面完整性	抛光布垫、衬垫，抛光液 pH 值，抛光压力、温度与时间，蜡层均匀性
清洗	表面洁净度	清洗液的选择，清洗温度与时间，取干方式与过程

7.4 硅片生产质量分析

硅片生产和检验过程中，会产生大量的信息数据，对于这些信息数据的收集、处理与分析，成为硅片生产过程与质量管理的重要内容之一。其目的就是要通过对这些数据的分析得出结论，以证明其产品质量达到用户满意的程度，证明其生产和质量保证体系是否在健康有序和有效地正常运转，同时对于系统所存在的潜在问题提出积极的预防，以保证预期目标的实现。

7.4.1 硅片生产质量信息收集与储存

硅片生产质量管理在某种程度上说，就是对于其信息的收集、处理与分析的过程。硅片生产加工的工序多、岗位多并且工艺流程长，其生产过程中的数据量大，涉及面广，各种因素互相牵连、纵横交错、非常繁杂，利用计算机进行管理可以收到很好的效果。

(1) 硅片生产质量信息收集与保存

硅片加工管理，与一切管理工作一样，其最基本的工作，就是要收集数据，经过合理的、适当的处理后，再作为信息保存起来，以满足各种管理要求。

硅片质量信息包括的内容很多，简单地说就是硅片生产过程中所有与其相关的数据都包括在其中。比如生产合同、硅单晶生产历史及其各项参数、硅片的生产加工历史及其参数水平、每支晶体的加工时间、设备和数量、硅片包装、入库和发货状况等。

前面曾经介绍了以生产合同为中心的硅片生产管理模式，图 7-12 显示了这种模式下硅

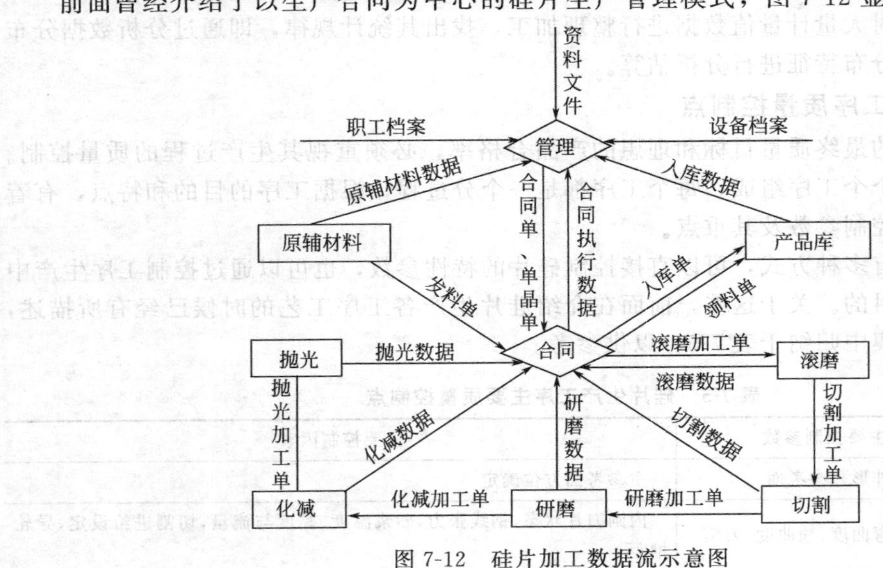

图 7-12 硅片加工数据流示意图

片生产加工的数据流状况。它们涉及了硅片生产加工的各个工序，包括从单晶滚磨到最终检验并包装入库的生产全过程。据此，可以建立一个以合同管理、单晶管理和工序管理为核心的数据库系统，如图 7-13 所示。

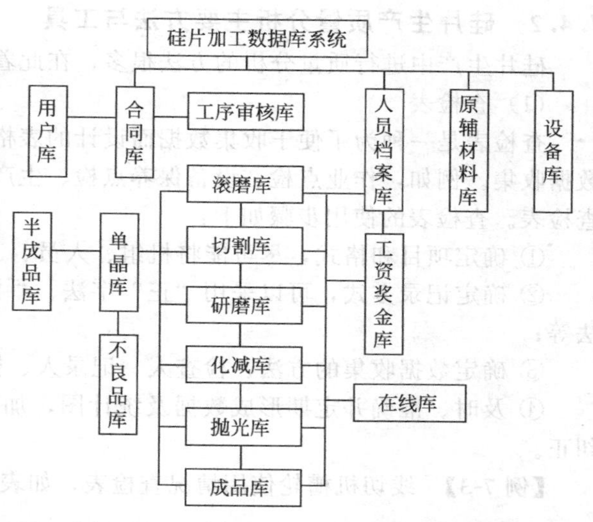

图 7-13 硅片生产与质量管理数据库系统

数据库系统收入的数据来源于生产合同、硅片生产加工随工单、硅单晶检验报告单、操作原始记录、检验记录、材料领用记录和设备维修记录等。

利用这个数据库系统，可以输入保存硅片生产加工各方面的信息数据，供查阅分析之用。如，所有加工合同的数据、各项技术参数指标、订货量、各工序完成情况及其入库发货量等；所有从单晶原始数据到各工序加工状况的数据，随时可以追溯查阅；可以显示各工序生产与质量状况的加工数据；原材料消耗数据；工资、奖金发放资料；职工档案资料；各种工艺资料、工艺文件与质量文件。

（2）数据的处理、检索与查询

孤立的、杂乱无序的数据堆积是没有意义的。为了有规律有联系地使用数据，就必须对数据进行一系列的处理。

硅片生产管理中数据的处理包括分类、排序、传输、计算及更新等。可以按生产合同编号或单晶编号及其分类、工序、日期等进行索引排序，使数据的检索、查询、统计及输出等方便实用。

硅片生产与质量管理中离不开对资料、信息的检索与查询，有时为了一项用户意见，要从几年前的资料中逐一查找某一个相关的记录；为了做出一项决策，要对很多数据进行查找与计算；尤其是经常要试图得到诸如按单晶型号、晶向、电阻率、拉制方法、直径、加工分类……或其组合分类的数据，用人工统计相当麻烦，工作量非常之大，常常是力不从心，无法得到令人满意的结果。

利用计算机管理系统可以方便地进行多种检索及多渠道的查询；例如，可以按合同编号检索阅览合同；按单晶编号查阅加工状况；根据合同，单晶的不同参数组合得到所需的查询结果（产量、质量、工序审核，经济分析等）；按原辅材料编号进行检索阅览；查询原辅材料领用及库存状况；按人员编号进行档案检索；查询工资、奖金发放资料……

多种方式的检索及多种渠道的查询，可以为生产工艺与产品质量分析提供更为全面翔实的证据，从而使工艺判断和决策更准确，因而可以减少失误，从某种意义上来说也就提高了生产效率，增加了生产收益。

（3）原始记录的重要性

硅片生产与质量管理数据库系统的大量信息数据来自于生产过程，其基础就是各种原始记录，包括随工单和检验记录等各种表格。因此必须重视与强调原始记录的真实性和准确性。硅片生产原始记录是用以记载硅片生产过程的历史资料，是重要的证实性质量文件。按照 ISO 质量管理体系标准的要求，原始记录必须真实、准确、清晰、规范与整洁，禁止涂改与随意销毁。

7.4.2 硅片生产质量分析主要方法与工具

硅片生产中进行质量分析的方法很多，在此着重介绍几种常用的数理统计分析方法。

（1）查检表

查检表是一种为了便于收集数据而设计的表格，用于对工作现场事项加以观察、记录与数据收集。例如，作业点检、设备保养点检、生产状况查核和不良原因调查等，都可以使用查检表。查检表的使用步骤如下：

① 确定项目和格式，尽可能将机组、人员、工程或班次等进行区分；

② 确定记录方式，可以采用“正”字法、“丨丨丨”法、“○、▲、◆、☆”图形标记法等；

③ 确定数据收集的方法、检查人、记录人、检查时间和检查地点；

④ 及时、准确并定期形成数据及统计图，加以分析，对存在问题采取措施进行预防或纠正。

【例 7-3】 线切机槽轮使用情况查检表，如表 7-6 所示。

表 7-6 线切机槽轮使用情况查检表

填表部门	设备部	切片车间	×××	切片车间	×××
槽轮编号	开槽次数	更换次数	次数小计	切割批数	批数小计
1	丨丨	正 止	9	正正止	14
2	丨丨丨	正正正	15	正正正正正正正正丅	42
3	丨丨	正 止	9	正正正正正下	28
4	丨丨丨	正	5	正正正正止	24
5	丨丨	正 丅	7	正正正正下	23
6	丨丨	正正止	14	正正正正正正丅	32
7	丨丨	正正	10	正正正正	20
8	丨丨	正	5	正正正	15
9	丨	丅	2	正丅	7
10	丨	下	3	正正	10
日期	/ / — / /		责任人	×××	

（2）排列图（柏拉图）

排列图又称为柏拉图，是一种根据收集的项目数据，按其大小顺序从左到右进行排列的图。用于分析各项目的影响程度，以确定问题的主次，便于针对主要因素加以重点控制或改善。

排列图制作步骤如图 7-14 所示。

【例 7-4】 切片不合格排列图（2007.01～09）制作步骤如图 7-15 所示。

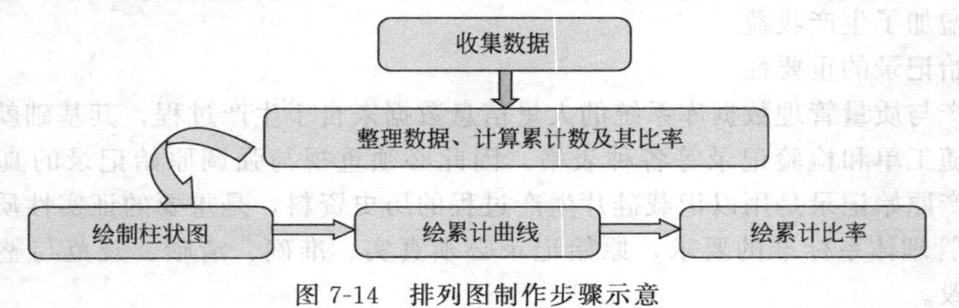

图 7-14 排列图制作步骤示意

数据表	
项目	频数
线痕	48056
电阻率	36133
TTV	10514
崩边	8750
裂纹	5829
缺口	3619
取坏	2837
洗坏	892
测坏	578
厚片	155
薄片	89

项目	频数	频率/%	累计/%	累计数
线痕	48056	40.92	40.92	48056
电阻率	36133	30.76	71.68	84189
TTV	10514	8.95	80.63	94703
崩边	8750	7.45	88.08	103453
裂纹	5829	4.96	93.04	109282
缺口	3619	3.08	96.13	112901
其他	4551	3.87	100.00	117452

切片不合格排列图

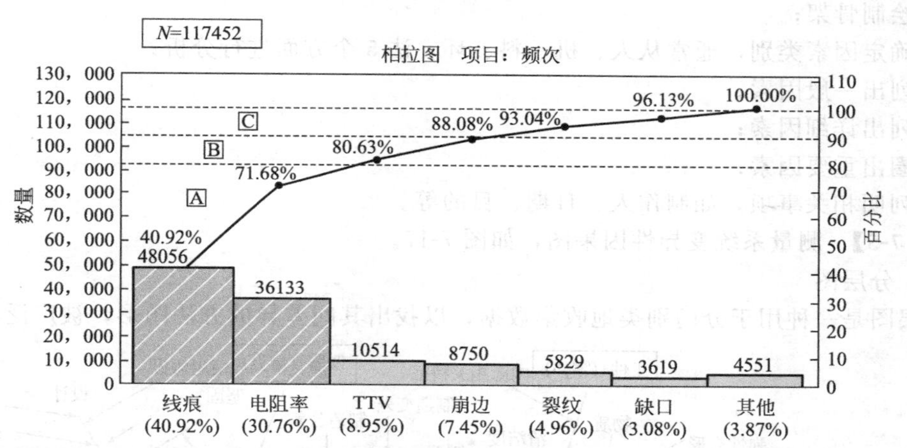

项目	数量频率	百分比/%	累计数量频率	累计百分比/%	统计时段	2007.01～2007.09
线痕	48056	40.92	48056	40.92	制图	×××
电阻率	36133	30.76	84189	71.68	日期	2007.10.10
TTV	10514	8.95	94703	80.63		
崩边	8750	7.45	103453	88.08		
裂纹	5829	4.96	109282	93.04		
缺口	3619	3.08	112901	96.13		
其他	4551	3.87	117452	100.00		

图 7-15 切片不合格排列图制作步骤

注意：

① 依数据大小从左到右顺序排列，但是“其他”项列在最右。

② 排列图要素齐全。项目、标注、频数、累计数、累计百分比、样品总数。

③ 合理的因素分类与分析。

（3）因果图（鱼翅图）

因果图在质量分析中常常被使用，针对造成某项结果的诸多因素，用图形进行系统整理，以便于分析查找主要因素。

因果图通常分为寻求原因型和寻求对策型两种，如图 7-16。

因果图绘制步骤：

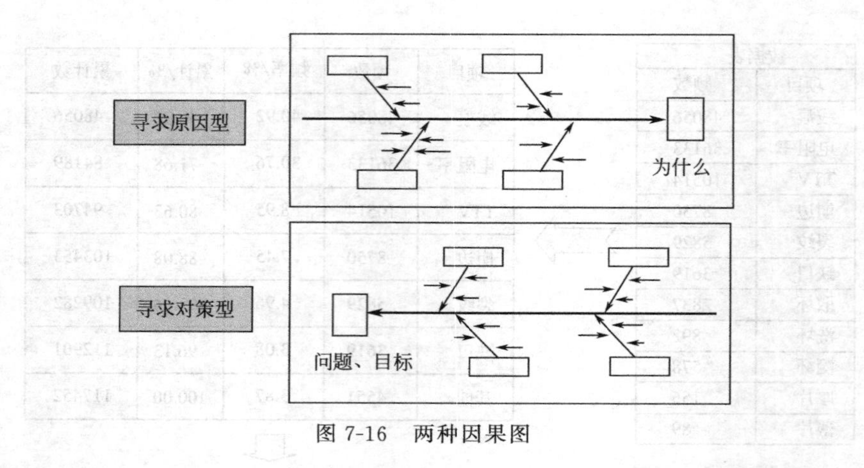

图 7-16 两种因果图

① 确定结果，如产品不良率、货款回收率、出片率、成本、硅片参数指标等；
② 绘制骨架；
③ 确定因素类别，通常从人、机、料、环、法 5 个方面进行分析；
④ 列出一般因素；
⑤ 列出详细因素；
⑥ 圈出重要因素；
⑦ 列明相关事项，如制作人、日期、目的等。

【例 7-5】 测量系统变异性因果图，如图 7-17。

（4）分层图

分层图是一种用于分门别类地收集数据，以找出其间差异的方法图形，被广泛应用于各

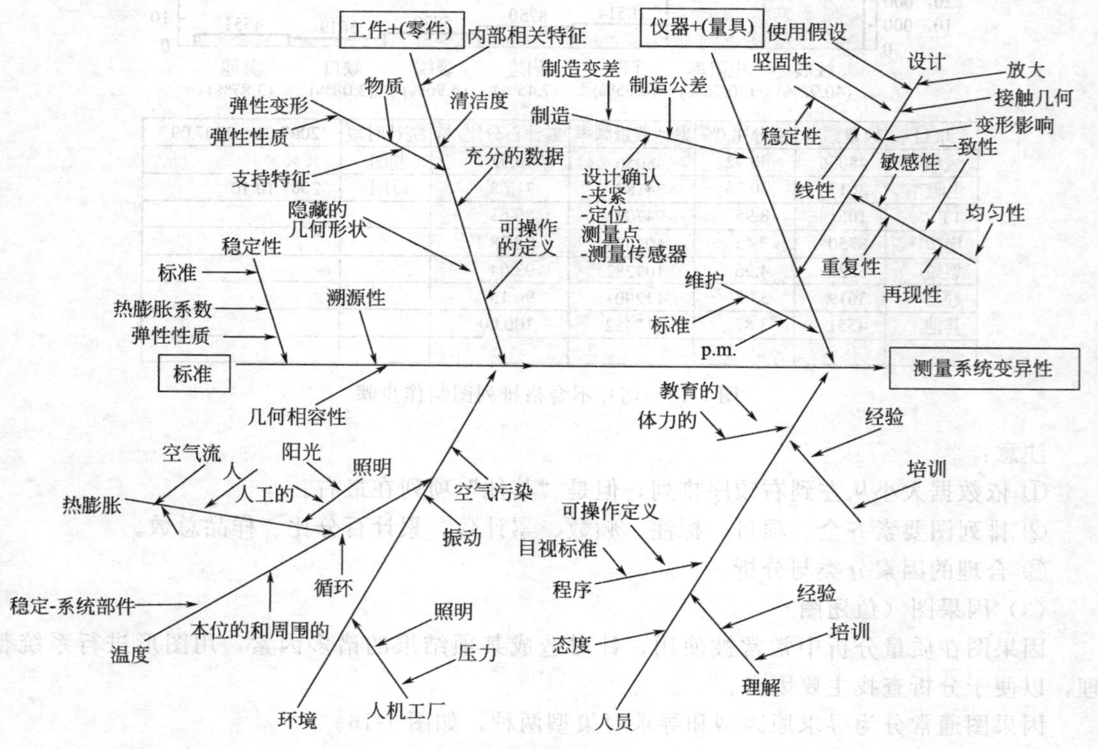

图 7-17 测量系统变异性因果图

种统计比较分析。

分层图绘制步骤：

① 明确分层对象，如时间、班组、人员、设备、生产线或材料等；

② 收集数据，可以利用检查表、统计表等形式；

③ 根据数据绘制推移图进行比较。

【例 7-6】 单晶切割分类月重量比较图，如图 7-18。

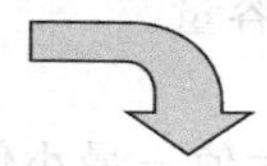

月份	1	2	3	4	5	6
156mm×156mm重量/kg	101.901	76.539	594.778	389.452	267.129	215.705
125mm×125mm重量/kg	347.173	353.125	158.423	294.318	553.214	497.528
100mm重量/kg	254.125	143.567	437.653	395.245	497.357	326.533
合计重量/kg	703.199	573.231	1190.85	1079.02	1317.7	1039.77
月份	7	8	9	10	11	12
156mm×156mm重量/kg	440.122	452.139	572.459	697.264	524.891	576.349
125mm×125mm重量/kg	547.912	551.627	438.571	397.589	557.987	679.648
100mm重量/kg	134.582	139.278	139.278	395.245	149.521	123.457
合计重量/kg	1122.62	1143.04	1150.31	1490.1	1232.4	1379.45

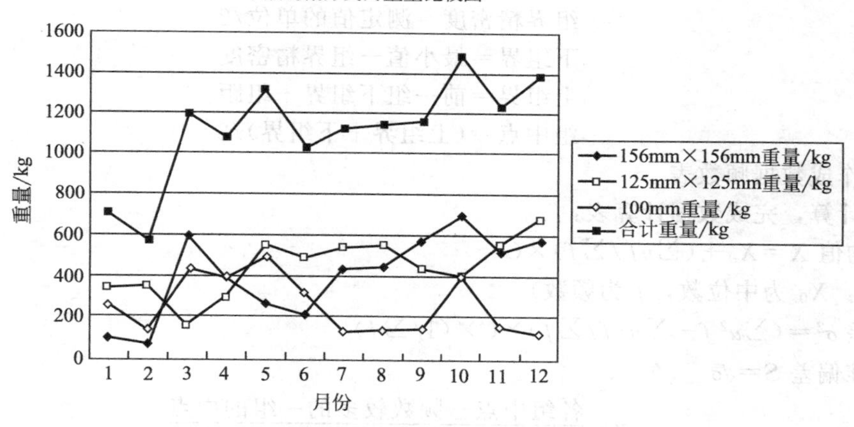

图 7-18 单晶切割分类月重量比较图

(5) 散布图

当需要分析两个变量之间关系时，可使用散布图，也叫相关分析图，如图 7-19。

散布图的作法：

① 收集两种对应相关数据（x、y），需要至少 10 组成对数据；

② 找出数据中的最大值和最小值，即 x_{max} 和 x_{min}、y_{max} 和 y_{min}；

③ 在横轴 x 与纵轴 y 上分别列出质量特性；

④ 将两种对应数据列在坐标上；

⑤ 若两组数据相同时另做记号表示；

⑥ 注明附加信息，如品名、工程名、制作人及日期等。

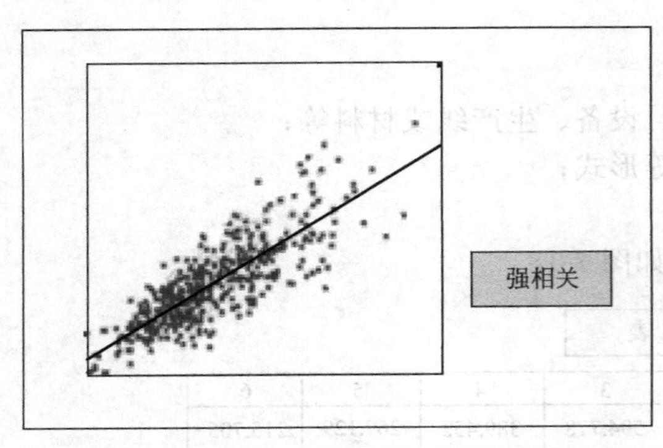

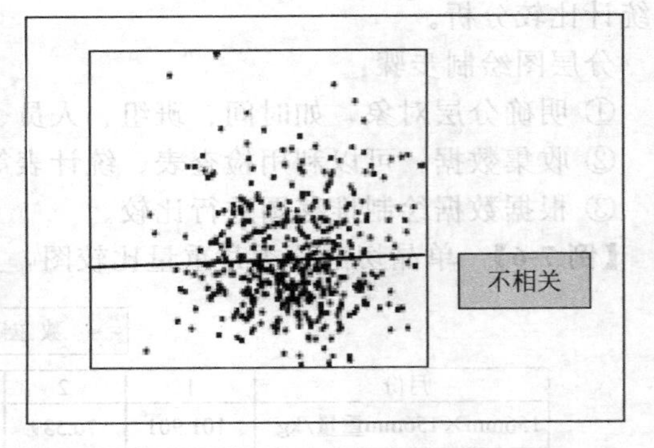

图 7-19　散布图

（6）直方图（频数分配图）

直方图也叫频数分配图，就是沿横轴以各组频次为高度，在每一组距上绘一矩形所构成的图形，其用途在于显示数据分布状态，以方便进行规格比较。生产中经常利用直方图进行过程能力分析与测量，或制定规格界限及判断变异状况等。

直方图作法如下。

① 收集样本数据，至少 50 个以上。

② 确定组数，组数 $K=\sqrt{n}$，n 为样本容量。

③ 计算组距：

$$全距（范围）R=最大值-最小值，组距 C=R/K$$

④ 计算组界及组中点：

组界精密度＝测定值的单位/2

下组界＝最小值－组界精密度

上组界＝前一组下组界＋组距

组中点＝(上组界＋下组界)/2

⑤ 作成数据频数表。

⑥ 计算，完成数据计算表：

平均值 $X=X_0+(\sum uf/\sum f)\times C$

（注：X_0 为中位数，f 为频数）

方差 $\sigma^2=(\sum u^2 f-\sum u^2 f/\sum f)\times C\times(1/\sum f)$

标准偏差 $S=\sqrt{\sigma}$

$$u=\frac{各组中点-频数较多的一组的中点}{组距}$$

⑦ 确定坐标轴，横轴为组，纵轴为频数，按数据频数表作出柱状图，即直方图。

⑧ 必要的标示，如样本数、平均值、标准偏差、工程名称、产品参数名称、取样日期、作图日期和作图人等。

【例 7-7】　某批硅片电阻率测试数据直方图制作及其分析

① 样本数据 500 个，数据组数 $n=100$（数据统计表略）

② 组数 $K=\sqrt{n}=10$

③ 组距：

全距 R＝最大值－最小值＝56.804－41.585＝15.219

组距 $C=R/K=15.219/10=1.522$

④ 组界及组中点：

组界精密度＝测定值的单位/2＝0.0005

下组界＝41.585－0.0005＝41.5845

各上组界＝41.5485 依次递加 1.522＝43.0705～44.5925～…～56.8045

组中点＝42.3095，43.8315，45.3535，…，56.0435

⑤ 作成数据频数表（略）

⑥ 计算：

$$平均值\ X=47.211$$

$$标准偏差\ S=2.4692$$

⑦ 确定坐标轴

横轴：组；

纵轴：频数。

⑧ 画图及其标注：刻度、组界值、组中值、数据（样本数、平均值、标准偏差）、计量单位、名称、日期、时间、作图人等，如图 7-20。

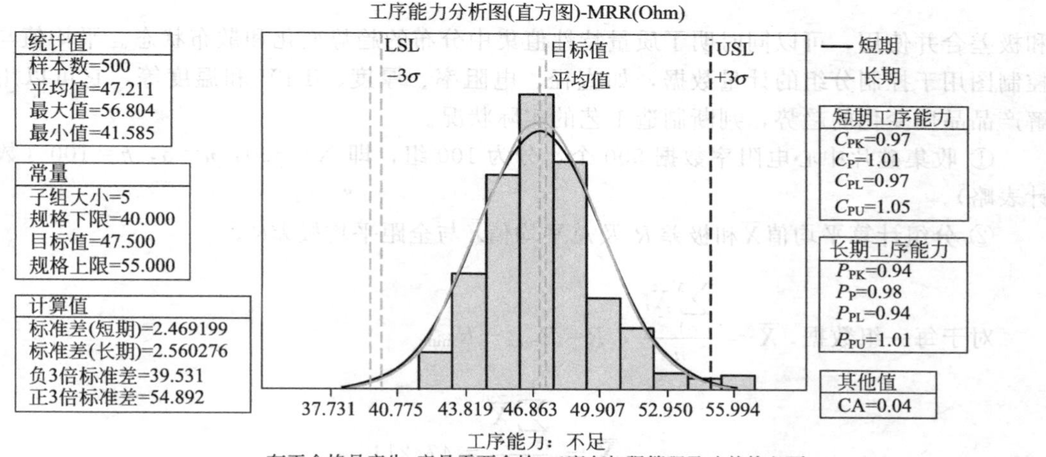

图 7-20　硅片电阻率测试数据直方图

(7) 控制图（管制图）

控制图是使用很广泛的工序质量分析控制工具，在统计分析中，经常会利用折线图（推移图）来反映数据随某变量变化的情形和趋势，在折线图的基础上，加上中心线和上下控制线，即成为控制图。

控制图的功能主要在于利用其进行过程能力分析，以判断过程是否处于控制状态。控制图的原理为 3σ 原理，即当总体呈正态分布时，99.73%的特性值是落在平均值±3σ 区域内，超出±3σ 的机会很小，仅 0.27%，可以认为是由随机因素所致，视为正常波动。

控制图可以分为不同的类型，如图 7-21。

【例 7-8】 平均值与极差控制图（以硅片中心电阻率平均值与极差控制图为例）。

平均值与极差控制图即$\overline{X}$-R 控制图，最常用和最实用的一种品质管理工具。将平均值

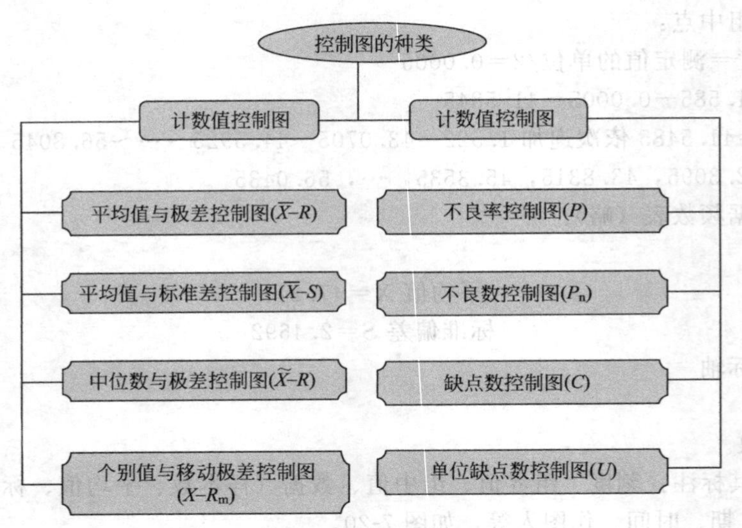

图 7-21 控制图的类型

和极差合并使用，可以同时明了质量特性值集中分布的趋势变化和散布状态。平均值与极差控制图用于控制分组的计量数据，如直径、电阻率、厚度、TTV 和温度等，它可以用于了解产品品质变化的趋势，判断制造工艺的实际状况。

① 收集硅片中心电阻率数据 500 个，分为 100 组，即 $N=500$，$n=5$，$k=100$（数据统计表略）。

② 分组计算平均值$\overline{X}$和极差 R 及总平均值$\overline{\overline{X}}$与全距平均极差$\overline{R}$。

对于每一组数据，$\overline{X}=\dfrac{\sum_{i=1}^{n}X_i}{n}$，$R=R_{\max}-R_{\min}$

$$\overline{\overline{X}}=\frac{\sum_{i=1}^{k}\overline{X}}{k}=47.211$$

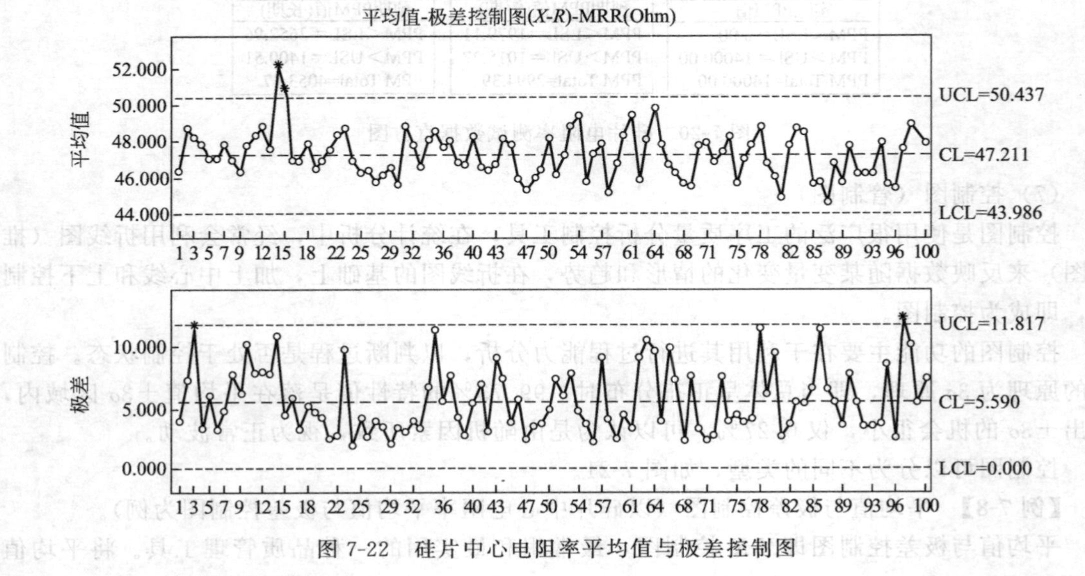

图 7-22 硅片中心电阻率平均值与极差控制图

$$\overline{R}=\frac{\sum_{i=1}^{k}R_i}{k}=5.590$$

③ 计算中心线。

$\overline{X}$管制图，$CL=\overline{\overline{X}}=47.211$

R 管制图，$CL=\overline{R}=5.590$

④ 计算管制界限。

$\overline{X}$管制图，管制上限 $UCL=\overline{\overline{X}}+A_2\times\overline{R}=50.437$

管制下限 $LCL=\overline{\overline{X}}-A_2\times\overline{R}=43.966$

R 管制图，管制上限 $UCL=D_4\times\overline{R}=11.817$

管制下限 $LCL=D_3\times\overline{R}=0.000$

注：A_2、D_3 和 D_4 都为查表所得。

⑤ 作图，如图 7-22。

本章小结

1. 标准化作业是生产管理与质量控制的基础

标准化作业包括现场管理标准化和岗位操作规范化。

生产现场必须提供规范并有效的现场管理与作业文件，做到有章可循，有据可依。

对于每项作业，都要遵循 5W1H 原则，明确做什么、为什么做、何时做、在哪里做、谁来做及如何做。

2. 充分的工序能力是工序产品质量的保障

只有工序能力高的工序才可能生产出质量稳定的合格产品。

① 在生产过程中，产品的质量特征值的波动是不可避免的。

② 工序质量控制就是要采取措施避免和消除异常波动，使工序处于正常受控状态。

③ 只有工序能力强的工艺才可能生产出质量好、可靠性水平高的产品。

④ 工序能力指数是一种表示工艺水平高低的方便方法，其实质作用是反映工艺成品率的高低。

C_P 和 C_{PK}的常规计算方法

双侧公差	单侧规格
当质量分布中心 $\overline{X}$ 与规格中心 X_0 重合，即$\overline{X}=(T_U+T_L)/2=X_0$ 工序能力指数 $C_P=\frac{质量特性规格界限}{工序能力}=\frac{T}{6\sigma}$ 其中 $T=T_U-T_L$	只给定规格上限 T_U，如规定某一参数不得不大于一个值： 工序能力指数 $C_P=(T_U-\overline{X})/3\sigma$ 当$\overline{X}>T_U$ 时，C_P 为 0
当质量特性分布中心 $\overline{X}$ 与规格中心 X_0 不重合时修正后的工序能力指数 $C_{PK}=(1-k)C_P$ 式中偏移系数 $k=2\varepsilon/T$，而 $\varepsilon=\lvert\overline{X}-X_0\rvert$	只给定规格下限 T_L，如规定某一参数不得小于一个值： 工序能力指数 $C_P=(\overline{X}-T_L)/3\sigma$ 当 $\overline{X}<T_L$ 时，C_P 为 0

一般工业生产中工序能力指数不同量值的相应评价

C_P	≥1.67	1.33～1.67	1～1.33	0.67～1	≤0.67
评价	过剩	充分	尚可	不足	严重不足

3. 以生产合同为中心的过程管理模式

以硅片供货合同作为硅片生产质量管理的主线，所有管理活动皆围绕合同而展开，其核心就是按合同组织生产、管理生产和管理产品。

以贯彻生产标准为指导，以执行合同内容为中心，以完美地实现合同指标和满足用户需求为目的。

产品标识的目的在于识别产品的身份及其状态，防止不同类别、不同检验状态的产品混用和误用，确保需要时对产品质量形成的过程实现可追溯性。

产品标识包括生产、检验、包装及发货的全过程。产品标识可以采取各种适当的方式进行，但是一定要清楚、准确、易于识别和便于追溯。

4. 合同执行的动态管理

建立一个以合同管理、单晶管理和工序管理为核心的数据库系统，将硅片生产过程中所有与其相关的数据信息都纳入其中。

为了全面掌握生产状态，有效进行其动态管理，各种数据应保证其准确性、完整性与及时性，做到及时录入、经常查阅、定期统计、科学分析、妥善管理。

硅片生产原始记录是用以记载硅片生产过程的历史资料，是重要的证实性质量文件，要求其必须真实、准确、清晰、规范与整洁，禁止涂改与随意销毁。

硅单晶的理论切片数＝(单晶长度－头片长度)/(切片厚度＋刀口厚度)

各工序合格率＝(合格数量/投片数量)×100％

对于切割工序,合格率＝(合格数量/理论切片数量)×100％

5. 设备综合效率 OEE 模型

$$\mathrm{OEE}=\mathrm{AE}\times\boxed{\mathrm{OE}\times\mathrm{RE}}\times\mathrm{QE}$$

式中 AE——设备完好且能进行工艺的时间占总时间的比例，％；

OE——设备进行工艺的时间占可用时间的比例，％；

RE——设备加工的理论生产时间占生产时间的比例，％；

（OE、RE 两项合称 $\mathrm{PE}=\mathrm{OE}\times\mathrm{RE}$）

QE——有效加工的理论生产时间（无废片、无回流）占总理论生产时间的比例或工艺完成后的硅片数占总硅片数的比例，％。

OEE 公式的实质：

OEE 准确地告诉你设备的效率如何，设备真正用于加工合格品的时间是多少，即设备真正有多少时间是在创造价值的

$$\mathrm{OEE}=\frac{理论加工周期\times合格品数量}{负荷时间}$$

合格品的生产时间占总可用生产时间（负荷时间）的比例。

6. 完全有效生产率（产能利用率）

$$\mathrm{TEEP}=设备利用率\times\mathrm{OEE}$$

$$\mathrm{TEEP}=\frac{负荷时间}{日历时间}\times\frac{理论加工周期\times合格品数量}{负荷时间}=\frac{理论加工周期\times合格品数量}{日历时间}$$

合格品的生产时间占日历时间的比例。

7. 硅片生产质量分析主要方法与工具

SPC 统计过程控制（Statistical Process Control），是一种借助数理统计方法的过程控制手段。

数理统计方法是 SPC 统计过程控制的核心工具。

强调过程控制，并非只是检验控制。

各种数理统计方法是工序质量控制的可行有效的工具，应切合实际，灵活运用。

收集数据用查检表；

分析比较多项因素的主次影响用排列图；

查找主要因素用因果图；

比较类别趋势差异用分层图；

分析两个变量之间的关系用散布图；

显示数据分布状态，分析判断过程能力用直方图；

分析监控和判断过程状态及其变化趋势用各种控制图。

习　题

7-1 统计控制的原理是什么？

7-2 简述工序质量控制的目的与意义。

7-3 怎样理解工艺参数的正态分布及其变异？

7-4 测得某硅片生产线硅片研磨厚度控制工序能力指数为1.35，试分析其工序能力及应对方式。

7-5 什么是SPC？有哪几种常用工具？

7-6 你会制作与使用排列图吗？

7-7 控制图控制的是什么？

7-8 简述硅片生产现场管理的主要内容。

7-9 硅片生产中会产生哪些形式的质量信息？

7-10 有一支直径为100mm的硅单晶需经研磨后出厂，其长度为400mm，晶向为〈111〉1.5°，N型，已滚磨，无参考面；要求研磨厚度为300μm±8μm，硅片表面取向为(111)±1°，硅片边缘不倒角。

① 若采用内圆切割工艺，预留研磨去层量为60μm，切割刀口以300μm计。试计算其理论切片数 N_1。（切割头片按2mm计算）

② 若采用线切割工艺，预计研磨去层量为40μm，切割刀口以190μm计，试计算其理论切片数 N_2。（切割头片按2mm计算）

③ 如果切割合格率都按96%计，分析比较两工艺的收益状况。

附录Ⅰ 硅片生产加工名词术语

Ⅰ.1 厚度（T）

在给定点处垂直于表面方向穿过晶片的距离称为晶片的厚度。

标称厚度指硅片中心点的厚度。

Ⅰ.2 总厚度变化（TTV）

在厚度扫描或一系列点的厚度测量中，最大厚度与最小厚度之间的绝对差值为该晶片的总厚度变化，即 TTV 值。

$$\mathrm{TTV}=T_{\max}-T_{\min}$$

Ⅰ.3 弯曲度（BOW）

弯曲度是硅片中线面凹凸形变的量度。它是硅片的一种体性质，与可能存在的任何厚度变化无关。

中线面：也称中心面，即硅片正、反面间等距离点组成的面。

Ⅰ.4 翘曲度（WARP）

翘曲度是硅片中线面与一基准平面偏离的量度，即硅片中线面与一基准平面之间的最大距离与最小距离的差值。它是硅片的一种体性质，与可能存在的任何厚度变化无关。

翘曲度较弯曲度更能全面反映硅片的形变状态。

Ⅰ.5 平整度

平整度是硅片的一种表面性质，它被定义为硅片表面对一个虚构的近似平行的基准平面的最大偏离。

平整度可以用两个参数来表示，即总指示读数（TIR）和焦平面偏差（FPD）。TIR 为硅片表面最高点与最低点之差，即峰谷差值；FPD 则是片表面最高点或最低点偏离基准平面的最大值。

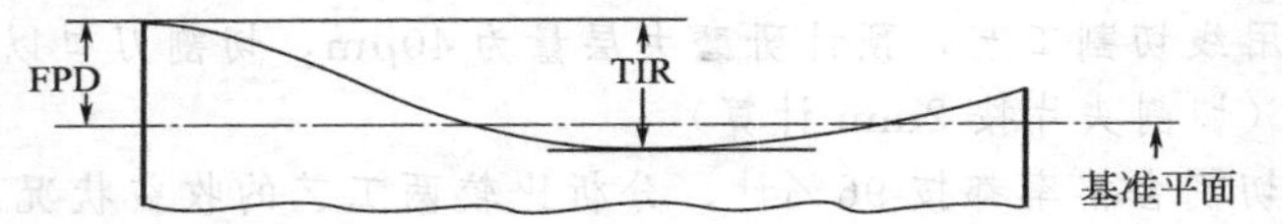

Ⅰ.6 直径

横越圆片表面，通过晶片中心点且不包含任何参考面或圆周基准区的直线距离称为直径。

Ⅰ.7 公差

公差指加工中所允许的最大极限尺寸与最小极限尺寸之差值。也可以说是上偏差与下偏差之和。

公称尺寸与最大极限尺寸之差称为上偏差；公称尺寸与最小极限尺寸之差称为下偏差。

Ⅰ.8 崩边

崩边指硅片表面或边缘非穿通性的缺损。

Ⅰ.9 缺口

一种完全贯穿硅片厚度区域的边缘缺损称为缺口。

Ⅰ.10 裂纹

延伸到硅片表面的解理或裂痕，它可能贯穿，也可能不贯穿硅片厚度区域。

Ⅰ.11 划道

硅片表面机械损伤造成的痕迹，一般为长而窄的浅构槽。

Ⅰ.12 刀痕（线痕）

硅片表面一系列半径为刀具半径的曲线状凹陷或隆起称为刀痕。（线切割过程中由于钢线运动形成的凹凸痕迹称为线痕）

Ⅰ.13 小坑（蚀坑），凹坑

小坑，硅片表面上一种具有确定形状的凹陷。坑的斜面、坑和片子表面的界线是清晰的。

凹坑，硅片表面具有渐变斜面呈凹球状的凹陷。也叫弧坑。

Ⅰ.14 波纹

在大面积漫射光照射下肉眼可见的晶片表面不平坦外貌。

Ⅰ.15 沾污

沾污指硅片表面上，只凭目测可见到的众多名目外来异物的统称。

大多数情况下，沾污可通过吹气，洗涤剂清洗或化学作用去除掉。

（硅片加工中常见的有粉末、微粒、溶剂残留物、镊子及夹具痕迹、蜡、油污等各种类型的沾污）

Ⅰ.16 色斑

色斑是一种化学性的沾污，除非进一步的研磨或抛光，一般不能去除。

Ⅰ.17 小丘

显露出一个或多个不规则小平面的无规则形状的突起物称为小丘。

Ⅰ.18 橘皮

由大量不规则圆形物表征的如橘皮状的粗糙表面称为橘皮。

Ⅰ.19 雾

由密集的微观表面不规则缺陷（如高密度的小丘、小坑等）引起的光散射现象称为雾。

Ⅰ.20 擦伤

低于表面的长、狭、浅的沟槽或痕迹。

重划伤是深度等于或大于 0.12μm，且在白炽灯和荧光灯两种照明情况下，用肉眼均可见到。

微划痕深度小于 0.12μm，且在荧光灯下用肉眼看不到。

Ⅰ.21 型号

型号指半导体晶体的导电类型。主要为电子导电的称为 N 型，主要以空穴导电的称为 P 型。

Ⅰ.22 电阻率

电阻率是一个表征物质导电性能的物理量，也可以说是物质对电流阻碍作用的量度。

规定以长 1cm，截面积为 $1cm^2$ 的物体在一定温度时的电阻值作为该物质在这个温度时的电阻率，单位为 Ω·cm。

通常以硅片中心点的电阻率作为该硅片的标称电阻率。

Ⅰ.23 径向电阻率变化

硅片各点电阻率变化的量度称为径向电阻率变化，也称电阻率不均匀性。

Ⅰ.24 电阻率条纹

电阻率条纹也叫杂质条纹，是拉晶期间，由于旋转的固、液面上存在不均匀性而引起的局部电阻率变化，这种变化呈同心圆状或螺旋状条纹，反映了杂质浓度的周期性变化。

电阻率条纹在放大 150 倍时观察呈现连续性。

Ⅰ.25　寿命

寿命指少数载流子产生与复合之间的平均时间间隔。更确切些说，是晶体中全部过剩载流子的 1—1/e（即 63.2%）已经复合的时间。

Ⅰ.26　晶向

晶体中任意两结点间连线所指的方向称为晶向。

结点：原子、分子或原子团等所处的位置。

在立方晶系中，晶向总是垂直于相应的晶面的。

Ⅰ.27　晶向偏离度

偏离某一指定晶向的度数称为晶向偏离度。

Ⅰ.28　位错

位错是晶体结构中具有一定特殊性质的线缺陷。在位错线附近，原子发生严重错排。

Ⅰ.29　氧化层错

由原生晶体的体层错或加工中的表面损伤，在高温氧化时诱导产生的表面层错称为氧化层错。

Ⅰ.30　漩涡

漩涡是一种结构缺陷，经择优腐蚀后呈肉眼可见的螺旋状或同心圆状的特征。放大 150 倍时呈现不连续性。

附录Ⅱ　硅片生产加工相关标准

GB/T 13389—1992　掺硼掺磷硅单晶电阻率与掺杂剂浓度换算规程
GB/T 14264—1993　半导体材料术语
GB/T 14844—1993　半导体材料牌号表示方法
GB/T 16595—1996　晶片通用网格规范
GB/T 16596—1996　确定晶片坐标系规范
GB/T 2881—2008　工业硅
GB/T 12962—2005　硅单晶
GB/T 12963—1996　硅多晶
GB/T 12964—2003　硅单晶抛光片
GB/T 12965—2005　硅单晶切割片和研磨片
GB/T 1550—1997　非本征半导体材料导电类型测试方法
GB/T 1551—2009　硅单晶电阻率测定方法
GB/T 1553—2009　硅和锗体内少数载流子寿命测定光电导衰减法
GB/T 1554—2009　硅晶体完整性化学择优腐蚀检验方法
GB/T 1555—2009　半导体单晶晶向测定方法
GB/T 1557—2006　硅晶体中间隙氧含量的红外吸收测量方法
GB/T 1558—2009　硅中代位碳原子含量红外吸收测量方法
GB/T 4058—2009　硅抛光片氧化诱生缺陷的检验方法
GB/T 4059—2007　硅多晶气氛区熔磷检验方法
GB/T 4060—2007　硅多晶真空区熔基硼检验方法
GB/T 4061—2009　硅多晶断面夹层化学腐蚀检验方法
GB/T 4298—1984　半导体硅材料中杂质元素的活化分析方法
GB/T 4326—2006　非本征半导体单晶霍尔迁移率和霍尔系数测量方法
GB/T 6616—1995　半导体硅片电阻率及硅薄膜薄层电阻测定非接触涡流法
GB/T 6617—1995　硅片电阻率测定扩展电阻探针法
GB/T 6618—1995　硅片厚度和总厚度变化测试方法
GB/T 6619—1995　硅片弯曲度测试方法
GB/T 6620—1995　硅片翘曲度非接触式测试方法
GB/T 6621—1995　硅抛光片表面平整度测试方法
GB/T 6624—1995　硅抛光片表面质量目测检验方法
GB/T 11073—1989　硅片径向电阻率变化的测量方法
GB/T 13387—2009　硅及其他电子材料晶片参考面长度测量方法
GB/T 13388—1992　硅片参考面结晶学取向 X 射线测量方法
GB/T 14140.1—1993　硅片直径测量方法　光学投影法
GB/T 14140.2—1993　硅片直径测量方法　千分尺法
GB/T 14144—1993　硅晶体中间隙氧含量径向变化测量方法
GB/T 14849.1—2007　工业硅化学分析方法　第 1 部分　铁含量的测定 1,10-二氮杂菲

分光光度法

GB/T 14849.2—2007　工业硅化学分析方法　第 2 部分　铝含量的测定　铬天青-S 分光光度法

GB/T 14849.3—2007　工业硅化学分析方法　第 3 部分　钙含量的测定

GB/T 19922—2005　硅片局部平整度非接触式标准测试方法

GB/T 19444—2004　硅片氧沉淀特性的测定　间隙氧含量减少法

YS/T 26—1992　硅片边缘轮廓检验方法

YS/T 28—1992　硅片包装

SJ 20636—1997　IC 用大直径薄硅片的氧、碳含量微区试验方法

GB/T 2828　计数抽样检验程序

GB/T 2828.1—2003/ISO 2859—1：1999 计数抽样检验程序第 1 部分：按接收质量限（AQL）检索的逐批检验抽样计划

参 考 文 献

［1］ 张厥宗．硅单晶抛光片的加工技术．北京：化学工业出版社，2005.
［2］ Michael Quirk，Julian Serda. 半导体制造技术．韩郑生等译．北京：电子工业出版社，2007.
［3］ 秦静，方志耕，关叶清．质量管理学．北京：科学出版社，2005.